保护生物学
Conservation Biology

李俊清　主编

科学出版社

北京

内 容 简 介

本书依据生命过程的基本层次结构,采用从分子到生物群落区的体系,介绍保护生物学的重要理论和方法。主要内容包含了生物多样性概念、遗传多样性保护、物种多样性保护、种群生物学与保护、群落生态与保护、栖息地保护生物学、入侵生物学、生物种质资源的保护、生理生态学、生物地理学、自然保护区可持续经营管理和生物多样性保护法规与政策等。本书的特点是引入了分子进化、生物入侵、生物种质保存、生理生态和生物地理等最新科技成果,对于在校生系统学习保护生物学知识和科技人员都是一本重要的参考书。

本书可供保护生物学、生态学、普通生物学、野生动植物保护与利用、森林培育学、森林保护学、园林学和水土保持等相关专业的本科生、硕士与博士研究生、相关教师和科研人员使用和参考。

图书在版编目(CIP)数据

保护生物学/李俊清主编.—北京:科学出版社,2012
ISBN 978-7-03-034839-5

Ⅰ.保…　Ⅱ.李…　Ⅲ.保护生物学-高等学校-教材　Ⅳ.Q16

中国版本图书馆 CIP 数据核字(2012)第 126357 号

责任编辑:吴美丽 / 责任校对:包志虹
责任印制:张　伟 / 封面设计:北京科地亚盟图文设计有限公司

斜 学 出 版 社 出版
北京东黄城根北街 16 号
邮政编码:100717
http://www.sciencep.com

北京虎彩文化传播有限公司 印刷
科学出版社发行　各地新华书店经销

＊

2012 年 6 月第 一 版　开本:787×1092　1/16
2023 年 8 月第十二次印刷　印张:20 1/4
字数:529 000

定价:69.80 元
(如有印装质量问题,我社负责调换)

《保护生物学》编写人员名单

主　　编　李俊清

编写人员（按姓氏笔画排序）

卢存福	刘金福	刘树强	李俊清
李景文	沈应柏	张春雨	陈伯毅
郑景明	赵莎莎	侯继华	徐基良
高润宏	谢　磊	潘慧娟	

《保护生物学》编写分工

前　言

北京林业大学于 1998 年开始给本科生开授保护生物学（Conservation Biology），授课内容大抵参考 Primack（1993）和 Soulé（1986）等当时通行较广的教科书内容和我国国内的生物多样性保护案例。由于我国是全世界生物多样性极为丰富却又极度易受干扰的国家，保护生物学理论的建立和实践的推动极为紧迫，我们汇集了几年授课的讲义和报告，在 2002 年出版了我国林业系统试用的《保护生物学》教材，该教材主要围绕生物多样性这个主题介绍有关概念、理论和方法，并于 2006 年修订出了第二版。然而近 10 年来，保护生物学有了飞速的发展，一些非常重要的内容已超出了本教材的范畴，增订和更新教材内容，以符合时代背景，当为必然，所以，我们重新编写，并基本按着生物系统安排本教材的内容，希望能够体现保护生物学的最新进展。

保护生物学是一门关于生物多样性保护的新兴交叉学科，Soulé（1985）的定义是：保护生物学是研究直接或间接受人类活动或其他因子干扰的物种、群落、生态系统的生物学；陈道海和钟炳辉（1999）提出：保护生物学是研究保护物种，保存生物多样性和持续利用生物资源的问题的学科。总之，保护生物学主要讨论有关自然保护概念和自然规律，从而研究保护的理论和方法。保护的理论支撑来自于生态学和进化生物学；方法则包涵了研究人类活动与生物多样性之间关系的科学方法，这里边有人类主观行为的内容；保护生物学的目的是保护生物多样性，防止或延缓物种的灭绝。

1992 年世界环境与发展大会后，我国迅速加入了联合国生物多样性保护公约组织，实施了可持续发展的国家战略。例如，我国林业由以木材生产为主向生态保护为主的战略转变，相应的专业教育教学的重点也集中到保护生物学、湿地科学和自然保护区建设方面，为成功地实现我国林业历史性转变提供了人才保障。所以，保护生物学是林业历史性转变关键时刻急需的和必备的知识体系，具有在国家生态安全战略中起到科学支撑的重要作用。

保护生物学教学的目的是使学生通过系统的学习，掌握保护生物多样性的基本原理和方法，了解国内外的发展和动态。在我们以往的学习中，接触到很多有关资源分布、开发和管理方面的科学，而保护生物学是关于生物资源保护的理论，是研究生物系统从基因到群落变化规律、生物进化和物种灭绝理论的科学。通过对保护生物学的学习，可以提高人们生物多样性保护的意识，激发生物多样性保护的动机，了解环境保护和生物多样性保护在国民经济发展中的重要作用。

保护生物学也是一门实践性很强的学科，在保护区建设和管理、珍稀濒危动植物保护、生态恢复和防止外来物种入侵等方面有着其他学科不可替代的地位。通过学习本教材，对我国自然保护区和生物多样性方面的典型事例进行调查分析，可以提高分析问题和解决问题的能力。

本书经过多年的教学实践，集大量的资料和作者的一些研究工作系统总结而成，主编在统稿的时候，把个别章节的内容作了删减或者互相作了调换，所以，每一章的署名是主要作者，可能有其他章节作者编写的内容，也就是说，本书是一个集体的结晶，是所有作者共同的劳动产物，特此说明。本书的主要内容有生物多样性、遗传多样性保护、物种多样性保护、种群生物学与保护、群落生态与保护、栖息地保护生物学、入侵生物学、生物种质资源的保护、生理生态学、生物地理学、自然保护区可持续经营管理和生物多样性保护法规与政策共 13 章。

本书的特色是采用生命过程从分子到生物群落区的体系编写的。本书认为保护的最基本单位是基因,生物是其载体,森林、草原、海洋和荒漠等均是生物多样性的结构形式,本书的特色有 5 个方面,与其他同类教材相比从思想观念到结构都进行了调整,略述如下:

① 内容从遗传多样性保护开始:通过生物基因、器官(组织)、种群、生物群落到生物群落区等各个方面系统介绍,揭示保护生物学的基本规律;

② 本教材有其系统性:以生物圈为保护目标,以生物多样性为保护对象,无论是分子水平还是群体水平,甚至地理区域水平的保护,都从生态系统的基本特征和生物进化的基本规律考虑问题,而不是把种群或者群落孤立对待,从而强化学生对整体生态保护观念的理解;

③ 与综合性大学和农林院校主要专业特色相结合:把自然、生物和环境密切结合起来,从认识生物多样性进化的基本规律到自然保护,符合我国各类院校开设保护生物学课程的培养目标;

④ 掌握国内外的最新进展:参加本教材编撰的教师队伍专业特长明显,熟悉国内外保护生物学发展状况,掌握有关前沿知识;

⑤ 新颖性:把分子进化、形态可塑性、环境变迁、进化生态和全球变化等最新科技成果和生物学普遍规律引入保护生物学教材,紧紧把握国内外保护生物学的动态和最新发展。

我们希望这本教材能成为适合大学生、研究生和教师们使用的教科书或参考书。面对这知识爆炸的今日,我们不揣浅陋,编写此书,深切地期望这本书能为我国保护生物学的发展起到重要的促进作用。

编　者

2012 年 1 月

目 录

第一章　绪　　论

人法地，地法天，天法道，道法自然。

——老子

我们要记住，人是自然之子，在总体上只能顺应自然，不能征服和支配自然，无论人类创造出怎样伟大的文明，自然永远比人类伟大。

——周国平，2011

自古至今，人类在地球上的活动都会留下痕迹。1900 年 3 月，曾经是全世界数量最多的鸟类——旅鸽(*Ectopistes migratorius*)宣告被人类灭绝；2000 年统计每年约有 20 万平方公里的热带雨林被破坏，10 万平方公里的牧场或更大面积的草场(草甸)正在快速的沙漠化；人类活动造成全世界接近四分之一的生物物种濒临灭绝，换来的只是近一百年急速增长的衣食住行需求；我们实现了几千年的梦想，征服了海洋，可以肆无忌惮地掠夺"取之不尽用之不竭"的海洋资源，照此速度海洋的渔业资源或将于 2050 年以前枯竭。

人类的文明发展到今天，基本朝着增进人类福祉的方向迈进，我们达到了每一个既定的目标，我们做错了什么吗？一切不都是为人类的未来，为我们的明天而努力的吗？而我们给养活我们的大自然留下来的是什么？一千多年前，唐朝诗人杜牧写下"六王毕，四海一。蜀山兀，阿房出。覆压三百余里，隔离天日。"的句子，他写的是距他那个时代一千年前秦朝的故事，似乎意味着中华民族的文明史和华夏大地的森林破坏史息息相关。快两千五百年了，后世的人会怎么样说我们这一代的文明呢？

第一节　自然保护与自然规律

"地球可以满足人类的需要，但不能满足人类的贪婪(earth provides enough to satify every man's need，but not every man's greed)"。这是印度圣雄甘地(Mahatma Gandhi)说过的一句话。在这个世界上的每一个国家，都至少拥有三种资产：物质的、文化的和生物的，前两项是国家经济和政治的基础，第三项则是由各式各样的动物、植物、原生生物和大自然潜在的运行规律支持着的资源，是各个国家和地区的生命维持系统。我们常常对物质生活获得改善和精神生活层次获得提升而对这个时代和这个社会心存感激，但却未同样地关心过长期以来人类赖以生存的自然生态系统的状况：这个系统的生物是否正快速地消失？这是否已构成了人类生存的危机？如果是，我们要如何应对？

在过去不到一千年的时间里，人类的足迹遍布于整个地球，在这个过程中，地球被我们改变了很多，这种改变，比其他任何自然因素造成的影响都要大。我们已经对地球的表面进行了改造，砍伐各个纬度内的森林，导致物种受到威胁，甚至灭绝。然而，随着人类社会的发展，当我们的技术日新月异之时，通常会忘记自然也在改变着我们，比如改变我们的生产、生活，改变我们的未来。人类是大自然的一个成分，来自于自然，将来还要回归到自然，保护自然就是保护我们自己的家园。

自然保护一般所指的是保护生物资产。这样的概念透过生物学的理论和经营管理的技术、方法，再汇入跨领域学科(如伦理、经济、社会学)的内涵，形成一门综合性的新兴学科，旨在经研究和实践减缓人和自然共同的危机。生物资源的消失可归纳为两大因素：第一是栖息地的破坏，大多与人口增加相关，其结果是森林破坏、湿地消失和水域污染；第二是生物资源的过度利用，如单一作物大量生产、过度捕猎、过度捕鱼等，同时也与人口过多有关，其结果是人类让自身赖以生存的生物多样性快速消失，犹如地质年代生物大灭绝事件的重演。我们虽在近五十年大力建设自然保护区、森林公园、湿地公园和海洋保护区，将已濒临灭绝的生物保护在这有限的区域里，然而其面临的威胁仍并未解除，人与自然的紧张关系也未见缓和。

因人类生存的需要所造成的两大问题(栖息地破坏和物种灭绝)固然与政治、经济、社会都有关系，但解决这两大问题所需要的科学依据及方法，最基础的仍是生物学。而保护生物学(conservation biology)讨论的核心便是保护人类赖以生存的生物多样性，是研究和实践决定该保存哪些栖息地、恢复什么样的生态系统、如何科学而有效地利用生物资源和如何减缓生物多样性灭绝的速率以维护人类在大自然的持续生存的科学。然而保护正在受威胁的生物资源绝非仅是生物学问题，而是自然科学与社会、经济与文化相结合的综合科学。

一、自然保护的涵义

"自然"指的是地球这个大环境及其所包含的各类生物和非生物，是客观的存在；"保护"是指人们对自然所采取的某种管理措施，是主观的行动。

一般认为国外自然保护工作的进展比国内早，中国对人与自然的态度，早受"天人合一"哲学基础的影响，也早有"数罟不入洿①池，鱼鳖不可胜食也，斧斤以时入山林，材木不可胜用也"(《孟子·梁惠王篇》)的顺应天时、持续经营自然资源的观念。这是中国人的生活方式，是传统文化，本质上就是与大自然和谐相处。在全世界各国家各民族普遍都有与大自然和谐相处的伦理，只是到了近代，人与自然的关系发生了变化，生态危机也随之产生。

与"自然"二字相应的概念便是"天地"。北宋改革家王安石曾提出向大自然讨取财富的主张："因天下之力以生天下之财，取天下之财以供天下之费"。这里所说"取天下之财"也就是大自然所蕴含的财富(邓广铭，2007)，就是资源。

《逸周书·大聚解》记载夏代已有"春三月，山林不登斧斤，以成草木之成长；夏三月，川泽不入网罟②以成鱼鳖之长"的禁令。说明夏代就有禁止砍树和捕鱼的法令。《周易》设立《节》卦，提倡人类向大自然索取资源时，必须节制，从而维持自然资源不受到破坏。《荀子·王制》曰："修火宪，养山林薮③泽草木鱼鳖百索，以时禁发，使国家足用而财物屈"，这又是严格的动植物保护的思想。

孔子在《论语·述而》中主张"钓而不纲，弋不射宿"，足见传统儒家思想中就有节制的内涵。1975年湖北出土秦律竹简条文《田律》，其中就有"春二月，毋敢伐材木山林及雍(壅)堤水。不夏月，毋敢夜草为灰，取生荔⋯⋯"等自然保护内容，这是我国最早的一部自然保护的法律文件。清代木兰围场是皇家禁苑，建于1681年，前后存在200多年，遵守"于物诚尽取"、"留资岁岁仍"的管理思想，对我们现在的自然保护也都有一定的借鉴意义(艾琳等，2010)。

中国历朝历代几乎都有类似的环保思想或者自然保护的法规和禁令，因为我们有着几千年文明而且具有根深蒂固的"天人合一"思想，自然保护是我们民族的生活方式。然而当来到物质

---

① wu 一声，低洼的地方
② gu 三声，网捕鱼
③ sou 三声，生长着很多草的湖

昌盛社会开放的今日世界,我们敬天惜物简朴传统的生活模式经过西方文明的百年冲击之后,还能维持得住吗? 我们生活在如此科学昌明的现代,眼睁睁地看着在这个经济发达,社会繁荣的世界里,一个物种一个物种的灭绝,一大片一大片的森林消失,我们难道没有责任吗?

二、自然规律与灭绝漩涡

　　现代生物学讨论的两大主题一是讨论大自然的规律,一是探究生命的本质。这两大主题都建在一个共同的基础上,那就是进化的观念。正如杜布赞斯基(Dobzhansky)所说:"如果生物学没有了进化的内容,那将会是一门没有意义的科学(nothing make sense in biology, unless in the light of evolution)"。自然界的生物多样性是在进化中产生的,物种在进化过程中,经历适应和自然选择,必然导致物种的形成和灭绝。物种形成增加自然界的生物多样性,而物种的灭绝则减少自然界的生物多样性,物种灭绝跟它的形成一样都是自然现象。生物进化是以时间为向量的,它与时俱变,物种一旦灭绝就永远不会复生。

　　物种的灭绝有它的过程,一般而言,总是先经过种群数量减少,进入灭绝漩涡(extinction vortex)之后而消失。所谓"灭绝漩涡"是指小种群由衰退到灭绝过程中的变化就像一个漩涡一样,越接近漩涡的中心这种火绝的趋势越明显,而一旦被卷入这个漩涡,就难逃灭绝的厄运。也就是说基因多样性的减少给小数量的种群(或小种群)恢复带来巨大障碍,小种群比大数量的种群(或大种群)基因丰富度小,如果有其他生物个体与之发生基因交流,导致其他个体基因汇入,该小种群将会出现基因数量固定,致使其生物多样性减少,最终无法适应条件的变化。因为种群数量较少就会产生基因的漂移,而且会在后代中逐渐丧失,从而使得基因多样性减少(图 1-1),这种趋势被称为灭绝旋涡。这是多个因素互相作用造成的,比如小种群容易产生近亲繁殖,导致后代先天不良,同时小种群更经受不起数量的波动,稍大的波动可能就意味着灭绝。这两方面互相促进,像漩涡一样把小种群卷进灭绝的深渊(Gilpin and Soule, 1986;Guerrant, 1992)。人类的活动如果干扰到这个适应和自然选择的规律,干扰自然选择的过程,阻断进化之路,就造成了人为的灭绝漩涡。

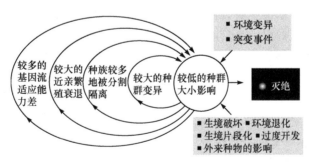

图 1-1　灭绝漩涡

(引自:http://222.178.184.133:8080/courseware/0592/content/0003/010103.htm)

　　每一个生物个体都是基因的载体,生物的多样性代表着 30 亿年生命演化的结果,是大自然运行规律产生的结果。生物多样性的丧失是千百万年,甚至上亿年生命演化结果的损失,是无法弥补的。这种损失不仅影响当代人的生活和生产,对我们的后代生存和发展也将构成威胁。所以保护生物多样性,维护大自然的运行规律,防止物种灭绝是我们这代人的责任和义务,也是本书的研究方向和学科领域。

第二节　保护生物学

　　2005 年 5 月 22 日《生态系统和人类健康幸福:生物多样化综合报告》的调查报告指出:过去五十年期间,由于人类对自然环境的大肆破坏,自然界物种的消失速度为正常消亡率的 1000 倍,如果不及时对趋势加以制止,最终受害的还是人类自身,因为如果失去了大自然的保护,人类生存将面临巨大威胁。然而地球表面生物多样性的变化是复杂的,既有分布区环境的影响,又受生物本身的变异和进化规律所左右。

　　由于生物多样性是"生物(动物、植物、微生物)与环境形成的生态复合体以及与此相关的各种生态过程的总和,包括生态系统、物种和基因三个层次"(中国生物多样性保护战略与行动计划,2011),生物多样性的形成和变化相当复杂,与人类的关系又极其密切,保护生物多样性也不单纯是生物学问题,还涉及经济、社会问题以及伦理和文化,复杂的起因更突显了生物多样性保护科学的重要性。

一、保护生物学概念

　　前面简单介绍了保护生物学的涵义,为了明确起见,这里给出保护生物学的概念。"保护生物学"是一门关于自然保护的学科,其中最关心的对象是生物多样性,最重要的活动是保护。无论自然还是生物多样性都有其固有的运动规律,而保护是一种实践活动,需要从自然环境或者生物多样性基本规律出发,建立起科学的理论体系和有效的方法体系,从而科学合理地进行生物多样性保护,也就是保护我们人类赖以生存的大自然。

　　保护生物学是研究生物多样性保护的学科。保护生物学所研究的对象既包括生物有机体、生物种群和生物群落,也包括生物的栖息地。关于保护生物学的概念,不同学者从各自的专业角度出发,提出的定义也有所不同。蒋志刚等(1997)提出保护生物学是研究从保护生物物种及其生存环境着手,来保护生物多样性的学科;Soulé(1985)的定义是保护生物学是研究直接或间接受人类活动或其他因子干扰的物种、群落和生态系统的生物学;陈道海和钟炳辉(1999)提出保护生物学是研究保护物种,保存生物多样性和持续利用生物资源问题的学科;张恒庆(2005)提出保护生物学是一门论述全世界生物多样性面临严重危机,及如何保护生物多样性的综合学科,它既面临当前生物多样性的危机,又着眼于生物进化潜能的保持。简单地说,保护生物学是研究生物多样性变化规律及其保护的学科。

　　保护生物学是一门理论性强、应用范围广的交叉学科,它涉及生态学、遗传学和生物进化论的有关理论、方法,探讨生物多样性形成的机制、保护理论和保护措施。保护生物学是一门新兴的综合性学科,是伴随着生物多样性的锐减,全球环境质量的下降和人们的自然资源保护意识的提高而出现的新学科。我国在一些综合性大学的生物系开设此课程,农林院校在近些年加强此领域的开拓,甚至还有一些学校设置了与自然保护相关的院系,形成了课程体系与专业体系相统一的发展模式。总之,探讨如何通过保护资源来保护生物多样性,是我们开设保护生物学课程的一个重要任务。与保护生物学关系最密切的学科是生态学和生物进化论,三者产生的社会经济背景和发展过程十分相似,研究的对象和要完成的任务也基本接近,尤其是所要达到的目标更为一致,所以我们将始终把生态学与生物进化论的方法和理论应用到本教材的编撰中。

二、保护生物学的产生和发展

保护生物学是在人类的物质文明高度发展之后才构建的学科。当今世界面临着资源开发和环境保护两大主题。人类为了追求财富,提高生活水平而恣意开发自然资源,形同向大自然举债,因而欠下大量的自然债(debt for nature)(Thomas Lovejoy of the World Wildlife Fund, 1984)。其结果是资源枯竭,生态破坏。在这样的过程中,受害最严重的莫过于地球上的生物多样性,因为每一件看似有利于改善生活现况的开发事件,几乎都要付出减损生物多样性的代价,生物多样性的丧失会给带来无法预料的损失和影响,甚至引发严重的环境问题。伴之而生的是公众的环保意识空前的提高,保护生物多样性的主张很快地受重视,保护生物多样性的理论和实践随之产生,以适应社会、经济和环境状况的需要。

(一)保护生物学的产生

保护生物学的产生是现代科学发展的一次革命,在此之前多数自然科学的学科都是在获取资源、开发资源的过程中产生的,人们的主观愿望是从自然中获取所需要的一切,学科门类的产生是开发自然资源实践的副产品。可以说人类在改造自然和征服自然的同时,也积累了科学文化知识,促进了自然科学的发展。

保护生物学是在生物资源受到威胁而唤醒人们强烈保护意识和行动的前提下产生的,其主观愿望是保护世界上丰富多彩的生物多样性,在主动保护生物资源的过程中,也进行有效的利用,但这种利用绝不是以破坏环境为代价,必须是更有利于子孙后代的利用,是一种可持续的利用。

人类大约在距今160万年的第四纪成为地球上的优势族群。人类形成的初期,直至近一万年的全新世,为了求生到森林里去采摘野果,到草原上去猎杀动物,到河流和海洋中去捕捞鱼虾。他们以本能的方式在十分原始的状态下生活了上百万年,对自然的改造或者破坏能力还不算大,尚可维持平衡。随着人类的发展进入到黄金时代,随着族群的扩大和人口的增加,天然食物无法满足生活需求,人类不得不驯养牲畜和栽培作物。例如,中国早在公元前7500年就有了稻米、小米、蚕和猪等,西南亚早在公元前8500年就有了小麦、豌豆、橄榄、绵羊和山羊等。人类经历了数千年的农业经济时代,其主要资源是土地、阳光和水,农牧业和家庭手工业是主要生产方式,经济活动具有地域性特征。随着农业生产力的发展和经验的积累,人们首先懂得了栽培学、植物学和动物学等。

然而,随着科学技术的发展和人类历史的演化,对自然开发的强度与日俱增,对大自然施加的压力也越来越大,终有一天人们发现原以为取之不尽的资源在逐渐枯竭。16世纪时欧洲的野牛(图1-2)数量减少,只是一个小案例。当时的人类警觉到了资源匮乏的严重性,甚至在1564年于欧洲建立了野牛保护区,但是野牛仍于1672年灭绝。人口越多的地区资源消耗得越快,首先建立起文明的地区,同时也是资源最早枯竭的地区,这里的人们不得不到其他地区去寻找资源,因此促进了航海学、

图 1-2 欧洲野牛(Michael Gäbler 摄)

地理学的发展;与此同时,人们也大力开发新的资源,如煤炭、石油等矿产。人们在寻找资源和开发资源的过程中,促进科学技术的飞速发展,改造自然的能力也不断提高。大型采掘机械、船只

远洋捕捞和对野生动物的捕杀能力等都是空前的,使森林、海洋和矿产资源等在近 100 年中迅速减少,甚至接近枯竭的边缘。

面对如此严重的现状,我们应该怎么办? 对于我们人类所做的一切应该如何评价? 事实告诉我们,无论砍伐机械如何先进,可采伐的森林资源已经不多了,无论你的渔网眼孔多么小,水中鱼虾数量已经很少了。问题不在于先进的科技和优良的设备,而在于生物资源本身,是生物资源本身发生了变化,这种变化越来越不利于人类的继续利用和自身发展。在这种情况下,人们需要相关的理论和方法指导其对生物资源进行保护,要考虑生物资源保护问题,以便能够持续地生存下去,于是,保护生物学应运而生。

保护生物学作为一门学科体系是近三四十年发展起来的,是一门高度综合,多学科交叉的新领域。该学科领域重要开拓者之一,美国著名生态学家 Michael E. Soulé(1985)认为保护生物学是一门既面向目前危机,又有长远生态前景,以研究物种、群落和生态系统的动态问题为对象的新兴学科。其目的在于为保护生物多样性提供理论基础和实践途径(Soulé,1985)。Soulé 和 Wilcox(1980)出版了一本题为《自然保护生物学》的专著,认为这是一门多学科高度综合的产物,这些学科包括生态学、遗传学、社会生物学、生理学、自然资源科学(林学、水产学、野生动物学、政策及管理学科)、环境监测学、生物地理学、以及社会科学等,并明确指出道德、伦理规范也是保护生物学所涉及的一部分。自然保护生物学更多地强调整体论(holistic)观点,即强调多学科的高度综合性,和研究大尺度现象的重要性。他们在考虑到现代生物学的中心偏向于分子水平,在研究的手段越来越先进,研究的尺度越来越小,研究的对象越来越狭窄的情况下,提倡这种整体论观点在自然保护中的重要性。自然保护生物学通常被认为是介于"纯"科学和应用科学之间的交叉学科,也是理论学科与实践学科的结合与交融,人文、社会和自然科学的交叉,经济学和生态学的交叉等等。它的诞生无疑标志着现代科学和技术在自然保护实践中应用的新阶段。

关于保护生物学的起源有两种观点。一个观点认为保护生物学是欧洲起源的,强调现代保护生物学的许多观点,在 100 年以前或更早时期的欧洲科学家的著作中已经建立,欧洲对野生动物的关注在 19 世纪晚期就已经十分明显,物种保护工作也开展得最早。另一观点认为保护生物学是北美起源的,指出美国学者提出的有关资源保护的理论中有两条原则具有十分明显的保护生物学的思想:第一条原则是要在当代的使用者、消费者和未来的消费者之间合理地分配资源;第二条原则是资源的有效利用,即达到最大可能的利用而不是浪费。

(二)保护生物学的理论基础

保护生物学的概念、保护对象和保护动机是以保护动植物等自然产物为对象,它们自身有其固有的运动规律,认识和了解它们是保护的前提,故而保护生物学首要的理论基础是有关自然方面的理论基础。包括生物学和生态学所涉及的科学如大气、水文和地质地理规律及最基础的物理、化学等基本规律。所以,基础的植物学、动物学和自然环境方面的科学都是保护生物学的首要理论基础。

对于任何自然界的生物来说,无论是来自自然的还是来自人为的改变可能都是一种干扰,而生物对于外界干扰必然会有一定的响应机制。这就需要掌握有关生物与生物之间的相互作用规律,以及生物与环境之间的作用规律,需要我们掌握生态学和遗传学等基础科学知识。在自然因素中生物还受到来自环境方面的影响,比如某一地区的环境变迁,气候异常或者自然灾害等等,导致物种难以适应变化的环境条件,生物多样性迅速减少,研究这方面的问题需要有关生态学和环境学的理论和技术。

保护生物学是一门关于自然保护的科学,其中最关心的对象是生物多样性,最重要的活动是保护,而保护是一种实践活动,是一种人类的主观意识,不完全是客观规律,这就要求人类从伦理和道德上规范自身的行为。例如,我们人类对于生物多样性的态度问题,人与其他生物的地位问题和生物生存权力问题等,只有充分了解并很好地解决了这些问题,才能更多地激发我们保护生物多样性的动机和行为,把保护生物多样性的事业落实到每一个公民的具体行动上。所以保护生物学的理论基础还应该包括自然伦理和生态道德方面的理论知识。

当今人类对物种大量灭绝的关注基于以下四个方面的考虑:首先,是对目前形势的判断,很多人认为,目前生物多样性正以前所未有的程度受到威胁,很多物种在短时间内迅速减少,甚至灭绝。其次,随着人口的增加和技术的进步,人类对生物多样性的破坏能力也达到了前所未有的强度,也可以说人类掌握了毁灭生物多样性的无穷能力。再次,科学研究也同时发现了一个规律,即对生物多样性的威胁是综合的,酸雨,采伐森林和过度捕猎等可造成生物多样性丧失的倍加效果。最后,在沉痛的教训面前,人们发现生物多样性的减少威胁到人类的本身,包括天然物质、粮食、药物、水、其他物质及服务设施等等。要解决这四个方面的问题,需要综合运用生物与环境方面的多门科学,解决上述复杂的物种保护问题。

总之,保护生物学的理论基础必须围绕两个目的,一是研究人类对生物多样性的影响;二是研究防止物种灭绝的有效途径和生物多样性保护的理论、措施和技术等(Primack,1996)。同时这些理论基础有助于回答这样的问题:"什么是生物多样性?怎样保护?为什么要保护?"等,从这个意义上讲,保护生物学最重要的基础理论有两门:一门是进化论,另一门是生态学。当然前面提到的与保护生物学有关的基础理论也都是必要、不可缺少的,只不过在不同的社会和自然条件下,某一门基础理论可能表现得更重要或者更迫切需要而已。

(三)保护生物学的发展

保护生物学作为一门相对独立、统一的学科是在20世纪70年代末或80年代初才逐步形成的。严格地说,保护生物学并不同于文献中有时见到的"自然保护生态学"(conservation ecology)。后者作为一个概念或术语沿用已久,但并未发展成一门有明确研究对象、范畴和方法的独立学科。一般而言,自然保护生态学所涉及的内容是保护生物学的一部分。

1978年,Soulé、Bruce和Wilcox在美国San Diego主持了第一届自然保护生物学讨论会。这次会议和由此产生的第一部自然保护生物学著作《自然保护生物学——进化与生态学观点》标志着该学科的正式诞生。由Soulé和Wilcox(1980)主编的这本经典著作打破了传统学科界限,融合了多种学科的信息,把保护生物多样性作为其明确的宗旨。该书激发了基础生物学家(basic biologists)将其所学应用到自然保护实践中的积极性。1982年,斯坦福大学(Stanford University)成立自然保护生物学中心。

1985年5月,第二届自然保护生物学讨论会在美国密歇根州的安娜堡(Ann Arbor)召开,并成立了自然保护生物学学会(Society of Conservation Biology)。这次会议也产生了一本具有历史意义的著作。该书由Soulé主编,题为《保护生物学——关于稀有性和多样性的科学》。该书内容涉及种群生物学、多样性格局、生境破碎化及其影响、群落水平的过程与稳定性以及自然保护生物学与"现实世界"的关系(Soulé,1986)。无疑,这两部姐妹作已成为自然保护生物学的经典文献,为全面、系统地定义该学科中的概念、研究对象、目的、范畴和发展,反映该学科特点的研究方法与途径等奠定了重要基础。1987年春季,自然保护生物学会主办的杂志《保护生物学》(Conservation Biology)开始正式发行。截至1989年该学会会员已逾2000人,并继续迅速增长。近年来,自然保护生物学方面的学术会议、著作、文章大量涌现,标志着该学科在理论和应用方面的双向发展。这一阶段的发展基本上反映了一种越来越综合化、系统化和定量化的趋势(Soulé et al. , 1980;Schonewald-Cox et al. , 1983;Harris,1984;Starfield et al. ,1986;Soulé,1986, 1987;Burgman et al. ,1988;Ledig,1988;Pimm et al. ,1989;Murphy,1990;Brussard,1991)。

三、保护生物学的相关学科及其应用

与保护生物学关系最密切的是生态学和生物进化论,同时与农、林、渔、牧等各应用科学也相关联。

(一)保护生物学与其他学科的关系

我国著名生态学家孙儒泳(1987)在《动物生态学原理》一书中写道:"生态学也可以说是研究包括生物的形态、生理和行为的适应性,即 Darwin 的生存竞争中所指的各种适应性。"而保护生物学研究生物多样性的形成机制、变化规律和保护措施,即生态学中所指的各种变异性,所以进化论、生态学与保护生物学至少在以下三个方面是统一的:①生态学研究的是进化的结果和生物多样性的形成过程,保护生物学研究的是生态过程和结果;②生态学研究种群特征,而种群是生物进化的基本单位;③生态学家研究生物与环境及生物与生物之间相互作用的过程与结果,此过程也包含灭绝的原因和过程,其实这也是适应和淘汰的机制,也是进化的过程,而保护生物学则探讨在各种生态系统、各个进化阶段中物种的保护机制。

达尔文提出了生存竞争和自然选择两大假说,海克尔在 1866 年提出了生物改造环境的生态学观念。保护生物学则强调生物多样性的作用,而生物多样性是生物经历长期的生存竞争、自然选择等自然力量作用的进化结果。生存竞争是生物与生物之间的相互关系,自然选择是环境对生物的作用,生物改造环境是生物对环境的作用,生物多样性是一切生态作用和生态关系发生的前提和条件,可见上述诸方面正是保护生物学概念的最基本内涵。所以,达尔文的进化论、海克尔的生态学和保护生物学有着十分密切的关系。

在生态学有了巨大发展的今天,不难发现,经由自然选择而进化的理论是一个生态学理论,也可能是唯一的理论。生态学的功能是阐明适应性,自然选择是一种生态现象,物种形成是一种真正的生态过程,达尔文进化论基本上是一个生态学问题(McIntosh,1985)。保护生物学把这些生态和进化问题纳入到生物多样性的范畴,用生物多样性的形成、变化和保护解释上述生态现象,并强调生态学的任务是揭开适应之迷,保护生物学的任务是探讨生物多样性的形成机制和保护理论,更重要的是,保护生物学提高人们的保护意识和生态道德,促进文明发展。

从 1990 年开始,北美的许多大学设立了保护生物学专业,而且此专业是诸多学科门类中最受学生欢迎的专业之一。许多基金会、政府组织和民间团体都把保护生物学作为优先资助的领域。现在已有两个国际性重要学术刊物:《保护生物学》(*Conservation Biology*)和《生物保护》(*Biological Conservation*),已成为学术界发表保护理论、探讨保护机制和交流研究成果的前沿阵地(蒋志刚等,1997)。

(二)保护生物学的应用领域和特征

保护生物学是一门综合性学科,目的是保护生物多样性、保护生物栖息地和评估人类对生物多样性的影响,提出防止生物灭绝的具体措施。

保护生物学研究是为了保存不同环境中的生物多样性,保存物种的进化潜力。实际操作时,人们又常常以简单的手段来调控复杂多变的生态系统,这两者之间的矛盾造成了保护生物学具有不同于其他学科的特征。

(1)保护生物学是一门处理危机的决策科学。Soulé(1985)将保护生物学称为"危机学科",这种学科往往要求根据不完全的信息进行决策,而等搜集到足够的信息再行决策时将会错过决策的机会。决策者将利用直觉和创造力,加上现有的信息来比较相似的事例,再参照理论模式进行决断。当然,这与科学家通常所受的训练相悖,但是,为了处理我们所面临的环境问题,目前我们并无其他的选择。检验决策的标准是:珍稀物种是否仍然具有野生状态下的可生存种群? 具有代表性的自然生态系统是否保存完整? 对生物资源的利用是否既满足当代的需要,又保存了未来利用的基础等。

(2)保护生物学是一门处理统计现象的科学。生态系统是复杂的、难以预测的研究对象,因此,保护生物学家自己也感到沮丧。环境问题往往是多因子综合作用的动态过程,不确定性是生态与自然保护问题的固有特征。因此,由于生态问题的客观特征,而非学科的成熟与否或科学家能力的强弱,常常只能在一定概率水平上给出生态环境和生物多样性问题的答案。

(3)保护生物学是一门具有价值取向的科学。科学应当是不涉及人的观点与愿望、无价值取向和完全客观的。然而,科学研究靠人来完成,人的经验和目的往往影响科学,尽管人们不愿意承认这一点。西方有人认为现代科学是有价值取向的,这一观点被称为"后现代科学"(post modern science)。此外,保护是人的主动行为,是为了保护有价值的事物,如有价值的生物多样性。因此,保护生物学是一门有价值取向和使命取向的科学。

(4)保护生物学是一门多学科的综合(交叉)学科。Meffe 和 Carroll(1994)构思的学科结构模式认为,本学科由自然科学和社会科学两部分组成。自然科学包括生物学、生态学、遗传学和生物地理学等,特别是分类学、种群生物学、种群遗传学、生殖生物学、群落生态学、生态系统学和进化生物学,实质上构成本学科的核心。此外保护生物学也涉及社会问题。例如,保护生物学对不断变化的物种数量和分布进行监测的研究,提供科学依据,能应用在环境保护法和野生动物保护法等法律的制订上。

(5)保护生物学是一门整体性学科。整体性意味着两方面的涵义:一是研究对象的宏观性,如群落-生态(系统)多样性的空间范围及其过程涉及很广,简化论不能解释生态(系统)的复杂性;二是由于生物多样性灭绝过程特别复杂和深奥,只有集中不同的科学群体协作攻关,才能应付这种危机。

第三节 保护生物学教学

一、课程内容

本教材先对生物多样性做了一个总体的介绍,包括其概念、层次、价值、面临的威胁及保护方法等;再依次从遗传、物种、种群、群落及栖息地等方面探讨应怎样运用相关理论和知识来从各个层次上保护生物多样性,并应注意到这些层次彼此是有着紧密的联系的;八至十一章主要介绍了相关学科与保护生物学科的联系与应用,体现了保护生物学是一门综合的学科,生物保护涉及多学科的知识和理论基础;十二章主要介绍了目前保护的主要行动——建立和管理自然保护区;最后一章则介绍了保护的法律和政策支撑,这也是我们开展生物保护的有力依据。

各章的主要内容如下:

第一章是绪论,主要对本教材的内容、结构和特点做简要介绍,并提出采用本教材的教学建议;

第二章介绍生物多样性,主要包括生物多样性的概念及现状、生物多样性的价值和生物多样性面临的威胁;

第三章介绍遗传多样性保护,包括进化生物学与保护、分子保护生物学概念与方法和分子保护生物学的应用;

第四章介绍物种多样性保护,包括物种的形成、地球上的生物种类和物种的保护等级;

第五章介绍种群生物学与保护,包括种群特征的多样性保护、物种生活史和种群遗传学与多样性保护;

第六章介绍群落生态与保护,包括群落生物多样性的概念、格局与测度方法,群落结构与物种共存机制;

第七章介绍栖息地保护,包括栖息地的概念和空间尺度、栖息地质量评价和破碎化栖息地的修复和保护;

第八章介绍入侵生物学,包括外来种的概念和入侵过程、生物入侵对本地生物多样性的影响和生物入侵的防控思想、措施及实例;

第九章介绍生物种质资源的保护,主要涉及到生物种质资源的超低温保存的意义、依据、技术体系及其实际应用;

第十章介绍生理生态学在保护生物学中的应用,主要介绍了研究植物多种生理代谢途径来解释植物怎样适应各种自然环境的胁迫,从而加以应用来保护珍惜濒危植物;

第十一章介绍生物地理学在保护生物学中的应用,包括生物地理学的概念和理论,地理阻限与物种保护,Meta-种群和 Meta-群落理论;

第十二章介绍了自然保护区可持续经营管理,包括自然保护区规划与建设、可持续经营与管理体系及其未来发展构想等;

第十三章介绍生物多样性保护法规与政策,主要介绍了我国生物多样性保护政策概况,我国的野生动植物保护与自然保护区相关政策,我国生物多样性保护政策实施成效与未来发展等。

二、学时分配与考核

保护生物学是林学、森林保护、自然保护区与环境学专业本科生和生态学专业研究生的必修课。教学的目的是使学生通过系统的学习过程,掌握保护生物学的基本原理和方法,了解国内外的发展动态。在我们以往的学习中,接触到很多有关资源分布、开发和管理方面的科学,而保护生物学是关于生物资源保护的理论,是研究生物变化规律、生物进化和物种灭绝原因的科学。通过对保护生物学的学习,能提高生物多样性保护的意识,激发生物多样性保护的动机,了解环境保护和生物多样性保护在国民经济发展中的重要作用。

保护生物学也是一门实践性很强的学科,所以学习时应加强实践环节,注意理论联系实际。对我国自然保护区和生物多样性方面的典型事例进行调查分析,从中提高分析问题和解决问题的能力。保护生物学也可以作为植物学、遗传学、森林培育学、森林保护学、园林学和水保专业硕士研究生的选修课程。

本课程的教学总学时数为 50 学时。课堂讲授 40 学时,课堂讨论和自学 10 学时,另外还有一周的实习时间。课堂讨论包括生物多样性测定方法、保护区生态旅游和管理等内容。课堂讨论主要是对一些基本概念和重要的生物多样性保护现象,在主讲教师的带领下,进行讨论,需要同学参考有关书籍、杂志和具体保护事例等,加深对基本概念和基本原理的理解。自学主要是要求同学熟悉自然保护区的情况,包括保护区建立、管理、物种数量、保护对象、最小面积、受危程度,以及保护区对于生物多样性保护的重要作用。

实习要选择某一保护区或森林公园进行实地调查或根据资料调研,进行典型事例的调查、分析和研究,目的是对保护区或森林公园的规划、设计、管理和科学研究等方面进行评价,或对保护区的某一学术问题进行研究。调查内容包括生物多样性普查、物种隔离状况、大型哺乳动物的有效种群数量、性比和濒危状况调查等,最好能够解决保护区和森林公园的具体保护问题,要对生物多样性保护事例进行研究和案例分析,最后还要完成一份实习报告。

实习的研究和评价结果结合课堂讨论和平时成绩,共同作为考核成绩。

小　　结

本章针对我国乃至世界生物多样性受到干扰和破坏的严峻现实,从自然和自然保护的基本内容出发,介绍了有关保护生物学的概念、发展历史,及其与生物学、生态学和人文社会科学的关系。强调保护生物学是一门综合性学科,自然科学、人文社会科学甚至本国文化历史都对生物多样性保护的理论和实践具有重要作用。要学好这门知识就要理论联系实际,将来把书本知识用到实践中,为国家和全世界的生物多样性保护做出贡献。

思　考　题

1. 保护生物学的概念和理论基础是什么?
2. 中国传统文化和思想理念与当今生物多样性保护的理论和实践的关系如何?
3. 为什么学习保护生物学始终要强调进化论和生态学知识的重要性?

主要参考文献

艾琳,李俊清 . 2010. 由木兰围场的科学考察引发对中国自然保护区建设的思考. 中国人口·资源与环境,20(S1)

陈道海,钟炳辉 . 1999. 保护生物学 . 北京:中国林业出版社

邓广铭 . 2007. 北宋政治改革家王安石 . 北京:生活·读书·新知三联书店

环境保护部 . 2011. 中国生物多样性保护战略与行动计划(2011-2030年). 北京:中国环境科学出版社

蒋志刚,马克平,韩兴国 . 1997. 保护生物学 . 杭州:浙江科学技术出版社

彭锋 . 2005. 完美的自然 . 北京:北京大学出版社

孙儒泳 . 1987. 动物生态学原理 . 北京:北京师范大学出版社

杨文衡 . 2003. 易学与生态环境 . 北京:中国书店出版社

张恒庆 . 2005. 保护生物学 . 北京:科学出版社

周国平 . 2011. 人生哲思录 . 上海:上海辞书出版社

Brussard P F. 1991. The role of ecology in biology conservation. Ecological Applications,1(1):6-12

Burgman M A, Akcakaya H R, Loew S S. 1988. The use of extinction models for species conservation. Biological Conservation,43(1):9-25

Gilpin M E, Soulé M E. 1986. Minimum viable populations:Processes of species extinction. In:Soulé. Conservation Bilogy:The Science of Scarcity and Diversity. Sunderland:Sinaue

Guerrant E O. 1992. Genetic and demographic considerations in the sampling and reintroduction of rare plants. In:Fiedler P L,Jain S K. Conservation Biology:The Theory and practice of Nature Conservation Preservation and Management. New York:Chapman and Hall

Harris L D. 1984. The Fragmented Forest:Island Biogeography Theory and the Preservation of Biotic Diversity. Chicago:University of Chicago Press

Ledig F T. 1988. The conversation of diversity in forest trees. Bioscience,38(7):471-478

Meffe G K, Carroll C R. 1994. Principles of Conservation Biology. Suderland, Massachusetts: Sinauer Associates, Inc. Publishers

Michael Gäbler. 2010-3-30. Bison bonasus (Linnaeus, 1758). jpg. http://zh. wikipedia. org/wiki/File: Bison_bonasus_(Linnaeus_1758). jpg

Millennium Ecosystem Assessment. 2005. Ecosystems and human well-being: Biodiversity synthesis. Washington D C: World Resources Institute. 86

Murphy D D. 1990. Conservation biology and scientific method. Conservation Biology, 4(2):203-204

Pimm S L, Gilpin M E. 1989. Theoretical issues in conservation biology. In: Roughgarden J, May R M, Levin S A, eds. Perspectives in Ecological Theory. Princeton N. J: Princeton University Press

Primack R. 1996. 保护生物学概论. 祁承经,等译. 长沙: 湖南科学技术出版社

Schonewald-Cox C, Chambers S, MacBryde B et al. 1983. Genetics and Conservation: A Reference for Managing Wild Animal and Plant Populations. Menlo Park: Benjamin Cummings Publ. Co.

Soulé M E, Wilcox B A. 1980. Conservation Biology: An Evolutionary-ecological Perspective. Sunderland, Massachusetts: Sinauer Associates, Inc. Publishers

Soulé M E. 1985. What is conservation biology? BioScience, 35(11): 727-734

Soulé M E. 1986. Conservation Biology: The Science of Scarcity and Diversity. Sunderland, Massachusetts: Sinauer Associates, Inc. Publishers

Starfield A M, Bleloch A L. 1986. Building Models for Conservation and Wildlife Management. New York: Macmillan

第二章　生物多样性

生物多样性是人类生存的基础,在可持续发展及消除贫困方面起到至关重要的作用。生物多样性为数百万人提供生计,是确保食物安全的保障,是传统医药和现代医药的重要来源。

——Kofi Annan(2003)

作为全球的资源,生物多样性必须被严肃地对待、研究、利用,而首当其冲的是保护。三种境况使得生物多样性的保护陷于空前的危机。第一,人口的爆炸增长加速了地球环境退化,特别是在热带国家。第二,科学进步在不断地发现生物多样性有更多新的用途来减轻人类的病痛以及环境的破坏。第三,自然生境的破坏,尤其是在热带地区,引起大量物种灭绝以及生物多样性不可逆转的丧失。总之,我们陷入了一种竞赛。我们必须加紧获得足够多的知识,作为制定保护和利用生物多样性的睿智决策的基础,以应对新世纪的挑战。

——Wilson(1988)

说人类傲慢,是因为我们多少在猜想我们没有生物多样性也照样活着,或者以为生物多样性无足轻重。事实上,我们现在非常需要生物多样性,等到60亿人口的地球发展到2050年90多亿的人口便为时晚矣。

——Achim Steiner(2010)

生物多样性是大自然的产物,是生物与环境相互作用所产生的自然现象。生命在地球上经历了约46亿年,随着时间和空间不断进化,形成了现今如此丰富多彩的生物世界。生物多样性是保护生物学的核心。

第一节　生物多样性及其现状

在生态学领域,生物多样性的研究已有很长的历史了。生物多样性(biological diversity)的概念最初是由 Fisher 和 Williams(1943)研究昆虫物种-多度关系时提出的,指的是群落的特征或属性。近年来,生物多样性的概念由物种和物种丰富度扩展到遗传(种内)、物种(种数)和生态(生物类群)多样性(Norse,1986)。1987 年,联合国环境规划署正式引用了"生物多样性"这一概念。20 世纪 80 年代中后期以来,生物多样性问题成为人们关注的热点。特别是 1992 年,在巴西里约热内卢召开的"联合国环境与发展大会"上,150 多个国家签署了《生物多样性公约》,极大地促进了生物多样性的研究。人们把生物多样性作为现代生物学研究的一个重点,并将之与人口、资源和环境联系在一起,目的是唤起全世界对生物多样性的重视,保护人类赖以生存和发展的生物资源。20 世纪 90 年代后,我国生物多样性研究飞速发展,不但出版了有关专著(陈灵芝,1993;钱迎倩和马克平,1994),而且还创办了《生物多样性》杂志,虽然起步晚,却发展迅速。

一、生物多样性概念

生物多样性至今仍没有一个严格、统一的定义。目前,对生物多样性有许多解释,所表述的基本内容基本一致。美国国会技术评价办公室(The office of Technologr Assessment,OTA)在1987 将生物多样性定义为:生命有机体和生态复合体的多样化(variety)和变异性(variability)。

1992 年,联合国环境与发展大会(United Nations Conference on Environment and Development,UNCDE)签署的《生物多样性公约》将生物多样性定义为"所有来源的形形色色的生物体,这些来源包括陆地、海洋和其他水生生态系统及其构成的生态综合体;这包括物种内、物种间和生态系统的多样性"。马克平(1993)认为生物多样性是生物及其与环境形成的生态复合体,以及与此相关的各种生态过程的总和。它包括数以百万计的植物、动物、微生物和它们所拥有的基因,以及它们与环境相互作用所形成的生态系统以及生态过程。这也是国内学者普遍使用的生物多样性的定义。

尽管有很多学者提出不同表述的生物多样性概念,但是他们一个共同的特点是,生物多样性至少重点考虑三个层次:物种多样性、遗传多样性和生态系统多样性。这三个层次是所有生命包括人类在内赖以生存和繁衍的必要条件(Levin,2001)。下面我们将逐一介绍生物多样性的三个层次。

二、物种多样性

物种多样性(species diversity)是指地球上动物、植物、微生物等生物种类的丰富程度,是生物多样性在物种水平上的表现形式。简单地说,物种多样性就是地球上发现的所有物种。事实上,在人们认识自然界和生物界的过程中,最先认识的是在不同环境下生活的形态各异的动植物。因此,物种多样性是我们认识生物多样性的最基本的层次。物种多样性是物种进化和生态适应的全过程,为人类提供生活必需的多种资源。

认识物种并对其进行分类,是保护生物学的主要目标之一(Morell,1999)。物种多样性主要从分类学、系统学和生物地理学角度对一定区域内物种的状况进行研究。世界上的物种多种多样,每个物种由不同种群构成,种群的数量差别很大。这些都是物种多样性的具体表现。无论生物学家还是保护生物学家,研究物种多样性首先需要面临的一个问题就是"如何确定每个具体的物种?"这既是一个理论问题,又是一个实践问题。

从林奈发明双名法命名物种开始到现在已经有 200 多年的历史,但至今物种(species)的定义仍存在很大的争议。不同的研究领域使用不同的物种概念,如形态学种、生物学种、进化种等(详见第四章)。经常用的是形态学定义(morphological definition of species)即根据个体形态来区分不同的物种,以及生物学定义(biological definition of species)即根据个体间能否自然交配并产生可育后代来划分物种。对物种进行分类鉴定时遇到的问题比预期的还要多(Bickford et al.,2007;Haig et al.,2007)。例如,一个物种可能会有几个变种,所有变种在形态上都有差异,但个体之间又足够相似,因此它们可能不会被认为是同一物种。以我们最为熟悉、品种繁多的家猫为例,所有的猫都属于同一个种(*Felis catus*),尽管在形态上不同品种的猫会有显著差别,但它们之间都很容易发生杂交(图 2-1)。相反,一些形态和生态特征上非常相似、亲缘关系很近的"姐妹种",在生物学上则是相互隔离不能进行杂交的。

实际上由于定义物种概念的方法和假设不同,因此,不同定义所界定的物种群体可能不同。这对于确定物种的保护等级尤为重要。如果物种的名称没有确定,要制定一个准确无误的法规对该物种进行保护就很难。

物种水平多样性研究的主要内容为物种多样性的现状、形成、演化及维持机制,物种的濒危状况、灭绝速率及原因,生物区系的特有性,如何对物种进行有效地保护与持续利用等。物种水平的生物多样性编目即物种多样性编目是一项艰巨而又亟待加强的课题,是了解物种多样性现状包括受威胁现状及特有程度等最有效的途径。关于物种多样性的具体内容我们将在第四章中

图 2-1　猫具有不同品种,但不同品种间可以杂交,因此属于同一个物种不同猫品种
在形态上有显著差别,表现出很高的遗传多样性(引自:http://zh. wikipedia. org/
wiki/File:Collage_of_Six_Cats-01. jpg)

做详细介绍。

三、遗传多样性

　　遗传多样性是生物多样性最为核心的层次,是物种及以上各层次生物多样性的基础。广义的遗传多样性是指地球上所有生物所携带的遗传信息的总和,也就是各种生物所拥有的多种多样的遗传信息。狭义的遗传多样性主要是指种内个体之间或一个群体内不同个体的遗传变异总和。我们可以这样去理解遗传多样性,每一个物种都包含很多不同种群、亚种、变种、品种、品系等,这些个体之间在结构和形态上的差异是含有的遗传特征的不同造成的,这就是遗传多样性(图 2-1)。在物种内部因生存环境不同也存在着遗传上的多样化。任何一个物种或一个生物个体都保存着大量的遗传基因,因此,可被看作是一个基因库(Gene pool)。基因的多样性是生命进化和物种分化的基础。一个物种所包含的基因越丰富,遗传多样性越高,它对环境的适应能力越强。遗传多样性往往受种群内个体繁殖行为的影响。一个物种具有的种群数量及每个种群的大小对其遗传多样性都有重要影响。那些由于发育或环境引起的变化不在遗传多样性之列,如昆虫的不同发育阶段表现出来的不同形态不能归结为遗传多样性上的差别(蒋志刚等,1997)。保护生物多样性的最终目的就是要保护好物种的遗传多样性。

　　遗传多样性可以表现在生命从分子到个体的各个层次。

　　(一)分子水平的多样性

　　任何物种都具有基因库和遗传组织形式,而分子水平的多样性是生命多样性的根本。基因多样性与其所编码的蛋白质多样性,是分子水平多样性的主要体现,遗传变异是维持分子水平多样性的机制。

　　(二)细胞的多样性

　　细胞的形态多种多样,而不同形态的细胞在其功能上也有所不同。细胞由蛋白质和细胞器等组成,细胞器不但具有重要的生理功能,而且具有遗传和进化的功能。

（三）组织的多样性

植物组织包括分生、支持、输导、营养、保护等组织。

（四）器官的多样性

植物主要器官包括根、茎、叶、花、果、种子等,而同一器官在不同的植物种类之间也存在较大的差异,果实的类型多种多样,花的颜色五彩缤纷,形态千差万别。在动物方面,如狐狸的耳朵,生活在极地和较为寒冷地带的个体,耳廓与身体的比例相对较小,而生活在温暖常绿的密林中的个体耳廓相对较大;鸟的喙也因取食对象的不同而表现出较大的差异。

（五）物种表型的多样性

生物生存的环境不仅随时间而变化,而且在空间上也是异质的。环境随时间的变化导致了生物的适应进化,环境在时间上的异质性导致了生物的形态分异,分异的结果是不同物种的形成。生物在进化过程中歧异度的增大意味着生境的扩大,生物的不连续性是生物对环境异质性的适应对策,如哺乳动物以及褐藻类表型因适应环境的差异而表现出表型的多样性。

目前,对遗传多样性的研究已经密切联系于物种形成、分化、进化,以及物种濒危机制和应采取的保护措施等方面。主要包括:遗传多样性的起源和产生;濒危珍稀物种的遗传多样性水平;突变效应;遗传多样性的保持与进化;遗传多样性与种群生存能力的关系分析;遗传多样性与最小生存种群等。关于遗传多样性的具体内容请参见第三章。

四、生态系统多样性

生态系统多样性是指生物圈内生境(habitat)、生物群落(biological community)和生态系统(ecosystem)的多样性以及生态系统内生境差异、生物群落和生态过程变化的惊人的多样性(McNeely et al.,1990)。包括生境的多样性、生物群落和生态过程的多样化等多个方面。生境是指无机环境,如地貌、气候、土壤、水文等。生境多样性是生物群落多样性甚至是整个生物多样性形成的基本条件;生物群落的多样性主要指群落的组成、结构和动态方面(演替和波动)的多样化。生物群落的多样化可以反映生态系统类型的多样性;生态过程多样性指生态系统的组成、结构与功能在时间上的变化以及生态系统的生物组分之间及其与环境之间的相互作用和关系。地球上生态系统是多种多样的,中国是世界上生态系统多样性最高的国家之一。中国具有 10 个植被型组(vegetation type group),29 个植被型(vegetation type),包括地球陆地生态系统的各种类型(森林、灌丛、草原和稀树草原、草甸、高山冻原等),其中每种生态系统类型包括多种气候型和土壤型(表 2-1)。生态系统多样性也表现在生态系统中物种的多样性及复杂的种间关系上。例如,生态系统的生物物种根据从群落环境中获取能量的方式不同,可分为不同的营养级:生产者、消费者和分解者。各个营养级的生物之间通过取食与被取食的关系而被紧密地联系在一起,被形象地称为食物链和食物网。在相同营养级上利用大致相同环境资源的物种可视为同一个竞争物种集团(guild)。多数学者认为食物链和食物网的复杂性是生态系统稳定性的基础。

表 2-1　中国生态系统类型多样性

	生态系统类型	数量	总计
森林生态系统类型	(1) 寒温性针叶林	35	343
	(2) 温性针叶林	9	
	(3) 温性针阔叶混交林	6	
	(4) 暖性针叶林	15	
	(5) 热性针叶林	1	
	(6) 落叶阔叶林	29	
	(7) 常绿、落叶阔叶混交林	21	
	(8) 常绿阔叶林	40	
	(9) 硬叶常绿阔叶林	9	
	(10) 季雨林	12	
	(11) 雨林	12	
	(12) 珊瑚岛常绿林	6	
	(13) 竹林	36	
	(14) 灌丛和灌草丛	112	
草地生态系统类型	(1) 草甸草原	8	122
	(2) 典型草原	16	
	(3) 荒漠草原	13	
	(4) 高寒草原	10	
	(5) 典型草甸	27	
	(6) 高寒草甸	17	
	(7) 沼泽化草甸	9	
	(8) 盐生草甸	20	
	(9) 稀树草原	2	
荒漠生态系统类型	(1) 乔木荒漠	2	48
	(2) 灌木荒漠	16	
	(3) 半灌木与小半灌木荒漠	27	
	(4) 垫状小半灌木(高寒)荒漠	3	
冻原和高山垫状生态系统类型	(1) 高山冻原	5	15
	(2) 高山垫状生态系统	9	
	(3) 高山流石滩生态系统	1	
湿地生态系统类型	(1) 森林沼泽	8	146
	(2) 灌丛沼泽	16	
	(3) 草本沼泽	64	
	(4) 藓类沼泽	8	
	(5) 浅水湿地	31	
	(6) 红树林	8	
	(7) 灌丛盐沼	2	
	(8) 草丛盐沼	7	
	(9) 海草湿地	2	

引自：吴征镒，1980；1999

　　生物多样性的这三个层次密切相关。遗传多样性是物种多样性和生态系统多样性的基础（施立明，1993；葛颂等，1994），或者说遗传多样性是生物多样性的内在形式。物种多样性是构成生态系统多样性的基本单元。因此，生态系统多样性离不开物种多样性，也离不开不同物种所具有的遗传多样性。而生态系统多样性则是生物多样性研究的重点。生态系统多样性充分体现了生物多样性研究的最突出的特征，即高度的综合性，主要表现在以下两个方面：①它是基因到景观乃至生物圈的不同水平研究的综合。例如，濒危物种的保护已经不再仅仅局限于在物种水平上保护有限的个体，而是从基因细胞种群等不同水平上去探索物种濒危机制，从生境或生态系统水平上考虑保护措施。②不同类群或不同学科研究的综合。例如，生态系统多样性维持机制的研究不仅注重生态环境对系统稳定性的影响，而且，更注重不同生物类群的作用及其相互之间关系对系统稳定性的影响（马克平等，1995）。

五、景观多样性

　　生物多样性的三个"经典"层次早已被人们熟知，近年来，有些学者提出了将景观多样性作为生物多样性的第四个层次。景观多样性（landscape diversity）是景观生态学的研究内容，是近几年来生物学方面研究的热点。景观多样性的提出对人们更深刻地理解生物多样性及其保护具有重要意义。

图 2-2　景观是指相互作用的生态系统的镶嵌结构（Bernard Gagnon 摄）

　　景观是一种大尺度的空间，是由一些相互作用的景观要素组成的具有高度空间异质性的区域（图 2-2）。景观要素（或称为一个生态系统）是组成景观的基本单元，景观要素依形状的差异可分为斑块（patch）、廊道（corridor）和基质（matrix）。斑块是景观尺度上最小的均质单元。一般来说，只有大型的自然植被斑块才有可能涵养水源、连接河流水系和维持林中物种（interior species）的安全和健康，庇护大型动物并使它们保持一定的种群数量，而且可以允许自然干扰（如火灾、瘟疫）的交替发生。总体来说，大型斑块可以比小型斑块承载更多的物种，特别是一些特有物种可能在大型斑块的核心区存在。对某一物种而言，大斑块更有能力持续和保存基因的多样性。而小型斑块则不利于林内种的生存,不利于物种多样性的保护,不能维持大型动物的延续;但小斑块可能成为某物种逃避天敌的避难所。因为小斑块的资源有限,不足以吸引某些大型捕食动物,从而使某些小型物种幸免于难。廊道是指具有通道或屏障功能的线状或带状的景观要素,它是联系孤立斑块之间以及斑块与种源之间的线性结构。一般认为廊道有利于物种的空间运动和本来是孤立的斑块内物种的生存和延续,但廊道本身又可能是一种危险的景观结构,因为它也可以引导天敌进入本来是安全的庇护所,给某些残遗物种带来灭顶之灾。例如,高速公路和高压线路对人类生产和生活来说是重要的运输通道,但对其他生物来说则可能是危险的障碍。基质是相对面积大于景观中斑块的景观要素,它是景观中最具连续性的部分,往往形成景观的背景。基质具有三个特点:①相对面积比景观中的其他要素大;②在景观中的连接度最高;③在景观动态中起重要的作用。

景观多样性是指由不同类型的景观要素或生态系统构成的景观在空间结构、功能机制和时间动态方面的多样化或变异性,它揭示了景观的复杂性,是对景观水平上生物组成多样性程度的表征。景观多样性可区分为景观斑块多样性(patch diversity)、景观类型多样性(type diversity)和景观格局多样性(pattern diversity)。景观斑块多样性是指景观中斑块(广义的斑块包括斑块、廊道和基质)的数量、大小和斑块形状的多样性和复杂性。斑块是物种的集聚地,是景观中物质和能量迁移与交换的场所,不但影响物种的种群大小、数量、分布和生产力水平,而且影响能量和养分的分布。景观类型多样性是指景观中类型的丰富度和复杂性。类型多样性多考虑景观中不同的景观类型(如农田、森林、草地等)的数目多少以及它们所占面积的比例(图 2-3)。景观类型多样性和物种多样性的关系不是简单的正比关系。景观类型多样性的增加既可增加物种多样性又可减少物种多样性。在单一的农田景观中,增加适度的森林斑块,可引入一些森林生境的物种,增加物种的多样性。而近年来森林大规模破坏,毁林开荒,造成生境的片断化,森林面积的锐减以及结构单一的人工生态系统的大面积出现,形成了极为多样化的变化模式。其结果虽然增加了景观类型多样性,但给物种多样性保护造成了严重的困难。景观格局多样性是指景观类型空间分布的多样性及各类型之间以及斑块与斑块之间的空间关系和功能联系。格局多样性多考虑不同景观类型的空间分布,同一类型间的连接度和连通性,相邻斑块间的聚集与分散程度。景观类型的空间结构对生态过程(物质迁移、能量交换、物种运动)有重要影响。不同的景观空间格局(林地、草地、农田、裸露地等的不同配置)对径流、侵蚀和元素的迁移影响也不同。

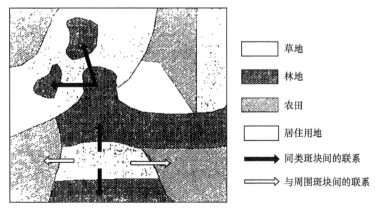

图 2-3　景观类型和格局多样性(引自:傅伯杰等,1996)

　　景观多样性与生物多样性的其他三个层次密切相关。这四个层次之间的关系如下：在较大的时空尺度上，景观多样性构成了其他层次生物多样性的背景，并制约着这些层次生物多样性的时空格局及其变化过程。遗传多样性导致了物种的多样性，物种多样性与多型性的生境构成了生态系统的多样性，多样性的生态系统聚合并相互作用又构成了景观的多样性。一个理想的景观质地应该是粗纹理（coarse grain）中间夹杂一些细纹理（fine grain）的景观布局，即景观中既有大的斑块，又有小的斑块，两者在功能上有互补效应。质地的粗细是用景观中所有斑块的平均直径来衡量的。在一个粗质地景观中，虽然有涵养水源和保护林内物种所必需的大型自然植被镶嵌，但景观的多样性不够，不利于某些需要两个以上生境的物种的生存。相反，细质地景观不可能有林内物种所必需的核心区，但在尺度上可以与邻近景观布局构成对比而增强多样性，但在整体景观尺度上则缺乏多样性，而使景观趋于单调。

　　目前，关于遗传多样性、物种多样性、生态系统多样性层次上的研究较多，而景观多样性及其与其他层次生物多样性之间的跨尺度综合研究则起步较晚。景观层次上多样性的保护一直是北美景观生态学研究的热点，近年来欧洲学者也正向这个方向转移，最受关注的方面包括：景观格局与生物多样性保护、生境特别是森林的片段化对生物多样性的影响、异质种群、种群时空动态分析、景观多样性的测度、人类活动对景观多样性的影响、景观规划与管理。传统的生物多样性保护战略被动强调现存濒危物种和景观元素的保护，但如果把生物对景观的利用作为一个能动的生态过程———一种对景观竞争性控制过程，情形可能会很不一样。在这种假设下，通过识别关键性的景观格局和空间联系，利用物种自身对空间的探索和侵占能力来保护生物多样性，就会有一种全新的景观规划途径。

六、中国的生物多样性

　　中国地域辽阔，地形、气候复杂，南北跨越寒温带、温带、亚热带和热带等气候带。生态环境多样，孕育了丰富的物种资源。中国是地球上 12 个生物多样性最丰富的国家之一，排名第 8 位。从已记录的物种数目上来看，哺乳类种数为世界第 5 位，鸟类种数为世界第 10 位，两栖类种数为世界第 6 位，种子植物种数为世界第 3 位，并且新分类群和新纪录仍在不断发表和增加。例如，占生物界 56.4% 的昆虫据估计在中国有 15 万种以上，而已定名的有 5 万种左右，约占总数的 1/3。中国的生物多样性概括起来具有如下特点。

　　（一）物种丰富

　　中国有高等植物 3 万余种，仅次于世界高等植物最丰富的巴西和哥伦比亚，占世界第 3 位。被子植物约有 328 科，3123 属，30 000 多种，分别占世界科、属、种数的 75%、30% 和 10%。在全世界裸子植物 15 科 850 种中，中国就有 10 科，约 250 种，是世界上裸子植物最多的国家。苔藓植物 2200 种，占世界总种数的 9.7%，隶属 106 科，占世界科数的 70%。蕨类植物 52 科，约 2200~2600 种，分别占世界科数的 80% 和种数的 22%。全世界藻类植物约有 40 000 种，其中淡水藻类约 25 000 种左右，而中国已发现的淡水藻类约 9000 种。

　　中国的动物也很丰富，脊椎动物共有 6347 种，占世界总种数（45 417）的 13.97%。中国是世界上鸟类种类最多的国家之一，共有鸟类 1244 种，占世界总种数的 13.1%。中国有鱼类 3862 种，占世界总种数（19 056 种）的 20.3%。

　　包括昆虫在内的无脊椎动物，低等植物和真菌，细菌，放线菌，其种类更为繁多。目前尚难做出确切的估计，因为大部分种类迄今尚未被认识。

（二）特有属、种繁多

辽阔的国土，古老的地质历史，多样的地貌、气候和土壤条件，形成多样的生境，加之第四纪冰川的影响不大，这些都为特有属、种的发展和保存创造了条件，致使目前在中国境内存在大量的古老孑遗的(古特有属种)和新产生的(新特有种)特有种类。前者尤为人们所注意。例如，有活化石之称的大熊猫(*Ailuropoda melanoleuca*)、白鳍豚(*Lipotes vexillifer*)、水杉(*Metasequoia glyptostroboides*)、银杏(*Ginkgo biloba*)、银杉(*Cathaya argyrophylla*)和攀枝花苏铁(*Cycas panzhihuaensis*)等。

中国脊椎动物共6347种，约占世界总数(45 417)的14%，其中特有种数达667，约占中国脊椎动物总种数的10%。众多的特有物种使得中国在世界脊椎动物物种多样性中占有十分重要的地位。特别是青藏高原及其周边地区(东喜马拉雅—横断山区)特有物种高度密集。中国的两大岛——海南岛和台湾岛，由于与大陆隔离，脊椎动物区系各具特色，各有独特的种和亚种。中国特有昆虫多，珍稀昆虫丰富。在1988年公布的保护动物名单中，有一级保护昆虫2种，二级12种，这是很不完全的。珍稀昆虫中以蝴蝶最为瞩目，中国珍稀蝶类为9属、24种和1个属的多属种。据已知材料显示，中国的无脊椎动物拥有包括"活化石"在内的大量特有物种，如刺胞动物门水螅虫纲的桃花水母属，全球仅5种及4个亚种，而中国分布有4种，其中3种和4个亚种为中国特有。中国已知43种星虫中有8个特有种，11种益虫中有4个特有种，这在海洋动物中也是较典型的例子。最显著的例子似乎见于淡水或内陆生活的动物类群，如软体动物中蜗牛有5个特有属，共计132个特有种，双壳类的淡水蚌6个特有属，共26种。甲壳动物门中桡足类，中国共记述206种和亚种，其中特有种有96种，占总种数的46.6%。最典型的例子是淡水溪蟹由于长期生活在山溪的石块下，互相隔绝而衍生出许多不同属种。在已知35属中共计250个特有种，其中有32个特有属(占总属数的91.4%)。此外，单枝动物门中多足类也是明显的例证，中国已发现华北马陆科这一特有科，另两科中有3个特有属和9个特有种。

中国被子植物特有属共有246个，特有种最多，约17 300种，占中国高等植物总种数的57%以上。中国被子植物特有属、种主要分布于秦岭—大别山一线以南，横断山脉以东的东南地区，其中又有三个特有属种分布相对集中的特有现象中心：①川东—鄂西—湘西北中心，这里的被子植物特有木本属几乎均为落叶乔木或灌木，具有温带性质；②川西—滇西北中心，即横断山脉南段，这里草本属在全部属中占的比例较高，被子植物的木本属几乎全为落叶乔木或灌木，青藏高原的快速和强烈隆升使本区产生大量新特有种，大大丰富了中国被子植物的多样性；③滇东南—桂西中心，由于地理位置偏南，处于北回归线附近，居泛北极植物区和古热带植物区的分界线上，其乔木特有属中几乎一半为常绿植物，特有藤本属全部为木质藤本植物，他们所隶属的科均为热带分布的科，显示出明显的热带性。

中国的裸子植物中有许多是北半球其他地区早已灭绝的古残遗种或孑遗种，并常为特有单型属或少型属。如特有单种科——银杏科(Ginkgoaceae)；特有单型属——水杉属(*Metasequoia*)、水松属(*Glyptostrobus*)、银杉属(*Cathaya*)、金钱松属(*Pseudolarix*)和白豆杉属(*Pseudotaxus*)；半特有单型属和少型属——台湾杉属(*Taiwania*)、杉木属(*Cunninghamia*)、福建柏属(*Fokienia*)、侧柏属(*Platycladus*)、穗花杉属(*Amentotaxus*)和油杉属(*Keteleeria*)，以及残遗种，如苏铁属(*Cycas* spp.)、冷杉属(*Abies* spp.)等。

根据不完全统计，中国特有的蕨类植物有500~600种，占已知中国蕨类植物的25%左右。很多特有蕨类植物在讨论物种进化问题上占据十分重要的地位，如光叶蕨(*Cystoathyrium chinense*）、中国蕨（*Sinopteris grevilleoides*）、荷叶铁线蕨（*Adiantum reniforme* var. *sinense*）等对研究该科中属的演化关系有一定意义。

（三）区系起源古老

由于中生代末中国大部分地区已上升为陆地，第四纪冰期未遭受大陆冰川的影响，许多地区都不同程度保留了白垩纪、第三纪的古老残遗部分。如松杉类植物出现于晚古生代，在中生代非常繁盛，第三纪开始衰退，第四纪冰期分布区大为缩小，全世界现存 7 个科，中国有 6 个科。被子植物中有很多古老或原始的科属，如木兰科（Magnoliaceae）的鹅掌楸属（*Liriodendron*）、木兰属（*Magnolia*）、木莲属（*Manglietia*）、含笑属（*Michelia*）；金缕梅科（Hamamelidaceae）的蕈树属（*Altingia*）、假蚊母树属（*Distyliopsis*）、马蹄荷属（*Exbucklandia*）、红花荷属（*Rhodoleia*）；樟科（Lauraceae）；八角茴香科（Illiciaceae）；五味子科（Schisandraceae）；蜡梅科（Calycanthaceae）；昆栏树科（Trochodendraceae）及中国特有科水青树科（Tetracentraceae）、伯乐树（钟萼木）科（Bretschneideraceae）等，都是第三纪残遗植物。

中国陆栖脊椎动物区系的起源也可追溯至第三纪的上新纪的三趾马动物区系。该区系后来演化为南方的巨猿动物区系和北方的泥河湾动物区系，前者进一步发展成为大熊猫—剑齿象动物区系，后者发展成为中国猿人相伴动物区系。晚更新世以后，继续发展分化，到了全新世初期，其面貌已与现代动物区系相似。秦岭以北的东北，华北和内蒙古，新疆之青藏高原，与辽阔的亚洲北部、欧洲和非洲北部同属于古北界（Palaearctic realm）；而南部在长江中下游流域以南，与印度半岛、中南半岛一起附近岛屿同属东洋界（Oriental realm）。

中国现时的动植物区系主要是就地起源的，但与热带的动植物区系有较密切的关系。许多热带的科、属分布在中国的南部。

不少植物如猪笼草科（Nepenthaceae）、龙脑香科（Dipterocarpaceae）、虎皮楠科（交让木科）（Daphniphyllaceae）、马尾树科（Rhoipteleaceae）、四数木科（Datiscaceae）等均为与古热带共有的古老科；爬行动物如双足蜥科（Dibamidae）、巨蜥科（Varanidae）；鸟类中的和平鸟科（Irenidae）、燕鸥科（Sternidae）、咬鹃科（Trogonidae）、阔嘴鸟科（Eurylaimidae）、鹦鹉科（Psittacidae）、犀鸟科（Bucerotidae）及兽类中的狐蝠科（Pteropodidae）、树鼩科（Tupaiidae）、懒猴科（Lorisidae）、长臂猿科（Hylobatidae）、鼷鹿科（Tragulidae）和象科（Elephantidae）等都来源于热带。

中国植物区系中多单型属和少型属，也反映了中国生物区系的古老性特点。这类属大多数是原始或古老类型。

中国 3875 个高等植物属中单型属占 38％，而特有属中单型属和少型属则占 95％以上。中国所产的 2200 多种陆栖脊椎动物中不少为古老种类。羚牛（*Budorcas taxicolor*）、大熊猫、白鳍豚、扬子鳄（*Alligator sinensis*）、大鲵（*Andrias davidianus*）等，就是著名的例子。

（四）栽培植物、家养动物及其野生亲缘的种质资源丰富

中国有 7000 年以上的农业开垦历史，很早就开发利用、培育繁殖自然环境中的遗传资源，因此中国的栽培植物和家养动物的丰富程度是世界上独一无二、无与伦比的。人类生活和生存所依赖的动植物，不仅许多起源于中国，而且中国至今还保有它们的大量野生原型及近缘种。

中国是世界上家养动物品种和类群最丰富的国家，根据最近的调查，包括特种经济动物和家养昆虫在内，中国共有家养动物品种和类群 1938 个。

植物方面，原产中国及经培育的资源更为繁多。例如，在我国境内发现的经济树种就有

1000 种以上,其中干果:枣树(*Ziziphus jujuba*)、板栗(*Castanea mollissima*);饮料:茶(*Camellia sinensis*);木本油料:油茶(*C. oleifera*),油桐(*Vernicia fordii*);涂料:漆树(*Toxicodendron vernicifluum*)都是中国特产。中国更是野生和栽培果树的主要起源地和分布中心,果树种类居世界第一。苹果属(*Malus*)、梨属(*Pyrus*)、李属(*Prunus*)种类繁多,原产中国的果树还有柿(*Diospyros kaki*)、猕猴桃(*Actinidia chinensis*)、荔枝(*Litchi chinensis*)、龙眼(*Dimocarpus longan*)、枇杷(*Eribotrya japonica*)、杨梅(*Myrica rubra*)以及包括甜橙(*Citrus sinensis*)在内的多种柑橘类果树等。所有这些大多数都包括多个种和大量品种。

中国是水稻(*Oryza sativa*)的原产地之一,是大豆(*Glycine max*)的故乡,前者有地方品种 50 000 个,后者有地方品种 20 000 个。

中国还有药用植物 11 000 多种,牧草 4215 种,原产中国的重要观赏花卉超过 30 属 2238 种等。

各经济植物的野生近缘种数量繁多,大多尚无精确统计。例如,世界著名栽培牧草在中国几乎都有其野生种或野生近缘种。中药人参(*Panax ginseng*)有 8 个野生近缘种,浙贝母(*Fritillaria thunbergii*)的近缘种多达 17 个,乌头(*Aconitum carmichaelii*)的近缘种有 20 个等。

(五)生态系统丰富多彩

就生态系统来说,中国具有地球所有类型(森林、灌丛、草原和稀树草原、荒漠、草甸、高山冻原等)的陆生生态系统,且每种包括多种气候型和土壤型(表 2-1),淡水生态系统类型和海洋生态系统类型尚无精确统计。

(六)空间格局繁复多样

中国生物多样性的另一个特点是空间分布格局的繁复多样。决定这一特点的是中国地域辽阔、地势起伏多山和气候复杂多变。中国领域从北到南,气候跨寒温带、温带、暖温带、亚热带和北热带;生物群落包括寒温带针叶林、温带针阔叶混交林、暖温带落叶阔叶林、亚热带常绿阔叶林和热带雨林。从东到西,随着降雨量的减少,在北方,针阔叶混交林和落叶阔叶林向西依次更替为草甸草原、典型草原、荒漠草原、草原化荒漠、典型荒漠和极寒荒漠。在南方,东部亚热带常绿阔叶林和西部亚热带常绿阔叶林在性质上有明显的不同。在地貌上,中国是一个多山的国家,山地和高原占了广阔的面积,如按海拔高度计算,海拔 500m 以上的国土面积占全国面积的 84% 以上,500m 以下还分布着大量的低山和丘陵,平原不到 10%。

不仅如此,中国山地还有两个突出特点:①山体垂直高差大。位于中尼边境的珠穆朗玛峰最高海拔 8848m,而新疆吐鲁番盆地中最低的艾丁湖,湖面在海平面以下 154m。中国西部分布有很多极高山和高山,中部也有少数高山和中山,因此,地势崎岖,起伏极大。②山体走向复杂。中国山脉有四个主走向:东西走向,南北走向,东北西南走向,西北东南走向,加上各种走向的其他山脉,相互交织形成网络,这样就形成了极其繁杂多样的生境。这一方面可以满足不同生境要求生物的生存;另一方面,也为它们提供了各种各样的隐蔽地和避难所,无论自然灾害或人为干扰,总有一些生物种得以隐蔽、躲避而生存下来。这也正是中国生物中高度丰富的重要原因。

上述因素及更为复杂的地形造成了格局的多变。特别西部多山地区,短距离内分布着多种生态系统,汇集着大量物种。横断山脉是突出代表。那里许多山峰海拔超过 5000~6000m,一般也在 4000m 左右;与邻近的河谷相对高差达 2000m 以上,形成"高山深谷"。结合着太平洋东南季风和印度洋西南季风的影响,成为最明显的物种形成和分化中心,不仅物种丰富度极高,而且特有现象也极为发达。中国高等植物、真菌、昆虫的特有属、种,大多分布在这里。例如,位于喜马拉雅山和横断山交汇处的南迦巴瓦峰(海拔 7782m)南坡,在短距离内就分布着以陀螺状龙脑香、大果龙脑香为主的低山常绿季风雨林(海拔 600m 以下),以干果榄仁(*Terminalia myriocarpa*)、阿丁枫(*Altingia chinensis*)为主的低山常绿季风雨林(海拔 600～1100m),以瓦山栲(*Castanopsis ceratacantha*)、刺栲(*C. hystrix*)、西藏栎(*Quercus lodicosa*)为主的中山常绿阔叶林(海拔 1100～1800m),以薄叶柯(*Lithocarpus tenuilimbus*)、西藏青冈(*Cyclobalanopsis kiukizangensis* var. *xizangensis*)为主的中山半常绿阔叶林(海拔 1800～2400m),以喜马拉雅铁杉(*Tsuga dumosa*)组成的中山常绿针叶林(海拔 2400～2800m),苍山冷杉(*A. delavayi*)及其变种墨脱冷杉(*A. delavayi* var. *motuoensis*)组成的亚高山常绿针叶林(海拔 2800～4000m),常绿革叶杜鹃(*Rhododendron coriaceum*)灌丛及草甸组成的高山灌丛草甸(海拔 4000～4400m),直到以地衣、苔藓以及少数菊科、十字花科、虎耳草科等科植物组成的高山冰缘带(海拔 4400～4800m)。

第二节　生物多样性的价值

生物多样性是地球生命支持系统,也是人类经济社会赖以生存和发展的物质基础。生物多样性的可持续利用是人类社会经济可持续发展的前提。以往,人们对生物多样性价值的认识有一定的误区。通常认为生物多样性的价值主要体现在直接收获的产品或经济利益上,如收获的木材、药品、奇珍异种等,因而"涸泽而渔,焚林而猎"式地开发利用,导致全球各类生态系统严重退化,生物多样性锐减。经济上的压力是世界上大多数的生物资源和生物多样性消亡的主要原因。自 20 世纪以来,频发的各种生态灾难给人们的生命和财产安全、社会经济发展带来难以估量的损失。这引发了各国学者从不同的角度研究人类发展与生物多样性之间的关系,评估生物多样性的价值逐渐成为生态学和生态经济学研究的热点之一。全面认识生物多样性的价值对于制定合理的经济决策具有重要的指导意义。

那么什么是生物多样性的价值? 生物多样性被认为是生物及其与环境形成的生态复合体,以及与此相关的各种生态过程的总和(马克平,1993)。而所谓生物多样性的经济价值更强调基因、物种、生态系统和景观各个层次的作用及其价值(郭中伟和李典谟,1998)。

生物多样性作为一种自然资源,通常属于公共所有物,它产生外部经济效益,不存在市场交换和市场价值。依据 Munasinghe 和 McNeely(1994)的概念衡量,自然资源的总经济价值包括了它的可利用价值(use value, UV)和非利用价值(non-use values, NUV)。可利用价值可以被进一步分成直接利用价值(direct use values, DUV)、间接利用价值(indirect use values, IUV)和可选择价值(option values, OV),即可能的利用价值。非利用价值主要是存在价值(existence values, EV)。探求生物多样性各成分定价的方法是当今生物多样性保护与持续利用的热点问题,也是生态学、经济学、生态经济学和保护生物学需优先和迫切解决的难题。

McNeely 等(1990)和 Barbier 等(1994)使用一种有用的方法描述生物多样性的如下几类价值:直接使用价值是指赋予那些由人类收获的产品的价值,如木材与海产品。间接使用价值是指未被消耗或未被破坏的自然资源所能提供的服务或"潜在的好处",如水土保持、休闲和教育等价值。存在价值是生物多样性的另一种价值,经常指多少人愿意为保护一个物种不会消失而支付的费用。此外还有备择价值,指的是对人类社会未来的预期利益(如可能存在的新药)。以上所有价值综合起来可以用于计算生物多样性总的经济价值。

一、直接利用价值

直接利用价值被赋予人们直接收获或使用的那些产品。通过观察有代表性人群的活动、监测自然产品的采集点以及通过查阅进出口统计资料测算。直接利用价值可进一步划分为消耗使用价值(consumptive use value)和生产使用价值(productive use value)。其中,消耗使用价值指就地消费的物品的价值;生产使用价值指进入市场的产品的价值。

(一)消耗使用价值

消耗使用价值是指那些不进入市场流通,直接被消费的自然产品的价值,如食物(尤其作为蛋白质来源的猎物)、薪柴、建筑材料等。这部分价值一般不出现在国家 GDP 中。然而,如果环境退化、自然资源过度利用或建立了封闭的保护区,乡村居民不能再获得这些产品,他们的生活水平将下降,而且有可能下降到无法生存而必须迁离的地步。

研究表明,大多发展中国家的边远地区的居民,仍大量利用自然环境所提供的薪柴、蔬菜、水果、肉、医药、绳索和建筑材料等。在非洲许多地区,野生猎物占人均蛋白质摄入量的很大部分——博茨瓦纳为 40%,利比里亚和刚果民主共和国为 75%(Myers,1988)。很多这类野生动物猎杀是非可持续性的,将直接导致被猎杀物种的减少和灭绝。即使在美国和加拿大的边远乡村地区,数十万人也在依赖烧柴供热、靠野生动物提供肉类。如果必须购买燃料和肉类,许多人也不能在那里生存。全世界每年有 1.23 亿吨鱼、甲壳类和软体动物被捕杀,主要为野生种类,其中约 0.8 亿吨来自海洋,0.13 亿吨来自淡水,其余来自水产养殖[World Resources Institute (WRI),2005]。此类捕捞大部分在当地消费。在沿海地区,渔业提供最多的就业机会,海产品也是当地消费最多的蛋白质产品。消费性使用价值的估计就是如果前述的这些当地资源不复存在,人们必须花钱在市场上买到等量的产品,这笔费用就是这种资源的消耗使用价值。

(二)生产使用价值

生产使用价值是赋予那些从野外收获、且在国内或国外市场上出售的产品的一种直接价值。这些产品通常用标准的经济学方法,即用价格来估价。价格是用它初次进入市场的售价减去此前的成本来计算的,而不是以最终的商品零售价格来计算的。

具有生产使用价值的生物资源产品对国民经济具有重要影响。几乎所有的生物资源种类均能以各种方式表现其生产使用价值,如薪柴、建材、鱼和贝类、药用植物、野生水果、蔬菜、肉类、皮张、纤维、藤条、蜂蜜、蜂蜡、天然染料、海草、动物饲料、天然香料、植物胶和树脂。

1. 食物 除了盐和少量添加剂外,人类的全部食物都与生物有关。目前世界 90% 的粮食植物,都是通过热带野生植物栽培而来。许多物种的最大生产使用价值在于它们具有为工、农业以及为农作物遗传改良提供原材料的性能。某些当前被采集的野生动、植物种可以被引进种植园或牧场,或在实验室中培养。野生种群可以被驯化为家养品种,或用于家养种群的遗传改良。对于农作物,一个野生种或变种或许可提供特定的抗虫害或增加产量的基因,这种基因一旦从野外获得,即可被整合、存储到作物基因库中。不断进行农作物的遗传改良是必要的,这不仅可以增加产量,而且还能对抗农药昆虫和增长中的致命真菌、病毒和细菌的破坏性。新品种的培育也具有显著的经济效益,1930~1980 年,美国农作物的遗传改良使得相关产值以每年平均十亿美元的速率增长。秘鲁野生西红柿的高糖含量和大果实基因,已被转移到人工种植的西红柿品种中,使该产业获得了 8000 万美元的附加值。

　　栽培物种与相关的野生种类亲缘关系十分密切,这些野生种类是驯化或栽培物种的重要遗传资源。如果人类想通过遗传改良提高驯化或栽培种类的品质,这些野生种类将起到十分关键的作用,提供丰富的遗传材料可供选择,这就是所谓的种质资源。野生物种也可用作生物控制资源,通过寻找有害物种在其原始生境的"克星",生物学家用此来控制外来有害物种。他们把这些天敌带到需要的地点释放,以控制有害物种。一个经典的例子是刺梨仙人掌(*Opuntia* sp.)作为篱笆植物从南美引入到澳大利亚后,在澳大利亚扩散开来,失去了控制,占据了数以百万公顷的牧场。在刺梨仙人掌的原生境中,一种 *Cactoblastis* 属的蛾子幼虫取食这种仙人掌,这种蛾子被成功地引入到澳大利亚后,使这种仙人掌减少到相对稀少的程度。

　　2. 木材、纺织、建筑等材料　　目前,木材(图 2-4A)是最重要的自然产品之一。木材产品(图 2-4B)正大量由许多热带国家出口,以换取外汇、为工业化提供资本和偿还外债。在印度尼西亚和马来西亚等热带国家,木材属于最重要的出口物资之一,每年交易额为数十亿美元。1988~1996 年,中国每年的商品木材生产量平均为 $6230\times10^4\ m^3$。根据 1999 年进口原木的价格(每立方米 1020 元)计算,中国商品原木价值约每年 635 亿元。从森林中获取的非木材产品,包括猎物、水果、胶和树脂、藤条和药用植物也具有巨大的生产使用价值。例如,印度每年出售森林产品所获外汇的 63% 得自非木材产品,有时,这些非木材产品被错误地称为"森林小产品(minor forest products)"。实际上,它们在经济上非常重要,其累计价值或许要大于一次采伐木材的价值。非木材产品的经济价值加上森林生态功能的价值,是维持世界上许多地区的森林覆盖率必要的论据。

图 2-4　木材(A)和木材产品(B)(赵秀海摄)

　　现在,人们生产生活当中多使用金属、水泥、玻璃、塑料等作为建筑、纺织材料,但是以前人们使用的多是木材、棉花、茅草、丝绸和皮革等。在远离工业中心的地方,人们生产生活仍然主要利用天然资源。同样,在工业化国家,对天然资源的使用仍占据重要的作用,因为人们更愿意使用来自天然的室内装潢用品和生活用品,而不愿意选择塑料和其他化学制品。

　　3. 药品　　在人类历史上曾经有一个时期,所有用于治疗疾病的药物全部来自其他生物。直到今日,约 80% 的世界人口仍然主要使用由动、植物衍生的传统医药治病,世界卫生组织估计,在加纳、马里、尼日利亚和赞比亚,60% 患发烧的儿童都在家里使用草药治疗,在尼泊尔的一个地区,有 450 种植物物种被当地人普遍用作药物。我国有 5000 多种动植物用于医疗。无论是东方国家还是西方国家,无论是发达国家还是发展中国家,每年都有价值数十亿美元的生物药品被使用。除此之外,现代西药中有很多有效成分是从植物中提取出来而后合成化学药物的。据估计,美国全年使用的药品中 41% 来自生物,其中,25% 来自植物,13% 来自微生物,还有 3% 自动物。生物物种药用价值的最主要部分来自植物,因为植物在生物化学成分上有很大的多样性。生物制药中微生物也占较大比例,最著名的来源于微生物的药物是青霉素、四环素还有其他一些抗生素类、激素类、疫苗类等药物。

近年来,不同生物在医药上的作用引起保护生物学家的特别兴趣,因为物种的药用价值问题显然与生物多样性保护有关。从生物化学角度讲,每个物种都有各自独特的化学组成,都可能具有科学研究价值。如果一个物种灭绝了,我们就可能失去一个发现新药物的机会。

4. 燃料 人类对生物开发和利用的另外一个重要的方向就是作为燃料。人们使用的主要燃料石油和天然气,都来源于古代生物。对于现存生物,燃料用途主要体现在木本植物上,据统计,全世界每年有 18 亿立方米的木料作为燃料烧掉。另外,农业生产废料也是燃料的主要来源。除了植物,许多其他生物同样也能提供大量的油脂类化合物,这些物质除了燃烧还可以用作其他用途。例如,抹香鲸的油脂可以作为特殊的润滑剂,由于巨大的利益驱动导致抹香鲸目前已经濒于灭绝。非常幸运的是,最近人们在一种叫荷荷巴(jojoba)的植物(图 2-5)中提取到了与抹香鲸油类似的化学物质,而这一植物非常容易栽培成活。这在一定程度上缓解了人们对抹香鲸油的需求。

图 2-5 荷荷巴树(Kenneth Bosma 摄)

二、间接经济价值或生态价值(环境作用、生态服务)

间接经济价值主要是指生物在维持生态系统乃至整个生物圈的稳定和平衡中极其重要作用的间接价值体现,它通过生命有机物与自然系统正常功能之间的互相依赖关系来实现,如生态系统的生产力、水土保持、气候调节等。间接经济价值一般没有一定的形态,只存在于生态系统有机体的能量流动和物质循环之中,其效益通过其他环境因子、种群、群落、生态系统或景观的变化反映出来,由于其难以度量并且还没有一个统一的标准来进行计算,因此其作用和意义常常被人们忽视。由于它们不是通常经济意义上的物品或服务,一般不出现在国家经济的统计资料里。如果自然生态系统不能提供这些作用和服务,就必须付出昂贵代价同时开发替代资源。例如,毁林后,我们必须寻找木材替代品,建造水土流失控制设施,扩大水库,更新空气污染控制技术,启动防洪工程,改进净水设备,增加空调机,以及提供新的休闲设施。这些替换意味着庞大的税收负担、世界性的自然资源供应枯竭和增加对留存的自然系统的压力。这对于如何估价生态系统的间接使用价值颇有启发。

(一)生态系统生产力

生态系统生产力是植物和藻类的光合作用把太阳能转存在活组织中,这些能量有时被人类作为烧柴、饲料和野生食物直接利用。植物材料也是无数条食物链的起点,这些食物链通向为人类利用的所有动物,结果是,约 40% 的陆地生态系统生产力由人类对自然资源的需求所主宰。过度放牧、采伐和频繁的火烧造成一个地区植被的破坏,损坏了生态系统利用太阳能的效率,最终导致植物生产力的丧失和生活于该地区的动物(包括人类)群落的萎缩。即使退化或损坏的生态系统能被重建和恢复,也常常要付出昂贵代价,而且通常也无法使其在功能上复原,几乎可以肯定,它们不再具有原来的物种多样性。森林是陆地上生产力最高的生态系统类型。森林每生产 1kg 干物质需吸收 1.84kg 二氧化碳,或每生产出 $1m^3$ 的木材,大约需要吸收 850kg 的二氧化碳,或折合成 230kg 碳。中国森林资源活立木总蓄积量是 $125 \times 10^8 m^3$。由于需要 230kg 碳来生产 $1m^3$ 木材,全部活立木共贮存着约 $28.8 \times 10^8 t$ 碳。按每吨碳 165 元计算,则此储存量价值 4752 亿元。

（二）保持水土、涵养水源

生物群落,尤其是森林群落,在保护流域、缓冲洪水和干旱对生态系统的冲击,以及维持水质等方面至关重要。植物的枝叶、落到地面的枯枝落叶能减弱雨水对土壤的冲刷。植物的根系和土壤生物使土壤疏松,增加其吸水能力。地被植物的土壤能在雨停后的几天或几周内,缓慢释放所储存的雨水,从而减少暴雨后洪水泛滥的危险。

当砍伐、垦荒和其他人类活动减少植被时,水土流失甚至滑坡事件的频率迅速增加,结果是土地的使用价值降低。对土壤的损害反过来又限制了植被在干扰过后的恢复能力,使土地不再适于农耕。中国水土流失面积 $367 \times 10^4 km^2$,占国土面积的 38%。据估计,每公顷山地森林防止泥沙流失效益为 32 元,全国山地森林的效益约 36 亿元;每公顷山地森林防止土壤养分流失效益为 3 元,全国约 3 亿元。两项合计,全国山地森林的保土效益每年约 39 亿元。许多国家前所未有的洪灾,都与最近在江河流域地区的大规模伐木有关。1998 年我国长江、松花江和嫩江流域的严重水灾,给人民生命财产造成了巨大的经济损失。全国受影响的农田达 2229 万公顷,受害区域为 1378 万公顷,死亡 4150 人,倒塌房屋 685 万间,直接经济损失 2551 亿元。1998 年洪水也与上游的大规模森林砍伐密切相关,为此,我国政府终于下令禁止砍伐长江上游和黄河中上游的天然林资源。中国森林面积为 $159 \times 10^4 km^2$,每公顷森林在雨季蓄水量达到饱和状态时可以多吸收 $2.3 \times 10^8 \sim 2.91 \times 10^8 m^3$ 的雨水。按照 1998 年每公顷的经济损失（$22.3 \times 10^4 km^2$ 损失 2.55 亿元,平均每公顷损失人民币 1.14 元）,现有森林每年能节省 2.63 万亿~3.33 万亿元。世界上一些发达的工业国家,把湿地保护放在优先地位,以防止洪水泛滥。

此外,水土流失导致大量土壤微粒悬浮于流水中,可能杀死淡水动物、珊瑚礁生物以及江河入海口处的海洋生物。泥沙也降低沿河居民饮用水的质量,进而危及人类健康。水土流失的增加使水库过早淤塞,危害电力生产,并且可能形成沙洲和岛屿,使河流和港口的航行能力下降。

（三）调节气候

植物群落在调节局部、区域、地区以及全球气候方面也很重要。在局部区域层次上,树木提供荫蔽处,蒸发水分,从而能在热天降低温度。这种冷却作用减少了对风扇和空调的需求,增加了人们的舒适感,提升了工作效率。树木作为风障,在减少冷天建筑物的热量损失方面也很重要。

在地区层次上,植物的蒸腾作用使水循环到大气中,再以雨的形式返回地面。世界上一些地区植被的丧失会对全球环境构成威胁。巴西亚马孙热带雨林中是陆地上面积最大的雨林,同样,这片雨林的年均消失面积在世界排第一位。每年平均有 1700 万公顷的森林地带被毁,而约有 70% 的雨林被全部毁掉。雨林消失造成了严重的生态危机。2005 年,巴西亚马孙流域近来遭遇数十年来最严重的干旱,库鲁阿伊湖接近干涸,引发当地森林大火,饮用水被污染,数以百万计的鱼类死亡。绿色和平组织已经号召各国政府采取紧急措施以阻止热带雨林消失,并对受气候变化和雨林锐减影响的当地居民给予保障。云南省西双版纳自治州景洪县 35 年的气象资料清楚地表明森林退化和地方气候间的关系。虽然当地的年平均气温只是略有变化,但是冬季更冷,夏季更热,降雨的季节分布不均匀性明显加剧。

在全球层次上,植物的生长与碳循环相关联。植被覆盖的减少使得二氧化碳的循环受阻,大气二氧化碳浓度增加,所以,植被破坏也是全球变暖的原因之一。在亚马孙河流域进行的大规模生物圈与大气实验表明,由于 1979~1989 年间热带美洲森林丧失,造成每年有 24×10^8 t 碳被排放到大气中。森林大规模砍伐导致大量的碳被排放到大气中,这种影响远远超过人为二氧化碳的排放。2010 年亚马孙雨林遭遇一场破纪录的大干旱,导致数十亿计的树木枯死,加之其少吸收的二氧化碳,今后数年将释放的二氧化碳,接近美国 2009 年化石燃料燃烧产生的二氧化碳总量(Lewis et al. ,2011)。另一方面,植物也是氧气的制造者,而所有的动物包括人类都依赖氧气生存。

（四）废物处理

生物群落能分解和固定污染物,如重金属、杀虫剂和污水等人类活动产物。在这方面,细菌和真菌特别重要,当某个生态系统被破坏或退化时,必须安装和运行昂贵的污染控制系统来执行这些功能。从种间关系上考虑,许多物种因有生产使用价值而被人类利用,然而,它们的持续生存却依赖于其他野生物种。因此,一个对人类没有多少直接价值的野生物种的减少,可能导致具重要经济意义物种的相应减少。例如,人类收获的野生猎物和鱼类要以植物和昆虫作为食物,植物和昆虫种群数量的下降将导致猎物收获量的下降。农作物受益于捕食害虫的鸟类和肉食性昆虫,许多有用的野生植物依赖于果食性动物如蝙蝠和鸟类来散布种子。

生物群落中最有经济意义的相互关系之一是,许多种林木和农作物与为之提供必需养分的土壤生物之间的相互关系。真菌和细菌分解死亡动植物获取能源。在这个过程中,它们又释放矿物营养如氮到土壤中,利用这些矿物营养,植物得以进一步生长。遍及欧洲的树木生长不良和大量枯萎,或许可部分归咎于酸雨和空气污染对土壤真菌的危害。

（五）环境监测

对于化学毒物特别敏感的物种能作为监测环境健康的"早期警报系统"。某些物种甚至可以替代昂贵的探测仪器。苔藓生长于岩石上,吸收酸雨和空气悬浮污染物中的化学物质,是最著名的指示物种。高浓度有毒物质能杀死苔藓,而且每个苔藓物种对空气污染物具有明显不同的耐受能力。所以,苔藓群落的物种组成能被用作空气污染程度的生物指示;苔藓的分布和多度可用于识别污染源,如冶炼厂周围的污染面积。

（六）科研、教学价值

1. 研究植被恢复自然模型　　中国是世界上人工林最多的国家,森林的覆盖率已上升到 16.55%,不过,我国大部分恢复林区由人工林组成,提倡的是生态"建设",不是生态恢复。通常人工林并不具有它们所取代的天然林所具有的生态效益,有些类型的人工林还会降低地下水位,造成水土流失,并带来疾病、虫害和火灾等。人工纯林取代多样化的天然植被,从根本上破坏了土壤的营养平衡,甚至形成"绿色沙漠",而外来种对这单一化的生态系统则具有毁灭性的影响。同时在天然草原上植树也会造成不利影响。天然林是极其复杂的活的体系,其生态过程——土壤、大气、生物之间的相互作用决定其生态功能。因此,以特定地区的顶极生物群落为受干扰群落的恢复模型,遵循自然演替途径,才能真正达到生态恢复的目的。

2. 野外实习　　　许多教育和娱乐类书籍、电视节目和电影常以大自然为主题,学校课程也越来越多的纳入自然史的内容,许多科学家和业余爱好者也热衷于生态观察。这些活动也部分体现了生物多样性的非消耗使用价值。虽然这些科学活动也能为野外工作站周边地区提供经济利益,但其真正的价值还在于增加人类的知识、强化教育和丰富人生的经历。

3. 美学价值(如休闲、生态旅游等)　　　除了现实的经济价值之外,野生动植物还是美景、快乐和享受的源泉。人类本能地热爱自然界中的其他生物。当我们见到兰花就会感到愉悦,我们见到蓝天上翱翔的金鹰就会受到鼓舞,我们看到毛虫变蝴蝶的过程就会感到自然界妙不可言。我们可以从自然界中轻易地发现其他生物与人类具有共同的美学价值、精神与情感。在人类社会中的政治、经济、文体、宗教、商业等活动中大量使用了人类认为美好的有象征意义的生物种类。因此,物种对人类的“精神价值”的重要性是不可忽略的。

图 2-6　喻义幸运的四个叶片的三叶草(王辰 摄)

例如,三叶草被广泛应用于草坪建设中,不仅是由于其易于生长繁殖的生物学特性,固氮肥土的优点和美观的花叶姿态,而且源于其重要的精神价值。三叶草的花语就为“幸福”。传说如果谁找到了有四个叶片的三叶草,谁就会得到幸福。所以在欧洲一些国家,人们在路边看到长着四片叶子的三叶草,几乎都会把它采下压平,以便来日赠送他人,以此来表达对友人的美好祝愿(图 2-6)。

在许多发展中国家,生态旅游是一个正在成长的产业。全世界每年有约 120 亿美元的生态旅游收入。旅游者愿意通过生态旅游体验该国的生物多样性、观看特别的物种。比如,卢旺达发展了一项大猩猩旅游业。生态旅游在东非国家如肯尼亚和坦桑尼亚,是传统的关键产业。在美洲和亚洲国家,它是旅游业中正在增长的部分。20 世纪 70 年代早期做过的一项考察表明,肯尼亚国家公园的一头狮子每年平均创汇为 2.7 万美元,而每个象群一年约创收 61 万美元,当前的价值肯定要比这高得多。中国生态旅游正蓬勃发展。1994 年,中国自然保护区的全部旅游收入为 300 万～500 万元,1998 年中国森林公园的直接收入为 1030 亿元,2007 年中国森林旅游社会综合产值近 1200 亿元。生态旅游是保护生物多样性的最直接的理由之一,特别是当这些活动被纳入整体管理计划时。但是,这也存在一种危险,即旅游设施提供的是一种人工美化过的环境,旅游者从中无法意识到那些严重威胁生物多样性的社会和环境问题。旅游者自身的活动也能加速生态敏感区的退化,如旅游者无意地践踏野花、弄碎栅栏、干扰筑巢鸟群等。

Costanza 等(1997)估计全球主要生态系统的服务价值约为平均每年 33 万亿美元,而全球每年的国民生产总值为 18 万亿美元(表 2-2)。陈仲新和张新时(2000)估计中国生态系统效益的总价值为 77 834.48 亿元人民币/年,其中陆地生态系统效益价值为 56 098.46 亿元/年;海洋生态系统效益价值为 21 736.02 亿元/年,是我国国内生产总值(GDP,1994)的 1.73 倍。

表 2-2　中国与全球生态系统效益和生态系统功能一览表

生态系统效益	生态系统价值(/10^8 USD/a)	
	中国	全球
气体调节	237.18	13 410
气候调节	224.54	6 840
干扰调节	1 184.05	17 790
水分调节	297.40	11 150
水分供给	1 319.54	16 920
侵蚀控制和沉积物保持	324.44	5 760
土壤形成	18.13	530
养分循环	2 561.30	170 750
废弃物处理	791.54	22 770
授粉	133.99	1170
生物控制	178.65	4 170
庇护	72.52	1 240
食物生产	503.12	13 860
原材料	278.81	7 210
遗传资源	33.69	790
休闲	234.53	8 150
文化	636.45	30 150
总计	9 030.88	332 680

引自:《中国生物多样性国情研究报告》,1998

注:科研、教育、种间关系、备择和存在价值等未计在内

4. 科学研究　世界是复杂多样的,我们对世界的认识一直都在不断增加,而我们对世界的认识有许多知识和灵感是来自于其他生物。例如,鸟类能够在空中飞行,这激发了人类对飞行的渴望,并把鸟类的身体结构作为飞行研究的模型;又如,蝙蝠可在夜间自由飞行,这使人类最终掌握了声纳和雷达技术;再如,孟德尔对豌豆的栽培和观察使人类打开了遗传学的大门。另外,如果失去多样化的生物世界,人类的教育活动也将无法进行。即使是令人厌恶的物种,也有其特殊的研究价值。苍蝇传播细菌,人们都讨厌它,可是苍蝇的"平衡棒"结构是天然的导航仪。人们模仿它制成了"振动陀螺仪",这种仪器目前已经应用在火箭和高速飞机上,实现了自动驾驶。另

外,苍蝇的"复眼"由 3000 多只小眼组成(图 2-7),人们模仿它制成了一种多用途的新型光学元件"蝇眼透镜"。"蝇眼透镜"是用几百或者几千块小透镜整齐排列组合而成的,用它作镜头可以制成"蝇眼照相机",一次就能照出千百张相同的相片。这种照相机已经用于印刷制版和大量复制电子计算机的微小电路,大大提高了工效和质量。

图 2-7　一种食虫虻的复眼(Thomas Shahan 摄)

（七）生态学价值

野生物种最重要的贡献,是它们保持了生态系统的健全、完整和适应能力。生物种类的各个居群都是生物与其环境相互作用的生态系统中的一个组成部分,各个生物物种在生态系统中都有其独特的地位。生物物种在生态系统中承担各种角色,如生产者、消费者、分解者等,还有其他角色包括竞争

者、传播者、传粉者等。保护生物学家使用"生态学绝灭"一词来描述某物种稀少到无法承担其生态功能的状态。

值得注意的是,虽然每个物种都有其生态学地位,但是其重要性却各不相同。有些物种被认为在生态系统中重要,多数情况下仅仅是因为这些物种分布广泛,个体众多,生物量巨大,这些物种被称为优势种。有些物种在生态系统中的地位十分重要,却不能仅仅用其丰富度进行评价。这样的物种被称为基石种(keystone species)。一般来说,基石种往往较优势种稀少,但是保护生物学家对一个健全的生态系统中的基石种更为关注。一个经典的例子就是紫海星。紫海星捕食一些小的无脊椎动物,其捕食行为使得许多种类能够共同生存,没有一个种能成为优势种。科学家曾尝试将一定区域范围内的紫海星去除,一个被过去紫海星捕食的物种加州贻贝成为了优势种,而有紫海星时候的 15 个物种减少成了 8 个物种(Hunter and Gibbs,2007)。另外,许多动物依赖栖息地里的资源维持生存,如岩盐,深潭,这便是基石资源(keystone resource)。基石种通常是生态系中的最高级掠食者,如狮子,但也有像粪球金龟这样的清除者扮演基石物种角色,因为没有它的清除排遗,寄生虫将大肆感染各类动物。

植物在非生长季节时能为动物提供果实的种类,就成了生态系统中的基石资源。例如,神农架自然保护区中的湖北山楂(*Crataegus hupehensis*)可以在冬季为川金丝猴(*Rhinopithecus roxellanae*)等野生动物提供食物,热带和亚热带的榕属(*Ficus*)植物提供大量的隐花果等。

三、存在与备择价值

存在价值,也称为内在价值(intrinsic value),是指人们为确保某种资源继续存在(包括其知

识存在)而进行支付的费用。全球各地的许多人都关心野生动植物,关注它们的保护。这种关注或许与渴望某一天能参观一个独特物种的栖息地和在野外看到它有关,或许只是一种相当抽象的认同。特殊的物种,即所谓的"有超凡能力的动物",如大熊猫、狮子、大象和许多鸟类,能激发人类的强烈反应。人们通过参加和捐钱给保护这些物种的保护组织,以一种直接的方式来表达他们的关爱、责任感和关注(麦克尼利,1991)。因此对这类价值做精确的代价-效益分析往往是极为困难的(图 2-8)。

图 2-8 中国的特有动物大熊猫激发了全世界各地民众的保护热情,具有极高的存在价值(张玉波,红外相机摄于四川王朗自然保护区,2011)

更进一步地说,内在价值的核心意义在于其不依赖于该物种对人类是否有用而定。严格地说,物种的"内在价值"与这一物种对其他物种是否有用或对其所在的生态系统是否有用无关。换句话说,一个物种存在的"内在价值"除了这个物种存在之外,不看任何相对指标。

对于一些哲学家来说,一个事物的存在价值不以是否对人类有用衡量是很难被接受的,但由于这一"内在价值观"对于所有生物物种既简明又公平,所以被许多保护生物学家所接受。如果我们接受物种的"内在价值"观念,确定哪些生物需要引起保护生物学家重视就变得十分明确:一定是那些有灭绝危险的或者持续受到生存威胁的物种,而不是所谓最有价值的物种。因此当确定生物种类保护级别的时候,首要的考虑因素就是物种灭绝的可能性。

备择价值是指种在未来某个时候能为人类社会提供经济利益的潜能。当社会的需求发生

改变时,满足这些需求的方法也必须改变。解决问题的途径经常涉及以前还未使用过的动、植物。搜寻新自然产物有广大的空间:昆虫学家寻找能用于生物控制的昆虫;微生物学家寻找能帮助进行生物化学制造过程的细菌;动物学家正在识别比现存家养物种更有效地生产动物蛋白质、对环境损害又较小的物种。如果将来生物多样性减少了,科学家发现和利用新物种的能力也将减小。卫生机构和制药公司正在致力于收集和筛选有药用价值的野生物种。银杏树的野生种群分布于中国少数几个相互隔离的地区,在过去的 20 年中,围绕着银杏种植和以它银杏叶为原料的药物制造,已发展成为每年产值为 5 亿美元的产业,其产品在欧洲和亚洲被广泛用来治疗血液循环系统疾病。

四、伦理价值

上述生物多样性的直接和间接价值是基于以人类为中心的经济价值的考虑,伦理学上的考虑同样重要(Naess,1989)。正如 Gaia 假说提出的,人类与其他生物都是地球母亲的孩子,他们是平等的。每一个物种都是经历了漫长几千万年进化而来的,都代表了独特的、解决生存问题的生物学方法,都具有生存的愿望。不管物种的多度和它们对人类的重要性,它们都有平等生存下去的权利,不管物种是大还是小、简单还是复杂、起源是早还是晚、经济上是重要还是微不足道。每个物种具有自身的价值,一种与人类需求无关的固有价值。这些物种一旦因为某种原因而消失,人类无论花费多少钱财都无法将其恢复。所以人类有责任采取措施、阻止物种由于我们的活动而走向灭绝。正如《深层生态学——像自然界一样生活》一书指出的那样:所有的物种都有自身的价值和存在的意义,人类无权贬低它们。

第三节 威胁生物多样性的因素

生物多样性是生命在地球上 40 多亿年进化的结果。然而任何物种都不能永远生存下去。科学研究表明一种生物从诞生到灭绝的平均寿命是 500 万年左右。在地质历史上曾出现了 5 次大规模的生物灭绝事件,每次灭绝事件中至少有 80% 以上当时生活的物种消失了。地球上曾经生存过的大约 99% 的物种已经灭绝。其中最著名的是 6500 万年前,在地球上生活了一亿三千多万年的霸主恐龙的彻底灭绝,人们热衷于探究导致恐龙灭绝的原因,至今仍是许多电影的热门题材。这些事实表明,在自然界中,物种的消失客观存在,但每一次大灭绝事件,总有一些生物属和生物种幸免于难,其中一部分是大灭绝事件之后生态系统复苏的原动力。可是,一旦生态系统的平衡受到严重的破坏,要恢复原来的生机,则需要相当长的时间。

继五次生物类群大灭绝事件之后,工业革命以来的近 200 年,伴随着人口数量的指数性增加,野生动植物的种类和数量以惊人的速度减少。据估计,由于人类活动的强烈干扰,近代物种丧失的速度比自然灭绝速度快 1000 倍,比物种形成速度快 100 万倍。物种丧失的速度由每天 1种加快到每小时 3 种。据世界“红皮书”统计,20 世纪有 110 种和亚种的哺乳动物以及 139 种和亚种的鸟类在地球上灭绝了。世界自然保护基金会 2003 年发表报告说,目前世界上已有 12 250种动物濒临灭绝,其中包括 1200 多种鸟类和 1000 多种兽类。如果以这样的趋势继续下去,今后10 年,世界现有的约 1000 万个物种会减少 10%。2000 年,西非森林中的一种红猴被正式宣布已经灭绝,这是 18 世纪以来有记载的第一种灵长类动物从地球上消失。科学家们称,令人不安的是将来还会出现物种灭绝浪潮。实际上,研究表明,已经经历了数百万年之久的 608 种灵长类动物中,有五分之一的物种将会很快灭绝。如果现代的灭绝趋势不能达到有效遏制,人类可能成为现代大灭绝的灭绝物种。即便人类能幸免于灭绝的厄运,其生存环境也将极其恶化,生存质量将明显降低。因此保护物种多样性,阻止大灭绝事件的发生,是极其必要且刻不容缓的。

　　人类出现以前发生的灭绝主要是环境改变的结果。但近代物种灭绝的事件中,超过 99% 是由人类活动造成的。威胁生物多样性的主要因素包括:生境破坏、生境破碎化、生境退化(包括污染)、全球气候变化、人类过度采伐、外来种入侵以及疾病的不断扩散。多数受威胁的物种和生态系统,面临至少两个或两个以上的威胁因素,多重因素交互作用加快了物种灭绝的速度,阻碍了生物多样性的保护(MEA,2005;Burgman et al.,2007)。

一、过度利用

　　人类出现的历史就是人类利用野生动植物的历史。尤其是野生动物,是人类蛋白质的主要来源。第一次对生物灭绝速度具有显著影响的人类活动见于人们首次移民到澳洲、南北美洲,消灭了大型哺乳动物。人们到达新大陆不久,77%~88% 体重超过 44kg 的哺乳动物走向灭绝。导致这种灭绝的原因有直接的狩猎,也有人类改变和破坏栖息地的因素。在土著居民于大约 6 万年前从亚洲来到澳大利亚之后,90% 的大型有袋目动物已经绝种,包括一种袋鼠、与犀牛一样大的袋熊和一种剑齿袋熊。15 000~12 000 年前,印第安人的祖先经白令海峡到达美洲,之后美洲大陆的猛犸象、剑齿虎等 31 个大型哺乳动物和鸟类开始绝种。大约 1000 年前,毛利人从波利尼西亚迁移至新西兰,仅用了 500 年的时间就使得数百万计身型巨大的恐鸟(图 2-9)灭绝。如今我们只能通过化石、记录和图片了解这些曾经在地球上生活的精灵。

图 2-9　被哈斯特鹰攻击的恐鸟(引自:John Megahan,2005)

　　人类对生物多样性的影响在近几百年来显著加剧。1600 年以来,尤其是工业革命之后,世界上的人口呈爆炸性指数增长。1850 年世界人口为 10 亿,仅仅 150 年后,到 2000 年世界人口已经达到 60 亿。预计世界人口高峰值很可能出现于 2050 年,将达到 80 亿,而后人口数量将逐渐下降。更多的人口意味着需要更多的自然资源,从而造成了自然资源的过度采伐和开发。渔业资源的开发利用是最好的例子。20 世纪以来,随着捕鲸船吨位的增加,鲸类被人类一种接一种的摧毁。据 1993 年统计,与捕鲸业开展前相比,蓝鲸减少 94%,露脊鲸减少 74%,座头鲸减少 92%,南右鲸减少 97%。其他鱼类资源也经受同样的命运。强大机动力的捕鱼船和高效的"渔业加工船"从世界所有海域中捕鱼,然后在全球市场上售出。这直接导致多种鱼类资源的枯竭。根据联合国粮农组织 1992 年的数字报告,世界渔业中有 44% 已经属于严重开发。其中,有 16% 为过度捕捞,6% 为资源耗尽,只有 3% 能从过度捕捞中得到恢复(图 2-10)。据预测,如果不能大幅减少捕鱼船,同时设立多个鱼类保护区,人类很可能在 2050 年面临无鱼可捕的噩梦。同时,科学技术的进步为满足这些需求提供了基础和保障。同样,具有较高人口增长率的国家,其森林采伐率更为严重(见第三节第二条)。人类如此过度开采直接威胁着三分之一的濒危哺乳动物和鸟类的生存(IUCN,2004)。在中国,威胁脊椎动物生存的各类要素中,过度开采所占比重最大(78%),其余依次为生境退化(70%)、污染(20%)和外来种入侵(3%)等(Li and Wilcove,2005)。

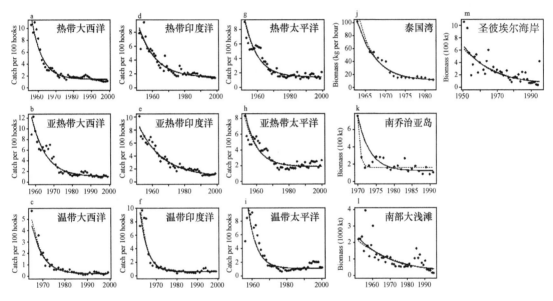

图 2-10 大洋(a~i)与大陆架(j~m)生态系统鱼类生物量工业化捕鱼之后 30 年间(1960~1990 年)的变化趋势。(引自:Myer and Worm,2003)
数据表明工业化捕鱼在 15 年左右时间里,使得这些地区生态系统鱼类生物量降低近 80%。现在这些生态系统的掠食性鱼类的生物量仅占工业捕鱼之前的 10%

鹿因茸死,獐以麝亡。一些物种因为具有较高的经济价值而被大量的过度非法开发,导致这些物种受到威胁。合法和非法野生生物贸易导致野生物种群衰减(表 2-3)(Loder,2007)。例如,目前在亚马孙河热带雨林被非法砍伐的树木占全部砍伐量的 80%。在中国,在兰花热潮的冲击下,挖掘野生兰花一度到了疯狂的程度,村民穷山搜挖,"竭泽而渔",收购者以每公斤几毛钱甚至几分钱成吨收购,从中选取极少量的珍奇品种,绝大部分植株被弃之一旁,堆积如山,任其腐烂。国产的一些珍稀大花种类,如美花兰(*Cymbidium insigne*)、大雪兰(*C. mastersii*)、独占春(*C. eburneum*)和近年来才发现的文山红柱兰(*C. wenshanense*)已濒临灭绝。其他种类也仅在一些交通极不发达的偏远山区还保存有少量植株。野生动物及其制品的非法走私是现代许多物种遭受过度捕杀的根本原因。青藏高原特有的物种藏羚羊(*Pantholops hodgsonii*)底绒织就的"沙图什"(围巾)价值 35 000 美元,20 世纪 80 年代以来,由于国际黑市藏羚羊制品的非法交易不断扩大,导致中国境内的藏羚羊被大量非法猎杀。藏羚羊的种群数量由 1990 年的 100 万只下降到 1995 年的 7.5 万只。1996 年藏羚羊被国际自然保护联盟列为易危物种,2000 年被列为濒危物种。

表 2-3　世界野生物种贸易的主要对象

种群	每年贸易数量[a]	用途及存在问题
灵长类	35 000	多数用于生化研究,同时也用于宠物、动物园、马戏团和个人收集
鸟类	200 万～500 万	动物园和宠物。大多数是栖息鸟类,也有约 80 000 只鹦鹉合法和非法的贸易
两栖类	200 万～300 万	动物园和宠物,也有 1000～1500 万的毛皮。两栖类用于 5000 万人造产品(主要来自野生的,人工养殖的数量也在增加)
观赏鱼类	5 亿～6 亿	多数海水热带鱼是野生的,并可能采用破坏其他野生动物和周边珊瑚礁的非法手段获取
珊瑚礁	1000～2000 吨	珊瑚礁遭到破坏性挖掘,用来供应养鱼装饰和珊瑚类珠宝加工
兰花类	900 万～1000 万	约占国际贸易中野生物种比例的 10%,有时也特意误标以逃脱管制
仙人掌类	700 万～800 万	约有 15% 的仙人掌贸易来自野生,走私是目前面临的主要问题

引自:Richard B. Primack 和马克平,2010

a:珊瑚礁为例外,数字表示个体数量

　　虽然自然资源的过度利用常常发生于人口密度较高的发展中国家,但是不均衡地利用自然资源,亦是一个不容忽视的导致生物多样性丧失的重要原因。发达国家(以及少数富裕的发展中国家)的人民极不均衡地消耗着全世界的能量、矿产、木材和食物,因此对环境造成了不均衡的影响(图 2-11;Myers and Kent,2004)。贫穷国家生境破坏的原因同其产品运输至富有国家有着密切的联系。例如,拥有世界上 5% 人口的美国,每年却消耗世界大约 25%～30% 的自然资源。美国、法国、德国和日本等工业化国家通过购买食物、木材和石油等资源破坏了其他国家的环境。在欧洲饭馆吃到的鱼可能来自于北太平洋沿岸,该流域的大量捕杀已导致虎鲸、海狮、海豹和海獭种群的衰落。在纽约、罗马或巴黎,饭后的巧克力甜点和咖啡可能来自正在加速破坏哥伦比亚雨林的农业种植园。

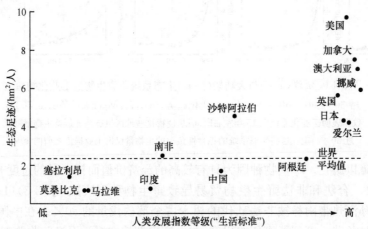

图 2-11　生态足迹法估算容纳各国居民的平均地表面积(引自:全球足迹网络和联合国发展计划署,2006)
尽管计算方法存在争议,但基本上提供了明确的信息。当用该指标与衡量人类生活水平的经济发展指数作图时,
生态足迹刻画了发达国家不均衡地消耗大量自然资源的现实

　　过度开发除了直接威胁被开发的物种外,还间接影响这些物种所在的群落和生态系统。所有物种在自然生态系统中都有自己的角色(如初级生产者、顶级捕食者、分解者或传粉者等),许多物种的角色可能不止一种。例如,如果过度开发耗尽了某些物种,其他物种通常能去接替同样的角色。这个时候虽然生物多样性会有所下降,而且群落的组成也可能改变,但群落仍能得以保留。然而,有些物种对生态系统功能所起到的作用却是唯一的,而且也是重要的,它们一旦消失,

系统就会发生根本性的变化。我们称这样的一些物种为关键种(keystone species),如顶级捕食者。生物学家的研究表明,几十种在海洋生活的鱼类、鸟类和哺乳动物已接近灭绝。在过去的300年里共记载了21种海洋物种在全球范围内的灭绝,位于食物链顶端的肉食鱼类中90%已经在海洋里消失,海洋生态系统现在已到达一个转折点。

二、生境丧失

生物多样性损失的主要原因不仅仅是人类的直接开采与猎杀,而且还缘于人口增长和人类活动必然导致的生境破坏。人口增长对土地的需求不断增加,大面积的森林、草地和沼泽等变成了城镇、村庄、道路、农田和牧场。这种增长和破坏在未来的几十年里仍将是影响陆地生态系统生物多样性的主要因素,而过度开采资源、气候变化和外来种入侵的破坏程度很可能紧随其后。"生境丧失"包括生境彻底破坏、与污染有关的生境退化以及生境破碎化。关于生境丧失也即是栖息地丧失的具体内容,我们将在第七章内详细介绍。

三、生境破碎化

完全的生境丧失的同时,几乎总是同时发生破碎化。许多生境曾经占据着广大、完整的土地,而如今被公路、农田、乡村和其他大范围的人类建筑分割成生境片段,这就是生境破碎化过程。生境破碎化(habitat fragmentation)是指大片、连续面积的生境不仅面积减小,而且被分割为两个或更多的片段。关于生境破碎化及其带来的影响,我们将在第七章内详细地介绍。

四、生境退化与污染

即使生境没有受到明显的破坏或破碎化的影响,该生态系统和物种也可能会受到人类活动带来的深远影响。环境退化最敏感和普遍的形式是污染,常常是由杀虫剂、污水、农用化肥、工业化合物与废弃物、工厂与机动车排放气体以及受侵蚀的山坡产生的沉降颗粒导致的(Relyea,2005)。环境污染有时是清晰可见的、影响显著的,例如海湾战争引起的大规模原油喷射;但也有些污染是隐蔽的、不可见的,却很可能带来巨大的威胁——主要是因为污染会造成隐秘性的危害。

化学杀虫剂 DDT 和其他有机氯杀虫剂,随生物富集(biomagnification)作用威胁食物链顶端的捕食者繁殖与生存(图 2-12)。20 世纪 50 年代和 60 年代猛禽数量的减少最重要的原因是杀虫剂污染。当湖水中 DDT 的浓度为 0.000 003ppm,经过三个营养级,到以大鱼为食的鹗(*Pandion haliaetus*)体内浓度达到 25ppm,增加 8 万倍。游隼(*Falco peregrinus*)等猛禽捕食这些以鱼为食的鸟类,毒素的浓度再进一步提高,危害性更大。有机氯杀虫剂,如 DDT,它能分解为一系列的产物,如 DDE、DDD、狄氏剂(dieldrin)及一些相关化合物。这些衍生物使卵壳变薄,抑制胚胎的正常发育,改变发育成熟鸟类的行为,甚至直接导致鸟类死亡。20 世纪 70 年代,人类认识到形势的严峻性后,许多工业化国家禁止使用 DDT 和其他相关的化学杀虫剂。这一禁令最终使许多鸟类种群得到部分恢复,最为显著的是游隼、鹗和白腹海雕(*Haliaeetus leucogaster*)。除了疾病侵染和生境退化因素之外,杀虫剂、除草剂、石油废物、重金属(如汞、铅和锌)、清洁剂、工业废物、生活污水和农业废水会严重污染水环境,对水生生物群落构成严重威胁,通过破坏食物资源、污染饮用水,对人类的健康产生直接和长期的危害。中国水体污染状况严重。许多工业废水未经处理直接排放到江河海之中。据国家环保总局公布的资料,我国的河流、河段已有近 1/4 因污染而不能满足灌溉用水要求,全国湖泊约有 75% 的水域受到显著污染

2006 年,海洋专家指出,如果不采取任何措施来遏制污染,10 年后渤海将变成"死"海。即使现在开始不向渤海排放一滴污水,仅靠其与外界水体交换来恢复清洁,也需要至少 200 年。生活污水、农业化肥、清洁剂、工业废水和土壤侵蚀常常释放大量的氮素、磷素到河流、湖泊和池塘中,引发富营养化过程(eutrophication)。这些富氮和富磷的化合物常常引起池塘和湖泊里的藻类和光合细菌爆发生长,产生厚厚的"水华"。水华旺盛繁殖限制着其他浮游生物生长,并遮盖底栖植物种类,扼杀了生态系统中鱼类和其他动物的食物来源。

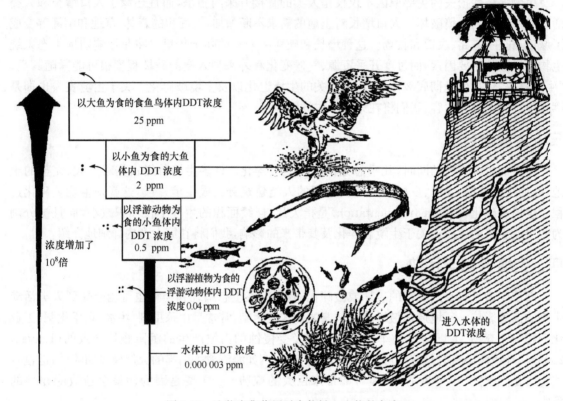

图 2-12　生物富集作用对食物链上生物的危害

(引自:http://www.nzdl.org/gsdl/collect/envl/archives/HASH0192.dir/p025.gif,有修改)

伴随藻类层越来越厚,其下层沉入底部而死亡,分解这些垂死藻类的细菌和真菌因为有了额外的食物得以繁盛,耗尽水中几乎全部的氧气,使得许多幸存的动物死亡。这些藻类也会分泌毒素,污染水体。许多原本是贫养水体中的特有物种,其衰落的直接原因是水体的富营养化。海水中的主要污染物依然是无机氮、活性磷酸盐和石油类。世界上已有 30 多个国家和地区不同程度地受到过赤潮的危害,日本是受害最严重的国家之一。近十几年来,由于海洋污染日益加剧,我国赤潮灾害也有加重的趋势,由分散的少数海域,发展到成片海域,一些重要的养殖基地受害尤重。赤潮高发区仍集中在东海海域。2007 年以来,赤潮发生总次数和累计总面积逐渐下降(图 2-13)。

海洋石油污染亦是威胁海洋生物的重要因素。每年通过各种渠道泄入海洋的石油和石油产品,约占全世界石油总产量的 0.5%,倾注到海洋的石油量达 200 万～1000 万吨。1991 年海湾战争期间泄漏入海洋的石油数量高达 1507 万吨,大量海鸟、海兽、螃蟹、海胆、鳌虾和各种鱼类陈尸海滩。当地沿岸生态遭受毁灭性破坏,生态恢复至少需要 100 年时间。

冶炼、燃煤、燃油电厂等向大气排放巨量的氧化氮、氧化硫,这些化合物与大气中的水蒸气结

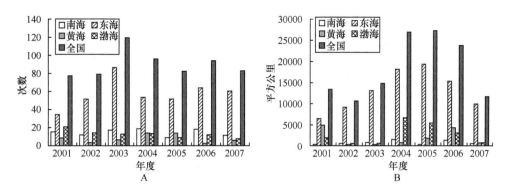

图 2-13 2001～2007 年全国赤潮发生次数及发生面积(引自：中国海洋环境质量公报，2007)

合形成硝酸、硫酸。仅仅美国一年就将 0.4 亿吨的化合物释放到大气中。

硝酸和硫酸变成云系统的一部分，极大地降低了雨水的 pH(酸度的度量标准)，导致大面积树木衰败和死亡。欧洲和北美几百万公顷森林死亡的主要原因是酸雨。中国受酸雨严重影响的森林达数十万公顷，主要是马尾松、华山松、冷杉、竹林等。森林死亡对木材生产、水体质量和娱乐消遣等方面造成巨大的影响。酸雨可以显著降低土壤和水体的 pH，并且增加有毒金属如铝的浓度。仅仅酸度增加就会伤害许多动植物，使许多鱼类不能产卵或即刻死亡。酸雨和水体污染是导致世界上许多两栖动物急剧下降的两大重要因素(Norris，2007)。酸度也能抑制微生物的分解过程，降低矿物质的循环速率和生态系统的生产力。酸雨导致许多工业化国家的池塘和湖泊里丧失大部分动物群落。美国和欧洲国家采取了更好的控制污染手段，使许多地方的酸雨问题有所缓解；但是，一些发展中国家如中国，伴随燃放化石燃料推动工业快速发展的同时，酸雨问题也日益严重。

五、全球气候变化

自从工业革命以来，由于化石燃料如煤炭、石油、天然气的燃放，毁林开荒，燃烧薪材取暖、做饭，大气中二氧化碳、甲烷、氧化亚氮等温室气体含量一直稳步增加(IPCC，2007)。这些温室气体像温室的玻璃一样，可以透射太阳光，并将由太阳能转化的热能存留温室内，因此使地球温度升高，这种效应被称做温室效应(greenhouse effect)。由于温室效应气体的增加，全球气候正在发生有史以来从未有过的急剧变化(表 2-4)。所谓全球气候变化，是指全球气候平均值和离差值两者中的一个或两者同时随时间出现了统计意义上的显著变化。

全球气候变化对生物多样性的影响是多方面的，不同类型的生态系统受到的威胁程度有所差异。全球气候变化将使北温带和南温带气候区向极地偏移，会有超过 10% 的动植物不能生存于变暖的气候中。如果这些物种不能迁移到新栖息地(主要向极地方向)，它们将濒临灭绝(Malcolm et al.，2006)。人类活动导致的生境破碎化，将减慢或阻止许多物种迁移到适合生存的新栖息地，分布区狭窄或扩散能力弱的许多物种必将走向灭绝，而分布广泛、容易扩散的物种将在新生境中得以生存繁衍(Miller-Rushing and Primack，2004；Sekercioglu et al.，2008)。如果优势物种不能适应新的环境，整个生物群落将会发生改变(Botkin et al.，2007；Gullison et al.，2007)，如美国云杉-冷杉、山杨-白桦林等生物群落的面积将会缩小 90% 以上。如果气候变暖和 CO_2 水平升高，适合入侵种生长和病虫害爆发，物种损失将更为严重。

表 2-4　观测到的全球气候变化现象

全球气候变化	现象
全球变暖	最近 100 年(1906～2005 年)的温度线性趋势为 0.74℃(IPCC,2007),到 2100 年,平均气温可能增加 2～4℃,而且海洋水体温度在过去的 50 年里,正以平均每年 0.06 ℃的速度增长
降水时空分布异常	总体趋势是,中纬度地区有降雨量增加,北半球亚热带地区的降雨量下降,南半球的降雨量增大。严重降雨事件发生率增加了 2%～4%。亚洲和非洲过去几十年旱灾的频率和严重程度都一直在增加
积雪和海冰面积减少	从 1978 年以来,北极年平均海冰面积已经以每 10 年 2.7%的速率退缩,夏季的海冰退缩率较大,为每 10 年 7.4%。在过去的 25 年里,北冰洋夏季冰川面积减少 15%。自 1850 年以来,欧洲阿尔卑斯冰川比先前范围减少 30%～40%
海平面上升	在过去 100 年中全球海平面上升了 10～20cm,据估计,在 1990～2100 年间,海平面上升的高度在 15～95cm之间,平均上升 50cm 左右
气候灾害事件	海洋表面温度每升高 0.5℃,将导致北大两洋的飓风数量增加 40%。相对 1950～2000 年的平均水平,在 1996～2005 年间,大西洋的飓风活动更加频繁,其中 40%的原因来自于当地海洋表面变暖。在过去的 30 年中风暴灾害的次数和经济损失增加了 4 倍。在干旱的树丛和萨瓦纳地区火灾频率上升,极端气象灾害频发

引自:IPCC,2007;方精云,2000

　　海平面的升高会导致低海拔沿岸的湿地群落最终将会被洪水淹没(IPCC,2007)。海平面的不断升高有可能毁坏美国 25%～80% 的滨海湿地,对于低海拔国家如孟加拉国以及岛屿国家,海平面升高将是毁灭性的灾难。近 30 年来,中国海平面上升趋势加剧,引发海水入侵、土壤盐渍化、海岸侵蚀,降低了海岸带生态系统的服务功能和海岸带生物多样性,造成海洋渔业资源和珍稀濒危生物资源衰退(国务院新闻办公室,2008)。

　　珊瑚礁也同样受到海水温度不断升高的威胁(Graham et al. ,2007)。近 10 年来,太平洋和印度洋异常高的海水温度,导致生活于珊瑚礁内为其提供重要碳氢化合物的共生藻类死亡。"白化"的珊瑚礁随之遭受大量死亡的厄运,估计印度洋的珊瑚礁死亡率高达 70%。在未来 10 年里,不断升高的温度对珊瑚礁及生存于其中的水生生物来说将是一场灾难。

　　同时,大气 CO_2 浓度升高也会增加海洋的酸性,降低水生生物分泌碳酸钙骨骼的能力,从而潜在地破坏水生环境的生态学和化学过程(Graham et al. ,2007;Stone,2007)。

　　全球气候变化可能从根本上重塑生物群落、改变物种分布。这种改变第一步就是颠覆物种自身的扩散能力,并且已有迹象表明这一过程已经开始(表 2-4),即鸟类、昆虫和植物分布变化以及春天繁殖提早等(Parmesan,2006;Miller-Rushing et al. ,2006;Cleland et al. ,2007)。海水升温已经影响到海岸带的物种分布(Vilchis et al. ,2005)。由于全球气候变化的影响深远,所以在未来几十年里应该对生物群落、生态系统功能和气候进行严密监视。特别是温度升高和降水格局的变化,可能会导致作物减产和森林大面积丧失,产生严重的社会、经济和政治影响。全球气候变化将给海岸周边人口带来灾难,他们经受着温度与降水的巨大变化,以及海平面升高引发的洪水威胁。贫困人口完全不能适应这种变化,因而将不均衡地率先遭受其后果(Srinivasan et al. ,2008)。但是,世界上所有的国家最终将遭受气候变化的影响,因此意识到全球气候变化的紧迫性,着手解决这一难题的时刻到了。

　　气候变化很可能使当前的保护区不再具有保护稀有物种和濒危物种的功能(Miller-Rushing and Primack,2004),因而需要选择将来适合这些物种生存的新地点。例如,选择具有较大的海拔梯度的地点(Hannah et al. ,2007)重新建立保护区。物种随气温变暖会向坡上迁移以保持处于相同的气候条件,因此需要鉴别和建立物种未来潜在的迁移路线,如南北向河谷。如果物种由于气候变化在野生条件下濒临灭绝,最终残留的个体将迁移到新的栖息地里生存。

尽管全球气候变化的前景受到很大关注,但不应该将注意力从大规模的生境破坏上移开。目前,生境破坏仍然是物种灭绝的主要原因。保护群落完整与恢复退化生态系统具有最大的优先权,特别是水生环境。长远来看,我们还要降低燃油使用、保护和重建森林,以降低温室气体浓度。

六、外来种入侵

外来种(exotic species)是由于人类活动打破天然的地理屏障,使其在远离原产地以外的地区生存的物种。人类活动有意或无意地将物种在世界范围内广泛传播,淡化了原有的地区间差异。大多数外来物种由于不适应新环境而无法在新生境中存活。然而,一定比例的物种却能在新生境中建立种群,许多被认为是入侵种(invasive),它们以牺牲本地种为代价,换取种群的繁盛。入侵种可通过竞争有限资源替代本地种,也可能直接捕食本地种使之濒临灭绝边缘,或者通过改变生境使本地种不能继续生存。在美国,威胁濒危物种的各类因素中,外来入侵种占49%,特别给鸟类和植物带来了严重影响(Wilcove et al.,1998),因此它们也被称做“致危物种”(endangering species)。成千上万的外来物种给美国每年造成的损失达1370亿美元(Pimentel et al.,2000)。在我国,仅因烟粉虱(*Bemisia tabaci*)、紫茎泽兰(*Eupatorium adenophorum*)、松材线虫(*Bursaphelenchus xylophilus*)等11种主要外来入侵生物,每年给农林牧渔业生产造成的经济损失就达574亿多元(徐海根等,2004)。关于生物入侵,请参阅本书第八章。

七、疾病

人类活动能够加速某些疾病在全球不同地区或不同生态系统的传播,成为物种和生物群落的主要威胁。疾病携带者如一些昆虫不断增多。家养动物与携带疾病的野生动物接触可能相互传染(Jones et al.,2008),病源生物对野生和圈养动物种群的感染都很普遍,并且能够降低脆弱种群的大小和密度。疾病可能是某些稀有物种唯一的、重大威胁。例如,1987年,黑足雪貂(*Mustela nigripes*)的最后一个野生种群被犬瘟热病毒毁灭。黑足雪貂圈养繁殖项目所面临的主要问题之一,就是保护圈养个体免遭犬瘟热病毒、人类病毒和其他疾病的侵害;目前正通过严格的检疫措施和将圈养种群拆分为地理隔离的亚种群来实现这一点。

流行病学的三个主要原则对管理和圈养濒危物种具有重要的意义。

第一,高密度的家养和野生种群都可能面对寄生虫和疾病不断增加的直接压力。在片段化的保护区内,动物种群可能会暂时建立起异常高密度的种群,从而促进疾病的迅速传播。在自然生境中,当动物远离它们的排泄物、唾液、旧皮和其他传染源后,疾病感染率会明显降低。然而,在非自然、受限制的条件下,动物始终与潜在的传染源接触,使疾病传播的概率增加。在动物园里,饲养的动物常常聚集在一个小区域里,并且相似的物种被圈在很近的地方。导致一种动物被感染,寄生虫或病菌微生物就会迅速地扩散给其他动物和相关物种。

第二,生境破坏的间接影响能够加剧生物对疾病的易感性。当宿主种群由于生境退化、生境质量和食物可利用性经常性地遭到破坏,导致营养状况降低、动物体质虚弱,对疾病的易感性增大。拥挤也会导致种群内部的压力升高,导致对传染病的抵抗力下降。污染,特别在水生环境中,可导致个体更容易遭受病原菌的侵染(Harvell et al.,2004)。

第三,许多生活在保护区、动物园、国家公园和新型农业地区里的物种,接触到其在野生状态时很少或从未遭遇过的其他物种,包括人类和家养动物,一些疾病如狂犬病、莱姆病、流感、瘟热病、汉坦病毒以及禽流感就会从一个物种传给另一个物种。人口密度增大、农业用地和人类居住地向野外扩展,导致疾病感染能够在野生种群、家养动物和人类之间得以传播。人类免疫缺陷病毒(HIV)和致命的埃博拉病毒都出现了从野生种群传染给人类和家养动物的案例。

圈养动物一旦受到外来疾病的侵染,便不应该再返回野生环境,否则将会威胁整个野生种群。另外,对疾病具有普遍和相当强抵御能力的物种,就如同一个疾病的储藏室,随后会传染给其他易感种群。例如,在 20 世纪 90 年代初,坦桑尼亚赛伦杰提国家公园大约有 25% 的狮子死于犬瘟热病,这显然是接触到生活在公园附近 3 万只家养狗中的一只或几只传染而来的(Kissui and Packer, 2004)。

外来疾病的引入能致死大批物种,甚至是分布广泛、种群数量丰富的物种。曾经在美国东部广泛分布的美洲栗(*C. dentata*)的彻底消失,就是由于从中国进口至纽约市的栗子树所携带的共生真菌栗疫病菌(*Cryphonecfria parasitica*)到处扩散导致的。另外一种外来真菌正在致使当地分布的大部分山茱萸(*Cornus officinalis*)死亡。

第四节　生物多样性的保护策略及方法

一、生物多样性的保护策略

生物多样性是人类赖以生存的条件,是经济社会可持续发展的基础,是生态安全和粮食安全的保障。生物多样性保护策略是指国际社会为保护生物多样性而采取的举措的统称,通常被分为三个基本部分:抢救生物多样性;研究生物多样性;持续、合理地利用生物多样性。

二、生物多样性的保护方法

生物多样性保护的具体方法可分为以下几种:①就地保护;②迁地保护;③开展生物多样性保护的科学研究,制定生物多样性保护的法律和政策;④开展生物多样性保护方面的宣传和教育。在这里我们先简单介绍前两种方法,以后在第三章、第五章和第七章中将有更详细地介绍。

(一)就地保护

就地保护是指以各种类型的自然保护区包括风景名胜区的方式,对有价值的自然生态系统和野生生物及其栖息地予以保护,以保持生态系统内生物的繁衍与进化,维持系统内的物质能量流动与生态过程。建立自然保护区和各种类型的风景名胜区是实现这种保护目标的重要措施。

自然保护区保存了完好的天然植被及其组成的生态系统,具有防风固沙、涵养水源、净化水质、保持水土、调节气候等重要生态功能,为维护我国的生态安全发挥着无以替代的作用。

(二)迁地保护

旨在给即将灭绝的生物提供最后的生存机会。当物种的种群数量极低,或者物种原有生存环境被自然或者人为因素破坏甚至不复存在时,迁地保护成为保护物种的重要手段。通过迁地保护,可以深入认识被保护生物的形态学特征、系统和进化关系、生长发育等生物学规律,从而为就地保护的管理和检测提供依据。迁地保护的最高目标是建立野生群落。

迁地保护生物居群具有以下作用:①为野外生境不复存在的物种提供最后的生存机会;②作为补充野生居群的后备基因库;③获取有效保护野生居群的经验与数据;④为在新的生境下创建生物群落提供种源。

那么,在什么情况下应该对濒危物种进行迁地保护呢? IUCN 建议,当一个物种的野生居群内个体数量小于 1000 只时,就应该进行人工繁育。然而,目前的状况是只有当居群内个体数极低,濒临灭绝的时候才采用迁地保护措施。一般来说,当物种原有生境破碎或者生境不复存在,或当物种的个体数下降到极低水平而无法通过正常交配进行繁殖,或物种的生存条件发生突然性变化时,迁地保护即成为保持物种多样性的重要手段。利用科技手段,在有限空间内人为创造濒危物种的生存条件,通过对这些物种的供应食物、疗养伤病、人工繁育、年龄结构优化、重新野化直至在适宜的生境下重新放归自然是迁地保护的具体措施。

小 结

地球上的生物多样性包括:物种多样性、种内的所有变异(遗传多样性)、物种赖以生存的生物群落以及包括无机环境在内的生态系统水平的生态过程(生态系统多样性)和景观多样性。

物种多样性是我们认识生物多样性的最基本的层次。物种多样性是物种进化和生态适应的全过程。物种多样性为人类提供生活必需的多种资源。但是另一个事实是到目前为止,世界上大多数物种还没有被描述和命名。

生物多样性对人类的生存具有重要的意义,主要表现为如下价值:直接使用价值、间接使用价值、选择价值等。环境伦理学呼吁宗教与非宗教价值体系都应该鼓励保护生物多样性。最核心的环境伦理观点是物种和生物群落,无论对于人类是否有直接的价值,都具有存在的权利。人类有责任有义务保护生物多样性。

不断增长的人口、贫穷和自然资源的不均衡消费引起了生物多样性危机。威胁生物多样性的主要因素包括物种的过度开发、生境丧失、生境破碎化、全球气候变化、生境退化与污染、外来种入侵及疾病的加速传播。一个受威胁的物种往往受多种因素的共同影响,而且对其他因素的变化更加敏感。

思 考 题

1. 你能识别校园里或实习基地多少种植物和动物? 你认为生物多样性的哪一个层次与你的生活密切相关? 请说明理由。

2. 你生活的地区有哪些生态系统类型? 它们能提供哪些生态系统服务? 请估计这些生态系统的价值。

3. 如果你正在管理一个森林峡谷中的溪流,你是否会希望在溪流上修建一个小水坝从而创造一个小池塘? 这会对该地区的生态环境和生态系统产生何种影响?

4. 如何理解人口增加与生物多样性丧失间的关系? 在你熟悉的生态系统或生物类群中(如蝴蝶),如何衡量导致其生物多样性降低的各种因素的相对重要性呢? 是否有可能找到一个既能够满足人口增长需求,又能保护生物多样性的平衡点?

5. 21 世纪头 10 年全世界各国经历的极端气候天气(水灾、干旱、飓风等)更加频繁,强度更大,你认为这会对生物多样性有什么影响?

6. 你是否观察到周围的一些生态系统正在发生变化? 这些变化如何影响生物多样性? 能否给出一些具体的例子?

7. 详细研究一个濒危物种。探讨直接威胁这一物种的全部因素是什么。这些直接的威胁因素与更大的社会、经济、政治和立法等方面有怎样的联系?

主要参考文献

陈灵芝 . 1993. 中国的生物多样性:现状及其保护对策 . 北京:科学出版社

蒋志刚,马克平,韩兴国.1997.保护生物学.杭州:浙江科学技术出版社

马克平.1993.试论生物多样性的概念.生物多样性,1(1):20-22

钱迎倩,马克平.1994.生物多样性研究的原理与方法.北京:中国科学技术出版社

吴征镒,中国植被编辑委员会.1980.中国植被.北京:科学出版社

《中国生物多样性国情研究报告》编写组.1998.中国生物多样性国情研究报告.北京:中国环境科学出版社

中国湿地植被编辑委员会.1999.中国湿地植被.北京:科学出版社

Bernard Gagnon. 2009-07-16. Tianchi Lake. jpg. http://zh. wikipedia. org/wiki/File:Tianchi_Lake. jpg

Caspian blue. 2009-10-10. Collage of six cats-01. jpg. http://zh. wikipedia. org/wiki/File: Collage _ of _ Six _ Cats-01. jpg

John Megahan. Ancient DNA Tells Story of Giant Eagle Evolution. PLoS Biol 3 (1): e20. doi: 10. 1371/ journal. pbio. 0030020. 2004

Kenneth Bosma. 2010-10-29. Jojoba. jpg. http://zh. wikipedia. org/wiki/File:Jojoba. jpg

Lewis S L, Brando P M, Phillips O L, et al. 2011. The 2010 amazon drought. Science,331(6017):331-551

McNeely J A, Miller K R, Reid W, et al. 1990. Conserving the World's Biological Diversity. IUCN, World Resources Institute, CI, WWFUS, World Bank, Gland, Switzerland and Washington, D. C.

Morell V. 1999. The variety of life. National Geographic, 195(2): 6-32

Myers R A, Worm B. 2003. Rapid worldwide depletion of predatory fish communities. Nature,423:280-283

Primack R B,马克平.2010.保护生物学简明教程.4版.北京:高等教育出版社

Thomas Shahan. 2011-2-2. Female Ommatius Robber Fly. png. http://zh. wikipedia. org/wiki/ File:Female_Ommatius_Robber_Fly. png

http://www. nzdl. org/gsdl/collect/envl/archives/HASH0192. dir/p025. gif

第三章　遗传多样性保护

在一定程度上,我们可以理解为什么自然界处处充满着美,这很大一部分应归功于自然选择。

——达尔文(1895)

20世纪以来,分子生物学的产生和发展,改变了人类对生命本质、自然规律的认识。日新月异的生物学技术为人们研究物种间和物种内氨基酸和核酸序列的差异奠定了基础。在保护生物学领域中,遗传多样性的保护已被列为三大保护体系之一。保护濒危物种,不仅需要保护物种的栖息地,增加种群数量,从长远来看,而且更加需要从进化的角度保持物种的进化潜力。因此,从分子水平上来研究物种的进化机制,探讨物种间的进化关系,维持物种的遗传多样性就显得尤为重要。本章将从探讨进化与保护、遗传与保护之间的关系开始,具体讲述保护遗传学领域的基本概念以及相关应用。

第一节　生物保护与分子遗传的关系

一、进化论与分子遗传的关系

1859年,查尔斯·达尔文(图3-1)的著作《物种起源》(图3-2;the Origin of Species)已经认识到所有有机体都共享一个祖先,自然选择是进化的核心机制和动力,但由于当时科学水平的限制,没有进一步的研究。1953年,詹姆斯·沃森(James Watson)和弗朗西斯·克里克(Francis Crick)对DNA双螺旋结构的阐明,奠定了遗传学的物质基础,标志着分子生物学的诞生。之后的10年里,生物大分子是生物进化的基础逐渐被确立。随着这些新的科学发现,人们认识到只有从分子水平上研究生物的进化才能触及进化的本质。近年来分子生物学的迅猛发展为进化生物学的研究提供了强大的技术支撑,使人们能够更加精确地建立起有机体间的进化关系。人们对生物大分子在进化过程中的作用以及变化规律的研究和认识,逐渐形成了有关分子进化的学说。

图 3-1　1879 年的达尔文

尤其是20世纪60年代早期"分子进化钟"的发现与60年代末期"中性理论"的提出,成为了20世纪进化学的重大事件,对进化的发展产生了深远的影响,填补了人们对分子进化即微观进化认识上的空白,极大地推动了分子进化的研究。

（一）分子钟和中心进化理论

"分子钟"(molecular clock),从概念上讲,是利用已知的分子系统和古生物学数据建立的表示分子进化速率与进化时间之间关系的通用曲线。这个理论成立的前提是蛋白质氨基酸在不同物种间的替换数或者替换百分率与所研究物种间的分化时间接近正线性关系,也就是说分子的进化是具有恒定速率的。其中最常提到的证据是关于脊椎动物的血红蛋白(也叫珠蛋白,含2个α链和2个β链)和肌红蛋白(含一条肽链)的研究。如无论是在鱼类、鸟类或者是哺乳动物中,

α-珠蛋白都是每 600 万年积累一个氨基酸的变异(图 3-3)。分子进化的特征,为我们在分子水平上分析物种进化提供了理论基础,从而为系统发育关系的构建提供了依据。

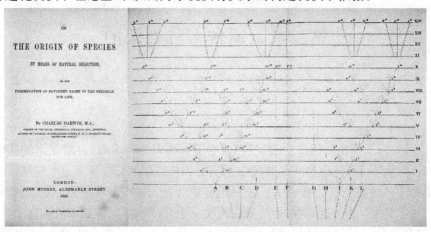

图 3-2　物种起源

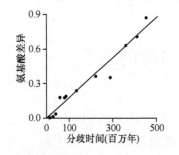

图 3-3　氨基酸差异(纵坐标)和分歧
时间(横坐标)的关系(引自:Motoo Kimura)

本图表明各动物与人类 DNA 序列每个位点氨基酸的数目,且都呈相似的线性关系。从右到左分别是鲨鱼、鲤鱼、蝾螈、鸡、针鼹鼠、袋鼠、狗和几种灵长类动物的 α-球蛋白的序列

分子钟的建立程序如下:

(1)确定生物大分子种类和分析的物种。首先根据研究目的,选择某种合适的生物大分子,要求其进行速率相对稳定、大小合适,分布范围涵盖了所要比较的物种的生物大分子。所分析的物种必须具有该生物大分子,并且不同的物种需具有不同的分歧时间。

(2)从古生物记录来确定各物种的分歧时间。通过资料查询或者直接测序等途径,获得所要比较的物种的生物大分子一级结构的相关数据。

(3)以大分子的替换数或者替换百分率为纵坐标,地质时间为横坐标,将(2)中得到的分歧时间和大分子的差异量对应于坐标上,从而利用统计学方法(回归分析)获得差异量对应进化时间的曲线,即为大分子进化速率曲线。

(4)利用该大分子进化速率曲线(或直线),就可以大致来判定未知进化事件发生时间。

自分子钟理论提出以后,尽管有些学者提出某些大分子的序列分析证据和化石证据存在差异,但大部分学者同意序列分析和分歧时间是紧密相关的。随着分子变异和分化的深入研究,日本学者木村守雄(Mottoo Kimuraz)在 1968 年提出了分子进化中性理论(the neutral theory of molecular evolution),也叫中性突变理论,对分子钟进行了解释。该理论包括两点:一是稳定积累的突变对适合度没有显著的效应,即进化过程中的核苷酸置换绝大部分是中性或近似中性的突变随机固定的结果;二是物种内虽然有大量的遗传变异,但是仅有少部分受自然选择的影响。中性理论表明了大部分的分子突变从本质上说是选择中性的,即突变对生物体而言,无所谓利或害。从微观角度看,突变压和随机固定是进化的驱动力,当突变导致形态和生理上的差异后,自然选择开始发挥作用。

分子进化中性理论很好地解释了分子多态性的起源,揭示了分子水平的进化规律,现在已经成为分子进化的重要理论之一。利用分子生物学知识,人们逐渐了解到生物体内 DNA 和蛋白质具有非常丰富的多态性,其变异程度远远高于以前预期的程度。人们还发现,生物个体和群体之内存在着大量的"无害"变异,这样的变异不影响蛋白质的功能,我们通常称之为"同义突变"。从遗传上讲,大部分对生物种群的遗传结构和进化有贡献的分子突变在自然选择的意义上都是中性和近中性的,因此,自然选择对这些突变没有筛选的作用。"同义突变"经过后代逐代的随机漂移和固定,在种群中占有相应的比例或者随机消失,从而使得种群的遗传多样性得到不断的积累。进化过程还会产生相当一部分能够引起蛋白质功能变化的"非同义突变",其中一部分为有害突变,当然其中也会产生有利突变,但是非常稀少。有害突变的比例往往受分子功能重要性的影响,如果影响到了生物的生存繁衍,很快会被自然选择所淘汰。因此,中性理论认为自然选择仅仅是对那些有害突变和正突变起作用。

一般来说,功能重要的生物大分子和大分子局部的替换率是比较低的,这些区域的序列相对保持稳定,因此被称为"保守区",这也在很多重要的功能基因中得到发现。发生在保守区的突变,往往会造成生物体适应度的下降而被剔除。不同的生物大分子的进化速率因所受的功能限制而不同,如组蛋白 H4 在动物和植物间的差异只有两个氨基酸,而血纤维蛋白肽的进化速率要比这大两个数量级;受到较低限制的蛋白质或者非功能性序列,如假基因等的变异速率可以接近突变的速率。分子钟在某种程度上速率是恒定的,其速率与突变速率相似,所以是中性理论强有力的支持者(Evolution,2010)。

(二)分子系统学与分子系统发育树

分子系统学是研究生物大分子进化历史的学科,通过研究生物大分子的信息来推断生物进化的历史,利用系统发育树的形式来体现系统发生关系(谱系)。分子系统学以生物大分子进化速率恒定性为前提,利用同源分子之间的差异量来推断生物大分子的进化史。系统发育树(phylogenetic tree)可以体现出物种间、基因间、群体间乃至个体间的系统关系。

1. 系统发育树的基本概念 系统发育树通过分枝的层次或拓扑结构,来反映新的基因复制或享有共同祖先的生物体的歧义点。系统树的构建为分子进化研究提供了一个新的技术手段,可以比较精确地定位物种的分类地位,确认其进化历史。

通常将一组物种间关系的系统发育关系称为物种树,而将来自于物种的一组基因序列间的系统发育关系称为基因树。

(1)大多数系统学方法推断出的系统树是无根树,或称无根谱系。"无根"表示了最早的共同祖先不能确定。具有指名根的树被称为有根树。如果在所有时间内进化速率是恒定的,假设分子钟存在,利用构树方法可以构建有根树,这种产生有根树的方法成为分子钟置根。大多数的构树方法不能确定树根,因此常用一种外类群置根法,即在构建过程中引入关系较远的物种(称为外类群)。如在推断人(H)、黑猩猩(C)和大猩猩(G)之间的关系时,可以用猩猩(O)作为外类群(图 3-4)。

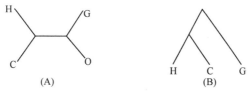

图 3-4 无根系统发育树(引自:杨子恒,2008)

(A)外类群置根 利用猩猩(O)来推断人(H)、黑猩猩(C)和大猩猩(G)之间的进化关系;(B)无根树

（2）一棵树的分枝样式叫做树的拓扑（topology）。分枝的长度反映了分歧度的大小或者进化事件发生时的进化距离。仅有拓扑结构而未有枝长的树称为分支图（cladistics），而系统发育树（phylogenetic tree）则包含了拓扑结构和枝长（图 3-5）。

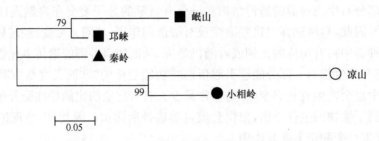

图 3-5　基于共享等位基因水平的大熊猫各种群系统进化树（张保卫，2005）
该树利用邻接法（neighbor-joining method，NJ）构建

2. 系统发育树的构建方法　　一个系统发育树的构建，涉及两个部分：第一部分是要获得生物大分子的信息量，往往这些大分子具有同源性和特征性。这里要强调的是，同源大分子在进化上的变异速率是不一致的，由此推断出的分歧时间也是有长有短。这就要求构建系统树的时候，要根据分析的目标来确定选用的生物大分子类型。具体地讲，研究进化历史较长、分歧度较大的物种时，可以选用相对进化速率较慢的生物大分子；反之，如果是鉴别亲缘关系较近的物种，则往往采用进化速率较快、能够分辨短期变化的生物分子。生物大分子的差异量，可以体现在DNA 序列的相似性、碱基替代、长短、分布变化或者蛋白质的电荷等特征上，可以通过分子生物学技术直接获得特征数据。第二部分则是根据实验获得的生物大分子的数据来构建系统发育树。有些基于距离的方法，是通过序列成对比较来判定相似性和构建距离矩阵，进行聚类分析从而构建分子进化树。常用的方法有邻接法（Saitou and Nei，1987）和 UPGMA（不加权算术平均对群法）（Sokal and Sneath，1963）。另一些方法是基于性状的，利用位点的性状（核苷酸和氨基酸）与树相配合。常用的方法有最大简约法（maximum parsimony，MP）（Fitch，1971；Hartigan，1973）、最大似然法（maximum likelihood，ML）（Felsenstein，1981）和贝斯法（Bayesian）（Rannala and Yang，1996；Mau et al.，1997；Li et al.，2000）（杨子恒，2008）。

二、遗传多样性和保护

随着国际自然保护联盟（IUCN）将保护遗传多样性作为保护生物多样性的三个基本层次之一，人们开始充分认识到濒危动物遗传管理的重要性。其实早在 19 世纪，人们就发现近交降低了物种的繁殖和生存能力（生殖健康度）。例如，44 个哺乳动物种群中有 41 个种群表现出近交个体的幼体死亡率比远交繁殖的个体要高（Rall K et al.，1983）。随后，很多学者就发现了一些稀有或者特有的物种存在着遗传衰竭的现象。很多幸存的种群都显示出遗传多样性降低和近亲繁殖，部分人工圈养种群在高度近交之后灭绝了，遗传多样性的降低增加了种群灭绝的敏感性（Frankham et al.，2002）。越来越多的学者开始重视起研究濒危种的遗传学原理，分子生物学技术逐渐地被应用于濒危动物野生种群、圈养种群、回归引种、法医学鉴定等各领域的物种生物学研究中。由此，生物多样性保护和分子遗传学的高度结合孕育了一门新兴学科，那就是保护遗传学（Conservation Genetics），专门致力于从遗传学的角度研究如何尽可能地降低物种的灭绝风险。

（一）保护遗传学的概念和内容

保护遗传学是一门综合了生态学、分类学、分子生物学、种群遗传学、进化生物学、数学等各个学科的交叉学科。保护遗传学的研究对象是濒危物种，而大多数濒危物种被隔离成了小种群或者种群数量急剧减小，所以其中心目标之一就是要了解物种的遗传多样性和种群生存能力之间的关系，从而使种群维持较高的生殖健康度和进化潜力，最终实现保护的目的。

保护遗传学的主要目标是通过研究影响物种灭绝的遗传因素，以期尽量避免濒危小种群近交和遗传多样性的丧失，从而增强小种群对环境的应变能力。保护遗传学的学科结构和内容如图 3-6 所示，具体地讲，在保护生物学中，主要需要解决以下遗传学问题（Frankham et al.，2002）：①近交对繁殖和生存不利的影响（近交衰退）；②遗传多样性的丧失和应对环境变化的进化能力；③种群片段化和基因流的降低；④随机漂变超过自然选择成为主要的进化过程；⑤有害突变的积累和丢失（遗传清除）；⑥圈养种群的遗传适应及其对物种回归引种的不良影响；⑦疑难分类群的确定；⑧种内管理单元的确定；⑨分子遗传分析在法医学中的作用；⑩分子遗传分析在弄清与保护相关的物种生物学中的作用；⑪远交对遗传健康度的不利影响（远交衰退）。

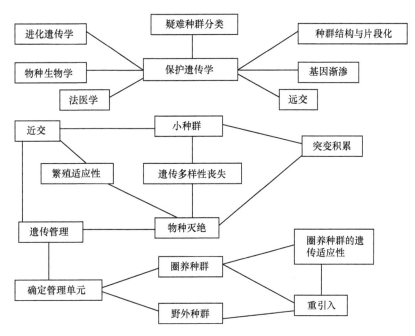

图 3-6 保护遗传学的学科结构和内容（引自：Frankham et al.，2002）

（二）遗传多样性与近交衰退

关于遗传多样性的概念已经在第二章详细地介绍过。维持遗传多样性是保护生物学的核心目标，之所以这么说是因为遗传多样性是种群在进化过程中应对环境变化所必需的物质基础。生物个体总是存在于变化的环境中，环境变化可以是全球气候变化、污染、地震，也可能是病毒入侵、细菌感染、新的竞争物种等。如果一个种群或者物种缺乏遗传多样性，那么它就缺乏了适应变化的进化基础，就很有可能在变化的环境中灭绝。尤其是小种群，遗传多样性丧失和近交衰退往往紧密相连。近交降低了物种的繁殖和生存能力（生殖健康度），通常称为

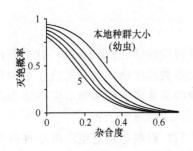

图 3-7　豹纹蝶种群近交与灭绝的关系
（引自：Saccheri et al.，1998）
横坐标是杂合度，纵坐标是灭绝的概率

近交衰退（inbreeding depression）。芬兰的豹纹蝶种群的灭绝是这方面最典型的证据。1995 年，Saccheri 等用遗传标记研究了芬兰的 42 个豹纹蝶小种群，其中 35 个种群活到了 1996 年的秋天，另外 7 个最后也灭绝了。如图 3-7所示，杂合度较低（heterozygosity）（近交的表现、遗传多样性较低）的种群灭绝的概率越高。Crnokrak 和 Roff（1999）总结了自然条件下的 157 个例子（34 个物种），发现其中有 141 例（高达 90%）显示出近交的个体比相应的远交繁殖个体的素质要差。近交衰退的现象研究在鸟类、哺乳动物、变温动物和植物中都有报道（Frankham et al.，2002）。

突变理论告诉我们，个体之间、种群之间在核苷酸上是有差异的。非同义突变的变化会引起基因位点编码蛋白质的氨基酸的变化，而蛋白质的变化又引起了个体功能、生化和形态上的差异，最终表现在个体间的繁殖率、生存率、行为方式的变化。遗传多样性的描述，实际上描述的是个体或者种群多态性、平均杂合度、等位基因多样性等参数。具体术语如表 3-1 所示。

表 3-1　遗传多样性的基本概念

术语	说明
位点（loci）：一段 DNA 或者单个基因，如编码乙醇脱氢酶的 DNA 片段与编码血红蛋白的位点是两个独立的位点（位于染色体上不同的位置）。分子位点，如微卫星位点，是没有功能产物的简单 DNA 片段	
基因型（genotype）：存在于个体某个位点上的等位基因的组合。基因型可以为杂合或者纯合	
等位基因（allele）：同一位点的不同形式，其 DNA 碱基序列不同	
纯合体（homozygote）：一个位点有两份相同拷贝等位基因的个体	
杂合体（heterozygote）：一个位点有不同等位基因的个体	
多态（polymorphism）：种群中某个位点有一个以上的等位基因即是多态的，即具有遗传多样性	
单态（monophism）：种群中的某个位点只有一个等位基因，则种群在这个位点上是单态的，即缺乏遗传多样性	
等位基因频率（allelic frequency）：等位基因在种群中的频率。假设 8 个 A1A1，2 个 A1A2，共有 18 个 A1 和 2 个 A2，A1 的频率是 0.9，A2 的频率是 0.1	
等位基因多样性（allelic diversity，A）：通过每个基因位点的等位基因平均数来衡量种群内遗传多样性的方法	
共显性（codominance）：所有基因型能够根据表现型区分出来。显性则不同，一些基因型不能依据表型被区分	
遗传距离（genetic distance）：一种遗传差别的度量方法，反应两个种群或两个种间等位基因频率的差别。如 Nei 遗传距离，一般依据多个位点来测定	
多态位点比例（proportion of polymorphic loci，P）：衡量一个种群多样性的方法，（多态位点数/样本总的位点）×100	
平均杂合度（average heterozygosity，H）：一个种群内遗传多样性的检测方法，用所有位点杂合度的总和除以基因位点的总数来计算	
期望杂合度（expected heterozygosity，H_e）：在哈温平衡中，等位基因随机配对在种群中的杂合度 $1-\sum Pi^2$	
观察杂合度（observed heterozygosity，H_o）：一个种群内一个位点的实际的杂合度，杂合子数除以样本个体总数	

引自：Frankham et al.，2002

（三）哈温平衡定律

在讨论等位基因频率和基因型频率的时候，我们经常会提到哈温平衡定律。这个定律是英国数学家 Godfrey Hardy 和德国物理学家 Wilhelm Weinberg 共同发现并命名的。它假设在一个随机交配的大种群里面，没有突变、迁移和选择的干扰作用，在随机交配的条件下，等位基因频率和基因型频率会达到一个平衡，此平衡就成为哈迪-温伯格（Hardy-Weinberg）平衡，简称哈温平衡。当然这个平衡是一个理想状态，但它在保护遗传学和进化遗传学中还是很重要的，它解释了繁殖如何影响后代的等位基因频率和基因型频率。实际应用中，它为随机交配的偏离检测、选择作用的检验，自交效应和选择效应的模拟，以及等位基因频率的估测提供了依据（Frankham et al.，2002）。单个位点的遗传多样性可以用期望杂合度 H_e、观察杂合度 H_o 和等位基因多样性（A）来描述，但因为哈温平衡期望杂合度对样本大小的敏感度小于观察杂合度，因此我们常常用期望杂合度来定义遗传多样性。一个物种的进化潜力，只分析一个位点的遗传多样性很难准确解释一个物种所有位点的遗传多样性，必须有整个基因组的遗传信息量。一个哺乳动物的基因组大约有 35 000 个位点，一般我们用多个位点（最好随机取的）遗传多样性参数期望杂合度的平均值来描述一个种群或者物种的遗传多样性。如印度 Gir 林区濒危亚洲狮具有极低的遗传多样性（O'Brien，1994）。亚洲狮在印度西北部 Gir 林区有一个小于 250 只的野生种群。在 20 世纪经历瓶颈效应后数量甚至减少到 20 只以下。通过测定其 50 个等位酶及其 DNA 指纹的遗传多样性，发现要远远低于几个非濒危的非洲狮的遗传多样性。如表 3-2 所示。

表 3-2　印度 Gir 林区濒危亚洲狮的遗传多样性

	等位酶		DNA 指纹
	P	H	H
亚洲狮	0	0	0.038
非洲狮	0.04～0.11	0.015～0.038	0.45

（四）种群遗传结构和基因流

除非是数量极少的小种群，一般来说，物种总是以多个种群的形式存在。种群与种群之间的交流会因为地理或者历史的原因多样化，遗传信息有差异，这样，小种群就呈现出单一或者连续的群体结构，在遗传上表现出不同的等位基因频率。很多物种由于其行为特殊，如日迁移距离过大或者栖息地高海拔难以接近，用生态学上的常规方法很难观察到种群之间的交流，我们就可以通过研究种群之间的遗传参数如基因频率差异，来推测出种群的亚种群结构、迁移基因流等数据。

如果群体存在近亲繁殖、选择或迁移，就可以在某种程度上构成了亚群体，亚群体可以独立发展，在自然种群中，亚群体是非常普遍的特征。哈温平衡是一个理想的状态，大家认为很少有物种是以单一的随机交配种群存在。所以揭示种群的亚结构成为保护遗传学研究的重要内容之一。大多数种群结构的研究从概念来讲都来自 Wright F 统计的应用，测量亚种群内和亚种群之间的遗传多样性分化。Wright 在 1951 年用无限等位基因模型（IAM）发展出来的 F 统计，从三个水平上量化哈温平衡（HW）的偏离程度：F_{is} 与亚种群的个体相关，F_{it} 关系到整个种群的个体，而 F_{st} 反映亚种群和整个种群的关系。未分化的平衡种群中，所有 F 统计值都是 0；局部近交产生过多的纯合子则 F_{is} 为正值。一般来说，F_{st} 是被广泛应用的 F 统计值，具体计算公式如下：

$$F_{st} = \frac{(H_t - H_s)}{H_t} \qquad (3\text{-}1)$$

其中，H_t 代表了整个种群的杂合度，H_s 表示所有亚种群的评价杂合度。F_{st} 是种群间等位基因频率的标准方差，经常简称为种群分化指数（T. J. C. Beebee et al. , 2009）。

　　一些个体从一个种群迁移到另一个种群，就会把基因带入新的种群，这种基因之间的流动我们称之为基因流（gene flow）。宏观生态学里，个体的运动有局部运动和大范围的运动，大范围的运动一般有扩散、迁出、迁入、迁徙等形式，体现在遗传上，就变成了基因的迁移和流动。基因在种群间的流动水平越大，种群的基因分布就越均衡，遗传背景就越相似。基因流和突变是种群获得遗传多样性的两个方式，所以，我们在研究种群遗传结构的时候，种群之间的基因流常常是不能忽视的内容。

　　由于历史和人类活动的影响，许多物种的栖息地相互隔离呈现出岛屿化现象。针对岛屿化的种群，Wright 提供了一种利用种群分化指数来估算种群间细胞核基因流。具体公式如下：

$$N_m = \frac{(1 - F_{st})}{4 F_{st}} \qquad (3\text{-}2)$$

其中，N_m 表示每个世代在亚种群之间迁移并成功繁殖的个体平均数，m 是种群间的迁移率。这里要说明，如果迁入者在迁入的亚种群中没有进行繁殖，则不产生任何基因流。从公式可以看出，每个时代亚种群间的迁移数是和群体间的遗传差异水平成反比。$F_{st} = 0.2$ 与 $N_m = 1$ 等价，每个世代有一个迁移者被认为是分化的阈值，高于它种群就会因为遗传漂变而产生分化。Wright 认为群体间的基因流的数值如果小于 1，有限的基因流是促使种群发生遗传分化的主要原因。如果因为外界因素导致选择压力很大的时候，即使大于 1 也不能代表种群间发生了基因流。我们在实际自然种群的管理中，使每个世代迁移者尽量高于 1 个从而防止近交程度加深，是非常必要的。

　　这个公式被应用于二倍体生物的核基因数据，通过简单修改以后也可以用于单亲遗传的单倍型基因组中，如 mtDNA。但是种群的遗传结构并不仅限于岛屿化模式（island model）（彻底的不连续分布），实际种群的遗传结构是多样化的，常见的还有陆岛模式（continent-island model）（基因流主要从陆地到海岛）、脚踏石模式（stepping stone model）（邻近群体迁入，线性移动）、距离隔离模式（邻里自由交配，距离占主因）等。所以自然种群的迁移方式是非常复杂的，判断复杂的种群结构和相互作用的迁移率也就同样非常复杂。在自然界中，个体更趋向于邻近群体交配。Slatkin（1993）发展了距离隔离模式基础上的基因流的研究方法，由于亚种群的迁移率和地理距离相关，因此可先估算所有亚种群对之间的 F_{st} 值和基因流，再寻找距离造成的隔离作用。

（五）有效种群大小

　　美国遗传学家 Sewall Wright 在两篇标志性的论文（Wright, 1931；1968）中引入了有效种群大小（effective population size，N_e 又做有效群体大小）这一概念。他定义其为"在一个具有相等性比、随机交配的理想种群中，表现出与特定统计（全部成体数目）规模相对应的、真实的种群杂合性随时间丧失的速率相同的个体。"简单地说，有效种群就是理想种群中对近交系数、杂合度丧失和等位基因频率变化产生直接影响的个体的集合。例如，一个实际的种群与 $N = 100$ 的理想种群具有相同的遗传多样性的丧失比率时，实际种群的有效种群大小就是 100。有效种群大小逐渐成为种群遗传学的一个重要种群参数。保护遗传学中认为，小种群的所有遗传后果都是与有效种群大小相关的。一般来说,有效种群大小小于种群中成年个体的数量,主要是因为自然种群的结构在性比、家系大小、世代更替方面都偏离了理想种群。种群遗传变化、遗传漂变和近交都与有效种群大小的关系比实际种群大小(N_c)来得更密切。因此,在描述种群的遗传多样性、种群结构和种群间的迁移时,我们常常要对有效种群大小进行估算。影响 N_e/N_c 最主要的因素是种群的大小波动,其次为家系大小变化和性比失衡(Frankham,1995a;1995b)。性别失衡可以降低交配个体的数目,从而降低有效种群大小。

虽然确定 N_e 的标准有一定的难度,因为它跟性比、繁殖成功率、种群调查规模相关,科学家逐渐发展出了利用高多态共显性分子标记来估算有效种群大小。其中最成熟的方法是测量世代之间等位基因的时序变化。如果所有个体以相等机会繁殖就应该完全没有变化,我们根据基因频率的变化就可以来计算有效种群大小。通过重复调查不同世代的样品,可以估算不同世代的多态位点的等位基因频率变化,具体公式如公式 3-3 所示。当已知种群的分化时间时,N_e 也可以基于"溯祖理论"的模型来估算(Frankham et al.,2002)。

$$\frac{H_t}{H_0}= \left(1-\frac{1}{2N_e}\right)^t \sim e^{-\frac{t}{2N_e}} \tag{3-3}$$

在保护遗传学领域中,还有一个概念会被经常提到,那就是瓶颈效应(bottleneck effect)。有时候在一个当前的大种群中出现低水平的多样性,都可以被解释为过去瓶颈效应的作用结果。我们国家的普氏野马(*Equus przewalskii*)、朱鹮(*Nipponia nippon*)等物种都是由极少数个体恢复过来的。一旦发生瓶颈效应,有效种群大小将明显下降。任何种群大小的减少都有可能导致遗传变异的降低,而种群大小的快速下降则会造成更严重的后果。这就提示我们,在进行物种遗传恢复的过程中,要多注意瓶颈效应的作用。现在可以用多态共显性位点来检测种群的瓶颈作用,主要是看杂合度相对于中性理论中特殊等位基因数量的预期值是否过程,具体可参考分子生态学(Beabee et al.,2009)。瓶颈效应对生物多样性的影响详见第五章瓶颈与遗传漂变基因多样性的影响一节。

（六）保护单元

在我们保护的实际工作中,首先需要明确的就是保护的目标。当需要保护的种群或者物种有多个时,我们在制定保护策略的时候,就要进一步确认优先保护的内容。因此,在保护遗传学中,解决优先保护的目标问题就成为非常重要的内容。1986 年,Ryder 首次提出了"进化显著单元"(evolutionary significant unit,ESU)的概念,主要指与其他种群发生了生殖和历史隔离、具有明显适应性变异的一组群体。随后 Moritz(1994)给出了量化的标准,利用遗传标记来定义种内管理单元。具体地说,就是如果有两个独立的类群,在线粒体 DNA 上是单系群(或称单源),在核基因位点上的频率发生了显著的分化,就可以认为这两个独立类群分别是两个不同的ESU,具有优先单独管理价值。那么,我们在制订相关保护管理策略的时候,需要分别对待这两个 ESU。ESU 的概念已经广泛地用于保护遗传学领域的研究,如大熊猫、川金丝猴(*Rhinopithecus roxellanae*)、海南坡鹿(*Cervus eldi hainanus*)等动物的保护与管理。

虽然 Motriz 给出了量化的定义,但是在实际工作中还存在一些问题。例如,系统发生树的构建还没有完全的统一,就算是单源也不一定反映了进化上的隔离历史。有些物种的类群间尽管发生了等位基因频率的分化,可不是进化上的单系群,无法认定是 ESU,在管理中就会有歧义。因此,Motriz 在 1994 年同时提出了管理单元(management units,MU)的概念。只要两个类群的等位基因频率已发生显著分化,不管线粒体或者核基因的等位基因有没有发生系统分化,就认为这两个类群分属于不同的 MU。保护物种的核心是保护物种的进化潜力,我们基于遗传上的独特性来确定保护的类群是至关重要的。一些特有的单型种、亚种、遗传分化显著的类群具有进化上的独特性,往往作为 ESU 或 MU 给予最优先的保护。全球的濒危物种达一万多种,很多物种往往生存于多个栖息地,分布范围广,种群隔离严重。在保护的过程中,如何将有限的人力和物力用到最需要保护的类群上,是科学家需要解决的问题。ESU 和 MU 的提出,正好提供了合适的标准,利用遗传学的数据和资料来确认种间和种内的关系,从而为制定合理的保护策略提供有效的依据。

第二节　常用分子标记技术

生命的遗传信息存储于 DNA 序列之中,高等动物每一个细胞的全部 DNA 构成了该生物的基因组。基因组 DNA 序列的变异是物种遗传多样性的基础。尽管在生命信息的传递过程中 DNA 能够精确地自我复制,但是许多因素均能引起 DNA 序列的变化,造成个体之间的遗传差异。例如,单个碱基的替换、DNA 片段的插入、缺失、易位和倒位等。

广义的分子标记(molecular marker)是指可遗传的并可检测的 DNA 序列或蛋白质。狭义的分子标记概念只是指 DNA 标记,而这个界定现在已被广泛采纳。利用现代分子生物学技术揭示 DNA 序列的变异(遗传多样性),就可以建立 DNA 水平上的遗传标记。从 1980 年人类遗传学家 J. G. K. Botstein 等首次提出 DNA 限制性片段多态性作为遗传标记的思想及 1985 年 PCR 技术的诞生至今,已经发展了十多种基于 DNA 多态性的分子标记技术。

理想的分子标记应符合以下几个要求:①具有较高的多态性;②共显性遗传,即利用分子标记可鉴别二倍体种杂合和纯合基因型;③能明确辨别等位基因;④除特殊位点的标记外,要求分子标记均匀分布于整个基因组;⑤选择中性,即无基因多效性;⑥检测手段简单、快速,自动化程度高;⑦开发成本和使用成本尽量低廉;⑧所得数据可在实验室之间交流和比较。

鉴于许多分子标记都是基于聚合酶链式反应(polymerase chain reaction,PCR)发展起来的,其在分子保护遗传学中占有不可替代的地位,因此我们先介绍一下 PCR 技术。

一、聚合酶链式反应

聚合酶链式反应是体外扩增 DNA 序列的技术。它与分子克隆和 DNA 分析方法几乎构成了整个现代分子生物学实验的工作基础。在这三种实验技术中,PCR 方法在理论上出现最早,也是目前在实践中应用最广泛的。PCR 技术使微量的核酸(DNA 或 RNA)操作变得简单易行,同时还可使核酸研究脱离于活体生物。PCR 技术的发明是分子生物学的一项革命,极大地推动了分子生物学以及生物技术产业的发展。

(一)PCR 技术的工作原理

PCR 的基本工作原理是以拟扩增的 DNA 分子为模板,以一对分别与模板相互补的寡核苷酸片段为引物,在 DNA 聚合酶的作用下,按照半保留复制的机制沿着模板链延伸直至完成新的 DNA 合成。不断重复这一过程,可使目的 DNA 片段得到扩增。因为新合成的 DNA 也可以作为模板,因而 PCR 可使 DNA 的合成量呈指数增长。

（二）PCR 技术的反应体系

PCR 反应体系包括 7 个基本成分：模板、特异性引物、热稳定 DNA 聚合酶、脱氧核苷三磷酸、二价阳离子、缓冲液及一价阳离子。

（三）PCR 技术的基本操作步骤

①变性：通过加热使模板 DNA 完全变性成为单链，同时引物自身和引物之间存在的局部双链也得以消除；②退火：下降至适宜温度，使引物和模板 DNA 复性结合；③延伸：将温度升高，热稳定 DNA 聚合酶以 dNTP 为底物催化合成新生 DNA 链延伸。以上三步为一个循环，新合成的 DNA 分子又可以作为下一轮合成的模板，经多次循环后即可达到扩增 DNA 片段的目的。

二、常用分子标记

（一）线粒体 DNA

动物线粒体 DNA（mitochondrial DNA，mtDNA）是动物体内最重要的核外遗传物质，被称为"细胞能量工厂"（图 3-8）。其分子为共价、闭合、环状结构，脊椎动物的 mtDNA 大小在 16.5kb 左右。线粒体 DNA 呈母系遗传，其分子量小，进化速度是核 DNA 的 5～10 倍，因此是一种有效的遗传标记物质。动物线粒体 DNA 通常包括 36～37 个基因。其中，两个基因用于编码 rRNA，22 个基因用于编码 tRNA，12～13 个基因用于编码线粒体内部隔膜的多个蛋白质亚组。线粒体 DNA 不含组蛋白，纠错能力有限，因此进化速率相对较高。

但是，线粒体 DNA 的不同区域有不同的进化速率，据此可用来解决不同阶元的分类问题。线粒体控制区 D-Loop 为非编码区，脊椎动物的线粒体控制区通常被分成三个区域，包括两个侧翼区和中间区域，这三个区域彼此有不同的碱基组成和不同的进化速率。线粒体控制区的中间区域相对保守，而两个侧翼区是高可变的。由于线粒体控制区在进化过程中受环境的选择小，遗传变异大，进化速率高，因而已广泛应用于动物的遗传多样性和系统进化等研究，尤其是种内的遗传结构的研究。例如，通过对我国 5 个家驴（*Equus asinus*）品种 26 个个体的 mtDNA D-loop 区 399bp 序列进行同源序列比对，雷初朝等（2005）得出我国家驴 mtDNA 遗传多态性正逐步丧失，需要加强其种质资源保护，同时引用亚洲野驴和欧洲家驴的序列，构建了我国 5 个家驴品种的 NJ 分子系统树，首次从分子水平证实中国家驴可能起源于非洲野驴。

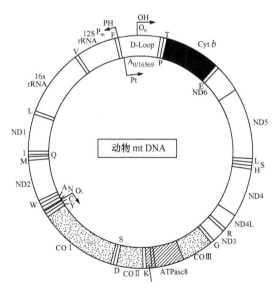

图 3-8　线粒体 DNA 示意图（张飞雄和李雅轩，2010）

除了 D-Loop 调控区外，线粒体基因组中的 12S rDNA、16S rDNA 等 rRNA 基因、细胞色素 b（Cyt b）和 ND4（NADH 脱氢酶亚基 4）等蛋白编码基因也常被选作分子标记。12SrDNA 和

16SrDNA 非常保守,通常用来解决高阶元和中间阶元的分类地位。江建平等(2001)测定了中国蛙科动物 24 种和蟾蜍科的中华大蟾蜍(*Bufo gargarizans*)线粒体 12S rRNA 基因长约 400bp 片段的序列,对其数据的系统发生分析表明 24 种可分成 3 个支系,并提出把陆蛙属、大头蛙属、虎纹蛙属、棘蛙属、臭蛙属、粗皮蛙属和侧褶蛙属从原来的蛙属分出有其合理性。相对于 12SrDNA 和 16SrDNA,线粒体蛋白编码基因进化较快,是解决科、属和种等较低分类阶元的有力标记。线粒体上的细胞色素 b(Cytochrome b)基因的进化速度适中,一个较小的基因片段就包含着从种内到种间乃至科间的进化遗传信息,并在系统进化和分类研究上有较强的适用性。陈强等采用 PCR 技术和细胞色素 b 基因序列分析等方法,发现采自甘肃六盘山地区大石鸡(*Alectoris magna*)中有相邻分布的山石鸡(*A. chukar*)的 mtDNA 基因型存在,且具有这种基因性的个体占该种群的 25%,而其他地区大石鸡种群没有发现这种 mtDNA 基因型,从而支持了这两种石鸡之间存在或曾经发生过杂交的假设(Chen Q et al.,1999)。mtDNA 作为分子标记的广泛应用,使得系统进化、生物地理、群体遗传、人类学及法医鉴定等领域的研究得到前所未有的发展。

(二) SSR 微卫星标记

PCR 对基于微卫星位点的指纹技术是至关重要的。微卫星是 DNA 短的串联的简单重复序列(simple sequence repeat,SSR),大多数微卫星 DNA 长度小于 200bp,由核心序列的 2～6 个核苷酸与两侧的侧翼序列构成。微卫星在真核生物基因组中存在。1991 年 Sarkar 的研究结果表明,在灵长类动物中,每 100kb 有 2.3 个微卫星位点,而在酵母中,每 100kb 则有 1.8 个微卫星位点。由于微卫星绝大多数分布在非编码区域,因此推断它们是中性分子标记。DNA 复制和修复过程中出现碱基的滑动、错配或减数分裂过程中姊妹染色单体的不均等交换,造成微卫星核心序列的重复次数在同一物种的不同基因型间差异很大,每个位点可有多个等位基因,呈现高度的多态性(图 3-9)。

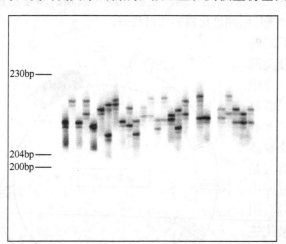

图 3-9　微卫星引物 MbA1 对林麝基因组 DNA PCR 扩增产物的变性聚丙烯酰胺凝胶电泳图谱(引自:赵莎莎,2009)

微卫星分析的关键在于开发基因组中某个微卫星位点两侧的引物序列。首先构建某种生物的小片段(200～1000bp)插入文库,再用含有特定微卫星序列的探针去筛选这一文库中的阳性克隆,随后对这些阳性克隆进行序列测定即可。当然,更简便易行的方法是直接通过检索 GenBank、EMBL 和 DDBJ 等 DNA 序列数据库搜索微卫星序列。由于微卫星侧翼序列具有相对保守性,即可据此设计引物,用以扩增同一物种甚至不同物种(可以是不同的属、科和目)(Engel et al.,1996;Kuhn et al.,1996;Wilson et al.,1997;Røed,1998)的微卫星片段。等位基因可用聚丙烯酰胺凝胶电泳显示,或利用 DNA 自动测序仪和毛细管电泳技术进行核苷酸分析(图 3-10)。

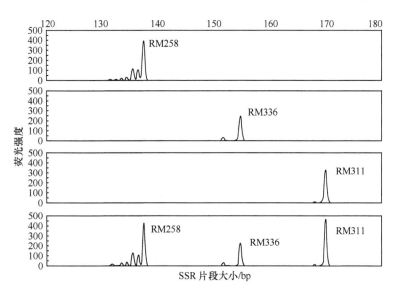

图 3-10　个体在三个微卫星位点上的一重和三重毛细管电泳峰型示意图(引自:程本义等,2011)

微卫星序列在群体中通常具有很高的多态性,特异性扩增又使得实验的重复性和稳定性都较理想。而且微卫星是共显性标记,可以区分纯合子和杂合子,因此是一类很好的分子标记。目前已利用微卫星标记构建了人类、小鼠、大鼠、水稻、小麦、玉米等物种的染色体遗传图谱。这些微卫星标记已被广泛应用于基因定位及克隆、疾病诊断、亲缘分析或品种鉴定、农作物育种、进化研究等领域。在川金丝猴群体研究中,研究者检测了来自于 3 个川金丝猴主要栖息地的 32 个样本的 14 个微卫星座位,3 个地方群体间存在着显著的分化,结果表明,川金丝猴的遗传多样性水平并不高于其他的濒危动物(潘登等,2005)。林麝(*Moschus berezovskii*)是亚洲特有的濒危物种,研究者运用磁珠富集法自林麝的基因组中共筛选获得了 12 个多态性的微卫星位点,多态信息含量高,累计个体识别达 99％,达到了林麝个体识别和遗传多样性分析的目的(Zhao S et al.,2008)。

（三）RFLP 限制性片段长度多态性

该技术现在常用先通过 PCR 从总 DNA 中扩增出特殊的序列,再利用限制性内切酶能识别 DNA 分子的特异序列的这一特性,在特定序列处用一个或多个限制性内切酶切开 DNA 分子,产生大小不等的 DNA 片段,由于这些内切酶只在特殊位点酶切 DNA(通常 4 个或 6 个碱基),因此,任何一段特殊的 DNA 序列经酶切后产生大小不同的片段,可根据分子量大小的不同,通过琼脂糖凝胶电泳而分离开来,如图 3-11 所示。

酶切位点变异的突变,如部分片段的缺失、插入、易位、倒位等,造成了 RFLP 带型上的不同。片段扩增产物通过 Southern 印迹转移到尼龙薄膜上,利用同位素或非同位素标记的某一片段 DNA 作为探针,使酶切片段与探针杂交,从而显示与探针有同源顺序的酶切片段在长度上的差异,这种差异就是 RFLP。用放射性探针的 RFLP,其带型随后通过 X 光胶片的放射自显影显现出来。这种 RFLP 分析类型是许多线粒体 DNA 及多位点 DNA 指纹研究的基础。用 PCR 扩增 DNA 序列再用 RFLP 标记分析,具有灵敏度较高、操作简单的优点,它反映了 DNA 分子水平上的变异,可以显示出丰富的多态性。但是,在进行 RFLP 分析时,需要该位点的 DNA 片段做探针,用放射性同位素及核酸杂交技术,相对来说,既不安全也不易自动化。

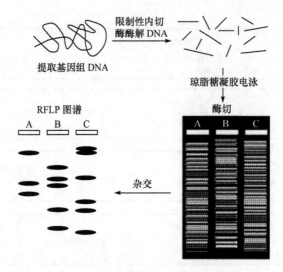

图 3-11　RFLP 流程示意图(引自:Beebee and Rowe，2009)

(四) RAPD 随机扩增长度多态性

为了克服 RFLP 技术上的缺点,Williams 等(1990)于 1990 年建立了随机扩增多态 DNA (random amplified polymorphic DNA，RAPD)技术,由于其独特的检测 DNA 多态性的方式使得 RAPD 技术很快渗透于基因研究的各个领域。RAPD 分析也是一种以 PCR 反应为基础的 DNA 分子标记技术,但 RAPD 分析不需根据所扩增模板 DNA 两端序列分别设计引物,而只需要一个引物,一般为任意 10 个核苷酸的随机组合,在未知序列的基因组 DNA 上进行随机的单引物扩增。当某一双链 DNA 分子在 200～2000bp 范围内具有一小段反向重复,而且恰好与所引入的单引物可以互补时,引物即与模板 DNA 结合,完成 PCR 扩增。由于生物的基因组很庞大,有这种反向区段可能不止一个,因此用一个引物往往可以检测出多条扩增带。由于基因组 DNA 的差异,在不同 DNA 分子中的颠倒重复序列区域发生 DNA 片段插入、缺失或碱基突变,使引物与模板的结合位点及这些位点之间的距离不同,从而导致扩增产物的数量和大小发生改变,使 PCR 扩增后的片段大小表现出多态性,于是个体间的差异以谱带的形式呈现在琼脂糖凝胶或聚丙烯酰胺凝胶上。通常,在 RAPD 分析中采用许多不同的引物分别进行检测,以产生足够的多态性条带(图 3-12)。

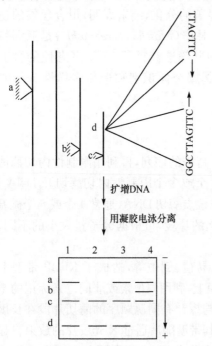

图 3-12　RAPD 流程示意图(Tingey et al.，1992)

由于 RAPD 可产生区分物种间、物种内、种群间或种群内个体的特异性条带,因此可检测出不同分类水平上的变异。而且,不同引物检测的模板序列不同,用足够多的引物可覆盖基因组全序列,检测位点多,可以在完全不知道分子生物学背景的情况下对基因组进行分析。与 RFLP 相比,RAPD 技术简单,检测速度快,DNA 用量少,实验设备简单,耗资较少,不需 DNA 探针,设计引物也不需要预先克隆标记或进行序列分析,不依赖于种属特异性和基因组的结构,合成一套引物可以用于不同生物基因组分析,用一个引物就可扩增出许多条片段,而且不需要同位素,安全性好。肖顺元(1995)用 RAPD 技术鉴定柑橘体细胞杂种,结果表明 RAPD 分析是一种可在试管苗期即可直接、准确、快速鉴定柑橘体细胞杂种的方法。当然,RAPD 技术也受许多因素影响,首先 RAPD 是显性标记,不能区分纯合子和杂合子,这使得遗传分析相对复杂,在基因定位、作连锁遗传图时,会因显性遮盖作用而使计算位点间遗传距离的准确性下降;其次,RAPD 对反应条件相当敏感,包括模板浓度、Mg^{2+} 浓度,所以实验的稳定性和重复性较差。RAPD 所用引物通常比一般 PCR 反应引物短,这进一步增加了重复试验的难度。

(五)扩增片段长度多态性

扩增片段长度多态性(amplified fragment length polymorphism,AFLP)是基于限制性酶切和 PCR,结合了 RFLP 和 RAPD 的一项 DNA 指纹技术。其基本原理是利用两种限制性内切酶切割目的基因组 DNA,形成具有不同酶切末端的限制性片段,在所得的酶切片段上加上双链接头,作为两步 PCR 扩增时的引物结合区。AFLP 的引物序列包括核心序列(识别人工接头序列)、酶切位点识别序列和选择性碱基(在引物 3′端,增强扩增片段的特异性),其中第一步 PCR(pre-amplification)所用引物一般只带一个选择性碱基,所扩增产物经适当倍数稀释后作为第二步 PCR(selective-amplification)的模板,所得产物用变性聚丙烯酰胺凝胶电泳检测多态性(图 3-13)。在 AFLP 中,如果目的 DNA 基因组中酶切片段内发生碱基插入、缺失、重复或内切酶识别位点上发生碱基突变(缺失/插入/重复/替换)等情况,酶切片段的长度、数目差异将在聚丙烯酰胺凝胶上反映出来,形成多态性。高凤华等(2009)应用 cDNA-AFLP 技术调查了干旱胁迫条件下水稻和旱稻中全基因组的转录本调控,干旱胁迫条件下旱稻比水稻具有更强的调控能力,更强的干旱抗性,更好的生长势的分子机制。结果表明,90%以上的基因在两种稻作基因型中不受干旱胁迫的影响,多于 8%的基因在二者中受干旱胁迫调控,少于 1%的基因在水稻或旱稻中特异表达由于 AFLP 是半随机扩增,因此可以在对某种生物遗传背景不甚了解的情况下,利用它对其基因组各部分可能存在的 DNA 序列变异进行扫描分析。同时,基于双酶切和选择性碱基的设计使得 AFLP 分子标记具有信息量大、多态分辨率高的特点。AFLP 技术中所采用的两步 PCR 扩增,可有效减少扩增过程中的非特异带,降低因不清晰泳带而造成的指纹图谱背景干扰。

(六)SNP 标记技术

研究 DNA 水平上的多态性的方法很多,其中最彻底最精确的方法就是直接测定某特定区域的核苷酸序列,并将其与相关基因组中对应区域的核苷酸序列进行比较,由此可检测出单个核苷酸的差异。这种具有单核苷酸差异引起的遗传多态性特征的 DNA 区域,为一种 DNA 标记,即新近发展起来的单核苷酸多态性标记(single nucleotide polymorphism, SNP)。同一位点的不同等位基因之间个别核苷酸的差异包括单个碱基的缺失或插入,更常见的是单个核苷酸的替换,且常发生在嘌呤碱基(A 与 G)和嘧啶碱基(C 与 T)之间。SNP 在大多数基因组中出现频率较高,数量丰富,在人类基因组中平均每 1.3kb 就有一个 SNP 存在。SNP 标记可帮助区分两个个体遗传物质的差异,被认为是应用前景最好的遗传标记。目前,已有 2000 多个标记定位于人

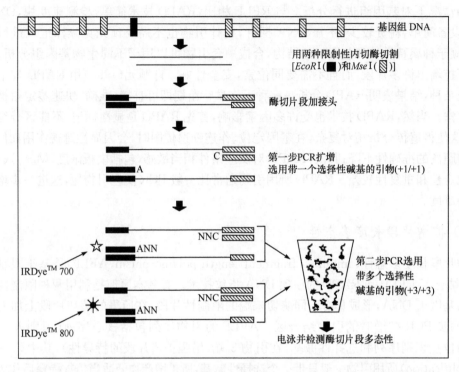

图 3-13　AFLP 原理与技术流程图(LI-COR IRDye™ Fluorescent AFLP ® Kit)

类染色体上,在拟南芥上也已发展出 236 个 SNP 标记。在这些 SNP 标记中大约有 30％包含限制性位点的多态性。郝岗平等(2004)以生长于不同生态气候条件下的 17 个拟南芥(*Arabidopsis thaliana*)核心生态型为材料,分析了它们的相对抗旱性和抗旱转录因子 CBF4 基因的单核苷酸多态性。结果表明,不同的拟南芥生态型具有差异明显的抗旱性。鉴定 SNP 标记的主要途径有两条:①在 DNA 测序过程中,利用碱基的峰高和面积的变化来监测单个核苷酸的改变引起的 DNA 多态性;②通过对已有 DNA 序列进行分析比较来鉴定 SNP 标记。不过最直接的方法还是通过设计特异性的 PCR 引物,扩增某个特定区域的 DNA 片段,通过测序和遗传特征的比较,来鉴定该 DNA 片段是否可以作为 SNP 标记。目前大规模的 SNP 鉴定则需借助于 DNA 芯片技术。最新报道的微芯片电泳(microchip electrophoresis),可以快速检测临床样品的 SNP,它比毛细管电泳和板电泳的速度可分别提高 10 和 50 倍。SNP 与 RFLP 及 SSR 标记的不同有两个方面:①SNP 不再以 DNA 片段的长度变化作为检测手段,而直接以序列变异作为标记;②SNP 标记分析摒弃了经典的凝胶电泳,代之以最新的 DNA 芯片技术。

第三节　分子保护生物学的应用实例

　　保护生物学最核心的内容就是物种保护,不管是栖息地保护、迁地保护还是回归引种,最后都归结于利用生态学的原理尽可能地维持物种的进化潜力,实现其可持续发展。所以,理论联系实际是保护生物学的特点。进化与保护的关系以及分子生物学的相关技术,说到底都是为了保护策略的制定而服务。物种走向濒危甚至灭绝的因素是多样的,是确定性的因素和随机性因素综合作用的结果。尽管遗传学因素在生物濒危和灭绝的过程中很少有直接的作用,应用遗传学理论进行有效的保护还是能够减少濒危物种灭绝的可能性。在濒危物种的保护计划中,物种鉴定、确定保护地点、迁地保护的种群管理、回归引种的种源选择、管理单元的确定、法医学的鉴定等都需要遗传学的资料作为基础。

一、分子系统学在保护中的应用

分子系统进化在保护中的应用主要有三个方面：①物种鉴定，包括种和亚种；②优先保护的物种或者种群的确定，包括进化显著单元（ESU）、管理单元（MU）；③种间杂交对物种的影响。

（一）物种鉴定

在第二章我们简单介绍了物种的概念，知道了过去的科学家都是通过动物的形态特征、化石记录等来鉴定物种。然而在分子生物学技术日益强大的现在，传统的形态学分类逐渐受到挑战。利用分子标记技术，能够解决一些具有相似形态的物种分类的难题。有些异域种不需要通过杂交实验，只需要通过遗传学证据就能够确认其分类。而很多形态上相似的物种，可能是由共同的祖先发展而来，要予以区别就比较困难。这时就可以利用分子标记技术，通过染色体、等位酶、线粒体、微卫星等技术检测物种间是否发生了遗传分化。

染色体数存在明显差异，或者长短明显不同，就可以直接判断为不同种。中国麂鹿和印度麂鹿就是一个非常经典的例子。两者的形态非常相似，但是中国麂鹿染色体数为46，而印度的染色体数为6或7，因此为不同的物种（图3-14）。而美国澳大利亚洲的口袋地鼠在20世纪60年代调查时只有不到100个个体，因此被列为濒危种，但是形态分析、等位酶分析、染色体和mtDNA证据都表明其与附近东南部的种群没有明显差别，因此不能单独列为新种（Laerm et al.，1982；Frankham et al.，2002），从而为物种保护提供了依据。

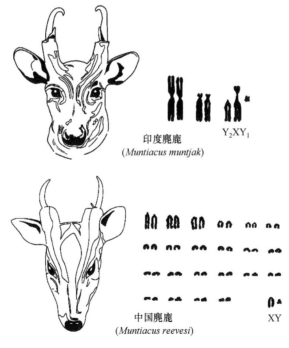

印度麂鹿
(*Muntiacus muntjak*)
Y_2XY_1

中国麂鹿
(*Muntiacus reevesi*)
XY

图3-14 印度麂鹿和中国麂鹿的染色体数量差异极大，因此为不同的物种
(Laerm et al.，1982；Frankham et al.，2002)

　　遗传距离代表了种群间的遗传差异,而种群间的隔离距离是和遗传分化相关联的。因此当我们判断异域物种的时候,可以通过计算异域种群的遗传分化是否达到相关类种群的遗传分化程度来判定是否应归为不同种。异域种群的遗传分化主要用遗传距离量度。Nei 遗传距离(D_N)是使用最多的一种方法。

　　首先定义 Nei 遗传相似系数:

$$I_N = \frac{\sum_{i=1}^{m}(p_{ix}p_{jy})}{\left[\left(\sum_{i=1}^{m}p_{ix}^2\right)\left(\sum_{i=1}^{m}p_{iy}^2\right)\right]^{\frac{1}{2}}} \tag{3-4}$$

　　将 I_N 转换成遗传距离:$D_N = -\ln(I_N)$。

　　其中,P_{ix} 为种群(或者种)x 等位基因 i 的频率;P_{iy} 为 y 等位基因 i 的频率;m 为位点上等位基因个数;I_N 为种群间等位基因的遗传相似系数(Frankham et al.,2002)。

　　只要我们有足够多的等位基因频率,经过公式计算,我们就可以得到种群间或者物种之间的遗传距离,由此作为物种鉴定的依据。一般来说,分化距离时间越长,分类上隔离得越远,遗传距离就越大。

　　基于遗传距离构建的系统发生树能够反映种间(种群间)的进化关系,因此常常被应用于种间或种内分类地位的研究。如李伟等(2004)利用线粒体细胞色素 b 基因探讨了红喉姬鹟(*Ficedula parva*)两亚种的分类地位。红喉姬鹟属于雀形目(Passeriformes)鹟科(Muscicapidae)姬鹟属(*Ficedula*)。目前一般认为红喉姬鹟仅有 2 个亚种的分化,即普通亚种(*F. p. albicilla*)和指名亚种(*F. p. parva*)。有学者认为两者在形态上有很大差异,应该作为两个独立种来对待,但是这个观点一直没有被广泛接受。分子遗传学数据支持了这一结论。应用 Kimura 2-parameter 法计算出红喉姬鹟普通亚种个体间的遗传距离为 0.1%~0.2%,而与指名亚种之间的遗传距离为 6.4%。在鸟类中,种与种之间的 Cyt b 遗传距离一般应在 1.0% 以上,而亚种间的差异则小于 1.0%,姬鹟属之间的距离为 2.8%~3.4%,因此两亚种之间的遗传距离已大大超过了姬鹟属其他鸟类种间的遗传距离。因此我们可以认为两个亚种应当作为独立的两个种来对待,根据分歧时间计算得到两者的分化时间为 3.15~3.25 百万年(图 3-15)。

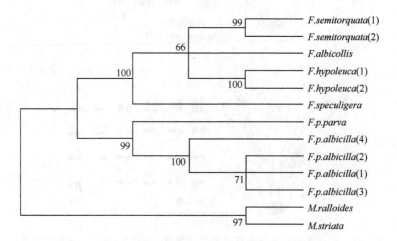

图 3-15　利用 MP 法构建的姬鹟属细胞色素 b 基因序列的系统进化树,
数字代表单倍型(引自:李伟等,2004)

（二）优先保护的物种或者种群的确定,包括进化显著单元、管理单元

由于同一物种不同种群的重要性不同以及保护资金的限制,在进行物种保护的时候我们经常需要确定优先保护的地区、种群和亚种群。基于遗传变异来确认保护优先权已经得到了广泛的认可。因为遗传变异是物种适应环境变化的基础,遗传多样性较低的种群,往往更容易因为外部环境的变化而面临灭绝的危险。所以我们往往选择具有较高遗传多样性的种群和生境来优先保护,不仅达到直接保护的目的,还可以作为其他种群的遗传变异的来源。香港牡蛎(*Saccostrea cucullata*)的保护是典型的一个例子。牡蛎是香港养殖业的支柱产业之一,但上世纪末其种质资源开始严重衰退。有学者利用等位酶的分子标记研究了牡蛎各种群的遗传多样性,发现港岛东部鹤嘴海洋保护区的种群遗传多样性比其他地区的要高得多,且该种群是牡蛎的重要迁出源,由此鹤嘴种群可以作为一个重点保护区域而加以保护(Lamp et al.,2000;陈小勇等,2002)。

对于一些遗传多样性程度不够高,但是遗传上含有特有等位基因或者已经发生遗传分化的种群来说,我们也需要加以关注。进化显著单元(ESU)和管理单元(MU)的提出,为已经发生进化适应性的种群保护提供了依据,对保护的发展方向起到了指引作用,典型的例子如海南坡鹿的保护。坡鹿有三个亚种在东南亚大陆分布,分别是海南亚种、泰国亚种、缅甸亚种,我国仅有海南亚种分布于中国的海南岛。2003年有国际学者提出要将海南坡鹿引入泰国亚种的分布区,恢复野生种群。对此,我国学者利用线粒体分子标记比较了三个亚种的差异,序列比较和系统发生树的构建表明海南亚种和泰国亚种的进化关系比较近,但是已经发生了一定程度的遗传分化,海南坡鹿的遗传多样性很低,在更新世通过路桥迁入海南岛之后独立进化了很长时间。所以,海南亚种和泰国亚种应该作为两个独立的进化显著单元进行管理,从而不支持泰国原分布区的重建计划(张琼等,2009)。

万秋红等(2003)用gp2000探针获得了大熊猫六个山系随机个体的群体DNA指纹检测结果(图3-16),结果显示,除秦岭山系之外,其他五个山系的所有受检个体于6.9kb的位置上,有一条共享谱带(作者称之为四川种群的种群特异带);秦岭山系种群和四川种群的平均谱带数和谱带分布范围都呈现显著差异,结合表性特征和形态测量参数统计分析,足以表明秦岭山系与其他五个山系之间的遗传分化最为显著。秦岭大熊猫种群大约在1万年前产生分化后,在进化力作用下,已经成为大熊猫的一个新亚种。

樊叶杨等(2000)用3个微卫星标记分析了3个籼稻测验种和3个粳稻测验种的多态性,发现其中36个标记可以区分籼粳测验种。再以18个籼粳品种进一步筛选,找到了分布于12条染色体的21个籼粳特异性微卫星标记。在这21个标记中,20个在籼粳亚种间带型相异,其中7个在亚种内带型一致,13个在亚种内带型不一致;1个标记在12个籼稻品种和1个粳稻品种检测到相同的带型,其余11个粳稻品种具有另一种带型。微卫星标记和RFLP标记检测籼粳亚种不仅具有一致性,而且还有互补性。

（三）种间杂交对物种的影响

利用分子遗传学技术,我们还可以检测到杂交个体。在过去超过16年的时间内,中国有13个新的海龟种发布,大多数是基于香港动物交易场的标本来鉴定的,野生种群未能找到。其中拟水龟(*Mauremys iverson*)和闭壳龟(*Cuora serrata*)的分类有人提出了异议。科学家利用mtDNA和等位酶两种分子标记针对此进行了分析,通过与其他地点采集的遗传信息进行比较,发现这两个种是已知种的杂交个体。由此可以确定,这两个种不需要花更大的精力寻找野生种

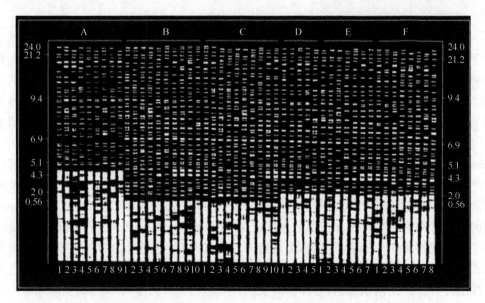

图 3-16　六个山系随机大熊猫个体的 DNA 指纹电泳图(Wan et al. , 2003)
A. 秦岭(QLI);B. 岷山(MSH);C. 邛崃(QLA);D. 大相岭(DXL);E. 小相岭(XXL);F. 凉山(LSH)

群进行重点保护(Beebee et al. ,2009)。

二、野生种群的遗传管理

　　野生种群的遗传学管理,包括确定目标物种的分类学地位、增加种群数量、复壮近交的小种群、促进片段化种群之间的基因交流等。其目的是制定广泛有效的管理策略,避免小种群和片段化种群走向"灭绝漩涡",摆脱遗传枯竭和灭绝风险的困扰,逐渐步入可持续生存的进化发展之路(Frankham et al. , 2002)。

　　(一)确定类群的分类地位,划分种群内的管理单元

　　没有正确的分类系统就不可能有效地管理野生种群,这就要求我们确保物种的分类学鉴定是正确的,并明确地定义不同的管理单元和进化显著单元。在大熊猫的保护遗传学领域探讨中,通过对 6 个山系的 121 份大熊猫样品进行扫描,产生了 121 个清晰易辨的 DNA 指纹图谱,据此图谱,作者获得了 6 个山系遗传多样性的相关参数,提出在大熊猫的物种保护中,仅凭种群数量的大小这一参数来确定其六个山系的优先保护顺序是不够科学的。而且根据秦岭山系的各项遗传参数,秦岭山系的大熊猫可能来源于遗传多样性较高的祖先种群,或是秦岭山系的大熊猫得益于自身所特有的避免近亲繁殖的某种调剂机制,才使得该种群的遗传多样性一直稳定于一个较高的水平。

　　(二)评估实际种群大小,增加种群数量

　　管理野生濒危物种的第一个目标即是找到物种呈现濒危状态的原因,阻止野生种群不断减少,并尽量增加种群数量。阻止种群数量减少并使之得以恢复的手段包括:通过法律手段控制捕猎和采收、建立保护区、提高现存生境的质量和清除物种的捕食者以及竞争者。

三、遗传问题的诊断

从保护的角度来看,有效地管理野生种群,仅凭维持和增加种群的规模和数量是不够的,更重要的是要恢复该种群的遗传多样性,使其保持继续进化的潜力。因此,在一定的时间内种群的遗传多样性保持的某一水平成为判定种群生存现状的重要指标,通过诊断现有遗传多样性水平和丧失程度、近交衰退和片段化等问题,就可以估算出保持遗传多样性需要的最小种群数量,预测种群数量、种群增长速率、种群对数量参数变化的敏感程度和种群生存空间等对种群生存具有重要意义的参数,以及它们的变化对种群的发展趋势的影响。

(一)近交衰退

越来越多的证据表明,野生种群会明显受到近交的不利影响。近亲繁殖的特征为后代少、弱小或不育。多数动物的大种群中的个体在正常情况下不与近亲交配。个体通常从其出生地散布出去,或通过特殊的个体气味或其他感觉线索避免与近亲交配。多数植物中有许多形态和生理机制都促进异花传粉并阻止自花传粉。虽然动植物有着各自避免近交的机制,但是在种群规模小并且被隔离的情况下,近交儿乎是不可避免的。在野生动植物迁地保护中,近亲繁殖在一些野生种群中比较明显,因此产生了严重的退化现象。例如,仅产于我国的华南虎(*Panthera tigris amoyensis*),在中国个体总数约为 50 只,都源自 6 只自野外捕获的个体(2 雄 4 雌),而且其中 2 个亲体的遗传贡献就超过 62%,目前该种群已丧失了 22% 的遗传变异(季维智,1997)。

当种群规模减小并持续了多个世代的迁入隔离时,近交问题就必然会对种群的结构和进化潜力造成很大影响。近交会导致杂合度丧失和有害等位基因的积累(Frankham,1995)。在一个大种群内具有亲缘关系的个体之间的近交衰退常常最为严重。一般有害等位基因绝大多数都是隐性的,这些有害等位基因的作用可被显性的杂合子等位基因所掩盖,所以处于杂合状态时不表现出病态或不利的性状,通常在种群水平上的危害表现尚不明显。但经过一段近亲繁殖,纯合的基因(纯合子)比例渐渐增多,于是有害的隐性等位基因相遇成为纯合子而显现出其作用,出现不利的性状,就会对个体乃至种群产生明显的不利影响。

(二)恢复遗传多样性低的近交小种群

恢复遗传多样性较低的近交小种群的一个有效的管理手段是,从一些野生或圈养种群中引入个体来提高其种群生存力和适应力,逐步恢复其遗传多样性。为了恢复近交种群的健康度和遗传多样性,补充到近交种群中的个体需是非近交个体,可以选择远交,或者自交的个体,但在遗传上与目的种群应有差异(Frankham et al.,2002)。当在同一分类群中没有其他非近亲个体可以用来补充的时候,也可以利用其近缘亚种来减缓近交衰退。如果一个濒危物种仅存在一个单独的种群,那么补充个体也可从与之可育的相关物种中得到。选择濒危物种和相近的物种进行杂交需要非常慎重的考虑,虽然潜在遗传收益可能很大,但同时也存在远交衰退的危险。

(三)远交衰退

从相距较远的种群引入个体存在远交衰退的风险。远交衰退是指有遗传分化的种群的个体之间,由于远缘杂交所引起的后代适应性降低的现象。远交衰退的发生一般是因为一个物种变得稀少或其生境遭到破坏,当个体找不到同种的交配对象时,可能会与亲缘种交配,而产生的后代往往体弱或不育,原因是来自不同双亲的染色体和酶系统不亲合,这种情况就叫远交衰退。这些杂交后代可能不再拥有可以让个体在一系列特殊环境中存活的基因组。不同种间的交配,甚至同种内不同基因型或不同种群的交配,也能造成远交衰退。因此在野生动植物的人工迁地繁育过程中,考虑近交衰退的同时,也应考虑到亲缘种间远交衰退。远交衰退在植物中可能尤为重要,因为植物的交配选择在一定程度上是由花粉的随机飘散决定的。

（四）片段化种群的遗传管理

许多濒危物种只存活在一些片段化的生境。在濒危动物野生种群的遗传管理中,促进片段化种群间的基因交流,就意味着濒危的小种群将不再是孤立的。通过个体迁入和迁出交流,小种群的近交问题将有望得到根本的改善。因此,片段化种群遗传结构的监测与分析,是管理者据之制定适宜的管理措施以拯救濒危小种群的基础。增加片段化种群的遗传多样性、减少近交和灭绝危险的管理措施有:①扩大生境面积;②提高现有生境的适宜性(增加密度);③通过人为地易地移育增加迁移率;④在种群已经灭绝的地区选择适宜的地点重建种群;⑤创建生境走廊。

大熊猫就是片段化生境的典型实例(方盛国,2008),野生大熊猫分布区呈现岛屿状,包括六个相互隔离的片段化种群(胡锦矗,2001)。长期以来,有关大熊猫山系隔离的历史年代、山系隔离的原因、山系间是否产生了遗传分化、山系间是否能够建立生境走廊来促进种群间的基因交流,以及哪些山系需要立即开展人工圈养繁育保护等问题,一直是国际社会和学术界广泛关注的问题,但多年来相关问题的研究都未取得突破性进展。

四、圈养种群的遗传管理

在全球变化的大背景下,由于人类的影响,许多物种丧失了在自然栖息地生存的能力。如第二章所讲,就地保护和迁地保护是物种保护的两种主要形式。在野生状态下的物种即将灭绝时,圈养繁殖无疑提供了最后一套保护方案,例如,波兰和白俄罗斯放归野外的欧洲野牛(*Bison bonasus*)、美国和加拿大的美洲野牛(*B. bison*)、阿尔卑斯山脉的阿尔卑斯山脉羚羊、阿曼的阿拉伯长角羚(*Oryx leucoryx*)、蒙古的普氏野马、中国的麋鹿(*Elaphurus davidianus*)、巴西的金狮狨(*Leontopithecus rosalia*)、美国的黑足鼬(*Mustela nigripes*)、夏威夷的黄颈黑雁(*Branta sandvicensis*)、毛里求斯的毛里求斯茶隼(*Falco punctatus*)等物种的保护即是成功的例子。根据国际动物园园长联合会的建议,在这里的"成功"是指在野外重新建立具有自我维持能力的野外种群。目前,许多物种只有在维持野生种群的同时维持一个人工圈养种群,才能保证物种不会灭绝。

（一）人工圈养保护的目的和意义

进行物种圈养保护的目的,并不是以人工种群代替野生种群,而是增加濒危物种的种群数量。为使物种能长期生存,管理者利用现代科学技术作为辅助手段,在有限的空间内创造濒危动植物生存的必要条件,通过调整种群的遗传结构和种群结构,采取疾病防治和营养管理等方面的措施,减少随机因素对小种群的影响,使圈养种群的有效种群数量达到最大,并处于最佳年龄结构。当圈养种群数量上升到一定量时,通过对人工驯养个体进行野化训练,在适宜的生境中不断地释放圈养种群的繁育后代补充到野生种群中,以增加野生种群的遗传多样性。建立起自然状态下可生存种群是人工圈养保护的最终目标。

（二）人工圈养保护的原则

在什么情况下应当对物种进行人工圈养保护？具体来说，可归纳为以下三方面的原则：

（1）物种原有的生境破碎呈斑块状甚至消失。

（2）野生种群数目下降到极低的水平，种内难以进行交配。世界自然保护联盟（IUCN，1987）的策略是，当一个濒危物种的野生种群数量低于 1000 只时，就应当进行人工繁育。对于那些个体数目尚存较多，但已经出现生存危机的物种，也应该考虑进行圈养保护。

（3）物种的生存条件突然恶化。这类物种常常具有极窄的生态位阈值，适应能力较差，生存力脆弱，当生境条件的某一个或某几个生态因子突然恶化时，将很快导致该物种的灭绝。如在 19 世纪 80 年代中期，中国四川大熊猫栖息地突然发生竹子大面积开花枯死，大熊猫由于食物短缺而面临生存危机，此时进行人工圈养繁育是必要的，待环境状况恢复后再着手野外放归。

（三）人工圈养的好处与坏处

对一些极度濒危动物的保护来说，既可以有明显的好处，也可以有明显的坏处（表 3-3）。从好处方面来讲，首先，它不仅是增加个体数量的一种手段（进而能降低物种灭绝的风险），而且同时还具有一些其他显著的优点。许多濒危物种都是大家所知甚少的，而人工繁育却提供了这样一个机会，能用来大大增加人们对其生物学上的认识。其次，如果哪个项目确实成功地增加了动物的个体数量，并使圈养种群变成能够自我维持，那么就可以减少从野外捕捉残余个体（如果还能捕到的话）的需求。最后，可用圈养的动物个体让民众了解这种动物和其他物种都需要人类的保护。而这样做了之后，我们也就会在保护的过程中争取获得（资金和政策上的）支持。

表 3-3　参与和主持某个人工繁育项目的好处与坏处

人工繁育项目对物种保护的好处
　① 能为重新建立种群而增加个体的数量
　② 能开展对物种基础生物学的研究
　③ 最终可以减少从野外捕捉个体的需求

人工繁育项目中的管理问题
　① 初始源繁殖群（initial source of stock）问题：捕捉之后能使剩下的野外小种群濒危
　② 开展繁育的场所问题：需要有动物园和水族馆等场所
　③ 只有维持多的种群个体数量，才能避免大型脊椎动物中特有的问题
　④ 种群会适应圈养环境，并出现圈养环境下的生存选择，使其不再适应自己原有的自然环境
　⑤ 在圈养条件下，个体因产生了非自然的行为而导致学习行为的丢失
　⑥ 人为造成的高密度会使圈养个体容易得病
　⑦ 在圈养条件下，可能会很难使物种进入繁殖状态

引自：李俊清等，2006

（四）人工圈养种群的遗传管理

管理者应了解圈养种群每一个体的来源、年龄、谱系，以制定详尽的圈养种群管理方案。通过安排配种方案来建立封闭繁殖种群，交换繁殖个体，甚至通过控制某一育龄段的出生数及淘汰某一年龄段个体，来管理圈养种群的遗传和种群结构。

1. 选择奠基者　　圈养保护首先遇到的问题是如何获得最初的建群个体即奠基个体，其次才是如何管理迁地种群。除了要对奠基者个体进行全面的健康检查之外，调查奠基者的遗传背

景也是至关重要的。潜在奠基者可能有很多来源不同或不明的遗传背景,因此在创建圈养种群之前首先需解决其分类问题,并确定管理单元。这样就能避免出现远交衰退或不必要的杂交种群。如亚洲狮圈养的项目直到末期才发现几个奠基者是非洲狮与亚洲狮的杂交个体,结果导致项目中断。当条件允许时,应尽可能选择没有亲缘关系的个体作为奠基个体,防止近亲繁殖。同时为了使随后的种群在 100 年内保持 90% 的遗传多样性(目前圈养种群管理目标),有必要选择拥有全面而有代表性等位基因的奠基者。然后通过人为安排配种等恰当的繁育方案使奠基者基因均匀地分布于圈养种群的亚群体之中。

对奠基者数量的要求取决于等位基因数量和频率,以保持等位基因多样性,但是为了获得杂合度,通常需要比基数量再多一些个体。如果要获得稀有的等位基因,就需要更多的奠基者(Frankham et al.,2002)。

2. 扩大圈养种群规模　　当确定了奠基者,接下来的目标是尽快增加种群数量,一旦目标达到可存活并延续的最小种群数量的规模,就应努力增大世代间隔时间,从而延缓基因多样性丢失的速度。而圈养种群的最小可生存种群的确定会受到迁地种群的存活率、繁殖率以及世代间隔、有效种群大小、种群的破碎程度、奠基者效应和种群结构的变化速率等的影响。濒危物种的遗传学和种群生物学特征决定了圈养保护种群的大小,有些种群需要在很长的时间内维持一个较大的种群,而另一些种群可能仅需要一个较小的核心种群即能达到保护目的。

3. 圈养种群遗传管理　　当种群达到目标大小时,重点就转移到更精细的遗传管理工作上来,目标变为维持种群稳定发展和阻止有害的遗传变异,具体需要解决的问题主要包括以下两方面。

1) 近交和近交衰退　　圈养保护中常常遇到小种群的管理问题,无论是野外还是人工饲养条件下,都必须按照遗传学和种群生物学规律进行管理,才能使圈养种群长时间生存。一个封闭小种群在繁育的过程中,群体水平和个体水平的遗传多样性会逐代下降,群体的遗传杂合性提供了适应环境变化的潜力,近交导致个体的遗传杂合性下降,产生近交衰退,具体表现为存活率和繁殖力下降(Ballou et al.,1982)。因此,应通过人为设计的交配计划,使亲缘关系最小化,最大限度避免近交衰退和遗传多样性的丧失。在繁育配对时,应尽可能将无亲缘或亲缘关系较疏的个体配对,并让每一对繁殖个体产生数目大致相当的后代,保持繁殖群的相同性比。

2) 遗传多样性的丧失　　遗传多样性丧失往往是因为初始阶段的圈养种群规模太小,所以应用充足的奠基者使初始的遗传多样性最大化。遗传管理的目标是实现保存野生种群遗传多样性的最大化。圈养资源是有限的,而需要通过圈养来挽救的物种数目每天都在增加。对于每个物种来说,用最小数量个体使有效种群大小(Ne)最大化也是非常重要的,这可以通过平衡家族大小、种群的性别比、动态种群大小以及延长世代长度等方法解决,尽可能保存圈养种群奠基者的等位基因,充分发挥具有优秀繁殖力和有利表型特征的个体的繁殖潜力,即使这些个体具有潜在有害遗传因子,也应保存其遗传变异或生殖潜力,同时避免通过牺牲种群增长来保存奠基者基因(Frankham et al.,2002)。

4. 建立谱系　　建立人工圈养动物谱系可以避免近亲繁殖和种群退化,为种群管理提供科学依据,是管理圈养种群的基础工作。世界上发达国家建立饲养动物谱系的工作已经有一个多世纪的历史。动物谱系详细地记载着每个动物的数据,这不仅包括动物的来源地、出生、死亡时间、父母和后代的情况,而且还包括食物、饲养习性、健康、医疗和繁殖习性等等。目前在全球范围内已有 100 多个濒危物种的谱系成为国际谱系。建立谱系是进行种群分析、管理所必需的手段,通过分析谱系数据,就会产生可供决策人选择的、进行迁地种群繁殖管理的建议方案。

普氏野马就是一个很好的例子。普氏野马是现存唯一的真正野马,由于奠基种群仅由最初的 13 匹个体组成(Oakenfull et al.,1998),严重的瓶颈效应和长期的圈养繁殖使得普氏野马日益显露出野生行为特征丧失、遗传性疾病增多、优良生物学特征衰退等现象。鉴于此,国际上从 20 世纪 60 年代初着手普氏野马的谱系登记制度,并从 20 世纪 80 年代开展了遗传多样性及其保护策略的研究(图 3-17)。

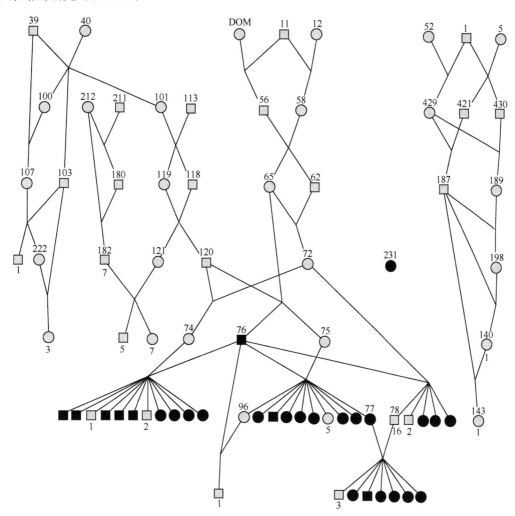

图 3-17　1970 年经修正后的普氏野马谱系示意图(Geyer et al.,1989)

图案上方为个体谱系编号,其中方形为雄性,圆形为雌性,图案下方数字代表其成活子代的谱系编号,

灰色图案代表到 1970 年已经死亡的个体,黑色代表尚存活个体

5. 回归引种中的遗传管理　　对于大多数保护计划来说,圈养种群的一个重要作用就是为回归引种提供个体。已经有百余个物种经过人工繁殖后回归自然的实例,其中只有十几个在野外建立了自我维持的自然种群。到目前为止,回归自然的做法仍是实验性的。人工哺育个体野放后,能否与野生个体形成群体、发生交配并产生后代,是野放成功与否的关键。值得注意的是,近交衰退、遗传多样性丧失、有害突变的积累和对圈养环境的遗传适应性过高都可能造成回归引种成功率的降低。

1)回归个体的选择　　人工繁育个体放归自然前,除了要考虑野放个体必须具有野外生存能力、是否熟悉野外生境等问题,还需从遗传学角度甄选野放个体。用于回归引种的个体应保证重建一个自我维持的野生种群的机会最大化,因此,具有高繁殖潜力、低近交系数和高遗传多样性的健康个体才是理想的回归引种候选。而当个体被转移到野生环境中时,它的遗传多样性就被加到回归引种的种群中,但同时也被从圈养种群中移走。当评估回归引种个体时,这两种影响都必须被考虑。尤其在回归引种伊始,因为在自然生境的成活率被认为比在圈养环境下低很多,所以用圈养种群中的全部或大多数有遗传价值的个体作为回归引种个体的做法是不可取的。但是,如果在引种工作开展了一段时间后,引种种群与它的圈养种群源已经存在了较高的亲缘关系,即使是理想的引种对象,也可能会与以前释放的个体有很近血缘关系,这种做法可能会降低回归引种种群的遗传多样性。

2）野放后影响放归成功的因素　　人工哺育个体野放后,能否与野生个体形成群体、发生交配并产生后代,是野放成功与否的关键。值得注意的是,近交衰退、遗传多样性丧失、有害突变的积累和对圈养环境的遗传适应性过高都可能造成回归引种成功率的降低。此外,野放种群的遗传管理要配合自然环境、社会生物学和放归方式等方面的评估和研究,以达到最终建立能自我维持的野生种群的目的。

普氏野马经过 100 多年的圈养和近亲繁殖,使得部分基因丧失,并出现了退化现象。为了保护地球上唯一的野生马,重引入是最好的办法。国际上对野马的保种给予了高度的重视,成立了野马保护管理组织,并对全球野马的管理制定了两个目标,将野马进行重引入,且保存现存圈养野马 90％以上的遗传多样性。野马的重引入放归分两部分进行,一个是在历史分布区进行重引入;另一个是在历史分布区外进行放归重引入。在历史分布区的重引入项目中,中国和蒙古国是选地。我国相关管理单位自 1985 年由国外引回野马之初即着手制定了适应性饲养—栏养繁育—半自然的散放试验—自然散放试验—建立自然生活的野生种群的逐步实施方案。经过近 20 年的努力,新疆野马繁殖研究中心从最初引回的 18 匹野马发展到现在的 200 余匹。圈养野马种群的繁殖获得了成功,为实现野马放归奠定了扎实的基础,并于 2001 年 8 月进行了 27 匹普氏野马的首次野化放归试验。

6. 法医学鉴定　　分子遗传学学除了可以对种群遗传变异、种群结构等信息进行检测之外,还可以帮助协查非法捕猎行为,进行性别鉴定、生物病害监测等。世界上很多野生动物的濒危原因都是因为人类的偷猎和活体捕捉而导致种群数量剧减。尽管 1973 年以来,多国共同签订了《濒危物种国际贸易公约》来共同控制偷猎和非法采收,大多数国家也颁布了相应的法律来保护受胁野生动物,然而野生动物的非法贸易依然难以彻底根除。当交易物品是蛋、角、肉、毛发等组织样品或毁坏的动物尸体的时候,肉眼确认来源就非常困难,获得非法捕猎或者交易的证据就会很有难度。分子遗传学标记在非法交易中是非常好的工具,并且承担着越来越重要的角色。

7. 物种以及来源的确认　　美国鱼类与野生动物保护局于 1989 年成立"野生动物法医鉴定实验室",成员为经过特殊培训的兽医病理学家。实验室收集的数据专门调查非法贸易和濒危野生动物偷猎行为,为案件提供所需证据。其中有个最重要的部分就是分子法医学,线粒体 DNA 和核 DNA 标记都能够用来鉴定特征不清楚的野生动植物的样品,甚至可以根据其遗传信息来判定样品的来源。最经典的例子就是他们在日本和韩国通过线粒体标记分析保护物种鲸肉的确认。他们发现,有些鲸肉并不是来自于小须鲸,而是被保护的蓝鲸、座头鲸、长须鲸等濒危动物。有些则不是鲸肉,由海豚、绵羊和马等冒充(Frankham et al., 2002)。英国的游隼是受严格保护的,也有一些是在获取执照的情况下可以捕养。利用 DNA 指纹方法可以检验是野外捕捉的还是圈养个体,并可以作为法庭证据。这个方法不仅让非法捕猎者受到了应得的惩罚,而且对野外捕鸟的行为也达到了震慑的目的(T. J. C. Beebee et al. 2009)。如果野生动物的某些种群已经发生了明显的遗传分化,一旦涉及这些种群的非法贸易,就可以从没收的组织样品中提取DNA,获得相应的遗传数据来判定贸易样品的来源,从而获得走私贸易的路线信息。如果是动物活体,就可以采用非损伤性取样的方法,从毛发、羽毛等获得 DNA 信息,从而了解动物的种类和来源地,使得动物最后可以重新回到源种群,偷猎的黑猩猩、阿拉伯羚羊、虎制品都曾有过相关的报道。

8. 性别鉴定和病害监测 许多的鸟类和哺乳动物单从形态上是很难区分雌性和雄性的。很多动物园或者保护区都有过把同种性别的鸟类放在同个笼子中配对的现象。在野生动物管理中,不可避免地需要进行雌雄同型的动物性别鉴定,而 PCR 技术很好地解决了这个问题。性别是由性染色体决定的,鸟类的性别决定是雄性为 ZZ,雌性为 ZW。哺乳动物的性别决定为雄性XY,雌性为 XX。通过针对性别决定基因(只存在于 W 或 Y 上,或者性染色体上同源基因大小有差异)设计特异性的引物进行扩增,产生的片段差异就可以判定性别,为了消除实验误差,有时会扩增常染色体基因作为对照。Y 染色体上常用的性别决定基因是 *SRY* 基因。鸟类常采用的基因是 W 染色体上几个基因(如 *CHD* 基因、*ATP5A1-W* 和一个假基因 *EE*0.6),它们在鸟类进化上相对比较保守,常用于性别鉴定。非平胸鸟类中 *CHD* 有两个同源基因,分别位于 Z 和 W 染色体上,经过 PCR 扩增后能产生两个大小差异的特异片段,所以雌性为两条带,雄性为一条带。图 3-18 为几种鹤形目鸟类的性别图(*CHD* 基因)。

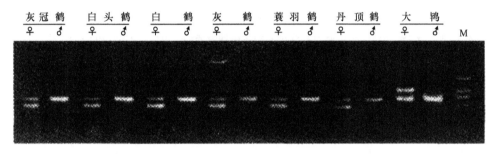

图 3-18　几种鹤形目鸟类的性别鉴定结果(引自:田秀华等,2006)

在动植物的救护、迁地保护和回归引种措施中,都需要进行动物检疫才可以实施。尤其是随着 SARS 和禽流感的大范围的流行和传播,动物的疾病调查更被国际所重视。很多濒危动物的野生小种群或圈养种群的遗传多样性都较低,近交严重,一旦发生疫情,就会导致非常严重的后果。如 2004 年 10 月,泰国春武里府的西拉差虎园(Sri Racha)虎园中饲养的 450 只老虎,因为首轮禽流感来袭就有 23 只成年虎死亡,30 只受感染,最后园内共宰杀和销毁了 80 只病虎(国家林业局,2007)。因此,濒危动物疾病预防工作非常重要,必须及时发现病情并得到及时诊断。利用PCR 技术的分子诊断技术,能够快速、有效和灵敏地检测出病原微生物。通过设计细菌或者病毒的特异性基因引物,对怀疑感染的组织进行 PCR 扩增就可以快速诊断出感染的原因。如曾经用 PCR 技术来研究过夏威夷鸟类的疟疾,并认为其是导致夏威夷鸟类衰退的两种疾病之一(Frankham et al. ,2002)。利用分子技术,不仅可以确定疾病的种类、得病原因,而且还可以利用同源基因序列的相似性,构建系统发生树,从而了解疾病的源头。

小　　结

遗传多样性是种群在进化过程中应对环境变化所必需的物质基础,是濒危物种野生和圈养种群管理的首要目标。

小种群中,遗传多样性的降低和近交衰退往往是紧密相连的。

遗传多样性一般用多态性、平均杂合度、等位基因多样性等术语来描述。

分子标记是检测遗传多样性的有效手段,尤以线粒体 DNA 和微卫星 DNA 标记最为有效。

分子标记技术和保护遗传学的理论被逐渐应用于野生种群、圈养种群、回归引种、法医学鉴定等领域。在物种保护中,可以帮助解决种、亚种的分类难题,降低野生种群和圈养种群的近交程度和遗传多样性的丧失,确定种群的遗传结构、基因流和有效种群大小,确定保护管理单元,进行小种群的遗传恢复、回归引种个体和地点的选择等。

思 考 题

1. 进化与遗传多样性的保护之间有什么样的关系?
2. 遗传多样性的表现形式是什么? 如何检测?
3. 如何在野生种群的管理中进行有效的遗传管理?
4. 如何在圈养种群的管理中进行有效的遗传管理?
5. 回归引种中如何运用遗传学的理论?
6. 假设获得一批非法贸易的虎骨,如何确定其来源?

主要参考文献

陈小勇,陆慧萍,沈浪等.2002. 重要物种优先保护种群的确定. 生物多样性,10(3):332-338

樊叶杨,庄杰云,吴建利等.2000. 应用微卫星标记鉴别水稻籼粳亚种. 遗传,22(6):392-394

方盛国.2008. 大熊猫保护遗传学. 北京:科学出版社

高凤华,张洪亮,王海光等.2009. 应用 cDNA-AFLP 比较干旱胁迫条件下水稻和旱稻转录本表达谱. 科学通报,54(16):2305-2319

国家林业局.2007. 陆栖野生动物疫源疫病监测. 沈阳:辽宁科学技术出版社

郝岗平,吴忠义,陈茂盛等.2004. 拟南芥 CBF4 基因位点的单核苷酸多态性(SNP)变化与抗旱表型的相应性. 农业生物技术学报.12(2):122-131

胡锦矗.2001. 大熊猫研究. 上海:上海科技教育出版社

江建平,周开亚.2001. 从 12S rRNA 基因序列研究中国蛙科 24 种的进化关系. 动物学报,47(1):38-44

雷初朝,陈宏,杨公社等.2005. 中国驴种线粒体 DNA D-loop 多态性研究. 遗传学报,32(5):481-486

李俊清,李景文.2006. 保护生物学. 北京:中国林业出版社

李伟,张燕云.2004. 基于线粒体细胞色素 b 基因序列探讨红喉姬鹟两亚种的分类地位. 动物学研究,25(2):127-131

潘登,李英,胡鸿兴等.2005. 川金丝猴群体的微卫星多态性研究. 科学通报,50(22):2489-2494

田秀华,刘铸,何相宝等.2006. 7 种鹤形目鸟类性别的分子鉴定. 动物学杂志,41(5):62-67

肖顺元.1995. RAPD 分析——鉴定柑橘体细胞杂种的快速方法. 遗传,17(4):40-42

杨子恒.2008. 计算分子进化. 钟扬等译. 上海:复旦大学出版社

张保卫.2005 年大熊猫遗传多样性、种群遗传结构和种群历史研究. 博士毕业论文

张琼,曾治高,孙丽风等.2009. 海南坡鹿的起源、进化及保护. 兽类学报,29(4):365-371

Ballou J, Rails K. 1982. Inbreeding and juvenile mortality in small populations of ungulates: a detailed analysis. Biol. Conserv., 24(4): 239-272

Beebee T J C, Rowe G. 2004. An Introduction to Molecular Ecoloty. Oxford:Oxford University Press

Beebee T J C,Rowe G. 2009. 分子生态学. 张军丽,等译. 广州:中山大学出版社

Chen Q, Chang C, Liu N F. 1999. Mitochondrial DNA introgression between two parapatric species of Alectoris. 动物学报,45(4):456-463

Crnokrak P, Roff D A. 1999. Inbreeding depression in the wild. Heredity,83(1):260-270

Durova. 2009-1-11. Darwin restored2. jpg. http://commons. wikimedia. org/wiki/File:Darwin_restored2. jpg

Engel S R, Linn R A, Taylor J E,et al. 1996. Conservation of microsatellite loci across species of artiodactyls: implications for population studies. Journal of Mammal,77(2): 504-518

Felstenstein J. 1981. Evolutionary trees from DNA sequecnes: a maximum likelihood approach. J. Mol. Evol. , 17(6):368-376

Fitch W M. 1971b. Toward defining the course of evolution:minimum change for a speciefic tree topology. Syst. Zool,20(4): 406-416

Frankham R,Ballou JD,Briscoe D A. 2005. 保育遗传学. 黄宏文,等译. 北京:科学出版社

Frankham R,et al. 2002. Introduction to Conservation Genetics. Cambridge University Press

Frankham R. 1995a. Conservation genetics. Ann. Rev. Genet. ,29:305-327

Frankham R. 1995c. Effective population size/adult population size ratios in wildlife: a review. Genet. Res,66:95-107

Hartigan J A. 1973. Minimum evolution fits to a given tree. Biometrics. ,29:53-65

IUCN. 1987. IUCN Position Statement:Translocation of Living Organisms. Gland, Switzerland

Kuhn R, Anastassiadis C, Pirchner F. 1996. Transfer of bovine microsatellites to the cervine(*Cervus elaphus*). Animal Genetics,27:199-201

lam K,Huang Q, Chen X Y,et al. 2000. Genetic diversity of *Saccostrea cucullata*(Bivalvia: Ostreidae)within the Cape d' Aguilar Marine Reserve. In: Morton B. The Marine Flora and Fauna of Hong Kong and Southern China V. Hong Kong:Hong Kong Univeristy Press,147-156

Li S, pearl D, Doss H. 2000. Phylogenetic tree reconstruction using Markov chain Monte Carlo. J. Amer. Statist Assoc. ,95:493-508

Mau B, Newton M A. 1997. Phylogenetic inference for binary date on dendrograms using Markov chain Monte Carlo. J. Comutat. Graph. State,6:122-131

Moritz C. 1994a. Defining evolutionary significant units for conservation. Trends in Ecology and Evolution, 9(10):373-375

Nicholas HB,Derek E G B,Jonathan AE,et al. ,2010. 进化(Evolution). 宿兵,等译. 北京:科学出版社

Oakenfull E A, Ryder O A. 1998. Mitochondrial control region and 12S rRNA variation in Przewalski's horse (*Equus przewolskii*). Animal Genetics,29(10):456-459

O'Brien S J. 1994. Genetic and phylogenetic analyses of endangered species. Ann. Rev. Genet. ,28:467-489

Qiu-Hong Wan, Sheng-Guo Fang, Hua Wu,et al. 2003. Genetic differentiation and subspecies development of the giant panda as revealed by DNA fingerprinting. Electrophoresis,24:1353-1359

Rall K, Ballou J. 1983. Extinction:lessons from zoos. In:Schonewald-Cox C M, Chambers SM, MacBryde B,et al. Genetics and Conservation: A Reference for Managing/wild Animal and Plant Populations. Benjamin/Cummings, Menlo Park:CA

Rannala B. 2002. Identifiability of parameters in MCMC Bayesian inference of phylogeny. Syst. Biol. ,51:754-760

Ryder O A. 1986. Species conservation and systematics: the dilemma of subspecies. Trends in Ecology and Evolution,1:9-10

Røed K H. 1998. Microsatellite variation in Scandinavian Cervidae using primers derived from Bovidae. Hereditas, 129(1),19-25

Saccheri I, Kuussaari M, Kankare M,et al. 1998. Inbreeding and extinction in a butterfly metapopulation. Nature,392: 491-494

Saitou N, Nei M. 1987. The neighbor-joining method: a new method for reconstructing phylogenetic trees. Mol. Biol. Evol. ,4:406-425

Slatin M. 1993. Isolation by distance in equilibrium and non-equilibrium populations. Evolution,47:264-279

Sokal R R, Sneath P H A. 1963. Principles of Numerical Taxonomy. San Francisco,CA:W. H. Freeman

Tingey, Scott V, Rafalski, et al. 1992. Genetic analysis with RAPD markers

Williams J G K, Kubelik A R, Livak K J, et al. 1990. DNA polymorphisms amplified by arbitrary primers are useful genetic markers. Nucleic Acid Res, 18(22): 6531-6535

Wilson G A, Strobeck C, Wu L, et al. 1997. Characterization of microsatellite loci in caribou Rangifer tarandus, and their use in other artiodactyls. Molecular Ecology, 6: 697-699

Wright S. 1931. Evolution in Mendelian populations. Genetics, 16(2): 97-159

Wright S. 1951. The genetical structure of populations. Annals of Eugenics, 15: 323-354

Wright S. 1968. Evolution and the Genetics of Populations, Volume 1: Genetic and Biometric Foundations. Chicago: University of Chicago Press

Zhao S, Chen X, Fang S, et al. 2008. Development and characterization of 15 novel microsatellite markers from forest musk deer (Moschus berezovskii). Conserv Genet, 9(3): 723-725

第四章　物种多样性保护

夫物芸芸,各复归其根。

——老子《道德经》

天地万物种类众多,但都可以回溯到它的根源,今天的分类学家研究结果要呈现的系统树,其实就是探寻"各复归其根"的过程。

第一节　什么是物种

地球上现存的生物物种繁多,千变万化,各不相同。这些形形色色的生物种类,都是在漫长的地球历史上长期演化的产物,其产生过程被达尔文称为"谜中之谜"(mystery of mysteries),同时也是进化生物学研究的热点问题。然而当我们谈到地球生物的演化、分类和保护之前,往往忽略了一个十分重要的概念,即物种概念。正如 Willams(1992)所述,我们需要首先搞清楚"如何定义一个种?"与"如何定义物种?"这两个问题的区别。例如,对于一般人来说,可以容易地区分许多物种,如喜鹊和麻雀,杏和桃等,然而当被问道"什么是物种?"时,人们往往觉得无法回答。作为最基本的生物分类阶元,物种概念的产生有其复杂的历史背景和哲学基础,物种多样性的产生又有其生物学和生态学规律。本节将概要性地回顾物种概念的产生,简述几个常用的物种概念并简要介绍物种形成的机制与模式。

一、生物学物种概念与物种形成

"物种"或简称"种"(species),是生物分类学研究的基本单元与核心内容,同时也是生物学领域各个分支学科开展研究最基本的操作单元之一。目前世界通用的生物分类系统属于阶元系统,通常包括七个主要级别,从低到高分别为:种、属、科、目、纲、门、界。这其中"种"是基本单元,近缘的种组成为属,近缘的属组成为科,科隶于目,目隶于纲,纲隶于门,门隶于界。表 4-1 为最基本的生物阶元系统,我们看到无论动物还是植物,在此阶元系统中都占有一定的位置。

目前生物学界被广泛使用的物种概念是"生物学物种概念"。生物学物种概念认为:物种是生物分类学的基本单位。物种是互交繁殖的相同生物形成的自然群体,与其他相似群体在生殖上相互隔离,并在自然界占据一定的生态位。

表 4-1　生物分类阶元系统示例

分类阶元(Category)	白菜(Chinese cabbage)	猕猴(Macaque)
界(Kingdom)	植物界(Plantae)	动物界(Animalia)
门(Phylum)	种子植物门(Spermatophyta)	脊索动物门(Chordata)
纲(Class)	双子叶植物纲(Dicotyledoneae)	哺乳纲(Mammalia)
目(Order)	白花菜目(Capparales)	灵长目(Primates)
科(Family)	十字花科(Brassicaceae)	猴科(Cercopithecidae)
属(Genus)	芸薹属(*Brassica*)	猕猴属(*Macaca*)
种(Species)	白菜(*Brassica pekinensis*)	猕猴(*Macaca mulatta*)

　　简言之,"生物学种"的评价标准可以概括为"生殖隔离"。所谓"生殖隔离",是指由于各种原因,使亲缘关系相近的类群无法进行交配,或即使交配也不产生后代或产生的后代不育。从生物学过程上讲,"生殖隔离"又可分为"受精前生殖隔离"和"受精后生殖隔离"。"受精前生殖隔离"包括地理隔离、生态隔离、生理隔离及行为隔离等,如北美洲的黑熊和棕熊虽然分布区重叠,但是彼此之间由于生理和行为差异并无基因交流,所以它们是两个不同物种;"受精后生殖隔离"包括杂交后代不活、不育或衰退等。一个被广泛引用的例子就是马和驴交配产生骡子,骡子虽个体表现出一些优势,但是却不可繁殖后代。亚种是同一种内有明显分化的类群,在遗传上有一些特异的遗传性状。如第三章中提到的,熊猫有秦岭亚种和指名亚种,两个亚种之间在形态和DNA上有明显的分化,所以虽然不存在明显的生殖隔离,但需要单独加以保护。

　　由生物学种的概念可见,新物种的形成过程即是原有物种居群间生殖隔离形成的过程。现代生物学和进化论认为,物种形成(speciation)是新物种居群从旧物种居群中分化出来的过程。这个过程包括三个环节:①遗传变异发生(为进化提供原料);②自然选择(进化的主导因素);③隔离(新物种产生的必要条件)。自然界物种形成时,不同居群经过长期的地理隔离而达到生殖隔离,是比较常见的一种方式。例如,达尔文在加拉帕戈斯群岛发现的地雀(Darwin's finches)的形成过程即是如此。历史上,这些地雀原属于同一物种,其祖先从南美洲大陆迁来分布到群岛中各小岛上,不同小岛上的地雀因而被海洋阻隔,可能会出现不同的突变和基因重组。由于地理隔离,不同小岛地雀的基因频率互不影响从而产生了分化差异。此外,由于每个小岛的食物和栖息地条件各不相同,自然选择对不同小岛居群基因频率的改变也就不同(图4-1)。久而久之,这些不同小岛地雀居群的基因库变得很不相同,并逐步出现生殖上的隔离。生殖隔离一旦形成,原来属于同一个物种的地雀就成了不同的物种。当然,这种物种形成的过程是十分缓慢的,往往需要成千上万代,甚至几百万代才能实现。

图4-1　由于岛屿隔离和自然选择差异导致达尔文地雀的物种分化(John Gould)
A. *Geospiza magnirostris*　B.*Geospiza fortis*　C.*Geospiza parvula*　D.*Gerthidea olivacea*

　　上述物种形成过程只是物种形成的一种较为普遍方式,生物居群间产生生殖隔离从而形成新物种的方式尚有多种。一般来说,种形成有关的地理因素可归纳为4种模式:①同域成种模式;

②异域成种模式;③邻域成种模式;④离域成种模式。所谓"同域成种模式"(sympatric speciation)是指形成不同种的原居群在地理分布上是连续的,在无地理隔离的情况下,由于生态、繁殖季节、遗传及生理因素导致生殖隔离;"异域成种模式"(allopatric speciation)是指形成不同种的原居群由于某种地理隔离因素而被分隔,这一成种模式长期以来被认为是自然界物种形成的主要模式;"邻域成种模式"(parapatric speciation)是指形成不同种的原居群之间有不完全的地理隔离,在居群的毗邻地带有一定的基因流动,却未影响两个种的分化和形成;"离域成种模式"(peripatric speciation)是介于异域和同域成种直接的一种模式,指物种原先受地理隔离,之后因为居群扩张而有所接触。区分种形成方式,主要依据居群初始分化和生殖隔离完成过程中的地理分布情况,至于生殖隔离完成以后地理分布情况则并不重要。

此外,根据种形成过程的特点还可区分出两种不同的种形成方式:①渐变物种形成(gradual speciation),认为生物演化和物种形成经过长期的,平稳而且缓慢的渐变,通过漫长的时间积累每个微小变异,最终产生新的物种;②量子种形成(quantum speciation)是指居群中一部分个体因一场机制发生变化,导致快速形成与居群其他个体生殖隔离的成种方式。这种成种方式在杂交和多倍化频发的植物中较为常见。异域和邻域的种形成过程一般是渐变的,分布区重叠的种形成过程往往是"跳跃"的,即"量子种形成"方式。

二、生物学物种概念的产生和局限

生物学种概念的产生是人类在生存斗争中,对自然界的认知不断加深的过程中形成的。人类很早以前就能识别生物,并给以名称。我国汉初的《尔雅》把动物分为鸟、兽、虫、鱼四类。这是中国古代最早的动物分类。这个分类与林奈(Linnaeu,1758)的六纲自然系统比较,只少了两栖和蠕虫这两个纲。

在国外,古希腊哲学家亚里士多德采取性状对比的方法区分生物,如把恒温动物归为一类,与冷血动物相区别,并把动物按构造的完善程度依次排列,首创自然阶梯的概念。17世纪末,英国植物学者约翰·雷(Ray,1682)曾把当时所知的植物作了属和种的描述,他的《植物研究的新方法》是林奈前的一部最全面的植物分类著作。值得注意到是,书中还提到"杂交不育"作为区分物种的标准。

近代的生物分类学奠基人是瑞典学者林奈。林奈的分类系统有两个重要贡献:①确立了双名法的地位,即每一物种都给以一个学名,该学名由两个拉丁词所组成,第一个代表属名,第二个代表种名(即种加词,specific epithet)。例如,"*Ginkgo biloba*"是"银杏"的学名,"*Populus alba*"是"银白杨"的学名;②确立了分类学的阶元系统。林奈把自然界分为植物、动物和矿物三界,在动植物界下,又设有纲、目、属、种四个级别,从而确立了分类的阶元系统。这样,每一物种都隶属于一定的分类阶元,占有一定的分类地位,可以按阶元进行查对和检索。林奈分类系统首先在1753年印行的《植物种志》和1758年第10版《自然系统》(图4-2)中分别应用于植物和动物(Linnaeus,1753;1758)。这两部经典著作,标志着近代分类学的诞生。

然而,由于当时并没有近代的遗传和进化概念,所以林奈相信物种不变。后来,法国博物学家拉马克创立了"用进废退"和"获得性状遗传"的生物进化学说。但是,由于他的观点在当时没有得到公认,因而对分类学影响不大。直到1859年,达尔文的《物种起源》(Darwin,1859)出版以后,进化思想才在分类学中得到应用,明确了分类研究的目的在于探索生物之间的亲缘关系,使分类系统成为生物系谱的系统分类学由此诞生。

林奈时代的物种概念,包含两个基本内容:①物种是客观存在的;②物种不变。由于不变,而

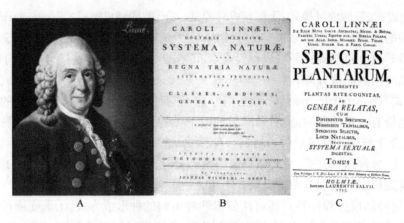

图 4-2　林奈及其著作
A. 林奈；B.《自然系统》；C.《植物种志》

且由"上帝"创造，物种当然是客观存在的。对于各个物种，种内形态特征一致，种间生殖隔离则是物种不变的两个标准。达尔文的物种概念则与此相反，它的基本内容是：①物种为人为分类学单元；②物种可变。进化论说明了物种是在不断变化的，变化中的物种否定了自身的存在。达尔文在《物种起源》一书中说："物种"这个名词，我认为是为了方便，任意地用来表示一群很相似的个体，它在本质上和"变种"没有区别。虽然达尔文进化理论深入人心，然而达尔文并没有考虑物种定义，因为他认为物种是人为单元，不可能有客观标准，更不需要定义。他的进化论证明了种间的历史连续，却忽视了种间的间断意义。

Mayr(1942)基于生殖隔离这一标准，提出了一个为人们广泛接受的物种概念：物种是许多个体间能够自由交配的自然居群(population)组成，这些居群的个体与其他种类个体在生殖上发生隔离(生物学种概念)。我们常说的"种瓜得瓜，种豆得豆"，就体现了对生物学物种概念的朴素认识。

这样就出现了一个问题，由于不能对所有生物都进行杂交实验，我们如何判断两个种之间是否能发生杂交？ 如果发生，杂交个体能否具有继续繁殖能力？因此生物学种的概念在许多生物类群当中难以得到实际应用。

由于生物界的复杂性，现在普遍认为生物学种概念并不适用于所有生物。首先，对于容易杂交的生物类群就非常不适用。关于杂交现象带来的问题，植物学家比动物学家会有更深的体会，因为植物中天然杂交现象十分普遍。据估计，70%的被子植物是通过杂交起源的(Arnold，1992)。其次，植物物种比动物物种更加难以用生殖隔离标准来衡量，除了普遍的杂交现象之外植物界还普遍存在无性繁殖、自交繁殖和多倍化现象。类似的，许多微生物主要靠无性繁殖产生后代，这样就使得生物学种概念的适用范围更加有限。另外，朊病毒、病毒等生物的物种概念显然也不能用生殖隔离来定义。

三、其他物种概念

既然"生物学种"概念无法适用于所有生物，而且由于生殖隔离的检验难于实际操作，因此"实用性"较差，那么究竟该如何给"物种"下一个更为完善而实用的定义呢？ 这一问题已经困扰了全世界生物学家百年之久，被人们称为"物种难题"(species problem)。长期以来，进化生物学家和分类学家对物种概念确定争论不休，因此在"生物学种"概念之外还产生了许多其他的物种概念，如形态学种概念、进化种概念、生态学种概念等,历史上曾出现多达 20 余种物种概念(Slobodchikoff,1976; De Queiroz,2007)。现对其中几个较为重要和应用较广的物种概念做一简介。

(一) 模式种概念

模式种概念(typological species)认为,同一物种的所有个体要求具有或符合某些特定的特征和属性。因此,将生物标本上体现的某生物固定的形态学特征作为区分物种的标准。这一物种概念形成较早,在进化论形成之前(如林奈时期)就被广泛采用。由于当时人们认为物种不变,因此模式种概念忽略了生物种内和个体间的变异,模式标本成了确定物种的唯一标准。这就造成物种划分过细,许多有微小差异或极端变异的生物个体被当做新种发表。进化论发表以后,人们才逐渐认识到以"模式种概念"进行分类学工作的弊端,这一物种概念才渐渐地退出历史舞台。然而,值得注意的是,"模式种概念"的思想根源根深蒂固,即便在后达尔文时代,仍有分类学家不自觉地采用"模式种概念"进行分类工作。分类工作中只有树立生物变异思想,采用居群概念,才可以从根本上解决"模式种概念"问题。

(二) 形态学种概念

"形态学种概念"(morphological species)认为一个物种的居群在形态上必然与另一个物种的居群不同。区分不同物种的标准完全来源于形态学差异。"形态学种概念"同样是形成较早的物种概念。有趣的是"形态学种概念"与"模式种概念"在达尔文进化论发表之前是非常难以区分的,因为"模式种概念"也是基于形态学差异的。而现在我们说到的"形态学种概念",则是在进化论体系指导下的一个物种概念,从而与"模式种概念"相区别。随着生物学尤其是分子生物学、分子遗传学的发展,"形态学种概念"受到的批评也越来越多。人们不断发现,许多形态差异很小的生物在遗传上有着显著的分化,而许多明显的形态差异有时会发生在遗传分化很小的生物居群之中。然而,"形态学种概念"却是被采用最为广泛的物种概念。目前绝大多数生物种类的发表都是仅仅基于其形态特征的。例如,《中国植物志》上面记录的几乎全部种类。这是由于"形态学种概念"较之其他物种概念更具可操作性决定的。人们对于一个新物种形态特征的认识和描述,远远比了解其遗传结构、繁育系统或生殖隔离要容易得多。

(三) 进化种或达尔文种概念

进化种或达尔文种概念(evolutionary or darwinian species)认为,一个物种是具有一个共同祖先的一群生物个体组成的一个遗传谱系,在时间和空间上与其他物种谱系相分离。这一概念是由 Simpson 于 1961 年提出的,并被认为将同时适用于有性繁殖和无性繁殖生物。较之"生物学种"概念,这一概念的优点显而易见。它适用范围更广,不仅仅局限于有性繁殖生物,而且这一概念充分考虑到了生物物种形成的时间过程。然而,在 Simpson 提出这一概念时,这一物种概念显然存在两个主要缺陷:①实用性差,其评价标准完全是理论上的,几乎无法具体操作;②概念提出时所说的进化关系仍然是由形态特征决定的,然而有些形态特征并不总是能够反映进化关系。

(四) 生态学种概念

"生态学种概念"(ecological species)认为物种为适应或占用某种特定自然环境资源(生态位,niche)的一群生物个体。生态学研究表明,生于同一地区的不同物种表现出的形态与行为的差异，往往与它们所处生态环境的差异和它们利用生态资源的不同紧密相关。该物种概念具有一定的实用性，在分类学工作中具有一定指导意义。

上述物种概念中，除了"模式种概念"，其他的物种概念适用范围和目的不同，没有哪个概念是无条件"正确"或"最佳"的。而且不同的物种概念对同一生物种的确定往往是不一致的。例如，新几内亚的一类木本植物 Drimys，如果采用不同的物种概念会有 1～30 个物种不等。在对 Drimys 的多样性进行保护时，保护生物学家要充分考虑到不同物种概念造成的种数差异。

第二节 地球上的生物种类

一、地球上曾经有过多少物种

现在普遍认为地球生物有着超过 30 亿年的历史，那么在如此漫长的历史过程中究竟存在过多少生物种类呢？科学家认为：从某种程度上说，绝大多数可以行走、爬行、游泳或者飞行的动物物种和绿色植物物种现在已经灭绝。古生物学家估计，过去某个时候地球上物种的数量可能在 50 亿～500 亿种之间。也就是说，只有大约千分之一的物种仍然存活在这个世界上，而 99.9% 的物种走上了灭绝之路，可以说，生物灭绝伴随着整个生物进化历史。

灭绝并非匀速渐进过程，而是经常在某个时间断面大规模集群发生，造成高级阶元（科、目、甚至纲）类群整体消失。在集群灭绝过程中，往往是整个分类单元中的所有物种，无论在生态系统中的地位如何，都逃不过这次劫难，而且还常常是很多不同的生物类群一起灭绝，却总有其他一些类群幸免于难，还有一些类群从此诞生或开始繁盛。大规模的集群灭绝有一定的周期性，大约 6000 万年就会发生一次。最近 5.5 亿年中地球上大规模集群灭绝事件就有多达 5 次以上（图 4-3）。集群灭绝对动物的影响尤为显著。

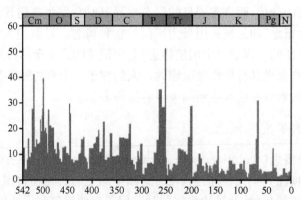

图 4-3 最近 5.5 亿年来地球上生物灭绝强度
（引自：http://www.ecobuddhism.org/science/evolution）
横轴代表时间轴，单位百万年；纵轴代表生物灭绝百分率

自显生宙寒武纪以来，在地球上先后经过了 5 次生物大灭绝。它们分别是：第一次，在距今 4.43 亿年前的奥陶纪（Ordovician）末期；第二次，在距今约 3.59 亿年前的泥盆纪（Devonian）后期；第三次，距今约 2.51 亿年前的二叠纪（Permian）末期，这次灭绝估计导致地球上有 96% 的物种灭绝，是地球史上最大也是最严重的物种灭绝事件；第四次，距今 2 亿年前的三叠纪末（Triassic）期；第五次，距今 6500 万年前白垩纪（Cretaceous）末期，是地球史上第二大生物大灭绝事件，据估计有近 80% 的物种灭绝，恐龙时代也在此终结。科学家称，如果照现在的速度发展下去，第

六次大灭绝可能在接下来的 3～22 个世纪之间来临。

　　人类诞生以来特别是人类进入文明社会以后,生物灭绝速度大大增加(Wilson,1988)。许多动物,如美洲乳齿象等美洲动物的灭绝,就可能与人类进入美洲有关。最近一二百年来生物灭绝的速度空前提高,无论是动物界和植物界都无法幸免。人类活动造成地球生态环境急剧变化是生物灭绝的主要原因。许多动物虽然尚未从地球上完全消失,但居群数量和个体数量都急剧减少,衰减速度也十分惊人。如北美的旅鸽从几十亿只到绝种只有几十年的时间。现在世界上9000 余种鸟中有将近 1000 种的生存状态受到严重威胁,有很多动物只剩下了几十或几百只,像白鳍豚等动物的绝种几乎只是时间问题。根据世界自然保护联盟的统计,自 1500 年准确的科学记录出现以来,已有超过 800 种动植物物种灭绝。科学家一致认为,目前的物种灭绝速度远比物种形成要快,应主要归罪于污染、生活环境的破坏、温室气体的排放等人类行为。

二、世界上有多少现存物种

　　生物分类学奠基人瑞典生物学家林奈在 1758 年的《自然系统》(Systema Naturae)一书中共描述了地球上 13 000个生物物种。当然,这只是 18 世纪时人类对生物界的认识,这个数字显然与实际情况有着巨大的差距。在两个半世纪后的今天,仍然沿袭着林奈分类体系的科学家们已经描述了地球上 1 700 000 个生物物种。然而,全世界究竟有多少物种,生物学家们还只能猜测和估算,因为尚且有数目庞大的物种未被科学界发现和描述。

　　时至今日,每年仍大约有 2 万个新物种被描述。即便是我们已经熟知的鸟类、哺乳动物和温带花卉等类群,每年也都会发现一些新的物种,以研究比较充分的灵长类为例,自1990 年以来,仅在巴西就发现了 10 个猴子新种,在马达加斯加发现了 3 个狐猴新种(图 4-4)。WWF 最新的报告《最后的边界:新几内亚新发现的物种(1998-2008)》指出,在

图 4-4　2010 年在马达加斯加发现了一种不停"点头"的叉斑狐猴。这种狐猴很有可能是不同于叉斑鼠狐猴的新种(引自:Gustav Mühel 1890)

1998～2008 年十年间,新几内亚岛发现了多达 1060 种新物种。此外,每十年都会有 500～600个两栖动物新种被描述。

　　考虑到这些未知物种的庞大数字,Hammond(1995)估计全世界的生物种类在 3 600 000～111 700 000 之间,并认为 13 600 000 也许是个接近实际情况的数字。Hunter(1999)则将已经发表的生物种类和通过估计认为的实际存在种数进行了总结对比(表 4-2)。

表 4-2　生物学家已经发表的各类生物种数和估计可能存在的物种种数

	病毒	细菌	真菌	原生动物	藻类	植物	节肢动物	其他动物
已描述	4000	4000	72 000	40 000	40 000	270 000	1 065 000	25 5000
估计	400 000	1 000 000	1 500 000	200 000	400 000	320 000	8 900 000	900 000

引自:Hunter,1999

　　通过表 4-2,我们知道昆虫(属于节肢动物中的一个类群)是种类最多的一类生物,而且人类很早就已经知道昆虫种类占了全世界生物种类的很大比重。仅仅昆虫中的一个目——鞘翅目(甲虫类)已经发现的就包括大约 40 万种生物。这个数字已经远远超过了植物中已描述种类最多的维管植物(蕨类植物和种子植物)。即便如此,仍有很大比例的昆虫种类尚未被描述。

在昆虫学家们仍然继续发现并描述大量昆虫的同时,微生物方面的研究也在进一步深入,大量物种被不断发现。1990 年挪威微生物学家开展了一项研究。研究中,他们收集了两份少量的土壤样品:1g 的挪威森林土壤和 1g 的挪威海岸沉积土壤;然后,他们分别提取每份样品中所有的细菌,随后从所有的细菌中提取 DNA;之后,他们估算了两份样本 DNA 序列的多样性。按照保守的估计,DNA 相似度小于 70% 即为不同物种,结果显示每份土壤样品包括的细菌种类都超过了 4000 种,而且两份土壤样本之间的细菌种类几乎完全不同。这个实验结果是惊人的,因为全世界目前发表的细菌种类也只有数千种。据此,科学家估计地球上存在的细菌种类与发表的细菌种类之比也许会超过 100∶1,也就是说 99% 的细菌种类尚未被人类发现。

相比陆地生物而言,我们对海洋生物多样性的认识惊人的有限。从 2001 年开始的"海洋生物普查"科学工程耗时 10 年,耗资近 6 亿美元。到 2010 年,海洋生物多样性分布图已经绘制完成,报告显示海洋中的生物多样性令人惊叹。此次"海洋生物普查"报告指出海洋生物物种总计可能有约 100 万种,其中 25 万种是人类已知的海洋物种,其他 75 万种海洋物种人类知之甚少。在最遥远、最深的海域之中,共发现了 5 300 多种此前未知的海洋动物。这些物种包括深海龙鱼、蓝纹红鲷鱼、雪蟹、蜘蛛蟹、深海章鱼、南极鱼类、栉水母、深海珊瑚等。

除了上述的这些类群之外,还有许多种类众多但是研究相对不足的生物类群,如螨类、真菌、寄生生物和深海生物,这些生物的种类数目也远远大于目前已经发表的种数。最后,由于大量的隐形种(cryptic species 或 sibling species)的存在,世界生物种类数字还会大幅提升。所谓隐形种就是形态上十分相似,但是遗传上有显著分化的物种。隐形种现象在昆虫和苔藓植物和一些形态结构较为简单的生物中都比较普遍。

三、物种丰富度最高的生态系统

就物种数目而言,最为丰富的环境是热带雨林、热带落叶林、珊瑚礁、深海和大型热带湖泊(Groombridge and Jenkins,2002)。

热带雨林只占陆地面积的 7%,但是它们可能包含了世界上一半以上的物种(Primack and Corlett,2005)。多样性的主体是数量丰富的昆虫,还有许多鸟类、哺乳动物和植物。热带森林里还没有被描述的昆虫数目估计有 500 万~1000 万种。热带森林里包含了世界上大约 40% 的有花植物。

珊瑚礁是物种多样性的另一个集中地。珊瑚礁生态系统相当于海洋中的热带雨林。珊瑚礁只占世界海洋面积的 0.2%,但养育着 25% 的所有海洋生命。世界上最大的珊瑚礁系统是澳大利亚的大堡礁,生存着 350 多种珊瑚虫、1500 种鱼类、4000 种软体动物以及 5 种海龟,并为 252 种鸟类提供繁殖场所。大堡礁仅占世界海洋表面积的千分之一,但却包含了约占世界 8% 的鱼类物种。

相对陆地群落而言,珊瑚礁和深海的多样性则包含更多的门和纲。这些海洋生态系统包含了目前存在的 35 个动物门中的 34 个,其中有三分之一以上只存在于海洋环境中(Grassle,2001)。大型热带湖泊的高度多样性,可能是鱼类和其他类群在隔离且高生产力的生境中快速辐射进化的结果。

四、世界上生物多样性特别丰富的国家

物种并不是均匀地分布于全世界各个国家,位于或部分位于热带、亚热带地区的少数国家拥有全世界最高比例的物种多样性(包括海洋淡水和陆地中的生物多样性),称为生物多样性特丰富国家(megadiversity country)。确定一个国家生物多样性是否丰富主要从两个方面来考虑:所拥有的物种总数和所拥有的特有种(endemic species)数量。物种数越多、特有种越多,则其生物

多样性越丰富。包括巴西、哥伦比亚、厄瓜多尔、秘鲁、墨西哥、扎伊尔、马达加斯加、澳大利亚、中国、印度、印度尼西亚、马来西亚在内的 12 个生物多样性特丰富国家拥有全世界 60%～70% 甚至更高的生物多样性(McNeely et al.,1990)。不同的国家最丰富的生物类群有所差异。各类群种数最多的前 10 个国家(表 4-3)对该类群的生存起着关键性的作用,在全球生物多样性保护中也有着重要的战略意义。

表 4-3　重要生物类群物种数目最多的前 10 个国家(引自:McNeely et al.,1990)

名次	哺乳类	鸟类	两栖类	爬行类	种子植物
1	印度尼西亚 515*	哥伦比亚 1 721	巴西 516	墨西哥 717	巴西 55 000
2	墨西哥 449	秘鲁 1 701	哥伦比亚 407	澳大利亚 686	哥伦比亚 45 000
3	巴西 428	巴西 1 622	厄瓜多尔 358	印度尼西亚 600	中国 27 000
4	扎伊尔 409	印度尼西亚 1 519	墨西哥 282	巴西 467	墨西哥 25 000
5	中国 394	厄瓜多尔 1 447	印度尼西亚 270	印度 453	澳大利亚 23 000
6	秘鲁 361	委内瑞拉 1 275	中国 265	哥伦比亚 383	南非 21 000
7	哥伦比亚 359	玻利维亚 1 250	秘鲁 251	厄瓜多尔 345	印度尼西亚 20 000
8	印度 350	印度 1 200	扎伊尔 216	秘鲁 297	委内瑞拉 20 000
9	乌干达 311	马来西亚 1 200	美国 205	马来西亚 294	秘鲁 20 000
10	坦桑尼亚 310	中国 1 195	委内瑞拉/澳大利亚 197	泰国/巴布亚新几内亚 282	前苏联 20 000

* 国家下方的数字代表该国家拥有的该类群生物的种类数量

五、全球物种特有性格局

物种的特有性(endemism)是指物种自然分布范围有一定的限制,是相对世界广泛分布现象而言的,一切不属于世界性分布的属或种,都可以称之为分布区内的特有属或特有种。

不同地区的动植物区系中,特有性的程度也因不同地区的历史和自然条件等的差异而有较大的不同。有的地区生物的特有性程度较高,如新喀里多尼亚有特有植物 1400 种,占该地区植物种类的 89%。马达加斯加有特有植物 4900 种,占该地区植物种类的 82%。全球高等脊椎动物特有性水平高的 10 个国家依次为澳大利亚、巴西、印度尼西亚、墨西哥、菲律宾、马达加斯加、美国、中国、秘鲁和哥伦比亚(图 4-5)。全球 10 个维管束植物特有性高的国家(地区)为新西兰、南部非洲、澳大利亚、苏格兰、马达加斯加、印度尼西亚、中国、巴布亚新几内亚、智利和扎伊尔(图 4-6)。研究表明,至少在高等脊椎动物中,一个国家拥有一个类群的特有性较高,则拥有其他类群的特有性也往往较高。一个国家的哺乳类和鸟类、哺乳类和爬行类的特有性程度在统计上往往是非常相关的(Bibby et al.，1992；WCMC，1992)。然而也有一些例外，从图 4-5 和图 4-6 中可以看出，尽管一些国家同时拥有较高的植物和脊椎动物特有性，但有些类群之间没有呈现出统计相关，如哥伦比亚虽然两栖类特有性较高但哺乳动物特有性却不高；南非开普敦地区特有植物达 6300 种，但哺乳类仅有 15 个特有种。

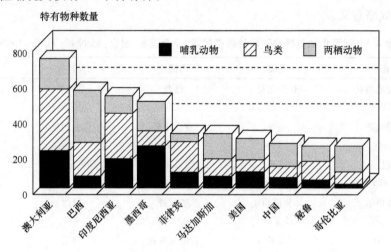

图 4-5　全球 10 个高等脊椎动物特有性最高的国家(WCMC,1992)

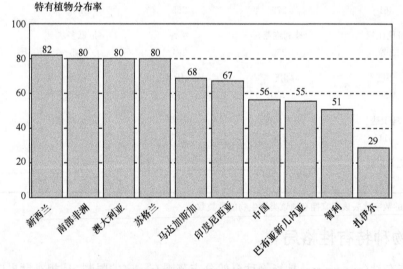

图 4-6　全球 10 个维管植物特有性最高的国家(WCMC,1992)

六、全球物种多样性的热点地区

一个地区物种多样性的高低不仅取决于该区域物种数目的多少，还在于该地区物种的特有性程度的高低。Myers(1988,1990)依据极高的特有性水平、严重受威胁的程度这两个标准，在全球范围内划分出了 18 个生物多样性的热点地区(Hot-Spots'area)。其中属于热带的有 14个，属于地中海类型的有 4 个。它们虽然仅占地球表面积的 0.5%，却拥有全球 20%的植物物种，拥有 50 000 个特有植物物种。Myers(2000)对原有的热点地区进行了修订，提出了 25 个热点地区，这些地区总面积只占陆地总面积的 1.4%，但包含了全球 44%的植物种类和 35%脊椎动物种类(鱼类除外)，且其中 88%的原生植被已丧失。

在 Myers 生物多样性热点地区基础上,保护国际(Conservation International) 2005 年在全球确定了 34 个物种最丰富且受到威胁最大的生物多样性热点地区,在这里生长的很多动植物是这些地区所特有的。虽然它们只占有地球陆地面积的 2.3%,却栖息着地球 75% 的濒危的哺乳动物、鸟类和两栖类,约有 50% 的高等植物和 42% 的陆地脊椎动物。目前,这些热点地区正在受到严重的威胁,很多热点区的原生植被只剩下了不到 10%(表 4-4 和表 4-5)。这些生物多样性热点地区是地球上环境最迫切需要保护的区域。划定热点地区的价值在于更明确认定保护的优先区域,人们必须立刻行动起来,以避免失去更多这样不可替代的地球生命宝库。但是这个热点地区方案明显忽略了水域生物多样性的保护。

表 4-4　34 个生物多样性热点地区

序号	地区	序号	地区	序号	地区
1	玻利尼西亚-密克罗尼西亚	13	非洲西部几内亚森林	25	西高止山脉及斯里兰卡
2	新西兰	14	南非干旱台地	26	中国西南山地
3	加利福尼亚植物区	15	好望角植被区	27	印度东部和缅甸等
4	地中海盆地	16	高加索地区	28	巽他大陆
5	通贝斯-乔科-马格达莱纳区域	17	伊朗-安那托利亚地区	29	华莱士区
6	热带安第斯山脉	18	西非和喀麦隆高地	30	澳大利亚南部
7	智利中部	19	非洲东部沿海森林	31	日本
8	墨西哥北部和美国西南部松-栎森林区	20	非洲东南部	32	菲律宾
9	加勒比岛国	21	南非好望角地区	33	东美拉尼西亚群岛
10	巴西塞拉多区域	22	马达加斯加及附近印度洋诸岛	34	新喀里多尼亚
11	大西洋沿岸森林区	23	中亚山区		
12	地中海盆地	24	喜马拉雅山脉		

这 34 个热点地区中涉及中国国土的有三个:中国西南山区、喜马拉雅山脉地区和印度—缅甸地区。

表 4-5　34 个生物多样性热点地区物种及特有物种数目

地区	植物		哺乳动物		鸟类		爬行类		两栖类		淡水鱼类	
	总数	特有种	总数	特有种	总数	特有种	总数	特有种	总数	特有种	总数	特有种
大西洋沿岸森林区(Atlantic Forest)	20 000	8 000	264	72	934	144	311	94	456	282	50	33
加利福尼亚植物区(California Floristic Province)	3 488	2 124	157	18	340	8	69	4	46	25	73	15
好望角植被区(Cape Floristic Region)	9 000	6 210	91	4	323	6	100	22	46	16	34	14
加勒比海(Caribbean Island)	13 000	6 550	89	41	604	163	502	469	170	170	161	65

地区	植物		哺乳动物		鸟类		爬行类		两栖类		淡水鱼类	
	总数	特有种	总数	特有种	总数	特有种	总数	特有种	总数	特有种	总数	特有种
高加索地区(Caucasus)	6 400	1 600	131	18	378	1	86	20	17	3	127	12
巴西塞拉多区域(Cerrado)	10 000	4 400	195	14	607	17	225	33	186	28	800	200
智利中部(Chilean Winter Rainfall- Valdivian Forest)	3 892	1 957	68	15	226	12	41	27	41	29	43	24
非洲东部沿海森林(Coastal Forests of Eastern Africa)	4 000	1 750	198	11	633	11	254	53	88	6	219	32
东美拉尼西亚群岛(East Melanesian Islands)	8 000	3 000	86	39	360	149	117	54	42	38	52	3
西非和喀麦隆高地(Eastern Afromontane)	7 598	2 356	490	104	1 299	106	347	93	229	68	893	617
非洲西部几内亚森林(Guinean Forests of West Africa)	9 000	1 800	320	67	785	75	210	52	221	85	512	143
喜马拉雅山脉(Himalaya)	10 000	3 160	300	12	977	15	176	48	105	42	269	33
南非好望角地区(Horn of Africa)	5 000	2 750	220	20	697	24	285	93	30	6	100	10
印度东部和缅甸等(Indo-Burma)	13 500	7 000	433	73	1 266	64	522	204	286	154	1 262	553
伊朗—安那托利亚地区(Irano-Anatolian)	6 000	2 500	142	10	362	0	116	12	18	2	90	30
日本(Japan)	5 600	1 950	94	46	366	13	66	28	50	44	214	52
马达加斯加及附近印度洋诸岛(Madagascar and the Indian Ocean Islands)	13 000	11 600	155	144	310	181	384	367	230	229	164	97
墨西哥北部和美国西南部松—栎森林区(Madrean Pine-Oak Woodlands)	5 300	3 975	328	6	524	22	384	37	200	50	84	18

续表

地区	植物		哺乳动物		鸟类		爬行类		两栖类		淡水鱼类	
	总数	特有种	总数	特有种	总数	特有种	总数	特有种	总数	特有种	总数	特有种
非洲东南部(Maputaland-Pondoland-Albany)	8 100	1 900	194	4	541	0	209	30	72	11	73	20
地中海盆地(Mediterranean Basin)	22 500	11 700	226	25	489	25	230	77	79	27	216	63
中美洲(Mesoamerica)	17 000	2 941	440	66	1 113	208	692	240	555	358	509	340
中亚山区(Mountains of Central Asia)	5 500	1 500	143	6	489	0	59	1	7	4	27	5
中国西南山地(Mountains of Southwest China)	12 000	3 500	237	5	611	2	92	15	90	8	92	23
新喀里多尼亚(New Caledonia)	3 270	2 432	9	6	105	23	70	62	0	0	85	9
新西兰(New Zealand)	2 300	1 865	10	3	195	86	37	37	4	4	39	25
菲律宾(Philippines)	9 253	6 091	167	102	535	186	237	160	89	76	281	67
玻利尼西亚—密克罗尼西亚(Polynesia-Micronesia)	5 330	3 074	16	12	292	163	64	31	3	3	96	20
澳大利亚西南部(Southwest Australia)	5 571	2 948	59	12	285	10	177	27	32	22	20	10
南非干旱台地(Succulent Karoo)	6 356	2 439	75	2	226	1	94	15	21	1	28	0
巽他大陆(Sundaland)	25 000	15 000	380	172	769	142	452	243	244	196	950	350
热带安第斯山脉(Tropical Andes)	30 000	15 000	570	75	1724	579	610	275	981	673	380	131
通贝斯-乔科-马格达莱纳区域(Tumbes-Chocó-Magdalena)	11 000	2 750	285	11	890	110	327	98	203	30	251	115
华莱士区(Wallacea)	10 000	1 500	222	127	647	262	222	99	48	33	250	50

引自:http://www.biodiversityhotspots.org/xp/Hotspots/Pages/default.aspx

　　我国 2005 年曾对我国的生物多样性保护热点地区进行了分析,共获得 30 个陆域优先保护区域。

第三节　物种多样性保护等级

如第二节所述,地球上的物种多样性正在高速下降,许多物种面临着灭绝的威胁。威胁野生动植物生存的主要因素是栖息地丧失、商业开发、野生动植物及其产品的国际贸易(蒋志刚,2000)。因此,保护物种多样性的第一步是确定哪些生物物种正在受到威胁,程度如何,即确定物种的保护级别。当确定生物种类保护级别的时候,主要考虑因素就是物种灭绝的可能性。全世界有许多生物多样性保护组织,这些组织对地球上濒于灭绝和受到威胁的物种按不同标准制定了保护级别。世界各国根据物种濒危程度制定相应的法律,应用建立自然保护区、濒危物种繁育中心等保护生物学手段,对濒危物种实施就地保护和迁地保护。同时,各国还限制濒危野生动植物的国际贸易,制定法律来保护濒危物种。

濒危物种保护是保护生物学的核心问题之一,即怎样科学地建立评价生物物种灭绝风险的指标体系,是保护生物学家们面临的一项艰巨任务,同时也是处理危机的决策科学(蒋志刚,2000)。因此,在制定濒危物种等级时,人们利用直觉和创造力加上现有的信息,比较相似的事例,参照理论模式,进行评定。划分物种的濒危等级时,保护生物学家需要首先对物种的分布、数量和居群动态信息做充分地调查和了解。

一、国际濒危物种保护等级标准

(一) IUCN 濒危物种红皮书

目前,国际有许多濒危物种等级的划分标准,其中最为重要的一个为世界自然保护联盟(World Conservation Union,WCU,也就是著名的 IUCN,International Union for Conservation of Nature and Natural Resources)。IUCN 成立于 1948 年 10 月,是目前世界上最大的自然保护团体。IUCN 自 20 世纪 60 年代开始发布濒危物种红皮书(Red Data Book)。根据物种受威胁程度和估计灭绝风险将物种列为不同的濒危等级。IUCN 根据所收集到的可用信息和 IUCN 物种存活委员会的报告,编制全球范围的红皮书。IUCN 发布濒危物种红皮书有三个目的:①不定期地推出濒危物种红皮书,以唤起世界对野生物种生存现状的关注;②提供数据供各国政府和立法机构参考;③为全球的科学家提供有关物种濒危现状和生物多样性的基础数据。最初 IUCN 红皮书仅包括陆生脊椎动物,后来红皮书开始收录无脊椎动物和植物,内容逐年增加,逐步发展为 IUCN 濒危物种名录红色名录(IUCN Endangered Species Red List)。近年来,IUCN还提供了一个网络数据库(http://www.redlist.org),为各种生物物种的保护级别划分提供了一个重要的国际标准和等级体系(图 4-7)。

图 4-7 中出现的一些濒危等级,我们简述如下。

(1) 绝灭(extinct,EX)。如果确信某一分类单元的最后一个个体已经死亡,即认为该分类单元已经绝灭。例如,袋狼(*Thylacinus cynocephalus*)。

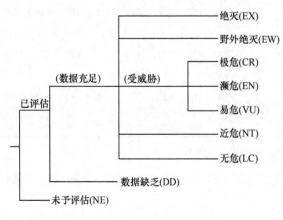

图 4-7　IUCN 濒危等级体系

（2）野外绝灭（extinct in the wild，EW）。只生活在栽培、圈养条件下或者只作为自然化居群（或居群）生活在远离其过去的栖息地时，即认为该分类单元属于野外绝灭。例如，单峰骆驼（*Camelus dromedarius*）。

（3）极危（critically endangered，CR）。野生居群面临即将绝灭的概率非常高。例如，麋鹿和台湾鲑鱼（樱花钩吻鲑，*Oncorhynchus formosanus*）。

（4）濒危（endangered，EN）。其野生居群在不久的将来面临绝灭的概率很高。例如，蓝鲸（*Balaenoptera musculus*）和海牛（*Trichechu* spp.）。

（5）易危（vulnerable，VU）。有科学证据表明，物种居群在未来一段时间内可能有比较高的灭绝威胁。例如，环尾狐猴（*Lemur catta*）、大白鲨（*Carcharodon carcharias*）和北极熊（*Ursus maritimus*）。

（6）近危（near threatened，NT）。当一分类单元未达到极危、濒危或者易危标准，但是在未来一段时间后，接近符合或可能符合受威胁等级。例如，棕熊（*Ursus arctos*）和灰狼（*Canischanco gray*）。

（7）无危（least concern，LC）。虽然存在威胁但是目前并不严重，此类生物众多，例如，加州红木（*Sequoia sempervirens*）和台湾蓝鹊（*Urocissa caerulea*）等。

（8）数据缺乏（data deficient，DD）。如果没有足够的资料来直接或者间接地根据一物种的分布或居群状况来评估其绝灭的危险程度时，即认为该分类单元属于数据缺乏。例如，苏格兰交嘴雀（*Loxia scotica*）［分类学上不确定它与鹦交嘴雀（*L. pytyopsittacus*）的关系］。

关于"稀有"和"濒危"这样的词汇现在被人们广泛使用。但是大家似乎并不真正了解这些词汇的确切意思。人们经常会奇怪的发现，许多不常见的生物种类并不是濒危物种，相反一些濒危物种却十分常见。例如，非洲象（*Loxodonta africana*）拥有巨大的居群，个体数超过 500 000，但是在 IUCN 名录中却被列为"易危（VU）"。这是因为由于生境破坏，非洲象居群已经处于非常危险的状态。又如，在南非的西南部"高山硬叶灌木群落"和"多水雨季草原群落"中有上百种植物的居群都非常小。但这些种类都生长在非常原始的自然状态，丝毫没有居群缩小的迹象。也就是说这些种类居群小是一种自然状态，而不是受到破坏后出现的情况。那么这样物种算是濒危物种吗？IUCN 早期使用了一个等级描述这种情况——"稀见（rare）"。但是现在，这种情况统统被处理为"濒危"或"易危"。

（二）国际组织或外国的其他标准

除 IUCN 之外，其他一些国际保护生物学组织也提出了各自的标准。另外，许多国家和地区也列出了该国家和地区范围内的保护生物名单和保护级别。最为著名的有《CITES 附录标准》、《美国濒危物种法案》、《濒危物种标准等级》等。

为了控制野生动植物国际贸易，多个国家于 1973 年在美国首都华盛顿签署了《濒危动植物种国际贸易公约》（Convention on Tread of Endangered Species，CITES）。截止到 2011 年 7 月，175 个国家签署了该公约。CITES 管制的国际贸易野生动植物物种分别列入 CITES 的附录 1、附录 2 和附录 3 中。CITES 附录标准相对于 IUCN 标准宽松（Caughley et al.，1996）。列入附录 1、附录 2 和附录 3 的濒危物种是根据其生物学现状和贸易现状决定的［拓展阅读：CITES 的三个附录标准（蒋志刚，2000；蒋志刚等，2003）］。美国总统里根于 1973 年签署了《美国濒危物种法案》。根据该法案，如果：①某物种的栖息地正在受到破坏；②某物种受到过度的开发；③由于被捕食和病害，物种的数量下降；④现有的法律法规不足以保护的物种；⑤存在其他危及物种生存的自然或人为因素,美国内务部部长可以根据美国鱼与野生动物管理局的建议,将该物种列为濒危物种。《美国濒危物种法案》的物种濒危等级分为"濒危"和"受危"两大类。如果某物种在它的分布区面临灭绝的威胁,则列为濒危物种,而如果某物种在可以预见的将来将面临灭绝,则列为受危物种。某物种一旦被列为濒危或受胁,法案就要求为该物种制定恢复计划,并执行这个恢复计划,直至该物种恢复到脱离濒危或受危状态为止。自法案签署之日起,美国每年大约有 40 个物种被列为濒危或受危物种,但仅有 18 个物种从濒危降为受危或从濒危物种名录剔除(Dobson,1998)。

二、中国物种保护等级标准

《中国动物红皮书》的物种等级划分主要参照了 IUCN 濒危物种红色名录(1996),同时也综合考虑了中国的国情。红皮书中使用了野生灭绝(EX)、绝迹(ET)、濒危(E)、易危(V)、稀有(R)和未定(I) 等等级(汪松,1998)。《中国植物红皮书》同样参考 IUCN 红皮书等级制定,采用"濒危"(E)、"稀有"(R)和"渐危"(V)3 个等级(Fu, 1992)。在 1988 颁布的《国家重点保护野生动物名录》中使用了两个保护等级。中国特产稀有或濒于灭绝的野生动物列为一级保护,而数量较少或有濒于灭绝危险的野生动物列为二级保护动物。

小　　结

生物物种概念是生物学中最复杂的概念,学界对如何给"物种"下定义有许多争议。目前广泛被接受和使用的物种概念是"生物学种"概念,然而这一概念并不适用于所有生物类群。

目前大约 170 万个物种已经被人类发现并描述,但真实的数字远远大于已经发现的数字。目前仍有许多热带昆虫、海洋无脊椎动物和各个生态系统中的微生物尚未被人类认识。在地球历史上,曾经出现的物种数比现在要多很多,然而大部分种类在漫长的生物进化历史中都灭绝了。

地球上最大的生物多样性存在于热带地区,主要是热带雨林、热带落叶林、珊瑚礁、深海的热带湖泊。

在人类文明高度发展的今天,生物多样性保护尤为重要。世界许多生物多样性保护组织分别对濒危物种濒危程度做出评估,以确定其保护级别。

思　考　题

1. 生物学种的概念是什么? 其适用范围是什么?

2. 地球历史上发生过多次大规模生物灭绝,这些灭绝事件与人类诞生和发展以后出现的生物灭绝有何异同? 通过比较我们能够得到什么启示?

3. 银杏在 1991 年的《中国植物红皮书》中被列为珍稀濒危植物,在 1999 年国家公布的《国家重点保护植物名录》中被列为国家重点保护的野生植物。然而,到了 2010 年修订新版的《中国植物红皮书》过程中银杏退出了保护植物名单。如何理解这一变化?

主要参考文献

陈世骧.1983.物种概念与分类原理.中国科学,1983(4):315-320

傅立国.1992.中国植物红皮书.北京:科学出版社

蒋志刚,樊恩源.2003.关于物种濒危等级标准之探讨——对 IUCN 物种濒危等级的思考.生物多样性,11(3): 383-392

蒋志刚.2000.物种濒危等级划分与物种保护.生物学通报,35(1):1-5

蒋志刚. 2000. 物种濒危等级划分与物种保护. 生物学通报,35(1):1-5

汪松. 1998. 中国濒危动物红皮书:兽类. 北京:科学出版社

Alexander Roslin. 1775. Carl von Linné 1707 - 1778. http://zh. wikipedia. org/wiki/File:Carl_von_Linn％C3％
A9. jpg

Arnold M L. 1992. Natural hybridization as an evolutionary process. Annu. Rev. Ecol. Syst,23:237-261

Caughley G, Gunn A. 1996. Conservation Biology in Theory and Practice. Cambridge Massachusetts: Blackwell
Science Inc

De Queiroz K. 2007. Species concepts and species delimitation. Systematic Biology, 56: 879-886

Dobson A. 1998. Conservation and Biodiversity. New York: W. H. Freeman and Company

Hunter M L Jr, Gibbs J P. 2007. Fundamentals of Conservation Biology. Blackwell Publishing

Hunter M L Jr. 1999. Maintaining Biodiversity in Forest Ecosystems. Cambridge, UK: Cambridge University
Press. 698

Mayr E. 1942. Systematics and the Origin of Species. New York:Columbia University Press

McNeely J A, Miller K R, Reid W, et al. 1990. Conserving the world's Biological Diversity. IUCN, World Re-
sources Institute, CI, WWFUS, the World Bank, Gland, Switzerland and Washington, D. C.

Miller B,Conway W,Reading R P, et al. 2004 . Evaluating the conservation mission of zoos, aquariums,botanical
gardens, and natural history museums. Conservation Biology, 18(1): 86-93

Morell V. 1999. The variety of life. National Geographic, 195:6-32

Slobodchikoff C N. 1976. Concepts of Species. Stroudsburg, Pennsylvania: Dowden, Hutchinson and Ross, Inc

Soule M E. 1985. What is conservation biology? BioScience, 35(11):727-734

Williams M B. 1992. Species: current usages. In: Keller E F. ,Lloyd E A. Key Words in Evolutionary Biology.
London: Harvard Univ. Press

nary Biology. London: Harvard Univ. Press

http://www. conservation. org. cn/

http://www. ecobuddhism. org/science/evolution

第五章 种群生物学与保护

科学就是整理事实，以便从中得出普遍的规律和结论。

——达尔文

生物多样性的保护已成为热点关注问题，种群保护是生物多样性保护的一个方面。由于人类活动对环境的干扰和破坏，导致动植物栖息地丧失、退化和破碎化，一定区域内把物种的种群分割为若干小种群，因此探讨小种群和种群的问题显得尤为重要。本章主要介绍种群特征、生活史以及种群遗传学与生物多样性保护的关系。种群特征对生物多样性的影响主要体现在生存力、年龄结构、性比上；生活史对生物多样性的影响主要从种子库这一方面进行阐述；种群遗传与保护重点介绍遗传变异、种群数量、种群波动、小种群等问题。

第一节 种群特征的多样性保护

种群既是物种存在的基本单位，又是群落的组成成分，还是生态系统研究的基础。因此研究种群的结构、空间分布和数量变动规律，对生物资源的保护和利用、生物防治的实践、珍稀和濒危物种的保护、农林牧渔业生产力的提高及人口的控制，具有十分重要的意义。

一、种群的概念

什么是种群（population）？简单地说，种群就是种内占有一定空间和时间的繁殖群。由此我们不难看出，种群是物种下的一个繁殖单元，是同一物种个体的一个集合体，在这个集合体内，个体之间可以自由交配，繁殖后代，在自然界中，每一个物种都是由许多这样的集合体（即种群）组成的，而种群和种群之间存在着不同程度的地理隔离和生殖隔离。

一般说来，生物只能和同一种群内的异性个体进行交配繁殖后代，无形中就限制了种群之间的基因交流。但这种限制并不是绝对的，动物偶尔可以远离它的繁殖种群，植物的一粒种子有时也可以被风吹送到很远的地方。在这种情况下，不同种群的个体就有可能发生混合，但这种情况是少见的。

淡水鱼类和岛屿生物是说明种群概念的最好实例。淡水鲤鱼可生活在各个湖泊和河流里，形成一个个彼此被陆地隔离开的自然种群；蜥蜴可生活在各个海岛上，形成一个个彼此被海水隔离的蜥蜴种群。在同一种群内，基因可以自由交流，在不同种群之间，基因交流因遗传隔离而不能进行。

隔离是新物种形成的必要条件，但是隔离首先是在种群之间发生的。种群之间的隔离，也许会经历很长的时间，也许很短暂，如果一个种群同其他相同种群完全断绝交往，时间久了就会形成不同于本种其他成员的形态、生理或行为特征，并可进一步形成亚种。例如，短尾仓鼠科田鼠亚科已经在几个彼此分离的岛屿上形成了不同的亚种，这一事实已经被分类学家所确认。这些亚种的形成不能归因于种群之间有效的隔离。

总之，同一种生物的个体分布是不均匀的，它们以不规则的个体群和群间间隙的形式存在，如果群间间隙足够大的话（使群内个体可以自由互配，而群间个体不能自由互配），就可把个体群视为种群（尚玉昌，2003）。在实验室里，生态学家把任意大小的一种生物繁殖群作为一个种群进行研究，即称实验种群。自然界实际存在的种群叫自然种群。有时为了方便，生态学家常任意划定一定的范围,而把生活在该范围内的某种生物作为一个种群进行研究,在这种情况下,就需把个体的输入和输出考虑在内。

种群虽然是由个体组成的,但是种群特性却与个体完全不同。对个体来说,可用出生时间、死亡时间、寿命、性别、年龄、基因型、是否处于生殖期、是否进入滞育状态等来描述,但对于种群,这些特征就不适用了,而仅能用这些特征的个体统计量来描述,如出生率、死亡率、平均寿命、性比率(即雌雄性所占的比例)、年龄分布、基因频率、繁殖个体百分数和滞育个体百分数等。此外,种群作为一个更高级的结构单位,尚有许多个体所不具有的特征,如密度、分布型(指个体的空间分布类型)、扩散、集聚和数量动态等。种群是一个动态系统,种群的数量变化是有规律的,且具有调节自身数量变化的能力。

二、种群的基本特征

一般认为,自然种群具有四种基本特征。

(1) 数量特征。这是种群的最基本特征。种群是由多个个体所组成的,其数量大小受出生率、死亡率、迁入率和迁出率四个种群参数的影响,这些参数继而又受种群的年龄结构、性别比率、内分布格局和遗传组成的影响,从而形成种群动态。

(2) 空间特征。种群具有一定的分布区域,均占据一定的空间。

(3) 遗传特征。种群是同种的个体集合,具有一定的遗传组成,是一个基因库。不同种群的基因库不同,种群的基因频率世代传递,在进化过程中通过改变基因频率以适应环境的不断改变。

(4) 系统特征。种群是一个自组织、自调节的系统。它是以一个特定的生物种群为中心,以作用于该种群的全部环境因子为空间边界所组成的系统。因此应从系统的角度,通过研究种群内在的因子,以及生境内各种环境因子与种群数量变化的相互关系,揭示种群数量变化的机制与规律。

种群的特征对种群大小有一定影响,而种群数量主要受年龄结构、性别比率、内分布格局和遗传组成的影响。下面主要通过介绍年龄结构和性别比率对种群大小的影响,表明种群数量特征与生物多样性保护之间的关系。

三、年龄结构与多样性保护

植物种群是一个有限的系统,与其他系统一样,其种群都是在一定生境条件下运动,并不断受到环境及人为因素的干扰。因此,种群数量不可能无限增长,随着年龄增长,种群数量将逐渐减少。种群统计是关于种群个体数量统计的科学,涉及种群个体的出生、死亡、增殖及年龄结构等特征,研究生活史各阶段的种群数量变化特征及其变化原因(王伯荪等,1995),是研究种群数量动态的一种有效方法。其核心是生命表(life table)的编制(周纪纶等,1992),生命表方法是研究种群数量变动机制和制定数量预测模型的一种重要方法,其结构分析是解释种群变化的前提。通过种群生命表和生殖力表的编制,可从中分析出生率、死亡率等重要参数,提供更多关于种群年龄结构和数量统计方面的信息,并根据死亡和出生数据估计下一代种群生长的趋势,对生产、经营管理具有十分重要的价值,同时对生物多样性的保护也有着重要意义。

(一) 生命表的编制

生命表是描述死亡过程的有力工具。生命表开始出现在人口统计学(human demogra-

图 5-1　格氏栲(*Castanops is kaw akamii*)(刘金福 摄)

也称吊皮锥、青钩栲、赤枝栲是分布于我国中亚热带地区南缘的第三纪孑遗植物。自然分布区范围狭窄,在我国分布于福建、台湾、广东、广西、江西等地,多零星生长在海拔 20～1000 m 常绿阔叶林中

phy)上,现在在生态学上已广泛应用。有关人的生命表文献很多,但动植物的生命表较少。生命表能综合判断种群数量变化,也能反映出从出生到死亡的动态关系。

生命表根据研究者获取数据的方式不同而分为两类:动态生命表(dynamic life table)和静态生命表(static life table)。前者是根据观察一群同时出生的生物死亡或存活动态过程所获得的数据编制而成,又称同龄群生命表(sohort life table)、水平生命表(horizonal life table)或称特定年龄生命表(age-specific life table);后者是根据某个种群在特定时间内的年龄结构而编制的,又称为特定时间生命表(time-specific life table)或垂直生命表(vertical life table)。

下面以格氏栲(图 5-1)静态标准生命表(刘金福等,1999)来说明生命表的一般构成及各种符号的含义,见表 5-1。第一列通常是表示年龄、年龄组或发育阶段(如卵、幼虫和蛹等),从低龄到高龄自上而下排布。其他各列都记录着种群死亡和存活情况的一个观察数据或统计数据,并用一定符号代表。

表 5-1　格氏栲种群标准生命表编制

龄级	x	a_x	$l_x \times 1000$	d_x	$q_x \times 1000$	L_x	T_x	e_x	$\ln a_x$	$\ln l_x$	K_x
0～15	7.5	324	1000	944	944	528	1124	1.12	5.7807	6.908	2.883
15～30	22.5	18	56	7	111	53	596	10.64	2.8904	4.025	0.133
30～45	37.5	16	49	6	125	46	543	11.08	2.7726	3.892	0.131
45～60	52.5	14	43	3	71	42	497	11.56	2.6391	3.761	0.072
60～75	67.5	13	40	3	77	39	455	11.38	2.5649	3.689	0.078
75～90	82.5	12	37	3	83	36	416	11.24	2.4849	3.611	0.085
90～105	97.5	11	34	3	91	33	380	11.18	2.3979	3.526	0.092
105～120	112.5	10	31	0	0	31	347	11.19	2.3026	3.434	0
120～135	127.5	10	31	3	100	30	316	10.19	2.3026	3.434	0.102
135～150	142.5	9	28	3	111	27	286	10.21	2.1972	3.332	0.113
150～165	157.5	8	25	0	0	25	259	10.36	2.0794	3.219	0
165～180	172.5	8	25	0	0	25	234	9.36	2.0794	3.219	0
180～195	187.5	8	25	3	125	24	209	8.36	2.0794	3.219	0.128
195～210	202.5	7	22	0	0	22	185	8.41	1.9459	3.091	0
210～225	217.5	7	22	0	0	22	163	7.41	1.9459	3.091	0
225～240	232.5	7	22	3	143	21	141	6.41	1.9459	3.091	0.147
240～255	247.5	6	19	0	0	19	120	6.32	1.7918	2.944	0
255～270	262.5	6	19	0	0	19	101	5.32	1.7918	2.944	0
270～285	277.5	6	19	4	167	17	82	4.32	1.7918	2.944	0.236

续表

龄级	x	a_x	$l_x \times 1000$	d_x	$q_x \times 1000$	L_x	T_x	e_x	$\ln a_x$	$\ln l_x$	K_x
285～300	292.5	5	15	0	0	15	65	4.33	1.609 4	2.708	0
300～315	307.5	5	15	0	0	15	50	3.33	1.609 4	2.708	0
315～330	322.5	5	15	0	0	15	35	2.33	1.609 4	2.708	0
330～345	337.5	5	15	3	200	14	20	1.33	1.609 4	2.708	0.223
345～360	352.5	4	12	12	1000	6	6	0.50	1.386 3	2.485	2.485

引自:刘金福等,1999

表中各种符号的含意及计算方法如下所示。

x 为单位时间内年龄等级的中值;a_x 为 x 龄级存活的实际数量;l_x 为 x 龄级开始时存活个体数;$l_x = a_x / a_0 \times 1000$;$d_x$ 为 x 龄级间隔期($x \sim x+1$)的标准化死亡数;$d_x = l_x - l_{x+1}$;q_x 为各龄级的死亡率,即为死亡随年龄变化的过程;$q_x = d_x / l_x \times 1000$;$L_x$ 为 x 到 $x+1$ 年龄期间还存活的个体数;$L_x = (l_x + l_{x+1})/2$;T_x 为 x 年龄至超过 x 年龄的个体总数;$T_x = \sum\limits_{x}^{\infty} L_x$;$e_x$ 为进入 x 龄级开始时的平均生命期望或平均余年;$e_x = T_x / l_x$。

静态生命表就是在同一时间(或某调查期)内,用收集到的植物样地内一个种群所有个体的年龄数据编制而成的生命表。它反映多个世代重叠的年龄动态历程中的一个特定时间,而不是对同生种群的全部生活史追踪。由于格氏栲保护区生境的特殊性,格氏栲生长较为缓慢,故在根据格氏栲群落调查及所建立的格氏栲种群年龄结构模型编制特定时间生命表时,采用以 15 年为等距的年龄间隔为宜。格氏栲林按不同年龄可分为 24 个年级,最小为幼苗、幼树,最大年龄为 356 年,间隔 15 年,即 I(0～15)、II(15～30)、III(30～45)…。

(二)存活曲线

生命表绘制的存活曲线(survivorship curve)是一条反映种群个体在各龄级的存活状况的曲线,利用种群统计方法是解释生命表的最常见和最直观的方法,通过特定年龄组的个体数量相对时间作图,可借助于存活个体数量描述特定的年龄死亡率。

采取以生命表中存活量 l_x 的对数值 $\ln l_x$ 为纵坐标,以年龄 x 为横坐标作图,即可绘制存活曲线。依照 Deevey(1947)存活曲线有 3 种基本类型:类型 I 是凸曲线,属于该型的种群绝大多数个体都能活到该物种的生理年龄,早期死亡率低,但当达到一定生理年龄时,短期内几乎全部死亡;类型 II 是直线,也称对角线型,属于该型的种群各年龄死亡率基本相同;类型 III 是凹曲线,早期死亡率高,一旦活到某一年龄,死亡率就比较低。

仍以格氏栲生命表 5-1 为例,绘制出格氏栲存活曲线,见图 5-2。图 5-2 反映了格氏栲种群整体的数量动态的变动趋势及结构特征,即幼苗库有较大的库量,达 324 株/公顷,幼苗较高的死亡率为 94.4%,环境筛的选择强度很高,仅有很小比例(6%)的幼苗能穿过此筛进入幼株阶段。幼株阶段向营养发育阶段过渡相对平稳。从第 2 龄级至第 7 龄级的死亡率逐步缓慢降低,仍有一定强度筛选,保留约 11 株/公顷。第 8 阶段出现不受环境筛选现象。第 9 龄级环境又重新对格氏栲筛选,此后出现起伏不定受到环境影响,主要原因是幼苗的个体年龄较小,生长和竞争力弱,苗期必须适当庇荫,且要求土壤疏松、湿润、肥沃,同时会遇到较多的杂草、灌木和其他幼树的竞争,因此天然更新较为困难,死亡率较高,环境选择压力 k_x 较大。随着龄级的增加,格氏栲个

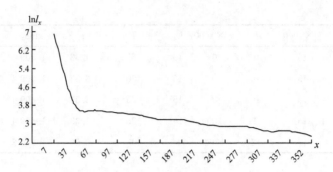

图 5-2　格氏栲种群的存活曲线(引自:刘金福等,1999)

体的高度及粗度均有增加,生长能力、抗性及竞争能力也增强,与其竞争的草本和灌木减少,其生态位得到巩固。导致其环境选择压力 k_x 及死亡率 q_x 减小,特别 70 年生长极为旺盛,符合格氏栲生物特性。但 75 年后,个体生长开始缓慢,个体对营养空间的需求不断增大,格氏栲和其上层的林木开始靠接,生态位发生重叠,林内的光照、水分、养分和空间等生态因子已不能充分满足其要求,故环境选择压力 k_x 及死亡率 q_x 又增大;到了 105 年,格氏栲在竞争当中成为优势种群,在无人破坏条件下,逐渐形成了单优格氏栲森林群落,这时格氏栲地位巩固,环境选择压力 k_x 和死亡率 q_x 的数值基本上为 0;但在 120 年龄期,进入主林层的格氏栲在有限环境范围内不断增长,种内竞争显得激烈化,部分格氏栲自然淘汰,造成死亡率有所增加;从 150 年开始格氏栲大树逐步成熟,有的过于成熟,从而易受病虫害危害,抵抗能力差,出现了下部腐烂、空心甚至死亡。因而格氏栲每隔 45 年左右就受到环境筛选一次,筛选程度一次比一次大。格氏栲在 180 年、225 年、270 年、330 年这个时期受到危胁最大,其他年龄阶段有一定抵抗能力。可见,格氏栲存活曲线在未成熟阶段的曲线属于 DeeveyⅢ型,从此后逐步出现起伏不定受到环境筛选。尤其到了 150 年后,$\ln l_x$ 的变化较为平缓;在 195 年、240 年、285 年、345 年变化较陡,其他部分之间基本平缓。

以死亡率 q_x 和亏损率 K_x 值为纵坐标,龄级为横坐标,绘制格氏栲种群死亡率(q_x)曲线(图 5-3)、亏损率(K_x)曲线(图 5-4)。从两个图中可看出:两者变化趋势相似,前期变化较急剧,中期变化较平缓呈波状起伏,后期变化较陡。表明格氏栲幼苗死亡率较高,受环境筛选的强度大,第 2~7 阶段死亡率和亏损率渐渐减小,从第 8 龄级开始不受环境筛选的影响,第 9 龄级开始又受环境筛选的影响。因此格氏栲受环境筛选的强度起伏不定,后期格氏栲因病腐、老化、空心及外部条件的共同作用,环境选择压力 k_x 和死亡率 q_x 值有所上升。

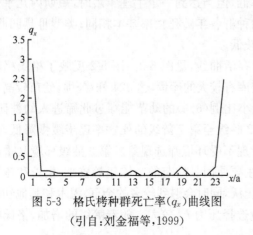

图 5-3　格氏栲种群死亡率(q_x)曲线图
(引自:刘金福等,1999)

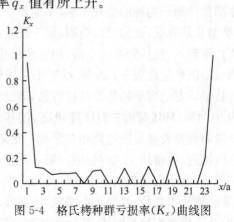

图 5-4　格氏栲种群亏损率(K_x)曲线图
(引自:刘金福等,1999)

　　与存活曲线相比,亏损率曲线和死亡率曲线变化趋势基本相似,两者曲线均是前期变化大于后期,但后两者波动大些。说明格氏栲幼龄死亡率较高,长成大树后,死亡率较低,种群处于相对稳定状态。

　　根据对格氏栲种群生命表的分析,保护格氏栲种群在掌握种群生态学资料的同时,还应积极采取生态学保护措施:①在不影响格氏栲种群发展和环境破坏前提下,采取人工更新,以保证格氏栲幼苗以较大概率发育成小树;②在干扰比较敏感的时期采取谨慎保护,对各种影响格氏栲种群存活随机因素进行预估与监测;③将有限的人力、物力和财力投入到格氏栲种群最脆弱时期的保护上,以阻止格氏栲种群受危;④建立定位观测站,观测种群受危的环境因素等等。

四、性比与多样性保护

　　性比是种群雌性个体与雄性个体的比例。雌雄异株物种占被子植物的 6%,在被子植物的多个科属中,40% 的科、7% 的属中至少包含 1 种雌雄异株植物(Bawa,1980;Renner et al.,1995)。国外学者在雌雄异株植物与性别相关的进化生态学方面进行了大量研究,取得了丰硕成果。Fisher 于 1930 年首次提出雌雄异株植物的性别比率(性比)问题:当雌、雄植株对后代的投资,即繁殖代价相同时,性比应该保持均衡(即不偏离 1∶1);当某个性别具有更高的丰富度时,选择作用趋向于产生更多的低丰富度性别个体,促使性比重新回归均衡状态;当性别由环境条件决定时,虽然选择作用仍趋向保持均衡性比,但环境状况的变异将促使种群性比格局发生相应改变。

　　种群性比对种群密度的反馈还与该树种的演替种型相关:稳定种,随种群密度增加,雌株在种群内的比例增加,有利于种群的继续繁衍和维持;进展种或衰退种,随种群密度增加,雌株在种群内的比例减小,一定程度上促进了进展种群向稳定种群转变,或加速了衰退种群退出群落的进程。在森林经营实践中,可以通过调节种群密度或林分密度来改变种群性比格局,使种群性比达到最佳状态,促进种群的健康发展,保持生物多样性。

　　种群可能随机地由数量不等的雄性和雌性组成。例如,某地大熊猫的圈养种群性比为 51(雄)∶57(雌),看上去基本合理,但是很多个体并未参与繁殖活动,目前仍有 57 只潜在建群者没有后代,没有对现存种群的发展作出贡献。当种群数量少到一定程度,某一性别的个体的随机死亡会导致小种群的灭绝。如一小种群有 5 个雄性的个体和 1 个雌性的个体,对于该种群,这一雌性个体的存在就变得至关重要。

　　雌雄异株植物种子性比通常接近 1∶1,但繁殖植株表现出偏雄性的种群结构,可能与雌树需要支付更高的繁殖代价有关。雌树在结实过程中,分配更多的生物量用于繁殖过程,这种高生殖投入以无性系构件的枯落和死亡为代价。一些植物的雌树甚至要通过降低随后的生长进行滞后性投资。随着树木种群密度的变化,树木的繁殖力及死亡率通常表现出密度依赖性。下面以雌雄异株树种山杨(*Populus davidiana*)、水曲柳(*Fraxinus mandshurica*)为例,检验种群性比与种群密度及林分密度之间的关系(张春雨等,2010)。

五、应用实例:山杨、水曲柳种群密度与种群性比的关系

　　雌雄异株植物种群性比受取样面积大小影响。山杨(图 5-5)、水曲柳(图 5-6)的雌雄植株数随着取样面积的增加而增大。次生杨桦林中,水曲柳雌株多于雄株,性比小于 1;而山杨雄株多于雌株,性比大于 1。次生针阔混交林中,山杨和水曲柳的雄株均多于雌株,性比大于 1(图 5-7)。次生杨桦林和次生针阔混交林样地中,水曲柳在 0～4hm² 取样面积内种群性比均不显著偏离

1:1(卡方检验,$P>0.05$)。当取样面积较大时(次生杨桦林样地$>3.53hm^2$;次生针阔混交林样地$>2.31hm^2$),山杨种群性比显著偏雄(卡方检验,$P<0.05$)。当取样面积较小时,由于雌、雄个体出现的随机性较大,性比随取样面积波动较大。当取样面积达到$1hm^2$后,种群性比基本趋于稳定(图5-8)。

图 5-5　山杨林远景(邢韶华 摄)

图 5-6　水曲柳(曲上 摄)

次生杨桦林水曲柳

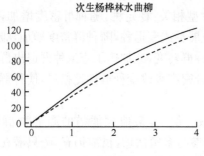

次生针阔混交林水曲柳

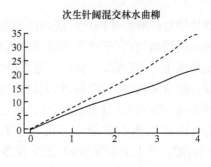

次生杨桦林山杨

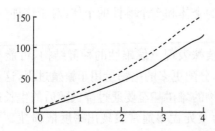

次生针阔混交林山杨

图 5-7　雌雄异株树种繁殖植株数-取样面积关系(引自:张春雨等,2010)

注:横坐标为"面积/hm^2";纵坐标为"株数/株"

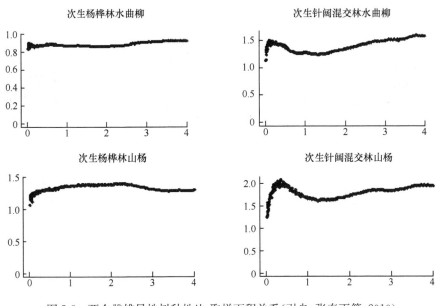

图 5-8　两个雌雄异株树种性比-取样面积关系(引自:张春雨等,2010)

横坐标为"面积/hm²",纵坐标为"性比"

由图 5-9 所知:次生杨桦林样地中,水曲柳雄株比例与繁殖植株密度及种群密度呈显著正相关,与林分密度呈显著负相关;次生针阔混交林样地中,水曲柳雄株比例与繁殖植株密度、种群密度和林分密度呈显著负相关。

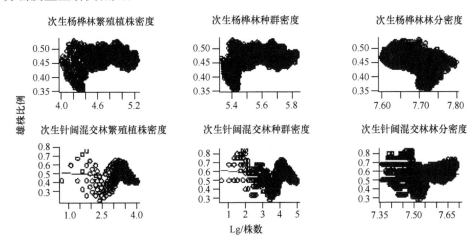

图 5-9　水曲柳雄株比例与株数密度间的关系(引自:张春雨等,2010)

次生杨桦林样地中,山杨雄株比例与繁殖植株密度、种群密度及林分密度均呈显著负相关;次生针阔混交林样地中,山杨雄株比例与繁殖植株密度和种群密度呈显著正相关,与林分密度呈显著负相关(图 5-10)。

山杨、水曲柳种群的雄株比例与林分密度显著负相关,因此林分密度对种群性比具有显著的密度制约作用。不同林型中两个种群性比对繁殖植株密度和种群密度反映不同,这是由于先锋种山杨为次生杨桦林样地内主要树种,在林分内占据优势地位,演替种型属于稳定种;该林分中水曲柳属于进展种,已进入主林层,并占据一定优势。次生针阔混交林样地中,先锋种山杨为衰退种,林下更新困难,在林分内密度相对较低;而水曲柳则在主林层占据绝对优势,演替种型为稳定种。

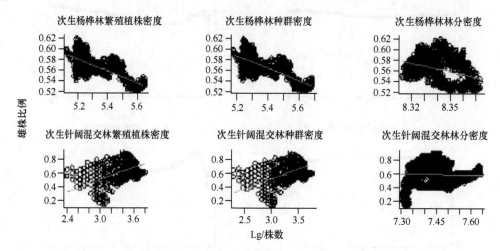

图 5-10　山杨雄株比例与林木株数密度间的关系(引自:张春雨等,2010)

第二节　物种生活史与生物多样性保护

一、生活史对策

生物的生活史(life history)是其从出生到死亡所经历的全部过程。生活史的关键组分包括个体大小(body size)、生长率(birth rate)、繁殖(reproduction)和寿命(longevity)。生物在其漫长的演化过程中,分化出形形色色的生物有机体,从微小的、肉眼看不见的菌类到几吨重的大象,从寿命仅有 20min 的大肠杆菌到生活上千年的松柏,形成极其多样化的生物界。但它们都具有出生、生长、分化、繁殖、衰老和死亡的过程。

生物的生活史为其遗传物质所决定,一般是不能改变的,但受外界条件的影响,在一定范围内某些性状具有可塑性(如植物的种子数量、种子大小、生长高低都可改变),仅其生活史格局保持稳定。此外,生活史的一些遗传特性(traits)常为另一些遗传特性所制约,如寿命长的生物其生殖期往往开始较迟,个体小的生物其寿命常常较短等等,这与其形成过程中的自然选择有关。

生物在生存斗争中获得的生存对策,称为生态对策(bionomic strategy)或生活史对策(life history strategy)。生物在进化过程中形成了多种生活史对策,如体型大小对策、迁移对策、取食对策、生殖对策等。

(一)个体生长与发育速度

生物在其生活史中,都要经过从小到大的生长过程。生长有两层含义:一是生物体生物物质的增加;二是生物细胞数量的增加。值得注意的是,细胞数量与生物物质并不总是一起增加的。例如,没有原生质的增加,细胞分裂也可以出现,结果是产生大量的较小的细胞;反过来,没有细胞分裂,原生质也可以合成,在这种情况下细胞长大,但数量不增加。不过,这种生长只能在特殊的情况下进行,而且持续的时间很短。没有原生质的增加,细胞的分裂最后必然停止;反之亦然。而伴随着生长过程,生物体的结构和功能从简单到复杂,从幼体形成与亲代相似的性成熟的个体,这个总的转变过程叫发育。"生长"和"发育"是两个不同的概念,但在生活史中却是相辅相成的平行过程,所以经常被并列提及。

人们多次尝试用数学的方法来定量描述个体的生长过程。通过把生长中的生物在单位时间内的生长量绘制成生长过程图,发现生物个体几乎都具有相似的生长方式,即人们所熟知的"S"形生长曲线(图5-11),它的数学关系式即逻辑斯蒂方程。人们自然会想:生长曲线为什么呈"S"形?下面将曲线分为三部分,作简要分析。Ⅰ:停滞期,这是生物体的准备生长期,受几种因素影响:幼株个体小、分裂细胞少、器官尚未完全形成、获取营养的能力较小和生长的环境条件尚未达到最适时期等。Ⅱ:指数期,这是生物的真正生长期,生长的内外因素都达到最有利状态。Ⅲ:静止期,当越来越多的细胞开始死亡,细胞分裂乃至组织和器官的形成越来越慢,最终达到平衡静止状态。

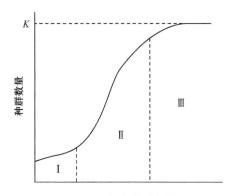

图 5-11 逻辑斯蒂增长模型

生长可用有机体的重量、长度、面积或体积测量,也可通过测定原生质中经常保持恒定比例的某些成分(如氮和蛋白质的含量),来估计生物体总生物物质含量增加的幅度。在个体生长中可用生物体的绝对测度和相对测度来加以分析,前者是不同生长时间个体的测定值,后者是个体成为成体的百分比。还可用绝对生长速度和相对生长速度来分析,前者是指单位时间内个体的增长量,后者是单位时间内个体的相对增长量。

在多细胞生物的生长中,有些器官依靠细胞分裂而生长,有些器官是细胞长大而生长,并无细胞分裂的现象。各器官细胞的形状千差万别,所以在生长过程中不是各部分器官按统一比率生长,而是各部分器官按照自己特有的生长率生长,各部分器官生长的总和合成整体的生长。一般把生物体各部分器官的不均匀和不成比例的生长称为异速生长,异速生长是将生长中的整体与部分,或部分与部分之间做对应研究。动植物异速生长的定量关系大多数都可以用幂函数较好地表达。

(二)衰老和复杂的生活周期

生物体变老后身体恶化,其繁殖力、精力和存活力降低,这是不可避免的,尽管这种恶化对于某些种类是发生在数天后,而对于另一些种类则可能发生在几百年后。为什么衰老后身体会恶化呢?对这一问题有两个水平的答案:在机械水平上,由于化学毒物,如高反应性自由基和自然辐射的影响,使细胞器崩溃,从而引起衰老。但是,这不可能是完全的原因,因为衰老的发生随生物种类不同变化很大,表明进化可能决定衰老,即进化水平上的衰老机制。有两种竞争性的衰老进化模型:突变积累模型和拮抗性多效模型。突变积累模型所描述的是:任何突变基因的选择压力都随着年龄增加而下降,因为早期表达的"坏基因"对表型产生影响,可能会显著降低个体的存活或繁殖输出,从而影响其适合度。这样,种群会通过选择,有效地去除早期表达的"坏基因"。但晚期表达的有害基因可能会在种群中更持久地保持,因为年龄较大时才对表型产生影响的突变基因对个体适合度贡献已经很小。拮抗性多效模型描述的是那些对早期繁殖有利,却对生命晚期有恶劣影响的基因。对高存活力的选择使早期繁殖力降低(支持拮抗性多效);但提高早期繁殖力,并不会增加对胁迫的抵抗力,表明使个体易受胁迫影响的恶性基因,在人工选择的最初回合中已经被清除,从而支持了突变积累模型。因而总体看来似乎两种过程都有发生。这样,使一种生物寿命延长的自然选择,可能会影响一系列生活史参数。

许多物种都具有复杂的生活周期。在生活周期中,也许是个体的形态学形状根本不同,也许是不同世代根本不同。其中个体生活史中的形态学变化叫变态,如完全变态的昆虫(甲虫、蝴蝶和蛾、蝇等)这些昆虫幼虫形态与成体完全不同。形态转换也发生在许多在寄主间移动的动物寄生物中。在植物中(以蕨类植物和苔藓类植物最明显),这种世代间变化包括染色体组成从单倍体到二倍体的变化。

(三)生殖对策

所谓繁殖价值是指在相同时间内,特定年龄个体相对于新生个体的潜在繁殖贡献。包括现时繁殖价值(当年繁殖价值)和剩余繁殖价值两部分。前者表示当年生育力(M),后者表示余生中繁殖的期望值(RRV)。这样,繁殖价值(RV)就可以通过以下公式表示:

$$RV = M - RRV \tag{5-1}$$

如果把各年龄级的繁殖与存活作动态估计,则繁殖价值和剩余繁殖价值分别为:

$$RV_x = M_x + \sum_{i=1}^{\infty} \left(\frac{l_{x+i}}{l_x}\right) M_{x+i} \tag{5-2}$$

$$RRV_x = \sum_{i=1}^{\infty} \left(\frac{l_{x+i}}{l_x}\right) M_{x+i} \tag{5-3}$$

式中,M_x 为现时 x 年龄的个体平均生育力;l_x 为 x 年龄级的个体生存率;M_{x+i} 为后续各年龄级个体平均生育力;l_{x+i}/l_x 为一个 x 年龄的个体存活到 $x+i$ 年龄级的概率。

大多数生物的繁殖价值在开始繁殖时较低,随着年龄的增长而升高,然后随着衰老而下降。

R. H. MacArthur(1962)总结了前人对生物生活史的研究,认为热带雨林的气候条件稳定,自然灾害较为罕见,动物的繁衍有可能接近环境容纳量,即近似于逻辑斯蒂方程中的饱和密度(K)。故在稳定的环境中,谁能更好地利用环境承载力,达到更高的 K,对谁就有利;相反,在环境不稳定的地方自然灾害经常发生,只有较高的繁殖能力才能补偿灾害所造成的损失。故在不稳定的环境中,谁具有较高的繁殖能力将对谁更有利。

通常用来表达繁殖力的测度之一是内禀增长率。居住在不稳定环境中的物种,具有较大的内禀增长率是有利的。有利于增大内禀增长率的选择成为 r-选择,有利于竞争能力增加的选择成为 K-选择。1967 年 R. H. MacArthur 和 E. O. Wilson 又从物种适应性出发,进一步把 r-选择的物种称为 r-策略者,K-选择的物种称为 K-策略者。他们认为,物种总是面临两个相互对立的进化途径,各自只能择其一才能在竞争中生存下来。1970 年美国生态学家 E. R. Pianka 将 R. H. MacArthur 和 E. O. Wilson 的 r-选择和 K-选择理论推广到一切有机体,并将两种选择的特征总结于表 5-2 中。

表 5-2 r-选择与 K-选择特征表

特征	r-选择	K-选择
气候	多变,不确定,难以预测	稳定,较确定,可预测
死亡	具灾变性,无规律非密度制约	比较有规律密度制约
存活	幼体存活率低	幼体存活率高
数量	时间上变动大,不稳定远远低于环境承载力	时间上稳定通常临近 K 值
种内、种间竞争	多变,通常不紧张发育快增长力高	经常保持紧张发育缓慢竞争力高
选择倾向	提高生育体型小一次繁殖	延迟生育体型大多次繁殖
寿命	短,通常少于一年	长,通常大于一年
最终结果	高繁殖力	高存活力

引自:李博,2000

r-策略者是新生境的开拓者,但他们的存活要靠机会,所以在一定意义上它们是机会主义者,很容易出现"突然的爆发和猛烈的破产"。而 K-策略者是稳定环境的维护者,在一定意义上,它们又是保守主义者,当生存环境发生灾变时很难迅速恢复,如果再有竞争者的抑制,就有可能趋向灭绝。

应该说,r-K 选择只是有机体自然选择的两个基本类型。实际上,在同一地区,同一生态条件下都能找到许多不同的类型,大多数物种则是居于这两个类型之间。因此,将这两个类型看做连续变化的两个极端更为恰当。正如英国生态学家 T. Southwood(1967)、P. M. Gadgil 和 O. Solbrig (1972)所理解的,生物界的种类存在着 r-K 策略连续统,这种思想也得到了大量认证。经过更大范围生物类群的分析,发现从细菌到鲸,个体大小与世代时间之间都存在明显的正相关性;在世代时间与繁殖关系上表现为世代时间减半,r 值就加倍,若采取双对数直线回归分析,其呈现以斜率为－1 的规律性变化。另外,同一物种分布在不同生态梯度上也可以形成一种 r-K 连续统特征。例如,云杉在低海拔属于偏 r-选择,中海拔为偏 K-选择,高海拔为 r-选择(江洪,1992)。

r-K 连续统是生物多维进化的产物,生物曾经在长期安定的古生态环境中进化,也曾经在高度不稳定的环境中进化,并且为适应新的环境而一直在进化着。所以,我们可以在整个生物界,在各大小类群内、物种内可以找到 r-K 连续统。在生存竞争和自然选择中,上述各策略者都有大量取得成功的例子,而成为当今生物界中繁荣的代表。

(四)滞育和休眠

如果当前环境条件苛刻,而未来环境预期会更好,生物可能进入发育暂时延缓的休眠状态。休眠可能仅发生一次,如通常在植物种子中所观察到的那样,或可能重复发生,如许多温带和极地哺乳动物在冬季所发生的那样。

昆虫的休眠称做滞育,是较常见的现象。如褐色雏蝗(*Chorthippus brunneus*)的卵期可抵抗低于零度的环境,而其他发育期在这种环境下就会被冻死。雏蝗卵只有在 4℃ 以下 90 天后才能继续发育,这种滞育使蝗虫在时间上从秋季"迁移"到了春季,从而躲过严冬。许多温带哺乳动物,如马鹿(*Cervus elaphus*)(图 5-12),通过推迟胚胎的植入,可使幼崽在最适宜存活和获得食物的时间出生。

图 5-12　马鹿(supersum 摄)

另外,缓步类动物,在发育的任何阶段都可以发生一种叫潜生现象的休眠,动物可以在这种

图 5-13　美洲旱獭(Reinhard Kraasch 摄)

状态下存活许多年。一些鸟类和哺乳动物,在其不活动期间,可通过临时将体温降到接近环境温度来节约能量。这种蛰伏可作为日周期的一部分发生,如发生在蜂鸟、蝙蝠和鼠中的那样,也可能持续较长时间。响应冷环境的深度蛰伏叫冬眠,冬眠通常的特征是心率和总代谢降低、核心体温低于 10℃。冬眠哺乳动物,如刺猬和美洲旱獭(*Marmota monax*)(图 5-13)通常在夏末大量摄食,积累脂肪,作为冬季用的能量。一些种类的鸟和哺乳动物,可以通过类似于冬眠的夏季休眠来度过沙漠长期的高温和类似的生境,这种休眠叫夏眠。

打破植物种子的休眠通常需要环境条件(温度、水分、氧气)的结合。如果环境条件不适宜,种子可能就会作为种子库的一部分而留在土中一段时间。有些种子如睡莲的种子可在库中存活成百上千年。

二、种子库与生物多样性保护

土壤种子库(seed bank)是土壤基质中有活力种子的总和。由于种子库中累积了不同时期和环境条件下地表植物产生的种子,因此在一定程度上反映了过去的植被状况,同时也预期了未来的植被结构和演替动态。在干扰严重和频繁的区域,种子库对地表植被的影响尤其显著。尽管由于湿地植物中存在广泛而高效的无性繁殖,以及因为种子扩散等因素的存在,种子库与地表植被的物种组成会有或大或小的差异,种子库并不能代表整个物种库,然而地表植被的组成和结构更容易受环境变化的影响,同一位点的地表植被在不同环境条件和不同季节时会出现很大的差异。相对而言,种子库的物种组成更加稳定。下面以长江中下游湿地的土壤种子库为例介绍了种子库对生物多样性保护的作用(刘贵华等,2007)。

(一)长江中下游湿地生态系统

长江中下游湖泊群是中国最重要的浅水湖群,接近全国湖泊总面积的 1/ 5。随着人口压力的增加,以及对湿地的不合理开发利用,长江中下游湿地结构简化、功能减弱,湿地生态系统严重退化,植物多样性急剧丧失。

长江中下游流域湿地类型多样,其中湖滨沼泽(lakeshore marsh)和丘陵沼泽(permanent marsh)是两种最为重要的沼泽类型,在生物多样性保护和水环境维持中起着重要的作用。长江中下游湖泊主要是通过长江的周期性泛滥和河流冲淤作用形成的浅水湖泊,上游江水携带的泥沙堆积使湖泊周边形成众多浅滩和泥滩沙洲。

湖滨沼泽是指湖泊周边离湖岸较近的,以湿生植物和挺水植物为主要植被类型的浅水区域。湖滨沼泽是许多野生动植物的栖息场所,是湖泊周边水源进入湖泊水体前的最后天然屏障,在湖泊营养元素的地化循环过程中起着重要作用。新中国成立后开始的大规模围垦,使得许多湖泊的湖滨沼泽大量消失,带来了严重的生态环境灾难。湖滨沼泽的恢复是湖泊结构和生态系统功能恢复的最重要的环节。湖滨沼泽的水位变化主要受长江水位的影响。长江流域的降雨主要集中在 9 月,为了减轻长江的洪水压力,湖泊通常在每年 5 月或 6 月开始蓄水,持续保持高水位至9 月份。9 月份后开闸泄水,降低水位。这样,长江中下游湖泊有明显的丰水期和枯水期,两期之间水位变化幅度大,落差通常在 1～2m。湖滨沼泽的水位也因此发生明显的季节变化,6～9 月处于丰水期,沼泽常常淹没在水面以下;10 月至次年 5 月为枯水期,部分湖滨沼泽的底泥暴露出水面。伴随着水位的季节变化,地表植被发生季节性更替。

丘陵沼泽是指分布于丘陵地区的集水低洼地。长江中下游流域的丘陵沼泽往往面积较小,集水区也较小。当降雨频繁时,沼泽水位迅速升高;而降雨减少时,水位又迅速降低,水位常常维持在 20～40cm。冬季由于降雨减少,可能出现短暂的干枯期。因此丘陵沼泽具有比湖滨沼泽相对稳定的水位条件。

丘陵沼泽由于具有肥沃的底质和充足水源,通常有发育良好的地表植被。这种沼泽同时也是水稻种植的适宜生境,因此被大量开发为农田。目前,长江中下游流域只在较为偏远的地区有少量丘陵沼泽残存,是许多珍稀濒危湿地植物的栖息地,因而也是湿地植物多样性保护的最重要的生境类型。

(二)湿地土壤种子库与生物多样性保护

丘陵沼泽的种子库主要由丰富的湿生和挺水植物组成。在物种成分上,多年生物种和一年生物种的数目大致相当;而种子密度则有明显差异,以多年生物种为主,一年生物种只占总种子密度的 20% 左右。湖滨沼泽中,浮叶和沉水植物的数目增多,一年生物种的种子密度明显增高。

种子库显著影响地表植被的动态。湿地生境中周期性的水位变化可能导致地表植被的季节性演替,土壤中的种子和无性繁殖体在植被更替中有着重要的作用。许多研究已经表明,湿地植物具有长期续存的种子库,种子库中的种子可以在不同的环境条件下萌发,补充到地表植被中,从而影响地表植被的组成和结构。

Van der Valk 按照种子库中物种的生活史特征、繁殖体寿命及立苗需求,提出了湿地植被演替模型。首先,按照生活史特征将物种分为一年生(annuals)、多年生(perennials)和无性繁殖多年生(vegetatively reproducing perennials)3 种类型;其次,根据繁殖体寿命进一步将每一种类型分为长寿和短寿物种;最后,按照繁殖体的立苗需求将物种分为两种类型:类型Ⅰ只有在没有地表水的条件下才能立苗,类型Ⅱ在有地表水的情况下也能立苗。这样,根据种子库中不同类型的物种组成情况,可以预测水位变化后的地表植被演替。

根据 Van der Valk 的演替模型,通过种子库和无性繁殖体库的物种组成较为准确地预测了梁子湖湖滨沼泽的丰水期和枯水期的植被组成成分。丰水期植被中,预期植被与实际植被的物种相似性为 88%,枯水期植被为 90%。表明种子库在湖滨沼泽地表植被演替中具有十分重要的潜在作用。

通常认为湿地植物主要以无性繁殖为主,有性繁殖的贡献十分有限。按照梁子湖的研究结果,无性繁殖体在枯水期植被的优势种立苗中起着关键的作用。四个具有较多的无性繁殖体的物种最终成为枯水期地表植被中的优势种,它们占整个植被丰富度的 54.3%。然而,对于湿地植被中大多数非优势种而言,依赖于种子的有性繁殖仍然是种群形成与维持的主要方式,因此,种子库对湿地地表植被的生物多样性维持起着重要的作用。

种子库在湿地植被恢复中有很大的作用,种子库为受损植物群落的恢复重建提供了可能。首先,通过研究种子库的组成,确定受损湿地的物种资源储备,评判其自我恢复能力,同时为植被恢复提供管理策略。其次,许多湿地植物具有长期续存的种子库,累积在底泥中的种子承受的干扰较小,因而与地表植物相比,种子库对各种外界干扰具有更大的忍耐性。此外,种子库可能累积更多在不同选择压力下产生的基因。

　　研究表明,种子库中物种数远高于同期的地表植被。除梁子湖外,其他五个沼泽的种子库中含有比地表植被中更多的物种。在湖单沼泽和水桃树沼泽中,种子库的物种数是地表植被的两倍。种子库的 Shannon 多样性指数通常高于地表植被。

　　丘陵沼泽和湖滨沼泽种子库的差异表明,这两类沼泽具有不同的物种资源库,以及不同的植被构建和维持机制,因此在植被保护和恢复工程中,应结合各自的水文特征区别对待。另外,从种子库与地表植被的演替关系中可以发现,种子库对于地表植被的维持与演替具有重要的影响,种子库可以作为受损湿地恢复的重要物种源。在目前的濒危物种保护生物学研究中,种子库的作用常常被忽视,应该进一步强调种子库在湿地生物多样性保护中的作用。

第三节　种群遗传学与生物多样性保护

　　在保护生物学中,需要根据种群的变异规律进行保护。变异给人类提供了生物多样性的最基本的基因资源,保护好各种变异的种群和变型,就能提供有效保护生物多样性的方法。在第三章里我们基于遗传参数的计算,简单介绍了亚种群结构和基因流,这一节我们将系统地学习种群遗传学的相关知识。

一、遗传变异与种群数量

（一）遗传变异

　　生物的亲代能产生与自己相似后代的现象叫做遗传。遗传物质的基础是脱氧核糖核酸(DNA),亲代将自己的遗传物质 DNA 传递给子代,而且遗传的性状和物种保持相对的稳定性。生命之所以能够一代一代地延续,主要是由于遗传物质在生物进程之中得以代代相承,从而使后代具有与前代相近的性状。遗传是一切生物的基本属性,它使生物界保持相对稳定,使人类可以识别包括自己在内的生物界。但是,亲代与子代之间、子代的个体之间是绝对不会完全相同的,也就是说,亲子代之间、同胞兄弟姐妹之间以及同种个体之间会有差异现象,这样现象叫变异。

　　现代遗传学指出:由于遗传物质的变化(如基因突变等)所造成的变异,一般是遗传的,这种变异称为遗传变异(genetic variation)。

　　生物的遗传与变异是同一事物的两个方面,遗传可以发生变异,发生的变异可以遗传。种群细胞内 DNA 分子的一个特定片段即是基因。DNA 分子的核苷酸序列决定蛋白质的初级结构,如果 DNA 上核苷酸排列发生改变,那么蛋白质的结构也随之改变,导致生物体发生遗传变异。

（二）种群数量

　　前面介绍了生物个体遗传变异现象,以及生物个体数量的多少与变异的关系。维持一个适合的种群大小以保护生物类群及该类群的生物多样性,是保护生物学的一个重要内容。保护物种数量相对稳定,避免大的数量波动,防止种群个体数量迅速减少是十分必要的。所谓种群数量迅速减少是物种数量的缺乏,无论我们所关心的是作物的野生种源问题,还是野生动物问题,面对不断减少的生存空间和非常有限的资源,应该努力保护基因变异性和进化适应性(flexibility),研究小种群的遗传与进化问题等,采用合理的技术和科学的方法来完成生物多样性保护的任务。目前,在我国各类保护工作中,无论是自然保护区、国家公园还是其他自然景观,还没有建立起科学合理的生物多样性保护的技术体系,甚至有时所采用的方法都是主观的,缺乏科学依据,所以这方面的工作亟待加强。

生物多样性保护面临的最直接的问题,也是最常出现的问题就是物种数量的减少、甚至灭绝。在自然保护实践中普遍的做法是把种群数量减少降到最低程度。这是为什么呢？当一个物种的数量迅速降低或逐渐减少后,该物种是否会产生显著的遗传退化？为了进一步探讨这方面的问题,我们首先要描述一下种群数量大小和遗传变异性的相互关系,其次将考虑遗传变异性减少的过程和结果。

图 5-14 是种群数量变化曲线(Frankel et al.,1981),图中所谓"正常"种群数量大小是指在野生状态下,不受人为干扰或剧烈环境变化影响时的种群数量,或者说是野生种群数量。"崩溃"可以是突然发生的,如由几个建群个体定居构成的繁殖群,发生崩溃时正常种群的数量急剧减少,存活下来很少一部分,其余全部死亡。另外这种减少还可以是逐渐的,如生境的破坏使可供栖居的领地减少,这种现象在我国大熊猫保护区和热带地区较为常见;"取样"的涵义在这里与"崩溃"相似,这是因为种群数量急剧下降后,剩下的少量个体相当于从大量总体中抽取的一个很小的样本,故称为"取样"。"瓶颈"就是崩溃发生后最小的种群数量,同时也是未来种群数量增长的原始种群,它对种群

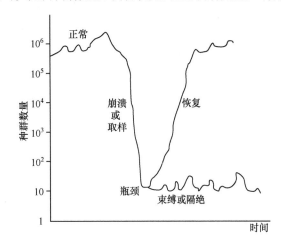

图 5-14　种群数量变化曲线(引自:Frankel and Soulé,1981)

在未来的时间里能否恢复、遗传变异保留的多少以及生物多样性的丰富程度都起着关键作用,就像一个"瓶颈"一样,对种群举足轻重。

在图 5-14 的情况下,种群数量是否会完全恢复或仍然保持濒临灭绝的状态？首先,这在某种意义上说要依赖于人类的友善程度,以及环境的恢复能力。在大多数情况下,恢复极其困难,有时在数量上还可能恢复,但是从质量上,或者说从遗传多样性上恢复是不可能的。其次从经济上的原因考虑,大多数捕获的和可家养的种群很难恢复到原来的数量,而只有那些经营种群,如鲸鱼等,在人们学会合理利用海洋自然资源的情况下,才有潜在的恢复能力。

二、瓶颈与遗传漂变基因多样性的影响

(一)瓶颈作用

在第三章中我们简单提到了"瓶颈效应",所谓"瓶颈"是影响种群数量变化的最关键的因素,它是物种处于数量最少,质量最低时的状态,未来种群数量的变化完全受到瓶颈的限制。可以将瓶颈理解为一个可观察的种群数量骤然减少后的最低值,导致这种现象发生的原因可以是逐渐或突然的环境变化,例如森林砍伐、大规模狩猎、干旱或水灾等;还可以是生物入侵事件,如当个体在以前从未被占据的地区或岛屿出现并建立一个新的种群,这个地区未来种群数量的多寡、遗传多样性的高低由目前的种群来决定,一旦这个定居种群大量死亡,就预示着该种群的灭绝。"瓶颈"相当于从一个大的种群中取出一个很小的基因样品,由于小样品不可能完全代表原种群的资源,"瓶颈"必然导致该种群基因多样性的剧烈变化(Frankel et al.,1981)。

现在来分析野生种群由于数量减少产生的"瓶颈"效应,"瓶颈"事件发生伴随着遗传变异性的丧失,在数量和质量上都对种群产生重要的影响。从质量上看,"瓶颈"发生会使物种的等位基因丢失;在这种情况下,如果种群数量很小的话,不大可能出现某一基因突变来代替这个基因;从

数量上看,特定性状的变异量和变异能力就会减少或下降,换句话说,种群定量变异的特性就会有所降低。

"瓶颈"的定性影响一般都比定量影响大,就是说等位基因的丧失,尤其是稀有基因的丧失往往要比单位遗传变异的丧失严重得多,下面首先考察遗传变异的损失问题。

一个大种群迅速减少为一个包含 N 个个体的小种群之后,保留下来的遗传变异量的比例为:

$$保留的遗传变异量 = 1 - \frac{1}{2}N \tag{5-4}$$

公式(5-4)说明,种群的数量愈大,保存下来的遗传变异体就愈高。除非"瓶颈"效应十分严重,一般情况下大多数的遗传变异都会保留下来,即使是只包含 4~5 对个体的样品,源种群的大多数遗传变异也会保留下来。许多试验数据证明了上述观点。表 5-3 是 2、20、100 个种群情况下,"瓶颈"效应对果蝇(*Abdominal chaetae*)腹鳍体毛遗传变异的影响(Frankel et al.,1981),其结果列于表 5-3 中的第 3 栏,该数据与期望值十分接近。

表 5-3 "瓶颈"效应后存活下来的种群遗传变异保留的百分数(%)

取样个体数量	遗传变异保留期望值	试验结果
1	50	—
2	75	74
6	91.7	—
10	95	—
20	97.5	90
50	99	—
100	99.5	—

引自:Frankel,et al.,1981

还有一个表达"瓶颈"的影响作用是等位基因的丧失,相对来说,稀有等位基因,如频率为 0.05 或更小的等位基因,对遗传变异的贡献极小。

(二)遗传漂变的作用

瓶颈是一个取样错误的单一事件,错误的量和变异的丧失与取样数量成正比。实际上,当数量很低时,一个种群的每一个世代都将受到严重的瓶颈影响,且这种效应能持续积累,因为小种群的突变不能补偿它所丢失的基因。由于取样误差,包括等位基因丧失导致的基因频率随机变化叫遗传漂变(genetic drift)。由前面的公式我们可进一步得到,t 代后期望的变异比例为:

$$保留的遗传变异量 = \left(1 - \frac{1}{2}N\right)^{t} \tag{5-5}$$

表 5-4 中列出了很多有用的结果。例如,一个种群至少要有 100 个个体,才能保证 100 代后仍然由 60% 的遗传变异留存下来。

表 5-4　小种群 t 代后仍保留下来的遗传变异的百分率(%)

种群数量(N)	第 1 代	第 5 代	第 10 代	第 100 代
2	75	24	6	<1
6	91.5	65	42	<1
10	95	77	60	<1
20	97.5	88	78	6
50	99	95	90	36
100	99.5	97.5	95	60

引自:Frankel et al. ,1981

　　表 5-4 清楚地告诉我们小种群对 t 代后遗传变异保存的影响,这里必须提出来的是,物种世代周期不同,这种影响的意义也会有很大的差异。真菌和细菌等微生物的世代周期为十几分钟或者数小时,那么它们后代的遗传变异保存率就会由于初始种群数量的不同发生巨大的变化。如果初期数量很少就会很快灭绝,甚至鼠类、鸟类和鱼类等小型生物中也有这种现象。但是如果是对大型哺乳动物如熊猫、老虎乃至人类而言,100 代是个很长的时间,有时甚至长达几千年,所以我们看到即使它们的种群数量很小,也没有很快在地球上灭绝。树木也有类似的特点,它们的世代时间有时达到 70～80 年,所以很多珍稀树种和孑遗树种可以生存很多年,甚至成千上万年。因此保护生物学在具体考虑某一特定物种遗传多样性保护时,必须做出科学的预测,才能提出合理有效的保护措施。

(三) 非均等性比与种群波动

1. 非均等性比　　到目前为止,我们一直假设所研究种群的雌性和雄性对后代的贡献是均等的,这就回避了复杂的遗传计算问题,即遗传上的有效种群数量(N_e)问题。在第三章中我们已经了解到性别失衡可以降低交配个体的数目,从而降低有效种群大小,除非雌雄两性数量相等,否则的话,N_e 随实际种群中繁殖个体的雌雄数量而异,总是小于 N_e,其原因不难理解。现在考虑一群由 10 头斑马组成的种群,其中 1 头为雄性,9 头为雌性。在这样的群体里,所有的后代之间将具有一半血缘关系(half-sibs)或全部血缘关系(full-sibs),所有后代与该雄性的亲缘关系指数都等于 1/2,任何两个后代之间的亲缘关系指数都是 1/4。现在考察一个由 5 头雄性斑马和 5 头雌性斑马组成的种群,平均来说,其后代的亲缘关系指数都小于 1/4,相互之间的关系没有那么紧密。显然,在前一种情况下,一个等位基因的损失所造成的后果就会更严重,这就是说,性比不平衡(skew)种群的遗传漂变高于雌雄二性等比的种群。具体来说,与性比有关的 N_e 计算公式为:

$$N_e = \frac{4N_m N_f}{(N_m + N_f)} \tag{5-6}$$

式中,N_m 为种群的雄性繁殖个体;N_f 为雌性繁殖个体数量。

　　在前述斑马的例子中,性比不平衡种群的 N_e 值为 3.6,换句话说,一群 3.6 个个体雌雄数量相等种群的取样误差相当于一群 10 个个体、雌雄比例为 1:9 的种群的取样误差。因此,N_e 是某实际种群在同等程度的遗传漂变下的理想种群数量,这个定义中,"理想"的涵义是随机交配种群的性比为 1:1,理想种群中各对亲本的后代个体分布是随机的(Poisson 分布)。

2. 种群波动　　种群波动(population fluctuations)是指处于平衡状态的种群,某些物种的种群大小发生剧烈的变化。环境条件变化可引起种群数量波动,如干旱、酷暑、严冬、流行疾病等因素可使种群减少数量;而温和、湿润、风调雨顺等年景会使种群数量增加等。此外种群自身特性也可引起种群大小波动。例如,种群增长率随密度改变而变化时,种群动态可以表现为不同的类型,包括稳定、有规则波动和无规则波动等。此外,密度对种群增长率的影响经常还表现出不同的时滞现象,如果将逻辑斯蒂方程加入时滞(T)修正项,即通过计算已知:当 $N = K$ 时,种群发生稳定的周期波动。

现实种群具有波动性。即使在热带地区,动物种群的波动变化也十分明显。植物也是如此,东北地区的红松针阔混交林中红松种群的波动现象就十分明显。

当种群的数量下降或达到"崩溃"的程度时,存活者是未来全部后代的祖先,而且,任何偏离原始种群基因库的遗传结构变化都将在后代中得以表达。如果种群的数量随世代发生变化,有效种群的大小就是各代有效数量的调和平均值,可用公式 5-7 加以定量表示:

$$\frac{1}{N_e} = \frac{1}{t \left(\frac{1}{N_1} + \frac{1}{N_2} + \frac{1}{N_3} + \cdots\cdots + \frac{1}{N_t} \right)} \tag{5-7}$$

式中,N_e 为有效种群;t 为世代数。

下面比较一下两个种群,一个为稳定的种群,另一个为波动的种群。两个种群在 5 年中的平均种群个体数都是 50 个。因此按照以上公式,稳定种群的 $1/N_e = 1/5(1/50 + 1/50 + 1/50 + 1/50 + 1/50)$,所以它的 $N_e = 50$;而波动种群的 $1/N_e = 1/5(1/50 + 1/100 + 1/10 + 1/30 + 1/60)$,即它的 $N_e = 27.8$。可见,哪怕是单个世代的种群崩溃也应该尽量去避免,因为它们能明显减少遗传中的变异。

对于自由生活的动物来说,仅靠几年的种群统计数字来估计 N_e 是非常不可靠的,哪怕是连续 10 年的统计也可能过高地估计 N_e。因为这种短时期内的统计结果,可能会低估种群数量正常的波动水平(Vucetich and Waite, 1998)。

在针对不少物种如新西兰的一种针叶树(*Halocarpus bidwillii*)而开展的实验性研究中,其结果已经显示出,种群数量对遗传变异肯定会有一定影响(图 5-15)。

其中,遗传多样性用杂合度(H_e)、多态基因座(polymorphic loci)的数量、百分比(P),以及等位基因的平均数量值(A)来测定。

野生动物管理实践中的一个典型情况就是把大型动物限制在一个确定的面积内。一个合理的更大有效种群数量的维持需要空间或需要比原来所期望的更多的个体数量。因为有效种群大小在周期里更接近于最小种群的值。

考察一个怀孕雌性个体在岛屿上定居的情形,在这种情况下,种群将会不断增加直到受到竞争或空间不足的限制。假设该种群每年都繁殖,种群数量每代增加 3 倍,10 年内种群数量变化是:2、6、18、54、162、486、1458、4374、13 122 和 39 366。我们可以看到,变异量仍然还有 67.9%,或这时种群数量仍然是 2 的 3^{10} 倍,能部分减轻我们对岛屿种群瓶颈效应的担心。

环境的随机变化很容易造成种群不可预测的波动。许多实际种群,其数量与好年和坏年相对应,会发生不可预测的种群波动。小型的短寿命生物,比起环境变化忍耐性更强的大型、长寿命生物,数量更易发生巨大变化。

三、小种群问题

现代生物学意义上的物种由许多地理或生态群体所构成,这些种群显示了丰富的遗传变异,因此许多物种实际上包含成百、甚至成千种不同的遗传类型。天然群体高水平遗传多样性的存在是种群稳定的基础,而物种受威胁和灭绝是以其遗传多样性消失为特征的。人们对野生动植

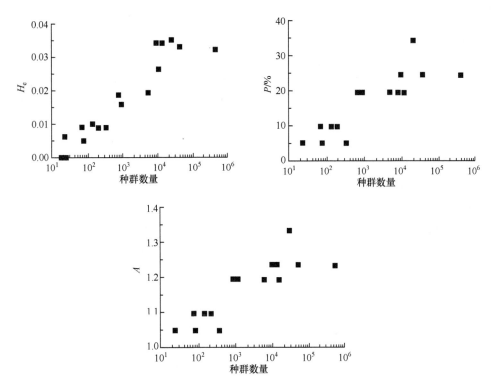

图 5-15　新西兰一种针叶树的种群数量与遗传多样性之间的关系(Blackwell,1991)

物能够进行有效繁殖的种群确切大小还了解得不多,这方面最著名的是费朗克林(Franklin,1980)提出的研究结果:即 500 个个体的种群是一个物种有效繁殖和不断进化的最小单位。在这个种群数量上,遗传变异的丢失和基因突变的获得接近平衡。所以,群体遗传结构的研究一直是生物多样性保护的一个重要内容,且因其方法不同而具有不同层次。如今,由于人类活动对环境的干扰和破坏,导致生境逐渐破碎化,一定区域内物种的种群被分割成若干小种群。因此小种群保护问题的探讨就显得十分重要,物种的保护工作通常把重点放在那些数量正在下降和濒临灭绝的物种上。为了能在人类活动的干扰下成功地保存物种,必须确定一定环境下种群的稳定性,使受威胁物种的种群能在自然保护区生存和发展下去。

（一）小种群与 MVP

一个濒危物种的理想保护计划应在被保护生境中尽可能大的区域内进行,以保护尽可能多的个体。然而,很多物种的保护计划常常在人们对物种的活动范围和生境需求缺乏明确的了解之前,就得制订出来,这往往会使保护的问题更加严重。以大熊猫自然保护区为例,目前我国已经建立了 66 处不同等级的大熊猫保护区。然而在大熊猫的自然保护区内以及自然保护区之间,其栖息地由于人类活动的影响被分割成许多孤立的小岛,如今被隔离为一个个小种群。这些孤立的小种群不仅受到人类活动、栖息地恶化和丧失的影响,而且面临着遗传漂变、近交衰退和自然灾害的威胁。在这些因素的作用下,小种群的数量进一步下降,遗传多样性进一步丧失,近亲繁殖率增加,后代对环境变化和灾害的抵御能力进一步降低,形成恶性循环。

1. 最小存活种群(MVP)的涵义　　当一个种群的数量下降到将要进入灭绝旋涡时,这个种群称为最小存活种群（minimum viable population,MVP）。广义的 MVP 概念有两种。

一种是遗传学概念,主要考虑近亲繁殖和遗传漂变对种群遗传变异损失和适合度下降的影响,即在一定的时间内保持一定遗传变异所需的最小种群大小;另一种是种群统计学概念,即以一定的概率存活一定时间所需的最小种群大小。Shaffer(1981)认为:"最小生存种群是任何生境中的任一物种的隔离种群,即使是在可预见的种群数量、环境、遗传变异和自然灾害等因素的影响下,都有99%的可能性存活1000年"。Shaffer强调存活率被限定在95%、99%或其他百分比,时间框架也可以调整,比如达到100年或500年,MVP的核心思想是对保护一个种群所必需的个体数做数理化的估计。同时,在保护自然系统方面,我们认识到某些自然灾害,如巨大的龙卷风、地震、森林大火、大山爆发、瘟疫和食物短缺会在更长的间隔发生。在制定一个濒危物种的长期保护计划时,我们不仅需要提供该物种在正常年份的需求,而且还要提供在特殊年份的需求(蒋志刚等,1997)。

不同的物种因为其种群特征、遗传学特征、所处的生态环境和受威胁的程度不同,MVP的标准也不同,而且不同国家和民族、不同社会和经济条件对同一物种制定的MVP标准也不同。

2. 最小动态面积　　最小动态面积(minimum dynamic area,MDA)是维持MVP所必需的最适生境的量。MDA可由研究个体和群体的地域大小来估计。估计维持多种小型哺乳动物种群的保护区大小约为1万~10万公顷。保护加拿大野生的灰棕熊需要较大的区域,50个个体需4.9万平方千米,而1000个个体需要242万平方千米。

(二)种群生存力分析

濒危物种受威胁的主要因素、濒危程度、生态学特性不同,人们对不同濒危物种采取的保护对策和方法也不同。20世纪80年代中期,种群生存力分析(population viability analysis,PVA)技术逐渐成为研究种群保护的主要手段。该手段在小种群的保护已逐渐形成一套较为完善的理论和方法。

PVA是估计濒危物种种群大小和绝灭风险的一种方法(Shaffer,1981;Boyce,1992)。它主要分析种群统计随机性(demographic stochasticity)、环境随机性(environmental stochasticity)、自然灾害(natural catastrophes)、遗传随机性(genetic stochasticity)、生境的空间结构、种群的空间结构、景观结构变化以及各种管理措施对濒危物种种群的影响,进而提出保护对策。PVA的研究历史很短,但其思想起源却很早(Soulé,1987)。保护主义者想保持整个自然生态系统、群落、栖息地和物种的健康与多样性,于是,20世纪早期大力发展自然保护区建设,但随着人口的增加,可利用的土地越来越少,建立保护区越来越困难,迫使生物学家去探索保护自然系统生存力的最低条件是什么。解答这个问题的途径有两条:一条是群落生态学家研究系统生存力的最小面积,岛屿生物地理学研究为此做出了重要贡献;另一条途径则是种群生态学家研究目标种的最小种群大小或密度(蒋志刚等,1997)。

(三)小种群生存力分析

小种群的种群数量少,其自身数量变化的统计学随机性较大,而且更易受到环境波动、灾害和遗传漂变等随机因素的影响,所以灭绝率较高。一般来说,所有濒危的动植物都是小种群,小种群的快速减少或在当地灭绝,可归结于以下三个原因。

1. 遗传变异的丧失

1)遗传漂变　　遗传变异之所以重要,是因为它使种群可以适应变化的环境。具有某些等位基因或等位基因组的个体,可能恰好具有在新环境下生存和繁育后代的能力。在小种群中,等位基因传递到后代的频率只能简单地依靠偶然性,即依靠交配的个体和留下的后代,此一过程即遗传漂变。当小种群中某一等位基因处于较低的频率时,它在每一代中丧失的可能性会明显地增加(图 5-16)。

除上述理论推算,野外数据同样表明小种群会导致特定等位基因丧失加快。例如,在新西兰的针叶树种中,小种群比大种群所承受的遗传变异性丧失概率高得多。对 11 对植物物种的比较研究发现,在同一属中稀有种总比常见种具更低的遗传变异性。进一步研究表明,在 113 种植物中仅有 8 种没有可测量的遗传变异,且这 8 种中的绝大多数分布范围狭窄。被基因漂变左右,小种群对一定数量的基因丧失的影响更为敏感,如近交衰退,进化可塑性的丧失和远交衰退。这些因素会导致种群缩小,并使灭绝的可能性增加(蒋志刚等,1997)。

图 5-16　不同数量有效种群的遗传变异性通过基因漂变随时间而丧失的关系(李维智,1994)

2) 近交衰退　　　详见第三章。

3) 远交衰退　　　详见第三章。

4) 进化可塑性　　　稀有基因和基因组的优势不会马上显现,因为它们可能只适合未来某种环境条件的改变。小种群遗传变异性的丧失,会限制该种群对环境的长期变化如污染、新的疾病或全球气候变化做出相应适应性变化的能力。缺乏足够的遗传变异性,物种会走向灭绝。

5) 有效种群大小　　　详见第三章。

2. 瓶颈效应　　　某些物种的种群大小一代代地发生较大的变化。在这些表现极端变化的种群中,有效种群大小介于最少和最多个体数之间的某点。然而,有效种群大小多由最小数量的年份决定;只要某一年种群急剧减小,将实际上降低 N_e 值。

该原理包括在我们在前面所讨论的种群瓶颈的现象。当种群大小急剧减小时,如果拥有那些基因的个体没有生存下来并繁殖的话,种群中稀有的基因将丢失。随着基因减少和杂合性的降低,种群内个体的平均适合度会降低。一类特殊的瓶颈效应,即所谓的建群者效应(founder effect),在少数个体离开大种群建立一个新种群时就会产生。新种群的遗传变异性往往要比原先的大种群低。

种群“瓶颈”不一定总导致杂合性的降低。在一段暂时的“瓶颈”期后,如果种群大小能够迅速扩大,即使目前等位基因数目已急剧减少,种群依然可以恢复到从前的杂合程度。海南坡鹿就是一个例子,海南在 1976 年建立大田自然保护区之前,仅存由 30 只坡鹿组成的残存种群。鉴于保护区建立之后仍有猎杀发生,1986 年在一块 95 公顷的土地安装上围栏,并迁入了 70 只坡鹿。到 2009 年大田自然保护区坡鹿种群的数量已超过 690 只。

3. 抵御环境变化和自然灾害能力降低　　　环境的随机变化,即环境随机波动,也能引起某一物种种群大小的变化。不可预测的周期发生的自然灾害,如干旱、暴风雪、洪水、地震、火山爆发、火灾以及周围生物的周期性消亡,也能在种群水平上引起剧烈的变化。自然灾害常常导致一部分种群死亡,或使整个种群在一个地区消失。虽然每年自然灾害发生的几率很低,但以数十年和世纪为尺度来看,自然灾害的发生率则很高。随机的环境变化通常比随机的种群数量变化对小规模到中等规模的种群灭绝所起的作用还大。即使种群在假定的稳定环境中表现出种群大小增长,环境变化实际上还是增加了种群灭绝的可能(Menges,1992)。

例如,我国海南黑冠长臂猿($Hylobates\ concolor\ hainanus$)(图5-17),在建国初期,该物种在海南林区尚有2000余头。但由于热带雨林被破坏,到1980年建立保护区初期,只有2群共7头长臂猿分布于霸王岭林区斧头岭残存的热带雨林内。保护区建立之初,通过保护人员的努力,种群得到较好的恢复,1990年调查有长臂猿4群22头。但由于保护区面积过小(6626 hm²),同时适合长臂猿生存的面积不足2000hm²,种群的发展处于停滞状态,到2001年也只有4群23头长臂猿分布在斧头岭唯一的生境孤岛上。近交等因素必然使种群的生存力和遗传力降低。而长臂猿人工驯养和繁殖等关键性技术尚未解决。人为的因素和自然灾害可能使这一珍稀物种遭受灭顶之灾。

图5-17　海南黑冠长臂猿(陈庆 摄)

（四）小种群保护的生物学意义

季维智(1994)指出小种群的保护在生物多样性保护中有特殊的意义,主要是因为以下原因:一是紧迫性。小种群极易灭绝,其灭绝风险高于种群较大的物种。因此,尽快拯救它们是一项迫切的任务;二是困难性。小种群不但对人为活动干扰极为敏感,而且随机因素对种群存活也有重要影响。种群越小,随机因素对种群的影响越大。即使完全排除了人为活动干扰,小种群的命运仍受到随机事件所左右。因此,要谨慎地保护小种群。但由于种群数量小,其生态学和遗传学资料极其缺乏,这给小种群的保护带来了特殊的困难;三是目标性。保护生物多样性的目标之一是保护最大的物种多样性,防止物种灭绝。但是在同一时间内保护所有的物种是困难的,因为人力、物力和财力有限。

小种群保护关心的是种群遗传变化以及种群统计随机性和环境随机性对种群灭绝的影响。保护小种群的方法,首先是在了解该种群的生态学资料、环境背景知识、地理分布信息、种群遗传特征以及人为活动情况的基础上,进行种群生存力分析,了解危害种群存活的关键因素、种群灭绝的过程、灭绝风险和存活的基本条件、不同人为管理措施对种群存活的意义。

四、新种群的建立

为了拯救濒危物种,许多保护生物学家开始发展一些新的方法,以取代过去仅在物种濒于灭绝时,才被动去研究的做法。一些令人兴奋的新方法被发展起来用于建立珍稀及濒危物种新的野外种群和半野外种群,以及增加现生种群的数量(Gipps,1991;Bowles and Whelan,1994)。这些实验提供了一种希望:现在仅生活在圈养条件下的物种,能够重新获得它们在生物群落中的生态和进化位置。野外种群被自然灾害(如瘟疫或战争)摧毁的可能性比圈养种群小,此外,简单地增加物种的种群数量和种群大小,通常会降低其灭绝的可能性。

然而这样建立的项目不会很有效,除非能够彻底地了解并消除导致原先野生种群衰落的各因素,或者至少被控制起来(Campbell,1980)。例如,如果一种鸟类土著种在野外已被当地村民猎杀到几乎灭绝的程度,巢区被开发利用而严重破坏,卵被外来种食用,这些方面如果未在重建计划中得以解决,而且简单地将圈养繁殖出来的鸟类放回野外,且不与当地人协商以改变土地使用模式和控制外来种,则又将重蹈覆辙。

有三种基本方法已被用于建立动植物种群。

1) 再引种计划　　在第二章时介绍人工圈养时简要提过,涉及将圈养繁殖个体或野外采集个体释放到它们历史上曾经分布而现在不分布的地区。再引种计划的主要目标,是在原先的环境中重建一个新的种群。例如,将狼重新引入美国黄石国家公园计划的目标,是恢复在人类介入此地区之前存在的捕食者和草食者的生态平衡。引进个体经常在它们或它们的祖先曾经采集的地点释放,以使这些个体在遗传上适应释放地点。当建立一块新的保护区时,当已存在的种群面临一种新的威胁并无法在当地生存下去,或自然障碍或人为障碍阻碍物种正常的扩散倾向时,个体也会在物种的分布范围以外的地区被释放。然而表达再引种计划的术语之间有些混淆,该计划也被称为"再建立"(reestablishment)、"再恢复"(restoration)、或"易地"(translocation)。

麋鹿(图 5-18)的回归是较为成功的例子。麋鹿虽然是中国的特产动物,但野外的麋鹿何时灭绝至今仍无定论。100 多年前饲养在北京的皇家猎苑——南海子的100 多只麋鹿是当时我国境内的唯一种群,1894 年因自然

图 5-18　麋鹿(杨涛 摄)

灾害及八国联军侵略北京的战祸而灭绝。早在 1865 年前,我国的麋鹿就已经流传到国外,其中在英国的乌邦寺保存了 18 只麋鹿,就是这仅存的 18 只麋鹿使该物种延续了上百年,成为 100 多年后回归祖国的麋鹿的祖先。目前,在我国的江苏、湖北和北京都建立了野生或半野生的麋鹿种群。

我国新疆、甘肃曾是赛加羚羊(*Saiga tatarica*)(图 5-19)的重要分布区,由于过度捕猎,加之生境恶化,季节迁徙路线的人为阻断,导致资源迅速枯竭,物种濒

图 5-19　赛加羚羊(Frank wouters 摄)

危。自 1988 年开始,国家林业局甘肃濒危动物繁育中心先后从美国、德国分 4 批引入 12 只赛加羚羊成体,繁殖状况良好,1997 年种群最高达 33 只,为目前世界上人工饲养的最大种群(王德忠等,1998)。

2)增强项目　　涉及释放个体进入现生种群,旨在扩大现生种群大小和基因库。这些释放个体可能是在别处采集到的野生个体或是圈养繁殖的个体。增强项目的一个特例就是"领先"(headstarting)方法,在人工条件下养育刚孵出的小海龟,帮其度过最脆弱的幼年阶段后,再放回野外。

3)引种计划　　涉及将动、植物迁移到它历史分布范围以外的地区以期望建立新的种群(Conant,1988)。当物种历史范围以内的环境恶化到一定程度,即该物种无法在此生存或者当导致原来种群衰落的因素仍然存在时,致使再引种已不可能,此时将物种引进一个新的地方就会成为合适的方法。将一物种再引入到新的地点必须经过认真的考虑,以确保物种不会破坏它新的生态系统或任何的濒危物种种群,还必须留意确保释放个体在圈养期间不生病,以防将疾病传播到野生种群中而导致个体大批死亡。

建立珍稀濒危植物的新种群的工作与陆生脊椎动物的工作根本不同。动物能够分布到新的地区并能主动地寻找最适合它们的微环境。对植物来说,种子会通过如风、动物和水这样的媒介散布到新的地区(Guerran,1992;Primack and Miao,1992)。种子一旦落于土地就不能再移动。到达的微环境对植物的生存很重要:如果阳光照射太强烈,环境太阴暗,太潮湿或太干燥,种子就不会发芽,即使发芽幼苗也会死亡。大火或大风等形式的干扰对许多物种发芽是必需的。这样的结果就是一个地方每几年才有一次适合发芽,这使再引种计划难以进行和评价。

通过再引种建立珍稀与濒危植物种群,在大多数看起来适合它们的地点通常都遭到失败。为增加成功的可能性,植物学家经常在控制环境下使种子发芽,并使幼苗在保护下生长。要等植物度过脆弱的发芽阶段后才将它们移植到地里去。另外的方法是从现生野生种群中挖取植物(一般来说,从受胁或迁移种群中采集少量植物不会对种群产生伤害),然后移植到没有其生长的但是适合的地点。即使如此,也不能很好保证此物种在新的地点存活下去,它们未经历一个自然过程,新的种群往往不能产生种子和形成幼苗以产生新的一代(Allen,1987;Parlik et al.,1993;Primack,1995)。植物生态学家目前正试图找到克服这些困难的新技术,例如,通过修建篱笆隔离动物,除去某植被以减少竞争、增加矿物养料等。

五、种群保护与监测

(一)种群保护

在第二章中我们已经提到生物多样性的保护方法有就地保护和迁地保护等,这一章我们将从种群的角度来重点介绍动植物的迁地保护,就地保护主要在第十二章中介绍。

动物保护设施包括动物园、猎物农场、水族馆和圈养繁殖计划。植物则被保留在植物园、树木园和种子银行。如今,有大量专门技术被很好地应用在对物种的迁地保护上。

1. 对植物的迁地保护　　多少世纪以来,出于农业、医药及观赏等方面的原因,许多植物都在自然生境之外得到了栽培。这些活动都归功于专门的技术,这些技术包括:种子保存技术、花粉保存技术、植物组织保存技术和收集迁地植物标本材料等。

1)种子的保存　　植物能够结出种子,这是植物保护学家所具有的(超过动物保护同行的)一大优势。虽然在植物生命周期的这个阶段,其生命过程已经缩小到一小粒包囊的水平,但种子却仍然囊括了所有成熟植物在形成过程中所必需的遗传信息。因此,对植物的长期保存来说,种子是十分理想的。另外的一个优势是许多植物种子天生要经历一些可持续多年的休眠期(dormancy period)。而这一点也是可以被人们所利用的。位于英国伦敦基尤(Kew)的皇家植物园(Royal Botanic Gardens)就曾实施过一项"千年种子银行计划(Millennium seed Bank Project)",其目标是不仅要收集和保存 10％的(24 000 多种)世界种子植物,而且也要让其包含英国本土的所有种子植物种类。

2)花粉的保存　保护植物的花粉远不及保存种子那样普及,因而技术也不够先进。花粉颗粒要么低温保存在−196～−180℃,要么被冻干之后保存在 5～18℃,前者最多只能保存 6 年,而后者却能成功地保存某些植物花粉多达 12 年。花粉保存技术主要适用于水果和森林植物。其比保存种子强的一面,是能马上提供植物杂交时所需的花粉(Frankel et al., 1995);但另外一个方面,它也需要有雌性的开花器官才能够进行授粉。

3)植物组织的保存　在保存种子或花粉都不能奏效的情况下(如某些具有顽性种子的植物),另一种可供选择的技术通常是组织培养(tissue culture)。对那些正常以无性繁殖和表现为无性生长(clonal growth)的植物来说,这项技术是尤为有效的。例如,土豆、香蕉和柑橘等植物,它们都是为了保持商业特性而无性繁殖出的品种。植物组织可以冷冻保存在液氮(liquid nitrogen)里,也可以保存在始终生长的条件之下,不过此时的生长率必须大大降低,这样才能减少维持所需的费用。

4)收集迁地植物标本材料　想有效地开展对植物的迁地保护,很重要的一点,就是要尽可能多地收集各种遗传材料,其中最常收集的就是植物中的种子。而如果想试着优化种子标本中的遗传多样性,则要注意以下几点内容。

(1)如果某种植物还剩有不少种群,那就应该从其中的至少 5 个种群采集种子样本。而这些种群所在的地点,都应该尽可能地在该物种的整个分布区域内来进行挑选。

(2)应该从每个种群的至少 10 个个体(理想条件下至少从 50 个个体)中采集种子,这样才能使种群内部的遗传多样性表现为最大化。

(3)应该按种子的存活能力来确定从每个个体中采集多少颗种子。这样做不仅能采集到足够数量的种子,而且还会保证总有一部分种子能存活下来。

(4)在某一段时间里,应该当心种子不要采集得过多。因为采集种子可能给种群带来不利影响,尤其是繁殖产出量很低的植物。因而,只有不过量采集,才能把其影响减小到最低程度。

上述建议强调了既要采集足够数量的种子,以保证其能够存活,又要留下足够数量的种子,保证供体种群不至于濒危。

2. 对动物的迁地保护:人工繁育　在第三章对动物的迁地保护即人工圈养与繁育进行了系统的介绍,此处不再赘述。

(二)种群监测

种群保护的方法除了建立动物园、水族馆以及保护区之外,还需要对种群进行监测。种群的监测包括对植物种群的监测和对动物种群的监测两种。

1. 植物种群监测　植物种群监测是种群水平生物系统监测的重要组成部分。植物生物系统(种群、群落)具有一系列特征,把它们作为监测对象,则具有较高的诊断价值。第一,这些生物系统的状态可借助于遥感方法进行测定;第二,生物系统的状态可用来检验那些难以遥测的其他景观亚系统;第三,景观优化的任务首先要借助于它的植物成分的调节作用来实现。

生物系统具有层次结构,不同的层次组成一个功能结构系列,即有机体-种群-群落。在组织自然环境监测时,必须考虑层次结构,适当地利用与每一层次中的某一组分相适应的参数。在生物系统的层次结构中,种群的地位具有双重性。一方面,种群是群落水平的生物系统的组分;另一方面,它们又是生物系统结构中具体的基本成分。因此,种群(特别是植物种群)作为监测对象具有双重作用:①通过对种群的观测,评价植物群落的状态和相应的景观总体的状态;②以种群监测为基础,对自然分布区内种的状况进行跟踪,可评价该种的遗传结构发生生态变异的可能性。

根据种群系统的特征,种群的监测有两条途径:即生态-种群统计学途径和基因遗传学途径。按生态-种群统计学的观点,监测可以阐明种群对外界作用的直接反应,这种反应表现在种的数量组成的改变和种群统计学结构以及空间结构的改变;还可阐明种群生存的长远前景。基因遗传学的监测则研究遗传结构的变化和内部遗传多样性遭到破坏将导致的后果,并有可能明确人为因子和自然因子对种群遗传结构变化的速度和幅度的影响。

通常,种群监测通常采用永久样地上的标记性的个体进行长期跟踪观察的方法。经常测量的参数有:个体数量(或部分个体数)、个体的大小、年龄、发育状况,最后汇总统计出生率、死亡率和生长速率,并列出详细的参数一览表,以便时刻掌握种群的发展变化规律,最终达到更好地就地保护其种群。

2. 动物种群监测　　野生动物种群监测,主要是通过监测野生动物种群的动态变化,反映自然环境的质量优劣和人为活动的影响强度,为制定合理、有效的经营管理策略提供依据。根据动物生态学原理,野生动物与其生境通过长期协同进化形成相互作用、有机联系的生态系统。一方面野生动物的生存繁衍影响生境结构的变化,另一方面生境因子又反作用于野生动物种群,制约着野生动物的生长发育和繁殖更新。其具体种群监测是根据野生动物在自己巢域内的各个点上活动频率几乎相同的原则,设置固定调查线路,定期收集样线内监测动物及其伴生动物的全部活动痕迹,包括粪便、足迹、采食状况等,最终达到了解野生动物种群的消长规律,预测监测种群的发展趋势。

小　　结

种群是一个动态系统,种群的数量变化是有规律的,且具有调节自身数量变化的能力。自然种群具有四种基本特征:数量特征、空间特征、遗传特征和系统特征。这些特征对生物多样性的保护有重大意义。

种群生存力分析是估计濒危物种种群大小和绝灭风险的一种方法,PVA在保护生物学中可以预测濒危物种未来种群的大小;估计一定时间内物种的灭绝概率;评估保护措施,确定哪一个能使种群存活的时间最长;探索不同假说对小种群动态的影响;指导濒危物种野外数据的搜集工作;是自然保护区设计的重要依据。

通过种群生命表和生殖力表的编制,可从中分析出生率、死亡率等重要参数,提供更多关于种群年龄结构和数量统计方面的信息,并根据死亡和出生数据估计下一代种群生长的趋势,对生产、经营管理具有十分重要的价值,同时对生物多样性的保护有重要意义。

种群性比对种群密度的反馈与该树种的演替种型相关:稳定种,随种群密度增加,雌株在种群内的比例增加,有利于种群的继续繁衍和维持;进展种或衰退种,随种群密度增加,雌株在种群内的比例减小,一定程度上促进了进展种群向稳定种群转变,或加速了衰退种群退出群落的进程。因此,在森林经营实践中,可以通过调节种群密度或林分密度来改变种群性比格局,使种群性比达到最佳状态,促进种群的健康发展,保持生物多样性。

　　由于种子库中累积了不同时期和环境条件下地表植物产生的种子,在一定程度上反映了过去的植被状况,同时也预期了未来的植被结构和演替动态。因此种子库对地表植被的维持与演替具有重要影响,种子库可以作为受损地恢复的重要物种源。

　　遗传变异的重要性,是因为它使种群可以适应变化的环境。具有等位基因或等位基因组的个体,恰好具有在新环境下生存和繁殖后代的特性。小种群保护关心的是种群遗传变化以及种群统计随机性和环境随机性对种群灭绝的影响。

　　种群的保护主要包括就地保护和迁地保护。对迁地保护的物种而言,可以通过建立自然保护区和种群监测的方法,反映和预测种群的发展变化规律,以便更好地保护种群。

思　考　题

1. 试述种群年龄结构与多样性保护之间的关系。
2. 试述性别比率与多样性保护的关系。
3. 种子库与对湿地植被的恢复起到哪些作用?
4. 试述种群遗传与多样性保护的关系。
5. 分析小种群减少或灭绝的原因。
6. 通过种群数量变化曲线,分析种群数量是如何变化的?
7. 小种群保护的生物学意义有哪些?
8. 建立新种群的方法有哪些?

主要参考文献

国家环保局,中国科学院植物研究所. 1987. 中国珍稀濒危植物名录:第一册. 北京:科学出版社

何恒果. 2008. 分子标记技术在昆虫种群遗传学研究中的运用. 西华师范大学(自然科学版),29(4):342-347

洪伟,王新功,吴承祯等. 2004. 濒危植物南方红豆杉种群生命表及谱分析. 应用生态学报,15(6):1109-1112

洪伟,柳江,吴承祯. 2001. 红锥种群结构和空间分布格局的研究. 林业科学,37(增):6-10

姜汉侨. 2004. 植物生态学. 2版. 北京:高等教育出版社

蒋志刚,马克平,韩兴国. 1997. 保护生物学. 杭州:浙江科学技术出版社

李博. 2000. 生态学. 北京:高等教育出版社

李俊清,李景文. 2006. 保护生物学. 2版. 北京:中国林业出版社

李难. 1990. 进化论教程. 北京:高等教育出版社

刘金福,洪伟. 1999. 格氏栲种群增长动态预测研究. 应用与环境生物学报,5(3):247-253

刘金福,洪伟. 2003. 格氏栲种群数量动态的谱分析研究. 生物数学学报,15(3):357-363

刘金福. 2004. 格氏栲(*Castanopsis kawakamii* Hayata)种群结构与动态规律研究. 北京林业大学博士学位论文

尚玉昌. 2003. 生态学概论. 北京:北京大学出版社

苏智先,王仁卿. 1989. 生态学概论. 山东:山东大学出版社

孙濡泳. 2001. 动物生态学原理. 3版. 北京:北京师范大学出版社

徐刚标. 2009. 植物群体遗传学. 北京:科学出版社

张春雨,赵秀海,贾玉珍等. 2010. 山杨、水曲柳种群密度与种群性比的关系. 林业科学,7(46):16-21

张恒庆. 2009. 保护生物学. 北京:科学出版社

钟章成. 1992. 我国植物种群生态学研究的成就与展望. 生态学杂志,11(1):4-8

周世强,张和民,杨建等. 2000. 卧龙野生大熊猫种群监测期间的生境动态分析. 云南环境科学,19(增):43-45,59

Amesto J J, Casassa I, Dollenx O. 1992. Age structure and dynamics of Patagonian beech forests in Torres del Paine National Park,Chile. Vegetation,98:1322

Andrew S. Pullin. 2005. 保护生物学. 贾竞波译. 北京:高等教育出版社

Frank wouters. 2007-12-8. Saiga tatarica tatariva. jpg. http://zh. wikipedia. org/wiki/File:Saiga_tatarica_tatari-
　　ca. jpg

Frankel O H, Soulé M E. 1981. Consertvation and Evolution. Combridge: Combridge University Press

Franklin I A. 1980. Evolutionary change in small populations. In: Conservation Biology: An Evolutionary-Eco-
　　logical perspective. Massachusetts:Sinauer Associates, 1980. Sunderland

Primack, R. B. 1996. 保护生物学概论. 祁承经等译. 湖南:湖南科学技术出版社

Reinhard Kraasch. 2009-1-27. RK_0808_273_Marmota_monax. jpg. http://zh. wikipedia. org/wiki/File: RK_
　　0808_273_Marmta_monax. jpg

Richard Primack, 季维智. 2000. 保护生物学基础. 北京:中国林业出版社

Silvertown J W. 1982. Introduction to Plant Population Ecology. London:London Longman Press

Soulé M E, Wilson B A. 1980. Conservation Biology: An Evolutionary Ecological Perspective. Sunderland ,
　　Massachusetts: Sinauer Associates, Inc. Publishers

Soulé M E. 1985. What is conservation biology. BioScience,35:727-734

Soulé M E. 1986. Conservation Biology: The Science of Scarcity and Diversity. Sunderland, Massachusetts:
　　sinauear Associates, Inc. Publishers

supersum. 2010-9-6. Red_deers. jpg. http://zh. wikipedia. org/wiki/File:Red_deers. jpg

Wright S. 1951. The genetic structure of populaions. Ann Eugenics,15:323-354

Wright S. 1965. The interpretation of population structure by F-statistics with special regand to systems of
　　mationg. Evolution,19:395-420.

Wright S. 1982. Character change, speciation, and the higher taxa. Evolution,36:427-443

Д. Б. ЗАуголтнова, 邢福. 1995. 植物种群的监测. 草原与草坪,70(3):32-35

第六章　群落生态与保护

或许只有顺应自然，才能驾驭自然。

——培根

群落是特定空间或特定条件下生物种群有规律的组合。它们之间以及与环境之间彼此影响、相互作用，具有一定的形态结构与营养结构，执行一定的功能。物种多样性通过物种自身适应特征及其生态位、种间关系、物质循环等形成一个相对稳定的群落。群落不仅是物种的载体，而且也是物种多样性维持的重要单位。自然或人为地干扰不仅影响群落的组成、结构与动态，而且这些生态过程也深刻影响着其中的物种种群动态。因此，研究群落的生物多样性组成与维持机制，是保护群落及其生物多样性重要的理论基础。

第一节　生物多样性的概念与格局

生物多样性是群落的重要特征，不同的地理条件下，分布着不同的生物群落，而不同的生物群落中物种组成也具有很大的差别。

一、从群落的角度理解生物多样性概念

从群落的角度认识生物多样性，一般指种多样性，包括物种的丰富度和相对多度。例如，Hubbell（2001）提出的定义，他将生物多样性定义为"在空间和时间具有物种丰富度和物种相对多度的同义词"。本章讨论的主要内容是群落多样性的格局、群落物种多样性测度、群落的结构、物种多样性的形成与维持机制等。

在第四章中我们讨论了物种多样性，物种多样性是生物多样性概念的重要内容和组成层次。而生物多样性概念最初的含义是指群落的特征或属性，用它来描述一个生物群落的结构特征和物种的丰富程度。最近几十年来，生物多样性研究有了长足进展，人们不再把生物多样性的概念限定在物种和物种丰富度的范畴内，而将其扩展到包括遗传、物种和生态多样性（Norse，1986）。而从群落的角度，目前研究的重点在于物种多样性与生态多样性，包括物种的丰富度、多样性的格局、物种多样性的形成与维持机制等。

二、群落生物多样性的格局

生物多样性是生物进化的结果，是生物与环境相互作用的适应产物。因此，环境的变化和异质性必然影响生物多样性的分布和组成特征，形成生物多样性的空间格局、时间格局以及营养格局等。在第十一章我们还将加深这一认识。

（一）群落生物多样性的空间格局

群落的多样性是由环境条件决定的，决定群落类型、结构及其物种多样性的因素很多，关键性因素包括温度、水分、海拔以及土壤条件等，这些因素综合作用，形成了一个区域乃至地球上多样性的生物群落类型。图6-1是地球陆地上主要受水分条件，尤其是降雨量影响而形成的多种

多样的群落组成格局。

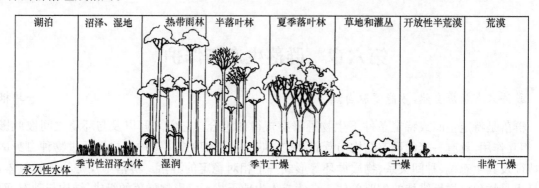

图 6-1　降雨量对于群落类型及其结构的影响(引自:戈峰,2008)

群落多样性格局可以体现在不同的地理尺度上,而且可以表现在群落自身的多样性、物种组成多样性、空间结构以及群落内物种适应生境特征上等。

1. 不同地理条件的群落多样性格局　首先,在生物群落组成方面,受到生态因子的差异性影响,不同的气候带分布着不同的植被类型(表 6-1,图 6-2),而同一地理区域由于海拔高度等因子的影响,植被的分布呈现出明显的垂直梯度变化。

表 6-1　我国植物顶极群落多样性及其分布规律

地理区域	地带性顶极植物群落
北	寒温带针叶林
	中温带针叶与落叶阔叶混交林
	暖温带落叶阔叶林
	北亚热带常绿阔叶林
	中亚热带常绿阔叶林
	南亚热带常绿阔叶林
	北热带雨林和季雨林
南与西南	南海诸岛的珊瑚礁森林
东	森林
	草甸草原
	典型草原
	沙漠草原
	高山草地
西 北	沙漠灌丛

2. 同一群落的空间结构的多样性　群落的空间结构的多样性,体现在群落垂直结构的组成上。群落的垂直结构取决于植物的生活型,主要与光照强度的变化相关。同时,受到其他因素如水条件、土壤条件的限制,群落垂直结构组成在不同区域存在很大的差别(表 6-2)。

图 6-2　随着地理纬度的变化,植物群落外貌的主要类型(引自:戈峰等,2008)

表 6-2　海南尖峰岭植物群落多样性垂直变化

海拔高度(m)	植被类型组成
30～80	稀树草原
100～250	热带半落叶季雨林
200～700	热带常绿季雨林
700～1 000	热带山地雨林
1200 以上	山地苔藓矮林

　　群落的垂直结构也称为分层现象,通过垂直结构分层利用资源,减少对光、水分、矿物质的竞争,从而扩大生物多环境资源利用范围。而群落的垂直结构越复杂,对于环境资源的利用越充分,所容纳的物种数量就会越多(图 6-3)。

图 6-3　热带地区树木(枝干生长着多种草本植物)(李景文 摄)

　　群落所在环境的水、热条件等关键因子有时较差,如极地、高海拔区域或极端干旱区,从而导致部分群落垂直结构简单,物种多样性很低(图 6-4,6-5)。

图 6-4　荒漠地区的梭梭林（李景文 摄）　　　图 6-5 祁连山地区的森林垂直结构（李景文 摄）

3. 不同群落层次物种组成的多样性　　物种分布在同一群落的不同空间。如最近的研究表明,人类之所以对于热带雨林的昆虫多样性了解很有限,是由于很多种类的昆虫分布在树体的不同部位,如林冠等难以从地面监测的空间范围。这反映了物种多样性在群落空间结构分布的多样性与物种的适应特征、行为以及生态位等密切相关。Ozanne 等（2003）研究表明:70％～80％从热带雨林上层树冠中捕获的无脊椎动物种类没有进行过科学描述,而且 25％的无脊椎动物种类只生活在树冠上。可见研究森林立体空间格局,特别是树冠的重要性。可以推断,当热带雨林受到干扰退化后,其恢复难度大,物种多样性的恢复也很困难。

同时,全球树冠计划（Global Canopy Program）组织的研究结果表明,在热带雨林中,有 10％的维管束植物生活在树冠上（图 6-6）。同时,研究的结果也证明,从能量的角度来看,地球上90％的生物量是通过树冠界面获得的。

图 6-6　树冠研究技术引自:Ozanne et al. ,2003

4. 物种的生境与领域特异性　　在物种多样性层次,不同区域的物种组成差别也很大;同一物种由于分布地域的环境因子差异,在性状、生理和行为方面也可能存在明显变异;而且特定物种在栖息地选择方面也具有空间要求。例如,我国珍稀物种海南黑冠长臂猿,主要栖息于海南省霸王岭国家级自然保护区内海拔在 800～1300m 之间的雨林内。虽然区内植被随着海拔高度增加依次分布着沟谷雨林、山地雨林、山地常绿林、山顶矮林或山顶苔藓林,但长臂猿主要分布在中层的山地雨林和沟谷雨林内。同时,该物种的种群具有明显的领域性。

图 6-7 为目前长臂猿的分布格局,贯穿核心区的道路把该区分成了两部分,长臂猿的种群分布也以道路为界分东西两部分:东部有长臂猿 3 群,分别为东三群、斧头岭群和子保群;路的西部

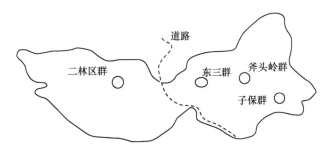

图 6-7　保护区核心区内长臂猿种群分布格局(引自:霸王岭国家自然保护区考察报告)

只有 1 群长臂猿。并且这种空间格局将维持很长的时间(表 6-3)。

在遗传多样性层次,物种的遗传多样性也会因为物种自身的生物学和生态学特征以及自然或人为的干扰而表现出明显的空间差异性。

表 6-3　族群数量与家族领域动态

时间 族群	1989 年		2001 年	
	族群数量(头)	家族领域(hm²)	族群数量(头)	家族领域(hm²)
东三群	7	500	6	400～500
斧头岭群	6	200～300	6	300～400
子保群	4	300～400	3	200～300
二林区群	4	300～400	7	400～500

引自:霸王岭自然保护区综合考察报告

(二) 生物多样性的时间格局

1. 生物多样性进化过程　　Soulé(1985)认为构成生物群落的物种区系是经历长期选择、适应、协同进化的产物,任何一个种或种群的丧失将导致一系列连锁后果。关键种的命运更关系到整个群落的兴衰。原生生境的破坏,单优引种的推广,会导致生物多样性的同源和单一化,还会产生严重的后果。

生物多样性是生物与环境协同进化的结果。生命的进化改变了地球面貌,而地球面貌的改变又为生命进化提供了必要的环境,两者形成了一个协同进化的统一体。很难想象没有生命存在的地球会是什么样。生命与环境通过物质循环、能量流动与信息交流形成了一个相对稳定的开放系统,维持着人类赖以生存的生物多样性和生态系统。虽然人类文明只有短短的几千年,历经上亿年进化发展起来的生命系统却正遭受着人类严重的、甚至是毁灭性的破坏,尤其是最近几百年,形势更为严峻。这种破坏不仅仅针对生物多样性,更严重的是对生物进化历程的干扰,短短数千年甚至数百年的人类历史,要毁灭千百万年所形成的生物多样性。

2. 演替过程与群落物种多样性　　由于环境的异质性和自然干扰,群落实际上是一个由不同斑块类型或者不同演替阶段群落而形成的镶嵌体,这就是群落的水平格局。除人工林有可能出现均匀分布外,生长在沙漠中的灌木由于竞争也呈均匀分布。但多数陆地生物群落,如森林和草地,一般形成斑块状的镶嵌系统(图 6-8)。

群落的镶嵌方式对于维持群落结构稳定及其生物多样性都非常重要。不同地带性生物群落的组成、结构和动态特征,受到环境异质性的影响引起群落多样性的增加,群落物种丰富度增加。另一方面,由于环境的严苛和易变性,可以使群落多样性减低、群落结构简单化。例如,热带地区环境比较稳定,当地生物群落也比较稳定;而在高纬度和极端干旱地区,由于环境因素的不稳定,群落组成也在不断变化。

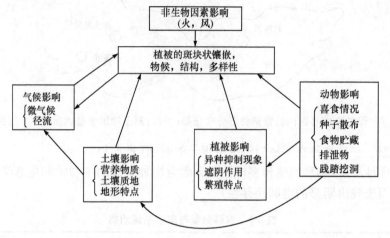

图 6-8　群落镶嵌结构形成的主要决定因素(引自:戈峰等,2008)

3. 群落季节变化　　生物群落是一个动态的概念,会因为群落自身的变化和自然影响而发生变化。如在北方地区由于受到一年四季气候变化的影响而表现出季相差异(图 6-9)。在北方林区,森林生态系统动植物物种组成,特别是动物种类的组成在一年四季的变化是非常大的。

试问,在我国北方地区,对特定自然保护区于 7~8 月进行了生物多样性调查,调查的结果是否可以代表保护区生物多样性的整体情况? 显然,由于季节差异,7~8 月调查的数据虽然有很强的说服力,但不能代表区域内群落及其物种多样性全部情况。

夏季的林相　　　　　　　　　　　秋季的林相

图 6-9　不同季节同一地点植被景观的差异(李景文 摄)

生物多样性的时间格局对于野生动物保护研究意义重大,在鸟类保护问题上尤其重要。鸟类随季节变化的迁徙,对于一个特定区域的动物多样性数量以及种类组成影响较大(表 6-4)。因此,鸟类保护要充分考虑到季节动态和其迁徙特点,特别是在湿地类型自然保护区内。

表 6-4　不同时间北京西山森林公园鸟类种类组成的动态

月份	种类	候鸟种类	遇见率(只/小时)
9 月	28	11	42.3
10 月	20	7	40.4
11 月	13	2	28.4

4. 昼夜格局 群落昼夜格局是指物种在一日不同的时间段活动的节律。昼夜的节律主要体现动物物种上。如在森林中做昆虫调查,在白天我们记录的物种主要是蝶类、峰类和蝇类;在夜间活动的主要是蛾类等。在森林中,清晨可以看到很多的鸟类,而夜间只有猫头鹰和鼠类等动物活动。由于物种活动的时间差异,使群落的物种多样性在昼夜有所不同,形成昼夜的物种多样性格局。

(三)影响群落多样性格局的因素

通过对上述内容的讨论,可以总结出影响群落多样性格局的因素。在群落多样性格局形成的过程中,有时是少数因子起作用,有时是多因子综合作用(表 6-5)。

表 6-5 影响群落多样性格局的因子及其解释

影响因子	解 释
能量	物种丰富性由每个物种所分配的能量决定气候;适宜的气候允许较多物种生存
气候变率	稳定的气候为物种分化创造了条件,如降雨量等
生境异质性	孕育了较多的生态位
历史因素	进化时间短形成的新物种多
竞争	竞争有利于减小生态位宽度,竞争排斥减少物种数目,捕食减缓了竞争排斥

第二节 群落物种多样性的测度方法

目前,生物多样性测度发展主要体现在对物种丰富度和多样性格局的关注。生态学家还面临着不断的挑战,包括如何解决多样性的纬度梯度、生态群落中常见种和稀有种的分布等问题。另外,还体现在生物多样性重要测度方法的发展上,包括发展了创新的生态位分割模型,伴随着物种丰富度估计方法的改进和新的分类学多样性测度的出现,解决了取样问题,对 β 多样性的测度方法也进行了细化。所有这些都将加深对物种多度分布的理解,加强对传统方法的检验。此外,人们还利用了更强大的计算机和互联网,导致了生物多样性测度的革命。强大的计算机功能使得零模型得以应用,并产生了易于处理的随机化技术,见表 6-6。

表 6-6 生物多样性测度的软件

网 站	软件详细内容
Viceroy. eeb. uconn. edu/EstimateS	EstimateS 软件包用于物种丰富度的估计,也可以计算一系列 α 多样性统计和互补指数(β)
Homepages. together. net/~gents min/ecosim. htm	Ecosim 集中于生态学零假设模型。计算稀疏曲线(rarefaction curves)和某些多样性指数
www. irchouse. demon. co. uk/	Species Diversity and Richness 利用自助(bootstrapping)取样方法,计算一系列多样性测度、丰富度估计量、稀疏曲线和 β 多样性测度
www. exetersoftware. com	与 Krebs(1999)《生态学方法》配套的程序。计算一系列丰富度、多样性和均匀度测度和对数正态模型和对数级数模型

续表

网　站	软件详细内容
www. biology. ualberta. ca/jbzustp/kreb-swin. html	为 Krebs(1999)《生态学方法》所论述的若干多样性测度和其他方法提供的软件
www. entu. cas. cz/png/PowerNiche/	PowerNiche 软件包为某些生态位分割模型提供期望值
www. pml. ac. uk/primer/	PRIMER 软件包。群落分析的多元分析技术,包括多样性测度、优势种曲线、Clarke 和 Warwick 分类学差异性统计量等

引自:张峰等,2011

　　目前,一般多样性指数有三类:α 多样性指数、β 多样性指数和 γ 多样性指数。α 多样性指数用以测量群落内的物种多样性;β 多样性指数用以测量群落的物种多样性沿着环境梯度变化的速率;γ 多样性指数用以测量一定区域内总的物种多样性。在实践中群落内物种多样性指数的应用比较广泛,所以这里也主要介绍 α 多样性指数。种的多样性包括种的丰富性和均匀性(异质性)两方面的内容。物种多样性的测定也可分为两类:一类是用统计分布多度与物种相对多度进行拟合,如 Fisher 对数级数等;另一类多样性包括均匀性在内,如 Simpson 和 Shannon-Weaver 多样性指数。

一、物种丰富度指数

　　估计物种丰富度,正像 Colwell 和 Coddington(1994)以及 Chazdon 等(1998)指出的那样,有 3 种方法可以从样本估计物种丰富度。第一种方法依赖于对物种累积数的推断或种-面积曲线的推断;第二种方法是用种数累积分布去推断物种总丰富度;第三种方法是潜在的、最有力的方法,即用非参数估计量。

　　物种丰富计算的方法很多,如用物种丰富度除以样本中的总个数,S/N。比较常用的物种丰富度指数有:

Gleason 指数:

$$D = \frac{S-1}{\ln A} \tag{6-1}$$

式中,S 为物种的数量,A 为面积。

Margalef 多样性指数:

$$D_{Mg} = \frac{S-1}{\ln N} \tag{6-2}$$

式中,S 为群落中物种的数量,N 为观察的个体总数。

Menhinick 指数 D_{Mn}:

$$D_{Mn} = \frac{S}{\sqrt{N}} \tag{6-3}$$

式中,S 为群落中物种的数量,N 为观察的个体总数。

　　计算简单是 Margalef 指数和 Menhinick 指数最大的优点。例如,一个有 23 个种的鸟类样本,总数个体数为 312,用 Margalef 指数估计的丰富度指数:$D_{Mg} = 3.83$,而且 Menhinick 指数估计的丰富度指数:$D_{Mn} = 1.20$。习惯约定,Margalef 指数的计算用 $S-1$ 个种,而 Menhinick 指数用 S 个种计算。

　　尽管这两个指数试图矫正样本大小的影响,但是仍然受到取样的强烈影响,不过其优点为具有直观意义。

二、物种多度模型

群落由很多物种组成,但在群落中,组成群落的物种的个体数量不同。有的是常见种,有的是稀有种或偶见种,这就是物种的多度。

(一) 物种多度模型的种类

物种多度模型主要有两大类:即统计模型和生物学模型(表 6-7)。Fisher 等(1943)的对数级模型首次尝试用数学方法描述种数和个体数的关系。尽管它最初用于拟合经验数据,但由于其易于拟合,并能使人们全面考察其性质,同时考虑它所代表的生物学意义,从而得到了广泛的应用,特别是在昆虫学研究方面。

表 6-7　物种多度模型的分类

模型类型	模型	参考文献
统计模型	对数级数分布	Fisher et al., 1943
	对数正态分布	Preston, 1948
	负二项分布	Anscombe, 1950
		Bliss and Fisher, 1953
	Zipf-Mandelbrot 分布	Zipf, 1949
		Mandelbrot, 1977
		Mandelbrot, 1982
生物学模型		
基于生态位的模型	几何级数模型	Motomura, 1932
	微生态位模型	MacArthur, 1957
	生态位重叠模型	MacArthur, 1957
	分割线段模型	MacArthur, 1957
	MacArthur 分割模型	Tokeshi, 1990
	优势度优先模型	Tokeshi, 1990
	随机分割模型	Tokeshi, 1990
	Sugihara 顺序分裂模型	Sugihara, 1980
	优势度分解模型	Tokeshi, 1990
	随机分类模型	Tokeshi, 1990
	复合模型	Tokeshi, 1990
	幂分数模型	Tokeshi, 1990
基于非生态位模型	动态模型	Hughes, 1984, 1986
其他模型	中性模型	Caswell, 1976
	中性模型	Hubbell, 2001

引自:张峰等,2011

（二）Fisher 的对数级数

在普通外业调查工作中往往会发现下列情况，数量很高的优势种其种数很少，而数量不多的稀有种，其种数却很多。Fisher 将这类种的分布特征用对数级数拟合：

$$\alpha\chi,\ \alpha\chi^2/2,\alpha\chi^3/3,\alpha\chi^4/4\cdots$$

其中，第一项：$\alpha\chi$＝仅具一个个体的种数；第二项：$\alpha\chi^2/2$＝仅具两个个体的种数；依次类推，而级数各项之和就等于群落内全部种数。

为了更直观地理解这种对数级数，我们可以假设两个数值来代替 α 和 χ，如假设 α＝40，χ＝1，则：

$\alpha\chi$＝(40)(1)＝40，表示具有一个个体的平均有 40 种；

$\alpha\chi^2/2$＝40(1²)/2＝20，表示具有两个个体的平均有 20 种；

$\alpha\chi^3/3$＝40(1³)/3＝13.3，表示具有三个个体的平均有 13.3 种；如此计算下去，可得如下对数级数：

40，20，13.3，10，8，6.7，5.7。对于每一组数据用这种对数级数进行拟合，需要有两个变量：①总种数；②总个体数，由此得到如下关系式：$S=\alpha\ln(1+N/\alpha)$，其中，S＝样品中的总种数，α＝多样性指数，N＝样品中的总个体数。α 是常数，它是表示群落中物种多样性的指数，α 值越大多样性就越高，α 值越小多样性就越低。

Fisher 在推导这个关系式时还使用了两个公式：

$$S=-\alpha\ln(1-\chi) \tag{6-4}$$

$$N=\frac{\alpha\chi}{1-\chi} \tag{6-5}$$

三、多样性指数

群落多样性是群落物种数目和个体在种间的分布特征，多样性有两个方面的含义：即物种丰富度和物种的均匀度。常用的多样性指数包括如下几个。

（一）Simpson 多样性指数

这个指数基于从一个无穷大的总体（群落）中，随机抽取两个样本（个体），这两个样本属于同一物种的概率的假设。显然在北方寒温带针叶林中，随机抽取两株林木得到同一种的概率很高，相反在热带雨林中，这一概率就很低。用这种原理可以得到一个物种优势度公式：

$$\lambda=\sum\nolimits_{i=1}^{s}n_i\frac{n_i-1}{N(N-1)} \tag{6-6}$$

式中，λ 是总体优势度的度量，λ 值大说明总体中有的种占优势，λ 值小则说明总体中的每个种的个体数比较均匀。由于优势度与多样性互补，可以认为，如 λ 值小则群落有较大的多样性；如 λ 值较大则群落种类成分单一。群落的多样性与优势度是互补的。即：

$$Ds=1-\lambda=1-\sum\nolimits_{i=1}^{s}n_i\frac{n_i-1}{N(N-1)} \tag{6-7}$$

Ds 为群落的多样性，如表 6-8 的群落。

表 6-8　2 个物种在 2 个群落的数量分布

	群落 I	群落 II
物种 A	99	50
物种 B	1	50

根据 Simpson 公式,群落Ⅰ的多样性指数为:

$Ds=1-(99\times98+1\times0)/100\times99=0.02$,群落Ⅱ的多样性指数为 0.5。因此群落Ⅰ的多样性低于群落Ⅱ。

（二）Shannon-Weaver 多样性指数

通常测量异质性最常用的是信息理论,在信息论中信息被定义为:

$$I=\ln\left(\frac{P_o}{P_i}\right) \tag{6-8}$$

式中,P_o 为后验概率;P_i 为先验概率。

后验概率是事件发生以后的不肯定程度,一般 P_o 为 1,代入上式可得:$I=\ln(1/P_i)=-\ln P_i$。如果在某一段时间内,我们获得 S 条信息,那么我们获得的平均信息量为:$H=\sum_{i=1}^{s}P_iI_i$,P_i 是种 i 的先验概率,I_i 是第 i 条信息,将 $I=\ln P_i$ 代入上式有:

$$H=\sum_{i=1}^{s}P_i\ln P_i \tag{6-9}$$

这就是生态学著名的 Shannon 公式,它的基本思想是把群落内每个生物个体作为独立的信息单元。假如某个群落共有 N 个个体,分别属于 S 个物种,用 $n_1,n_2\cdots n_s$ 表示每个种的数量。现在把每个生物个体作为一条信息,我们从中一个个往外抽,每个个体都有同等概率被抽取。抽第一种有 N 个抽法,第二种有 $N-1$ 种抽法……总之有 $N(N-1)(N-2)\cdots1=N!$ 种抽法。说明每一次试验都有 $N!$ 种可能性,那么可获得信息量为:$I=\ln N!$

现在设 N 个个体中属于第一种有 n_1 个,属于第二种有 n_2 个……属于第 S 种有 n_s 个。那么进行一次实验取得某一种的概率为:$P=N!/n_1+n_2+\cdots+n_s$

根据信息论的公式有:$I=\ln P=\ln N!-\sum\ln(n_i!)$

平均信息量为:$H=I/N=1/N[\ln N!-\sum\ln(n_i!)]$

由斯特林公式得:$\ln N!=N\ln N-N$ 则 $H=-\sum(n!/N)\times\ln(n!/N)$

其中,n_i/N 代表第 i 种个体占总数的比例。仍旧是上面表 2 的例子。应用 Shannon-Weaver 的多样性公式,对群落Ⅰ:$H=-[(99/100)\ln(99/100)+(1/100)\ln(1/100)]=0.081$

对群落Ⅱ:$H=-[(50/100)\ln(50/100)+(50/100)\ln(50/100)]=1$

结果表明:群落Ⅱ比群落Ⅰ的物种多样性指数高,这与我们的直觉也是一样的。

（三）均匀性指数

无论 Simpson 多样性指数还是 Shannon 多样性指数都包括两个成分:一是丰富度,指群落中包含的物种数(S);另一是均匀度,指每个种个体数间的差异。前面这两个多样性指数是丰富度和均匀度的综合指标,与二者的增加与减少正相关。各种之间,个体分配越均匀,H 值越大。如果每个个体都属于不同的种,多样性指数就最大;如果所有个体均属同一物种,多样性就最小。实践中群落丰富度的计测就是用群落种数 S 表示,均匀度用实测多样性与最大多样性之比表示。如 Shannon 多样性指数为:$H=-\sum_{i=1}^{s}(n_i/N)\ln(n_i/N)$,假定它的多样性 H 是确定的,S 个种的总体中,当所有种都以相同比例 $1/S$ 存在时,将有最大的多样性,因此有:

$$H_{max}=-\sum_{i=1}^{s}\left(\frac{1}{S}\right)\ln\left(\frac{1}{S}\right)=\ln S \tag{6-10}$$

于是群落的均匀度为：

$$E = \frac{H}{H_{max}} = \frac{H}{\ln S} \tag{6-11}$$

其中，E 为均匀性指数。

（四）Berger-Parker 参数

Berger-Parker 指数（d）是直观简单的优势度指数（Berger and Parker，1970；May，1975），具有非常容易计算的优点。Berger-Parker 指数表示多度最大的种所占的比例：

$$d = \frac{N_{max}}{N} \tag{6-12}$$

式中，N_{max} 是多度最大种的个体数。概念上，d 可看做等价于几何级数 k，因为两种方法都描述集聚中多度最大种的相对重要性。像 Simpson 指数一样，也可以采用 Berger-Parker 指数的倒数，这样指数值的增加就伴随着多样性的增加和优势度的下降。

在大的集聚（$S>100$）中，d 与种数无关；但在较小的集聚中，随着种数增加，d 会下降。这里我们必须强调，生物多样性指数的计算对于描述非常简单的群落可能还有一定的意义，然而，对于复杂的群落，它无法反映群落或植被区域内的信息，这个简单的定量方法还不能描述复杂群落多方面的特征。因为它所反映的只是物种的多样性，而非常重要的遗传和生态多样性是无法用这个公式来计算的。物种多样性一般仅限于生物种类数量的考察，尤其是在对于森林群落的调查过程中，用一两个简单的公式难以形容复杂的森林生态系统生物多样性变化规律。例如，森林中一株高大的乔木高度可以达到 40m，胸高直径可以达到 1m，树冠覆盖度超过 $100m^2$，产生种子上万粒，不过按照株数来说，它与林下的一株小草同样属于一株，在生物多样性的计算公式中无法反映这种实际情况。此外，物种在群落中的分布也对生物多样性指数有很大的影响，所以在生物多样性的研究中，尤其是利用公式计算生物多样性指数时，针对物种个体之间的差别、均匀程度都必须做深入的考察。

四、β 和 γ 多样性指数

（一）β 多样性指数

α 多样性指数反映的是某一特定地区物种多样性的组成情况，而我们在研究某一地区物种多样性组成过程中，由于区域内植被组成受到环境因素的影响，如海拔高度、水分梯度等因素，分布着多种不同群落类型。而在不同群落类型中，物种多样性的组成变化的规律是怎样的，如何测度呢？β 多样性指数就是测度特定环境梯度的重要指标。

一般来说，β 多样性指数可以定义为沿着环境梯度的变化物种替代的程度（Whittaker，1972）；也称其为物种周转速率（species turnover rate）、物种替代速率（species replacement rate）。不同群落或某环境梯度上不同点之间的共有种越少，β 多样性越大。

β 多样性指数的重要意义在于：指示不同生境植被物种的隔离程度；比较不同地段生境的多样性；与 α 多样性构成了总体多样性或一定地段的生物异质性。

度量 β 多样性的方法很多，大致可分为三类：第一类方法是检验两个或多个区域 α 多样性相对于 r 多样性的差异程度，Whittaker 原创的测度 β_w 就是其中之一；第二类方法关注不同区域 α 多样性物种组分的差异，并且用补或相似性/相异性的测度来表达；第三类方法研究种-面积关系，并度量该区域内与物种累积相关的周转。常用的 β 多样性指数有如下几种：

1. Whittaker 指数(W_β)　　该指数由 Whittaker 于 1960 年提出,是第一个多样性指数。其表达式为:

$$W_\beta = \frac{S}{m-1} \qquad (6-13)$$

其中,S 为所研究系统中记录的物种总数;m 为各样方或样本的平均物种数。

2. Cody 指数(C_β)　　Cody(1975)在关于三大洲鸟类物种分布的讨论中,把多样性定义为调查中物种在生境梯度的每个点上被替代的速率,据此定义 β 多样性指数并将其表示为:

$$C_\beta = \frac{g(H)+l(H)}{2} = \frac{a+b-2c}{2} \qquad (6-14)$$

其中,a 和 b 为两个群落的物种数,c 为两个群落共有的物种数;$g(H)$ 为沿生境梯度 H 增加的物种数,$l(H)$ 为沿生境梯度 H 失去的物种数。式中 $g(H)$ 是沿生境梯度 H 增加的物种数目。

3. 相似性系数测度　　β 多样性沿着环境梯度的变化可由上面介绍的 2 个指数进行测度。但 β 多样性的另一方面,即不同群落间的差异可能不出现在明显的环境梯度上或暂不清楚环境梯度的多样性的测度,也是不容忽视的。而最简便的方法是运用相似性系数测度群落或生境间的多样性。在众多的相似性指数中应用最广效果最好的是早期提出的 Jaccard 指数(C_J)和 Sørensen(SI)指数。

Sørensen 指数:　　　　$$SI = \frac{2c}{a+b} \qquad (6-15)$$

Jaccard 指数:　　　　$$C_J = \frac{c}{a+b-c} \qquad (6-16)$$

其中,c 为两个群落或样地共有种数;a 和 b 分别为样地 A 和样地 B 的物种数。

如何利用 β 多样性指数测度不同群落物种的组成变化呢? 假设有两个群落的物种名录(表 6-9),请计算它们的相似性系数:

表 6-9　两个不同群落物种组成差异

物种	群落 1	群落 2
1	+	+
2	+	
3	+	+
4		+
5	+	+
6		+
7	+	+
8	+	
9		+
10	+	+

群落 1 和群落 2 共有的物种数 $c=5$;群落 1 中物种数 $a=7$;群落 2 中物种数 $b=8$;

$C_J = c/(a+b-c) = 5/(7+8-5) = 0.50$;

$SI = 2c/(a+b) = 10/(7+8) = 0.67$;

$C_\beta = (a+b-2c)/2 = (7+8-10)/2 = 2.50$;

$$W_\beta = S/(m-1) = 10/7.5-1 = 0.33$$

从上面的计算结果可以看出，Whittaker 指数、Cody 指数反映了物种组成沿环境梯度的替代速率，即群落间物种组成的相异性。Sørensen 指数和 Jaccard 指数反映了群落间物种组成的相似性。

（二）γ多样性

Whittaker(1960)认为 γ 多样性主要用于描述生物进化过程中的多样性，或地理区域尺度的生物多样性。Cody(1986)认为 γ 多样性为地理尺度上的 β 多样性。

第三节　群落结构及其物种共存机制

不同生态区域分布着不同的生物群落，而不同的群落其物种多样性组成也存在差别。不同的物种通过何种机制和过程，形成特定的群落结构，即生物多样性的形成和维持机理，也就是群落构建(community assembly)机制一直是生态学研究的核心论题。目前，关于群落结构与物种共存机制的理论有很多，虽然受到各自局限性影响，但这些理论的提出为我们认识群落结构与构建、生物多样性维持机制、群落及其物种多样性保护提供了重要的理论依据。

一、物种结构

一般理解群落物种结构，可以说物种不是独立的，而是通过特定的种间关系相互依存的。种间关系是指不同物种种群之间的相互作用所形成的关系。

（一）种间关系

两个种群的相互关系可以是间接的，也可以是直接的相互影响。这种影响可能是有害的，也可能是有利的。但正是种间关系维持群落结构和群落相对稳定。

物种的相互作用类型可以简单地分为三大类：①正相互作用，可分为偏利共生、原始协作和互利共生三类；②负相互作用，包括竞争、捕食、寄生和偏害等；③中性作用，即种群之间没有相互作用。事实上，生物与生物之间是普遍联系的，这里所说的没有相互作用是相对而言的。

种间关系在维持群落物种多样性上起到重要的作用，是物种乃至群落长期进化与适应的结果。当群落受到人为干扰的影响时，其物种多样性和特定物种种群动态都将发生改变，物种种间关系也随之发生改变，进而导致群落及其物种多样性组成的退化。例如，植物的繁殖体总是面临着被各种生物捕食的风险，动物对种子的捕食引起的种子和幼苗死亡，不仅影响植物的适合度和种群结构，而且影响群落大的结构和物种组成。

红松阔叶林是我国东北地区典型的地带性植被（图 6-10），红松(*Pinus koraiensis*)种群动态及更新与动物种间关系密切。研究表明松鼠(*Sciurus vulgaris*)和星鸦(*Nucifraga caryocatactes*)等动物对于红松种子数量及散布更新有显著影响。这些种间关系对于维持红松林群落结构稳定、扩散红松种群以及维持红松林

图 6-10　东北地区地带性植被——红松林
（李景文 摄）

的物种多样性有重要作用。

在澳大利亚的干旱区,有一种象耳豆属植物(图 6-11),该树种林分处于濒危状态。研究表明,濒危的主要原因是种子萌发困难而无法进行有效地更新。进一步的研究表明,在该区域原来生活着一种有蹄类动物,该动物主要取食这种合欢的果实,但种子经过动物的消化道不能被消化,通过粪便排到体外后能很好地萌发。这种长期进化而形成的种间关系对于两个物种、乃至群落结构维持都有重要的意义。但由于该有蹄类动物的灭绝,导致了合欢的濒危。后来通过引进有蹄类动物改善了合欢更新。可见,种间关系对于群落结构维持的重要性,同时也告诉我们,维持群落结构的完整性和保护群落物种多样性的重要意义。

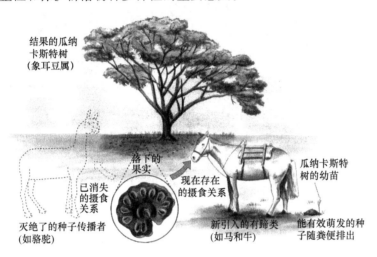

图 6-11　种间关系与群落多样性保护的案例(引自:Molles,1999)

(二)食物链与食物网——群落的营养结构

食物链是群落中种间关系的直接体现,是从物种循环与能量流动的角度认识群落结构维持机制的重要方面,是群落结构维持动力的来源和保证。在食物链和食物网中,每个物种都担当重要的角色和功能。食物链与食物网是群落营养结构的重要组成部分,营养关系是生物群落中各成员之间最重要的联系,是群落赖以生存的基础。

1. 食物链　食物链和食物网与特定区域的气候条件以及所在群落的生产力有密切的关系。高的生产力为复杂的食物链与食物网以及高的物种多样性的维持提供了物质基础。如在我国西北干旱地区的胡杨林(*populus euphratica*)(图 6-12),由于降水条件的限制,产生了激烈的种间竞争,食物链结构简单,物种多样性很低,这样的生物群落不稳定,而且易受到自然或人为干扰的影响而退化,退化植被恢复困难。

Cohen(1978)经过对 113 个食物网中食物链的平均长度与物种数的关系分析,建立了食物链长度理论。制约食物链长度的因素综合起来有三个假说。

(1)能量假说(energetic hypothesis)。认为食物链的长度由于受到能量在食物链中传递的损耗,以及捕食者的最低能量要求所限制而不能无限地增长。群落中各种生物赖以生存所需的能源,来自于植物的光合作用。由于能量沿着食物链流动,每经一级都将消耗很大的能量,所以自然界很少有超过五、六个环节的食物链。

(2)动态稳定性假说(dynamic stability hypothesis)。基于生态系统的稳定数学模型发现,

图 6-12　额济纳绿洲河岸胡杨林,林分组成简单,乔木层只有胡杨,动物种类组成贫乏(李景文　摄)

食物链越长,为维持系统平衡与稳定,其对模型能数的限制就越严格。就实际情况来说,具有较长食物链的生态系统,一旦受到内外因素的干扰,不仅易于遭到破坏,而且恢复原状的时间也长。因此具有较长食物链的食物网在自然界中难以长期存在。

(3) 其他假说如一些经验性的结论。Briand 等分析了 34 个食物网的环境系统后认为,三维生态系统的食物链比二维生态系统的食物链长。

2. 食物网

1) 食物网　　从群落的角度,一个群落可能形成多种食物链。群落中的食物链,通过营养联系,相互交叉,形成一个错综复杂的网状结构。

2) 营养物种　　一般把营养级别相同的不同物种或相同物种的不同发育阶段归并为一个物种对待,在这种意义上的物种称为营养物种(trophic species)。显然,营养物种不同于纯生物学意义上的物种,它是由取食同样猎物,或被相同捕食者猎食的,在营养级别上完全相同的一类物种所组成。营养物种根据其在食物网中所处的位置可以区分为以下四种类型。

(1) 顶位物种(top species)。它是指在食物网中不被任何其他生物所取食的物种,食物链的终点。

(2) 中位物种(intermediate species)。至少具有一种捕食者和猎物。既可捕食其他物种,也可以被更高级的捕食者所食。

(3) 基位物种(basal species)。指不取食任何其他生物的物种,但被其他种取食。

(4) 孤立物种(isolated species)。在食物网中既不取食其他种,也不被其他种取食的物种。

3) 食物网控制理论　　近年来,在食物网控制机理上出现了到底是"自下而上"的上行控制效应(bottom-up effect)、还是"自上而下"的下行控制效应(top-down effect)的争论。

上行控制效应(自下而上)是指较低营养阶层的密度、生物量等决定较高营养阶层的种群结构;下行控制效应(自上而下)是指较低营养阶层的群落结构(多度、生物量、物种多样性)依赖于较高营养阶层的物种结构。实际上两种效应是相对应的,争论的结果似乎是两种效应都在一定程度上控制着生物群落的动态与结构。有时资源的影响可能是主要的,而有时较高的营养层决定系统的动态,要根据具体的情况而定。

3. 功能团与营养结构　　功能团(functional group)是由生态学特征上很相似的种类所组成,它们彼此之间生态位重叠很明显。因此,其种间竞争是相当激烈的。相比之下,某一功能团与生物群落中其他功能团间的关系就显得较弱。

以功能团作为组成群落的成员,与以物种为组成成员相比较,研究会简单得多,这十分有助于研究群落或生态系统的营养结构。另外,如果组成功能团的物种彼此之间可以相互取代,它们是具有同一功能地位的等价种(equivalent species),如果这一假说能被更多的实例所验证的话,将会大大推动有关竞争和进化问题的研究。此外,功能团的划分,还有助于研究生物群落营养结构的稳定性。

二、物种共存机制

群落中丰富的物种多样性是怎样形成的? 又是怎样维持的? 它们共存的机制是什么? 这些都是保护生物学研究的热点问题。目前,关于物种的共存机制理论主要是生态位理论与群落中性理论两种。

(一)生态位理论

一个多世纪以来,生物多样性的形成机制一直是生态学研究的热点问题。传统的观点认为,各物种生活史对策和资源利用方式的不同,决定了各物种在群落中所占有的生态位不同,进而决定了多物种的稳定共存。也就是说,物种在群落中的共存是以生态位的分化为前提的,生态位相同的物种可能因竞争共同的资源而发生竞争排除,不能稳定共存。

1. 生态位理论提出与发展　　Johnson 在 1910 年就首先提出了生态位(niche)概念。此后,Grinnell 定义生态位为被一个种所占据的环境限制性因子单元;而 Elton 指出生态位不仅表现物种对其生活环境的需求,而且包括物种在群落关系中的角色及其对生境的影响。Gause 在 1934 年提出竞争排除原理,证实了生态位分化是维持物种共存的必要条件。Hutchinson(1957)从多维空间和资源利用等方面提出多维超体积生态位(N-dimensional hyper-volume niche),并进一步区分了理想条件下的基础生态位(fundamental niche)和实际生境中的现实生态位(realized niche)。Grubb 进一步补充提出更新生态位(regeneration niche)和时间生态位(time niche);Litvak 和 Hansell(1990)认为生态位重叠可以反映群落物种之间的关系。近年来,随着生态学趋向量化发展,对生态位的定义和理解也更加量化和成熟。如有学者定义生态位是物种对每个生态位空间点的反应和效应。生态位空间点是指特定时空中温度、湿度等非生物学因素与食物、被捕食者生物因素的综合。同时,更加强调在生态位研究中,应注重物种在大尺度时间和多位空间资源上的综合作用。

2. 生态位与群落结构构建　　竞争排除原理证实由于对限制性环境资源的竞争,生态位相似的物种不能够稳定共存;因此,基于生态位理论提出了多种假说来解释群落多物种共存的现象。这些假说包括以下几种。

(1) Lotka-Volterra 竞争模型(Lotka-Volterra competition model)。通过种间竞争,当物种对其同类种群个体的生长抑制大于对异类个体的抑制时,两个竞争的物种就能够稳定共存。

(2) 竞争-拓殖权衡(competition-colonization trade-off)。在自然群落中,当种间竞争能力很不对称时,物种水平上竞争能力和拓殖的负相关关系能够使物种在群落中共存。

(3) 资源比例假说(resource ratio hypothesis)。认为植物生长由生境中最稀少的必需资源所决定,养分之间没有相互作用,如果生境内资源比例变化,两个(或多个)资源的限制就能够使两个(或多个)物种共存。

(4) 更新生态位假说(regeneration niche hypothesis)。由于物种生活史对策各异,使得各种植物在种子生产、传播和萌发时所需要的条件不同,物种在其营养体竞争不利时,通过有利的繁殖更新条件得以补偿,即各物种的竞争优势在生活史周期上分散不同,从而促成物种共存。

（5）贮存效应(storage effect)。在气候变化下,当植物遭遇不利于其生长更新的气候时,多年生植物通过种库、芽库、幼苗和长寿命的成年体等方式贮存其繁殖潜力,在有利环境中继续生长繁殖,以达到共存。

（6）微生物介导假说(microbial mediation hypothesis)。由于植物对营养资源的需求有特化性,而与植物共生的微生物又往往能促进植物形成和利用特化的营养资源,占据特定的营养生态位,从而导致植物多物种共存。

3. 基于生态位理论的群落构建　　对于群落构建机理,Diamond(1975)首次提出了群落构建规则(community assembly rules),认为群落构建是大区域物种库中物种经过多层环境过滤和生物作用选入小局域的筛选过程。Wilson 和 Gitay(1995)则将植物群落构建规则定义为在特定生境中,一系列限制物种(或一组物种)出现或增多的潜在规则。这些规则是由群落中生物间相互作用决定的非随机性模式(non-random patterns)。如 Keddy(1992)所述,群落构建可以被认为是物种的筛选过程,环境条件和生物间的相互作用可以被看做是多个嵌套的筛子;群落构建将区域物种库中的物种经过这些嵌套筛子的过滤,只有那些具有特定性状并符合各环境筛选的特定物种才能进入小局域群落。图 6-13 表示了这种群落构建的筛选过程。局域植物群落组成既取决于环境因素的作用(如气候、土壤和地形条件以及干扰),同时又受制于群落内生物间的相互作用。经局域环境筛选过的物种,理论上都能够适应小生境的环境,并能在其中繁殖和更新。由此,环境筛选和物种极限相似性这两个相反的作用力,共同组成群落构建的两个基本驱动力,形成群落结构并维持生物多样性。

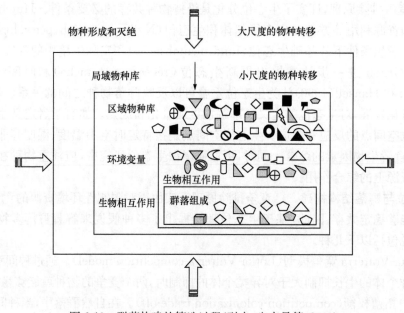

图 6-13　群落构建的筛选过程(引自:牛克昌等,2009)

（二）群落中性理论

生态位理论在很大程度解释了物种结构形成于维持机制。然而,当解释生境中限制性资源不多,多物种生态位分化不明显,而依然稳定同存的现象(如热带雨林)时,传统的生态位构建理论遇到了巨大的挑战。并且,以生态位理论为基础的确定性因素无法有效地预测群落结构动态,使得许多生态学开始考虑非确定性因子的作用。Hubbell(2001)提出了群落中性理论,来解释群落结构及其物种多样性形成机制。

1. 群落中性理论的基本内涵　　群落中性理论有两个基本假设:①个体水平的生态等价性:群落中相同营养级所有个体在生态上等价,即在群落动态中,所有个体具有相同的出生、死亡、迁入和迁出概率,甚至物种形成概率。②群落饱和性:群落动态是一个随机的零和(zero-sum)过程,也就是说群落中某个个体死亡或迁出会伴随着另外一个随机个体的出现以填充其空缺,这样群落大小不变,景观中每个局域群落都是饱和的。基于这两个基本假设,Hubbell(2001)认为群落动态实际上是在随机作用下个体的随机生态漂变过程(图 6-14)。

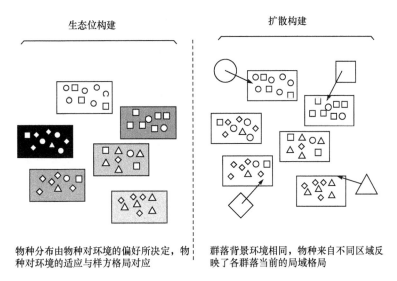

6-14　生态位构建和扩散构建的物种分布理论示意图(引自:牛克昌等,2009)
注:○、□、◇、△分别代表 4 个不同的物种

2. 中性理论的意义

中性理论的意义是:① 包含了传统生态位理论所忽略的成分,特别强调了随机性的重要作用;② 把发生在局域尺度上的生态学过程和发生在区域尺度上的进化和生物地理学过程(如物种分化、亲缘地理学)有机地联系在一起;③ 至少提供了一个不同时空尺度上群落动态的零假设。

(三)其他理论

关于群落构建机理的探究一直是生态学和生物多样性科学的重点。物种生态位分化的群落构建理论虽然历经了长达近百年的发展,但依然不完善,特别是对随机作用的关注不够,对现实自然群落的预测力不强;更不能对生物多样性模式、物种多度分布、物种—面积关系等群落模式做出准确的预测。而群落中性理论虽因其基本假设和预测而备受争议,但因其结构的简约性和预测能力受到了生态学家的重视。更重要的是,群落中性理论引发了人们对随机作用在群落构建和生物多样性维持中作用的重新思考和定位,人们也越来越认识到群落构建是随机漂变和生态位构建的共同作用。然而,生物群落的复杂性和多样性,就像物种的概念一样,无法用一个概念或理论,来穷尽它因长期进化而形成的深刻内涵以及微妙多样的形成和维持机制。生态位分化的确定性过程和中性作用的随机过程怎样耦合在一起,共同形成和维持物种多样性的呢?

Tilman 在 2004 年提出随机生态位理论(stochastic niche theory),把随机过程的作用引入到生态位竞争性权衡的群落构建过程中,并强调群落构建过程实质是物种的繁殖体不断入侵的过程,而且认为该理论能够很好地解释群落物种多样性维持、物种多度分布以及物种入侵现象。我国著名生态学家张大勇认为:每个群落都有一个以上的生态位,但在每个生态位内可能不止一个物种,而是多个物种共生在其中。对于物种贫乏的群落,生态位分化是主要的决定因素;对于物种丰富的群落,生态漂变决定了群落的物种相对多度分布(尽管存在生态位结构)。

第四节　应用实例:我国温带地带性植被——阔叶红松林保护与恢复

阔叶红松林是中国东北东部山区的地带性森林植被,是温带针阔混交林的典型代表,和全球同纬度地区的森林相比,以其建群种独特、物种多样性丰富及含有较多的亚热带成分而著称。但由于不合理的采伐管理,阔叶红松林分布的面积锐减,退化严重,很多红松林已逆行演替为次生阔叶混交林或蒙古栎林。如何保护珍贵的红松林,很多林学家都在研究这一问题。

对东北阔叶红松林区采伐后次生林恢复问题,王战教授根据红松的生物学特性,科学地提出了通过"栽针保阔"以恢复针阔混交林的理论和方法(图 6-15),该方法在生产实践中取得了良好的效果并推广应用,并在后来的研究和实践中充分证明了上述理论与方法的科学性。王战教授是我国森林采伐更新及天然林生态系统保护理论和实践研究的先驱者,自 20 世纪 50 年代以来,他长期从事森林采伐与更新的研究。他认为,森林的采伐更新问题,不仅应当作为技术问题看待,而且更应作为具有重大战略意义的技术政策问题看待。

在实践上,栽针保阔的主要模式有开拓效应带(效应带造林),即在阔叶混交林内通过采伐的方式开拓一定宽度的效应带,并在带中栽植红松。另外就是林隙造林,利用林隙动态原理在阔叶林内利用自然林隙或人工开拓林隙,在林隙内栽植红松等珍贵的针叶树种。实践证明,这些人工促进方式加速了次生林向阔叶红松林的恢复速度。

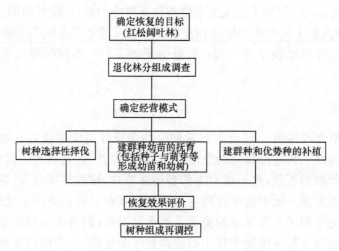

图 6-15　退化红松林"栽针保阔"调控建群种示意图

小 结

群落多样性的保护是生物多样性保护的根本。从群落的角度理解生物多样性一般强调物种多样性,包括物种丰富度、相对多度。群落物种多样性组成与分布受水分和热量自然因素的影响而表现出空间与时间格局。群落物种多样性的评价方法很多,包括 α 多样性指数、β 多样性指数和 γ 多样性指数,其中常用的是 α 多样性指数和 β 多样性指数。随着研究不断深入和研究技术更新,评价指数不断完善并配有相关计算软件。

群落物种多样性是怎样形成和维持的,是目前生态学和保护生物学研究的热点问题。维持群落结构的根本是群落中物种的种间关系和群落的营养结构。目前关于群落结构机制解释的主要理论是生态位理论与群落中性理论。这两个理论在很好解释群落结构形成机制的同时,也存在其局限性。

群落物种多样性格局、物种多样性的评价方法以及群落结构形成机制,是生物多样性保护科学的重要理论和方法,是物种及其生境保护、生物多样性的调查与监测、生态系统功能维持、自然保护建设管理等的重要理论支撑。

思 考 题

1. 群落的空间格局所包含的主要内容是什么?
2. 群落的时间格局所包含的主要内容是什么?
3. 群落多样性的指数包括哪些,它们的生物学意义是什么?
4. 什么是群落结构,物种共存机制的主要理论有哪些?
5. 生态位理论与群落中性理论争论的核心问题是什么?

主要参考文献

戈峰. 2008. 现代生态学. 2 版. 北京:科学出版社

郝守刚,马学平,董熙平等. 2000. 生命的起源与演化. 北京:高等教育出版社

李宏俊,张知彬. 2001. 动物与植物种子更新的关系:动物对种子捕食、扩散、贮藏与幼苗建成的关系. 生物多样性,9(1):25-37

李景文,李俊清. 2006. 森林生物多样性保护研究. 北京:中国林业出版社

李俊清,顾兆君. 1988. 红松林种子、鼠类和幼苗动态数学模型. 东北林业大学学报,16(4):44-51

李俊清,李景文. 2006. 保护生物学. 北京:中国林业出版社

李俊清. 1986. 阔叶红松林中红松的分布格局与动态. 东北林业大学学报,14(1):33-38

牛克昌,刘怿宁,沈泽昊等. 2009. 群落构建的中性理论和生态位理论. 生物多样性,17 (6):579-593

钱迎倩,马克平. 1994. 生物多样性研究的原理与方法. 北京:中国科学技术出版社

周淑荣,张大勇. 2006. 群落生态学的中性理论. 植物生态学报,30(5):868-877

David Tilman. 2004. niche tradeoffs, neutrality, and community structure: a stochastic theory of resource competition, invasion, and community assembly. PNAS, 101(30):10854-10861

Harper J H, David L, Hawksworth D L. Preface. In Hawksworth D L. 1996. Biodiversity:Measurement and estimation. London: Chapman & Hall

Li Junqing, Zhu Ning. 1991. Structure and process of Korean pine population in the natural forests . Forest Ecology and Management,43(1):125-135

Magurran A E. 2011. 生物多样性测度. 张峰, 等译. 北京: 科学出版社

Molles M C. 1999. Ecology: Concepts and Applicaton. McGraw-Hill Companies Inc.

Norse E A, McManus R E. 1980. Ecology and living resources biological diversity. Washington D C: The Wilderness Society

Ozanne C M P, Anhuf D, Boulter S L, et al. 2003. Biodiversity meets the atmosphere: a global view of forest canopies. Science, 301(5630): 183-186

Ricklefs R E. 2004. 生态学. 5 版. 孙儒泳, 等译. 北京: 高等教育出版社

Soulé M E. 1986. Conservation Biology: The Science of Scarcity and Diversity. Sunderland, Massachusetts: Sinauer Associates, Inc. Publishers

WILSON E O. 2004. 生命的多样性. 王芷, 等译. 长沙: 湖南科学技术出版社

第七章　栖息地保护

栖息地保护管理是关于管理土地从而保护生物多样性,并为人类提供美丽的风景和激发创作灵感的活动。

——Malcolm Ausden(2007)

第一节　栖息地的概念和空间尺度

野生动植物栖息地包括森林、湿地、荒漠、草原和海洋五大生态系统类型。我国的森林按气候带分布从北到南有寒温带针叶林、温带针阔叶混交林、暖温带落叶阔叶林和针叶林、亚热带常绿阔叶林和针叶林、热带季雨林、雨林,其中亚热带森林物种多样性及其重要性,是世界同一地带其他地区所无法比拟的。

一、栖息地

主要介绍栖息地概念和栖息地的构成条件。

(一)栖息地概念

栖息地(habitat)又称生境,是生物的个体或种群居住的场所,是指生物出现在环境中的空间范围与环境条件总和(全国科学技术名词审定委员会,2006),包括个体或群体生物生存所需要的非生物环境和其他生物(图7-1)。

20世纪中期以前,美国生态学家克列门茨(F. E. Clements)和谢尔福德(V. E. Shelford)认为,栖息地仅包括与生物或生物群落相应的物理和化学因素场所。

国际研究委员会(National Research Council,NRC,1982)认为,栖息地是指动物或植物通常所居住、生长或繁殖的环境。

美国地质调查局国家湿地研究中心鱼类与野生生物署(U. S. Geological Survey National Wetlands Research Center, Department of Fish and Wildlife)认为:可将栖息地定义为给某一特定物种、种群或群落提供直接支持的场所,包括该场所中空气质量、水体质量、植被和土壤特征及水体供给等所有的环境特性(Brooks, 1997)。

环境影响评价中,栖息地是指由生物有机体和物理成分组成的自然环境,共同为一个生态单元起作用(Brooks,1997)。

Morrison 等认为,栖息地是指生物栖息的生态地理环境(Morrison,1998)。

(二)成为栖息地的条件

1. 食物条件　例如,东北虎(*Panthera tigris altaica*)每周要捕食相当于一个大型有蹄类猎物[马鹿、野猪(*Sus scrofa*)、梅花鹿(*Cervus nippon*)等]的等值食物量。如果一只虎每年需要猎取猎物种群数量的10%～20%,那么在其活动领域范围内至少要有250～500头规模的猎物种群。因此,对于一个488km²虎的活动领域,有蹄类猎物密度不能低于0.5只/平方千米。

2. 水源条件　水源是制约生物生存的重要因子,干旱区尤为如此。例如,兴隆山马麝

图 7-1　森林、草原是野生动植物重要的栖息地(张春雨 摄)
A. 东北针阔混交林；B. 香格里拉草场

(*Moschus chrysogaster*)栖息地绝大多数位于距水源较近处(<1000m)，类似对水源的强烈选择也见于原麝(*M. moschiferus*)和林麝。保护水源地也是恢复野生动物数量的最有效方法(图 7-2)。

3. 能够提供庇护所　　东北虎倾向于避开开阔景观区，常栖息于森林或具有较高草丛和植被覆盖的景观中，有利于其躲藏和隐蔽(图 7-3)。

图 7-2　林中水源是野生动物生存的必要条件(赵秀海 摄)　　图 7-3　树洞可以为野生动物提供庇护所(张春雨 摄)

　　例如，老虎的生活环境可以从南亚的亚热带常绿阔叶林带、亚热带落叶阔叶林带一直延续到西伯利亚的亚寒带针叶林带。在印度西北部干燥的荆棘丛、喜马拉雅山脚下的高草丛、喜马拉雅山 3000m 高的雪地里都能找到它们的足迹。因此，老虎所能生存的栖息地可归结为：有植被覆盖、有大型猎物和水源存在的环境。

　　(三)栖息地破坏

　　栖息地破坏主要包括栖息地丧失和栖息地破碎化两个方面。栖息地丧失和栖息地破碎是生物多样性降低的主要原因。

　　1. 栖息地丧失　　我们在第二章简单介绍了栖息地丧失，其被认为是生物多样性丧失的主要威胁，在这里我们将更深入地认识这一问题。"生境丧失"包括生境彻底破坏、与污染有关的生境退化以及生境破碎化。当生境受损和发生退化时，植物、动物和其他生物将无处生存，最终走向灭亡。Reid 和 Miller(1989)分析部分灭绝物种和受威胁物种的致危因素，发现已灭绝的 64 种哺乳动物和 53 种鸟类中，有 19 种哺乳动物和 20 种鸟类是因栖息地丧失导致的(表 7-1)。我们已经了解到世界上许多地方,特别是岛屿和高密度人口聚集的地区,多数原始生境早已受到破坏。

表 7-1　促使物种灭绝和趋于灭绝的因素

	每种原因的百分率[1]（%）					
	丧失生境	过度开发[2]	引进物种	捕食	其他	未知
灭绝						
哺乳动物	19	23	20	1	1	36
鸟	20	11	22	0	2	37
猛兽	5	32	42	0	0	21
鱼	35	4	30	0	4	48
趋于灭绝的[3]						
哺乳动物	68	54	6	8	12	—
鸟	58	30	28	1	1	—
猛兽	53	63	17	3	6	—
两栖动物	77	29	14	—	3	—
鱼	78	12	28	—	2	—

引自：Reid 和 Miller，1989

(1)表中所给数据为受到影响的物种百分率,一些物种受到多于一种因素的影响,因此有些行的百分数和会超过 100%；(2)过度开发指为了各种目的如商业、体育和狩猎为生及其他目的的捕杀动物行为；(3)指受胁迫的物种或亚种包括 IUCN 上列名的濒危、渐危和稀有种

热带雨林是地球上生物多样性最高的生态系统类型之一,也是遭受破坏最为严重的生态系统类型之一。热带雨林主要分布在中美洲、南美洲、非洲和亚洲等更为广泛的近赤道地区。全球约 60% 的热带雨林已被开荒成耕地；20% 的雨林由于商业皆伐和择伐而遭到破坏（LaPorte et al.，2007）；另外 10% 左右的森林被皆伐改作牛牧场；种植经济作物（棕榈油、可可、橡胶等）再加上修路、采矿以及其他人类活动破坏了剩余 5%～10% 的森林面积（图 7-4）。目前,每年森林采伐速率接近原始森林面积的 1%,即每年将近有 15 万平方千米的雨林消失（Laurance，2007）。亚洲的毁林率最大,每年大约 1.2%；热带美洲有较大的森林面积,因此毁林面积最大,大约每年有7.5 万平方千米。按目前毁林速率,到 2050 年除了受到保护的亚马孙盆地、刚果河盆地和新几内亚的有限地区以及难以进入的局部区域以外,真正的热带雨林就所剩无几了。中国热带雨林面积不大,但受破坏严重。由于橡胶价格的大飙升,西双版纳的橡胶种植园迅速扩增。1976～2003 年间,西双版纳热带雨林面积平均每年减少 14 000 hm^2,森林覆盖率已减少到不足 50%,且原始热带雨林面积已缩小到不足 3.6%（Li et al.，2007；2008）。

热带雨林占据地球面积的 7%,却拥有着半数以上的物种。热带雨林的破坏已经等同于物种的丧失。许多物种对当地的经济发展是至关重要的,并具有供全世界人类利用的潜力。伴随大面积热带雨林的破坏,20 世纪 80 年代,生活在雨林中的白颊长臂猿（*Nomascus leucogenys*）数量由 60 年代的 600 余只减少到 70 余只；在 80 年代末期,勐腊的白颊长臂猿数量已不足 40 只（扈宇等,1989）。1996 年白颊长臂猿被中国濒危动物红皮书列为濒危,2004～2006 年被列为世界最濒危的物种之一,2008 年被世界自然保护联盟（IUCN）灵长类红色名录列为极危（CR）。世界人口持续增多和热带许多发展中国家贫困加剧,导致对不断缩小的雨林产生更大的需求,因此实际形势要比预期更为严峻。

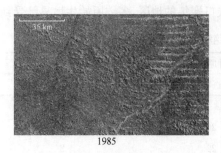

1985　　　　　　　　　　　2001

图 7-4　位于亚马孙盆地的巴西 Rondonia 州的遥感图(引自:Richard B Primack ,马克平,2010)
图片显示了 15 年间雨林不断遭受吞食的过程。沿政府修建的东西向公路网两侧,森林已被大片牧场和小范围的家庭农场开垦成农田。Ariquemes 城镇位于右上角

　　落叶林覆盖的土地比热带雨林覆盖的土地更适合农业耕作和畜牧养殖。由于开发历史悠久,目前保留下来的原始林已经很少了。北温带和南温带的草地几乎完全遭到了人类活动(主要是农业)的破坏,大面积的草地转化为农田和牧场。在 1800～1950 年期间,有 97% 的北美高草草原被转化为农田。中国北方草原是欧亚大陆草原的东翼,昔日风吹草低见牛羊、水草丰美的鄂尔多斯草原和科尔沁草原,经过 200～300 年的开垦、农耕、撂荒,由原来华北地区的生态屏障,变成了如今的风沙源——毛乌素沙地和科尔沁沙地。目前,内蒙古自治区退化草场面积占 50% 左右,严重退化的草场面积占 20%;呼伦贝尔草原和锡林郭勒草原,退化草原面积分别已达 23% 和41%,退化最严重的是鄂尔多斯高原的草场,退化面积达 68%。

　　湿地也是受人类活动影响严重的生态系统类型之一。健康的湿地对鱼类、两栖类、水生无脊椎动物以及许多水禽的生长具有重要意义。湿地也是洪水控制、农田灌溉、水体净化、污水循环和能源生产的重要源泉。湿地常常出于开发目的而被灌满或排干,或者被水道、大坝所取代,或者受到化学污染(Gardner et al. ,2007;Gonzalez-Abraham et al. ,2007)。河流沿岸修建的运河、大坝、防洪堤和工业污染已永久地改变了当地生态系统。毗邻湖水和海岸的陆地经常受到住宅和商业开发的严重破坏。举世瞩目的埃及阿斯旺大坝给尼罗河流域的生态平衡造成了严重的破坏,引起科学界重新审视水坝修建的生态影响。中国长江修建的三峡大坝工程的生态影响正逐步体现。中国湿地生态系统受到严重退化的威胁,特别是近 50 年来,湿地的退化和丧失以惊人的速度发展。据不完全统计,目前我国已丧失滨海滩涂面积约 119 万平方千米,城乡工矿占用

图 7-5　福建省东寨港国家级自然保护区的红树林(李俊清 摄)

湿地约 100 万平方千米,二者累计约占当前海岸湿地的 50%;围垦湖泊面积 130 万平方千米,因围垦湖泊而失去调蓄容积达 359 亿立方米以上。长江中下游在近 30 年内,因围垦而丧失湖泊面积 12 万平方千米,丧失率达 34.16%。其中洞庭湖面积由 50 年代初4300 km²,减少到现在的不足 2270 km² 等(国家林业局,2000)。另外,伴随着草甸和沼泽的大量丧失,分布于其中的湖泊湿地、灌丛湿地和平原岛状林湿地丧失也较为严重。目前这些景观类型也已基本消失,湿地景观类型由原来的丰富多样化趋于单一化(安娜等,2008)。红树林(图 7-5)是热带地区最重要的湿地群落,红树林是虾类和鱼类重要的繁殖和捕食场所,

也具有保护沿岸不受暴风和海啸袭击的生态价值,却常常遭到砍伐,特别在东南亚国家,一半以上的红树林已遭到砍伐,用作种植水稻和虾类的商业孵化场所(Barbier,2006)。过度采伐红树林用于薪材和木材,使该生态系统受到严重退化。世界上超过35%的红树林生态系统遭到破坏,并且每年还有更多的红树林正遭到进一步的破坏(The Millennium Ecosysten Assessment,MEA,2005)。中国红树林破坏严重,其中较为典型的实例有东南沿海的红树林湿地面积,1986年为2.12万平方千米,到1995年实有面积仅为1.01万平方千米。综上,生物多样性的主要威胁是生境丧失,在上述受到破坏严重的地区和生态系统,建立自然保护区是保护生物多样性的必要手段。

2. 栖息地破碎化　　主要从栖息地破碎化的概念、栖息地破碎化动力来源、栖息地破碎化表现、栖息地破碎化效应和栖息地破碎化危害五个方面来介绍栖息地破碎化问题。

1) **栖息地破碎化概念**　　定义一:栖息地破碎化是指人为活动和自然干扰导致大块连续分布的自然栖息地,被其他非适宜栖息地分隔成面积较小的多个栖息地斑块(岛屿)的过程(Wilcove et al.,1986;Lovejoy et al.,1986)。栖息地破碎化是导致物种濒危和灭绝的重要因素。定义二:栖息地破碎化是指由于人类活动或自然因素而导致的景观由简单、均质、连续的整体向复杂、异质、不连续的斑块镶嵌体演化的过程(万东梅等,2002),于是景观中面积较大的自然栖息地不断被分隔破碎化或生态功能降低。图7-6即是一个栖息地破碎化的例子。

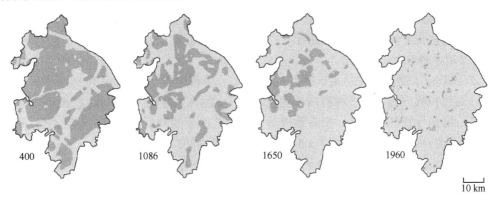

图 7-6　生境破碎化(引自:Richard B Primack 和马克平,2010)
公元400年,罗马人在英格兰沃里克郡森林景观中建立城镇,并修建公路。几个
世纪以来森林景观受到田间小路、公路、农业和人口居住地分割而破碎化,面积减
少。直到1960年,仅有少量的森林片段保留下来

2) **栖息地破碎化的动力来源**　　主要来自两个方面:①自然力破坏,如盐碱地的扩大或盐碱度的增加,使环境不适合某些植物的生长;天然火灾使大面积的森林和草原遭到破坏;旱灾、水灾、蝗灾、风灾、火山爆发或地震等在一定程度上破坏了动物的生活空间,使其栖息地片断化。②人为活动,如森林的砍伐、农田开垦、滩涂围垦、修建道路房屋和放牧等活动。在这样的两个原因中,人类的活动起的作用越来越大(葛宝明等,2004)(图7-7和图7-8)。

3) **栖息地破碎化表现**　　陈利顶等(1999)指出栖息地破碎化主要表现在形态和生态功能两方面。

(1) 形态上的破碎化。包括两方面:① 人类活动增强导致景观中破碎栖息地增加,适宜于生物生存的栖息地面积急剧减少,在很大程度上降低了栖息地保护物种的生态功能;② 栖息地形状的复杂化(破碎化)导致栖息地斑块边缘效应增强和自然栖息地核心区面积减少,在极大程度上减弱了栖息地保护生物多样性的功能。

图 7-7　山中道路网分割两侧森林,导致
森林栖息地破碎化(张春雨 摄)

图 7-8　在森林中架设电线,导致
森林景观破碎化(张春雨 摄)

(2) 生态功能上的破碎化。指栖息地(斑块)内部生境的破碎化,主要是由于气候条件、人为活动的影响,造成栖息地内部环境质量下降;或由于自然环境因子在空间组合上不匹配,导致生境适宜性降低或在空间分布上破碎化。

栖息地形态破碎化对生物物种的影响,已经引起了生态学界的高度重视,并开展了大量研究工作,但是环境质量下降或自然景观因子在空间上不匹配而造成的破碎化尚未引起足够重视。

4) 栖息地破碎化效应

(1) 面积效应。面积效应是由于栖息地片断化后导致种群活动空间(包括取食地、繁殖地、夜宿地等)的面积减少而增加了种群内部的生存压力,影响了物种内部对食物、配偶以及领域等资源的竞争,进而导致种群波动。栖息地碎片面积可能小于物种所需的最小巢区或领域面积;即使碎片面积较大,由于碎片内的种群较小,也无法维持种群的长期生存。

(2) 异质效应。异质效应是各个景观斑块中栖息地的植被类型、植被特征不同或不均一而引起物种对不同栖息地斑块所采取的选择效应。栖息地自然片断化和人类的各种生产、生活活动常导致原来比较均一的栖息地异质化,对物种分布及其种群的动态产生一定的影响。

(3) 边缘效应。边缘效应是指栖息地片断化导致斑块边缘变长。这个变化有利于边缘种的生存,因为栖息地片断化对它来说反而扩大了其栖息地范围,从而对种群增长有利。然而,栖息地斑块的边缘对于内部种来说不是适宜的栖息地,所以当栖息地片断化后,由于边缘扩大,斑块内部栖息地就大幅减少,对内部种的生存会产生巨大压力。边缘效应对生物多样性的影响如图 7-9 所示。

边缘地带的微环境通常与内部生境不同,如森林的边缘地带光照、温度、湿度和风速具有更大的波动性,这种影响可以深入森林内部 250m 甚至更远的范围。由于许多动植物常常适应于某一水平的温度、湿度和光照,这一水平的变化使许多物种在片段化森林中消失。温带森林中的耐荫开花植物、演替晚期的热带乔木和对温度敏感的动物如两栖类物种常常会因生境破碎化而消失。边缘地带的增加使生物从生境中被动迁出的机会增加。随着破碎化的升级,生境碎片中的任何指定地点都平均越来越接近于边缘。在大的生境里,物种的随机性运动(如动物觅食或植物繁殖体迁移)不大可能把个体带到边缘或带出生境,但是如果在一个较小的斑块内,更多的个体就可能会运动到边缘,并纯粹靠随机性离开(图 7-9)。有的动物物种具有返回原生境的能力,更多的情况下它们很可能在充满危险的环境中丧失。

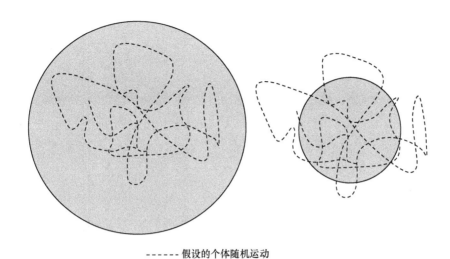

------ 假设的个体随机运动

图 7-9 某些物种的个体可以在生境里随机运动(引自：Andrew S Pulling, 2001)
与大斑块相比,个体在较小的斑块中很容易运动到边缘,并离开原有生境

我们可以用一个简单的例子说明生境破碎化的影响。假如现有有一个边长为 1km 的正方形保护区(图 7-10),面积为 1km²(100 公顷),保护区边界为 4000m。保护区中心点距离最近边长 500m。由于家猫和引入的鼠类常常可以深入保护区边缘 100m 以内的森林里觅食和猎取鸟类,妨碍森林鸟类养育后代,那么只有在保护区内部总共 64 hm² 的面积可供鸟类哺育后代,不适合养育的边缘生境占了 36 hm²。设想保护区被南北向 10m 宽的公路和东西向 10m 宽的铁路均等分为 4 份,道路占用了总共 2hm² 的地盘。由于保护区仅有 2‰ 面积的土地被公路和铁路占用,政府规划者争辩说这对保护区的影响是微不足道的。然而,保护区已经被分割成 4 个片段,每个面积为 495m×495m。每个生境片段中心到边长最近一点的距离缩短为 247m,不到先前距离的一半。现在,家猫和鼠类能够沿着公路、铁路或边缘进入森林,意味着鸟类只能在这四个片段的最中心区域成功地养育幼雏。每个中心区为 8.7hm²,总计 34.8hm²。这样,即使公路和铁路仅仅占用 2‰ 的土地,但是由于边缘效应的增大,使得适宜鸟类生存的生境降低了大约一半的面积。这一点在小的森林生境中,与大片森林相比,鸟类生存和繁殖能力下降的事实可以得到证明。

从这个例子可以看出,破碎化的生境与原始生境有两点重要的不同:①生境的破碎化使单位面积中有更长的边界线,会产生更大的边缘效应。②对每一个生境片段而言,中心到生境边缘的距离更近。这种生境上的变化会对生物种群产生深刻的影响。

(4)隔离效应。隔离效应是栖息地片断化过程中产生的大量小面积斑块,这些斑块之间由不同程度的不适宜带相隔离,个体在其中活动的死亡率比较高。栖息地片断化产生的隔离带对生物种群会造成不好的影响:一方面,使斑块中种群压力大的部分个体无法扩散到相邻的斑块,并且在斑块内种群下降或者灭绝时不能从临近斑块得到支援;另一方面,片断化后的隔离会使各斑块中的种群因为种群太小而产生严重的近亲衰退现象,如果一直不能得到支援以增加基因多样性,这样的小种群会因为基因交流受阻而使种群走向灭绝。与大种群相比,小种群更容易受到配偶自由选择限制,对近交衰退、遗传漂变和其他小种群产生的相关问题将更为敏感。这些因素导致每个斑块上的小种群更容易灭绝。隔离效应主要是从动物迁移活动受到外来因素限制的角度来进行阐述的。修筑大坝可能妨碍许多水生动物的繁殖或破

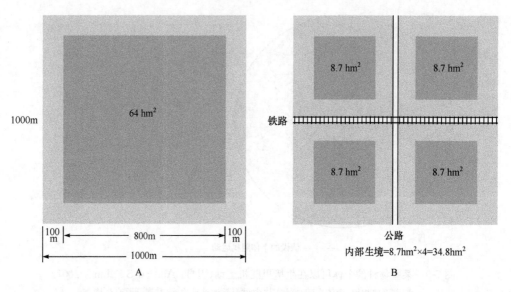

图 7-10　由生境破碎化和边缘效应导致生境面积减小的例子(引自:Richard B Primack ,马克平,2010)
A. 这是没有遭到破碎化的、面积为 1 km² 保护区。假设边缘效应(阴影区)纵深保护区 100m,将近 64 hm² 的面积可
用作筑巢鸟类的内部生境;B. 保护区被一条公路和一条铁路对分后,尽管它们没有占据多少实际面积,但延伸出来的
边缘效应几乎使一半的鸟巢生境遭到破坏

坏其季节性迁徙模式,如三峡大坝可能会对中华鲟(*Acipenser sinensis*)、白鳍豚和白鹤(*Grus leucogeranus*)的生存构成威胁。

(5) 斑块格局效应。斑块格局效应是斑块布局不同而引起的各个景观中物种分布和种群大小及动态的差异。斑块格局有:① 斑块呈线状排列,非相邻斑块中的个体必须经过中间的若干斑块后才能到达目的斑块,而且只有一条通道,中间的斑块有一定的走廊效应;② 斑块呈大陆岛屿型分布,中间是一个较大的斑块,四周有较小的斑块;③ 随机散布型分布,即斑块呈较为均匀的离散分布,非相邻斑块中的个体可能有很多不同的路径通往目的斑块。不同的斑块格局对于种群的基因交流、个体的扩散以及整个物种的稳定有不同的影响。

(6) 干扰效应。干扰效应是栖息地片断化过程中各种人类活动(如铺建公路、耕作、捕猎、砍伐和兴修水利等)对动物的影响。它一方面可能直接导致个体的死亡,另一方面可能会破坏动物的生活环境,干扰斑块中种群个体的取食、夜宿和繁殖等活动进而影响其生存。干扰效应主要是从人类活动的角度来看片断化对动物所造成的影响。

(7) 遗传效应。遗传效应是栖息地片断化导致栖息地面积减少和分离,使种群个体滞留在面积小、隔离度大的斑块内,斑块间个体不能进行交流而导致近亲繁殖,使种群的基因多样性丧失,遗传漂变的概率会大大增加,对其他小种群问题也将更加敏感(详见第五章),从而引起遗传上的不稳定,使种群的生存能力下降甚至灭绝。

(8) 种间竞争效应。种间竞争效应使栖息地片断化后导致斑块内资源短缺。由于具有相似生态位的物种间竞争加剧,迫使物种之间生态位的分化加剧或者可能使某些竞争力不强的物种遭到强烈排挤而灭绝。在资源利用竞争中,不同种生物之间一般没有直接的干涉和斗争,只是在资源稀少时,才会因为利用率的不同,而对物种产生存活、生殖和生长的间接影响。一般来说,在栖息地未片断化时,栖息地内资源相对丰富,这些物种通过分化生态位而利用不同资源,此时竞争不会表现得很强烈。

5）**栖息地破碎化危害** 李典谟等（2005）指出栖息地破碎改变了栖息地的空间结构和碎片内或碎片间的生态过程（如辐射流、水循环、营养循环、传粉过程、捕食者与被捕食者相互作用）。Kareiva（1987）发现栖息地破碎化干扰了瓢虫（*Coccinella septempunctata*）（捕食者）的随机搜索和聚集行为,致使蚜虫（*Uroleucon nigrotuberculatum*）（被捕者）局部暴发,使捕食-被捕食者的稳定关系发生变化。

栖息地破碎化导致的捕食者-猎物关系变化多数发生在碎片栖息地边缘。在生态交错区,鸟巢可能遭到更多捕食者的捕食,被捕食者幼鸟羽化率低于栖息地内部同类鸟（Gates et al.,1978）。

（1）栖息地破碎化导致生物多样性丧失加剧。由于破碎的栖息地之间相互隔离,物种灭绝后的重迁入变缓,物种多样性程度降低,群落的物种组成发生变化（杨维康等,2000）。栖息地消失、退化与破碎化是目前公认的物种消失的根本原因。据估计,全球约有82%的物种因栖息地破碎化而不同程度地受到生存威胁,67%的珍稀、濒危动物因为栖息地的破坏而濒临灭绝。我国是全球栖息地破碎化程度最严重的国家之一。如何保护破碎化生境中的生物多样性,是当今世界面临的紧迫任务（张大勇,2002）。

（2）栖息地破碎化改变了物种的食物资源分布,增加了栖息地对外部的暴露,一些生活于其他栖息地的物种可能入侵到栖息地内部,使栖息地中本地种的生存受到威胁,但有些物种由于竞争者的消失而数量上升。

生境破碎化的其他影响可能还使野生种群接触到家养的动植物,家养物种身上的疾病（如家犬、家猫的瘟疫）将很容易扩散到野生物种中,而野生物种对于这些疾病的免疫力很低,因此导致野生物种受疾病感染而出现种群数量减少等问题。

在亚马孙和澳大利亚森林破碎栖息地中均发现一些物种由外部向碎片内部入侵（Laurance,1994；Laurance et al.,2002）。在英国,松鼠栖息地已高度破碎化,灰松鼠（*S. carolinensis*）是外来种,而红松鼠（*S. vulgavis*）是土著种,它们利用相似的栖息地,灰松鼠的竞争,加上它能传播一种红松鼠易感染而自身不感染的疾病,使红松鼠数量下降（Reynolds 1985；Sainsbury et al.,1995）。

（3）栖息地破碎化也显著降低了土著动物的觅食能力,个体或群居生活的许多动物需要自由地穿越景观,以便能猎取广泛散布或季节性限制的食物和水资源。一种特定的资源或许仅能维持一年中的数周,甚至几年仅出现一次,当生境破碎化后,被限制在单一的生境片段中的物种可能无法自由迁移,以获取那些稀有资源。

例如,篱笆墙能够阻止大型草食动物如羚羊或野牛的自由迁移,迫使它们在不适宜的生境中过度啃食,最终导致这些动物饿死和生境退化（Berger,2004）。在河流生态系统中,修建大坝也可能会导致水生生境破碎化,影响生物的觅食和繁殖。

（4）栖息地破碎化会限制物种扩散和定殖的潜力（Bhattacharya et al.,2003；Baur,2005）。由于有被捕食的危险,或某些物种更趋向于避免强光、炎热或干旱环境,许多森林内部的鸟类、哺乳动物和昆虫不敢穿越即使很短的一段开阔空间。结果导致许多物种不能迁移到附近土著物种消失后的破碎化生境。

而且由于动物的扩散受到生境破碎化的限制,依赖于动物扩散的肉质果实和黏性种子植物也会受到影响。因此,彼此隔离的生境片段限制了许多原本可以在当地生存的土著物种的迁移,也使小生境片段内种群的局部灭绝加快并日趋严重。

(5) 栖息地破碎化增加了动物种群间的隔离度。破碎化限制了种群间的个体交换,降低了物种的遗传多样性,加剧了捕食率和种间的竞争,从而增加了物种濒危甚至灭绝的可能性。例如,生境退化和破碎化使得大熊猫的种群隔离十分严重。在有文字记载的历史上,大熊猫在我国的分布范围,在黄河以南连成一片。而由于森林采伐,大熊猫在我国的栖息地在 20 世纪 50 年代初为 51 303km²,至 80 年代中期已减少约 73%,仅剩约 13 824km²,并被分割成支离破碎的约 30 块。

对于许多物种而言,破碎化导致个体在适宜栖息地斑块间迁移困难,种群规模变小,斑块间基因流减少。例如,由于栖息地被高速公路及人为活动通道所分割,使小麂(*Muntiacus reevesi*)的适宜栖息地缩小,其觅食、迁徙和基因交流等均受到影响,近亲繁殖概率增大,种群衰退的可能性随之增加,使岳麓山初始种群较大的小麂种群下降至目前的 8~12 只(杨文斌,2004)。

(6) 栖息地破碎化还会对群落产生很大的影响。栖息地破碎化后导致适宜生境面积减少,随着时间的增加,许多原来存在的种群中较小物种由于无法更新而消失,加之生境之间的隔离程度增加,会妨碍新物种的迁入,生境片段的物种个体数将会慢慢衰减下来。有的物种消失很快,例如群落的顶级肉食动物,但某些树种的树木个体可能继续生活几十年。这也解释了为什么受到保护的地区还会有物种的消失,因为这些地方实际上都已变成从前广阔生境中的碎片。同时会有些新的物种从周围景观中(尤其是边缘)不断侵入(如演替早期物种),导致群落的物种组成发生显著变化,进而又会威胁到其他物种的生存。

生境破碎化有可能使外来种和本地有害种更容易入侵受干扰的边缘生境,这更会给本地的群落带来致命的打击。

3. 栖息地丧失与栖息地破碎化关系　　栖息地破碎化通常伴随着栖息地面积丧失和栖息地空间位置改变,但这两个变化对种群的影响不同。如果只发生栖息地丧失,斑块的规模将减少但数目不变;当栖息地发生破碎的时候,栖息地斑块数量将会增加;当栖息地丧失和破碎同时发生时,才会产生栖息地斑块减少和独立性增强的现象。区分栖息地丧失和破碎,只有相对于区分单个栖息地的面积效应和空间安排效应时才显得很重要,它们对于单独物种数量保护具有重要意义(李洪远,2005)。

将栖息地破碎(空间格局)和栖息地丧失对物种濒危和灭绝的相对影响分开,对于确定保护对策有一定意义(Boutin et al.,2002)。假如栖息地破碎(空间格局)对种群灭绝阈值有较大影响,那么对物种保护来说,改变栖息地格局将是一个有效的方法(Fahrig,1997);若栖息地破碎(空间格局)对栖息地丧失的影响来说很小,那么保护物种的重点应放在阻止栖息地丧失和恢复栖息地上。

尽管在实际工作中要将这两种影响截然分开还很难实现,但一些模拟模型显示,在栖息地破碎过程中,对物种濒危和灭绝起主要作用的是栖息地面积丧失(Fahrig,1997),而栖息地空间位置的变化对物种濒危影响不大。目前,关于破碎化(空间格局)对物种灭绝的影响到底有多大,还没有统一的观点。

二、栖息地选择

动物栖息地选择行为表明可供选择的栖息地之间存在差异,而这些有差异的栖息地恰好为野生动物提供了不同的生存环境,从而影响着它们的生存与繁衍。因此,野生动物栖息地选择研究意义重大,是动物学研究的一个基本而又重要的领域,是开展珍稀濒危物种保护及生物多样性保护的基础。

（一）栖息地选择

主要介绍栖息地选择的概念和栖息地选择的遗传与获得。

1. 栖息地选择概念　　栖息地选择是指动物对生活地点类型的选择或偏爱。所有动物都只能生活在环境中一定空间范围之内。植物无法对自身生活环境对出主动选择，只能通过风等媒介实现种子传播，当种子落到合适的栖息地时开始繁殖。动物则可以通过迁徙等方式选择更加适合其生存的栖息地。但是，每一种动物的现实分布状况是通过怎样的过程完成的，生态学家了解甚少，现在只知道与动物对栖息地的选择有关（尚玉昌，1987a）。

2. 栖息地选择的遗传与获得　　动物对栖息地的选择具有一定的遗传性和后天获得性（即可借助于早期生活经验和学习而改进）。如果饲养在同一环境中的两种动物对栖息地的选择不同，那么这种差异主要是由遗传决定的。例如，把从未在自然植被中生活过的蓝山雀和煤山雀关在同一个鸟舍之中，在鸟舍内放置栎树枝和松树枝，煤山雀大部分时间都停栖在松树枝上，而蓝山雀则主要停栖在栎树枝上。这种不同选择与两种山雀在自然状态下对栖息地的不同偏爱一致（蓝山雀偏爱阔叶林，而煤山雀偏爱针叶林）（尚玉昌，1987b）。

（二）栖息地选择的空间尺度

主要从动物栖息地选择的自然等级和栖息地的范围两方面来论述栖息地选择的空间尺度。

1. 动物栖息地选择的自然等级　　Johnson（1980）认为，动物对栖息地的选择包括四个自然等级（nature order）。第一等级为自然选择或称做一个种的地理分布区；第二等级为地理分布区内某一个体或社群的巢域（home range）；第三级为在巢域范围内动物所选择使用的不同生境类型；第四级为在第三级选择确定的取食点中所能提供的实际环境条件。在这四个栖息地选择尺度中，前两个选择尺度被称做宏栖息地（macro habitat），后两个选择尺度被称做微栖息地（micro habitat）。

2. 栖息地的范围　　栖息地的范围因生物种类而异，可大可小。小尺度上，对于寄生虫而言，宿主内脏器官为其栖息地。中等尺度上，林地生境中的不同树冠层、树干、枯枝落叶层、土壤腐殖质层、林下灌木层、草本层及活地被层等均可看做动植物的栖息地。大尺度上，中国野生大熊猫栖息地分布在位于四川、陕西、甘肃的 66 个自然保护区内。

生物在不同空间尺度上具有不同的栖息地利用模式。例如，美国内布拉斯加州王霸鹟（*Tyrannus verticalis*）在宏栖息地（巢域和分布地）尺度上，偏好栖息于分布面积广、林下草被盖度较低的三角叶杨树林；在微栖息地（巢址和营巢树）尺度上，则表现出很高的栖息地选择性，主要栖息于高大杨树上（Bergin，1992）。

三、中国野生动植物栖息地保护总体布局和规划分区

根据国家重点保护野生动植物的分布特点，将中国野生动植物及其栖息地保护总体规划在地域上划分为 8 个区域（2000～2050 年）。

（一）东北山地平原区

建设目标：建立几个东北典型的森林生态系统自然保护区，建立三江平原和松嫩江平原湿地

生态系统自然保护区,保护国家重点野生动物和栖息地。

（二）蒙新高原荒漠区

建设目标:建立几个大型典型荒漠生态系统自然保护区,建立新疆、内蒙西部、甘肃西部典型野生动物自然保护区,为国家重点野生动物提供栖息地。

（三）华北平原黄土高原区

建设目标:建立具有典型生态系统类型的自然保护区,特别是水源涵养林保护区和原生防沙植被自然保护区,改善生态环境和野生动植物的栖息状况。

（四）青藏高原高寒区

建设目标:建立大面积典型的青藏高原生态系统、湿地生态系统类型自然保护区,如三江源自然保护区,保护母亲河。建立保护国家重点野生动物如藏羚羊等种群和栖息地的自然保护区。

（五）西南高山峡谷区

建设目标:野生动物类型自然保护区,保护大熊猫、金丝猴、印支虎等野生种群,建立特殊森林植被类型自然保护区,以保护我国野生动植物的多样性和栖息环境。

（六）中南西部山地丘陵区

建设目标:建立典型山地生态系统自然保护区,保护我国独特的亚热带自然植被和国家重点野生动植物种群。

（七）华东丘陵平原区

建设目标:尽可能多建立一些森林生态系统和湿地生态系统自然保护区,以抢救和保护国家重点野生动植物种群和栖息环境。

（八）华南低山丘陵区

建设目标:抢救性地建立典型热带森林生态系统自然保护区,建立红树林湿地生态系统自然保护区,重点保护灵长类国家重点野生动物和热带珍稀植物。

第二节　栖息地质量评价

濒危物种保护经验告诉我们,栖息地是动植物存在与否的决定因素,栖息地保护的重要性远比对动植物个体的保护更为重要。动植物保护必须采取长远措施,即首先对栖息地环境质量状况进行详细的调查了解,在此基础上对影响栖息地质量的各种因子进行系统地分析与评价,进而制定相应的保护措施(李天文等,2004)。栖息地是野生动植物赖以生存的环境,栖息地质量的好坏直接关系到野生动植物的命运及其利用资源的行为。因此评估栖息地质量,是对野生动植物进行科学管理和合理利用的重要前提。

一、栖息地质量评价指标选取原则

评价指标又称质量鉴定因素,它是指直接、间接影响评价对象属性或特征的可度量(或可测定)的主体或环境因素(陆雍森,1999)。正确选择评价指标是科学揭示动物栖息地质量差异的前提,一般应符合以下基本原则:①完整性原则:指标体系应尽可能全面反映动植物栖息地质量状况;②简明性原则:指标概念明确、易测易得;③重要性原则:指标应是各领域的重要指标;④独立性原则:某些指标间存在显著相关性、反映信息重复,应择优加以保留;⑤可评价性原则:指标均应为量化指标,并可用于地区之间的比较评价;⑥稳定性原则:便于栖息地评价成果资料在较长一段时间内具有应用价值。

二、栖息地质量评价指标要素

动植物均栖息于一定的植物群落之中,在长期的生长演化过程中,生物与外界环境紧密联系,相互影响、彼此促进。地形条件影响着植被的生长与分布,制约着动物的活动范围。植被要素、食物要素和地形要素构成了动物栖息地质量评价的三大类要素。

(一)植被要素

植被指标可归结为森林起源、植被类型(组成)、林分密度、林分郁闭度和灌木盖度等方面。其中,森林起源间接反映了人类干扰程度;植被类型(组成)反映了生物对植被类型的偏好,例如东北虎主要见于红松落叶混交林、纯落叶林中,在针叶林和湿地、草地、高山区域很少出现;林分郁闭度反映了林内光照、湿润程度;灌木盖度反映了林下动物的直接生活空间内环境状况。

(二)食物要素

反映了生物的食物供给程度。例如,针对大熊猫的保护研究,根据大熊猫竹类食物供给的丰富程度,可选择竹子盖度、竹子生长状况作为食物要素评价指标。其中,竹子盖度直接反映了大熊猫食物的供给程度;竹子生长状况则用来间接补充竹子盖度单一指标的不足(李军锋等,2005)。

(三)地形要素

地形要素包括海拔、坡度(缓坡、陡坡)、坡向(阴坡、阳坡;迎风坡、背风坡)、坡位(山脊、山麓)。例如,大熊猫栖息地的海拔高度随着季节变化而变化,气温变化、食物变化导致大熊猫发生垂直迁移。大熊猫以竹为食,竹子营养价值低而且不利于能量获取,大熊猫每天需要花费大量时间觅食。若地形坡度太大,其觅食时体能消耗较大而且觅食不便。坡向对大熊猫栖息也有重要的影响,大熊猫喜欢在有阳光的坡面上栖息。因此,坡度、坡向是大熊猫栖息地质量评价的基本指标(李军锋等,2005)。

此外,水源质量与可获得性、道路网、居民点等因素也是进行动物栖息地质量评价的重要指标。水源可获得性是指距离水源的距离;道路网主要包括道路网密度和道路交通量;居民点主要包括居民点规模和密度。

三、栖息地质量评价

主要从栖息地质量评价单元概念、栖息地质量评价方法和栖息地适宜性指数三个方面进行介绍。

（一）栖息地质量评价单元

栖息地质量评价单元是栖息地质量评价的最小空间单位。因此,栖息地质量评价就是对栖息地内各评价单元进行质量鉴定的过程。评价单元划分决定了栖息地质量评价工作量的大小和评价质量。

（二）栖息地质量评价方法

动植物栖息地质量评价方法很多,传统方法有拣选法、排列法、定级法、综合评分法、判别排序法、生境模糊综合评价法等(陈华豪等,1990;高中信等,1992),这些方法只能实现对当时的研究对象进行考察。近年来,逐渐开始采用地理信息系统(GIS)评估栖息地质量,并利用某些指数(如栖息地适宜性指数)来指示栖息地的适宜程度或者栖息地优劣,从而对野生动植物栖息地变化实现监控与管理。

（三）栖息地适宜性指数

栖息地适宜性指数概念、栖息地适宜性指数模型建立和栖息地适宜性指数不确定性。

1. 栖息地适宜性指数概念　　栖息地适宜性指数(habitat suitability lndex,HSI)是一种评价野生生物生境适宜性程度的指数。栖息地适宜性指数取值范围一般为0~1,0表示不适宜生境,1表示最适宜生境(U. S. Fish and Wildlife Service,1981)。

栖息地适宜性指数模型最早由美国地理调查局国家湿地研究中心鱼类与野生生物署于20世纪80年代初提出,用来描述野生动物的栖息地质量(U. S. Fish and Wildlife Service,1981)。该署还对157种野生鸟类和鱼类建立了栖息地适宜性指数模型。目前,该模型已被广泛用于物种管理、环境影响评价、丰度分布和生态恢复研究(Ruger et al. ,2005;Brambilla et al. ,2009;Imam et al. ,2009)。

2. 栖息地适宜性指数模型建立　　建立栖息地适宜性指数模型通常包括五个步骤:获取生境资料;构建单因子适宜度函数;赋予因子权重;结合多项适宜度指数,计算总栖息地适宜性指数值;绘制栖息地适宜性指数分布图(金龙如等,2008)。

1)获取生境资料　　栖息地是一个非常复杂的生态系统,综合考虑多个因子的影响才能较好地解释并预测生物的分布。由于数据收集需要大量的人力、物力、时间,无法将所有影响因子都考虑进来。栖息地适宜性指数模型输入因子选择应遵循以下标准:① 输入因子必须与生境承载能力、物种生存或生长率显著相关;② 充分认识输入因子与生境之间的关系;③ 输入因子能以实际且符合成本效益的方法获得(Vincenzi et al. ,2006)。

2)构建单因子适宜度函数　　栖息地适宜性指数模型构建通常假设:①物种主动选择适宜其生存的生境;②物种和环境变量存在线性或者正态分布关系。通常所构建的单因子适宜度函数为分段线性函数,为了便于简化,也有学者根据历史资料或专家知识直接赋值。由于在自然环境中这种假设的线性关系几乎不存在,研究者开始采用数理统计知识来模拟生物分布与环境变量之间的关系,进而计算单因子的适宜度曲线。表7-2总结了单因子适宜度函数的构建方法及应用对象(龚彩霞等,2011)。

表 7-2　适宜性指数函数的构建及应用

依据	SI 函数的构建方法	应用对象
历史资料与专家知识或二者结合	经验赋值	西北太平洋柔鱼（*Ommastrephes bartramii*） 桑达斯基河瓦氏吸口鱼（*Greater Redhorse*） 无脊椎动物襀翅目（*Plecoptera*） 葡萄牙塔古斯河口鳎（*Solea solea and Solea senegalensis*） 桑达斯基河大眼梭鲈（*Sander vitreus*）
数理统计知识	线性函数	印度洋大眼金枪鱼（*Thunnus obesus*） 长江中华鲟（*Acipenser sinensis*） 布宜诺斯艾利斯牙银汉鱼（*Odontesthes bonariensis*） 龙须眼子菜（*Potamogeton pectinatus*） 美洲西鲱（*Alosa sapidissima*） 欧鳟（*Salmo trutta*） 大马哈鱼（*Oncorhynchus tschawytscha*） 条纹狼鲈（*Morone saxatilis*（Walbaum））
	线性回归	印度洋大眼金枪鱼（*Thunnus obesus*）
	非线性回归	中西太平洋鲣鱼（*Katsywonus pelamis*）
	非线性回归	地中海马尼拉蛤（*Tapes philippinarum*）
	正态分布模型	西北太平洋柔鱼（*Ommastrephes bartramii*）
	分位数回归	西南大西洋阿根廷滑柔鱼（*Illex argentinus*）
	分位数回归	印度洋大眼金枪鱼（*Thunnus obesus*）
	指数多项式模型	奥扎克山脉溪流小龙虾（*Orconectes neglectus*）

引自：龚彩霞等，2011

3）赋予因子权重　　通常各因子的权重可通过专家知识获得，这种方式获得的权重带有一定的主观性。

4）结合多项适宜度指数，计算总栖息地适宜性指数值　　常用的栖息地适宜性指数计算方法包括：

（1）连乘法（continued product model，CPM）。

$$H = \prod_{i=1}^{n} S_i$$

（2）最小值法（minimum model，MINM）。

$$H = \min(S_1, S_2, \cdots, S_n)$$

（3）最大值法（maximum model，MAXM）。

$$H = \max(S_1, S_2, \cdots, S_n)$$

（4）几何平均法（geometric mean model，GMM）。

$$H = \sqrt[n]{\prod_{i=1}^{n} S_i}$$

（5）算术平均法（arithmetic mean model，AMM）。

$$H = \frac{1}{n} \sum_{i=1}^{n} S_i$$

（6）混合算法。

$$H = \max\{\text{Min}(S_1, S_2, \cdots, S_n)_1, \cdots \text{Min}(S_1, S_2, \cdots, S_n)_j\}$$

（7）赋予权重的几何平均值算法（weighted geometric mean，WGM）。

$$H = (\prod_{i=1}^{n} S_i^{w_i}) \sum i = 1, \cdots, m w_i$$

（8）赋予权重的算术平均值算法（weighted mean model，WMM）。

$$H = \frac{1}{\sum i = 1, \cdots, m w_i} \sum_{i=1}^{n} w_i S_i$$

式中，H 为栖息地适宜性指数；i 为因子序号；n 为影响因子总数；S_i 为第 i 个影响因子的适宜性指数值；w_i 为第 i 个因子的权重或权数；j 为第 j 生活史阶段或第 j 时间段。

此外，在陆生生态系统中，出现了一些构建栖息地适宜性指数的模型，如模糊栖息地适宜性指数模型（Fuzzy HSI model）（Ruger et al.，2005）、模糊神经网络（Fuzzy neural network model，FNN）（Fukuda et al.，2006）和二项逻辑斯蒂克模型（孔博等，2008）。

5）绘制栖息地适宜性指数分布图　采用绘图软件（ArcGIS、Marine Explorer）或编程软件（Matlab、R 语言）将计算结果可视化，把栖息地适宜性指数从 0～1 划分成不同等级。将栖息地命名为不同适合度，如不适宜、一般适宜、中等适宜、较适宜、最适宜等。

（四）栖息地适宜性指数不确定性

主要来源于四个方面：①生境资料获取的全面性及客观性。栖息地适宜性指数模型中环境变量数目及形式的选择是鉴定生境适宜性的关键，对生物空间分布影响不显著的因子或因子过多包含在栖息地适宜性指数模型中，可能会混淆栖息地适宜性指数模型的建立。影响因子数据的收集也是一项很浩大的工程，漏掉对生物分布影响重要的因子，会较难解释一些生物斑块的出现；②适宜性指数曲线的可靠性。适宜性指数曲线的获得依赖于历史资料、野外经验和专家判断；③输入数据的代表性。要求样本必须能够反映总体数据的分布特性，需要模型验证以降低输入数据的不确定性；④栖息地适宜性模型的结构。针对同一数据，用不同模型评价得到的结果可能有显著差异。

第三节　栖息地保护与修复

一、栖息地保护措施

图 7-11　在森林中放牧，对林下树木更新破坏极大

根据规划栖息地现状，结合栖息地受破坏及威胁的主要原因，采取以下保护措施。

（一）加强封山管护

在栖息地周边的交通路口、河流拐弯处或与社队交界的地方设置宣传牌。禁止在栖息地内放牧（图 7-11）、放火，禁止在栖息地内采集非木质产品，以促进森林的自然更新与恢复（李茂盛和胡灿坤，2003）。

（二）加大巡护力度

坚持每天按巡护路线进行至少一次栖息地的巡护,禁止在栖息地内采伐薪材、木材。在护林防火期,要加强火种管理,严禁带火种上山,更不允许在栖息地内烧火、燃烧地被物等行为发生(李茂盛和胡灿坤,2003)。

（三）建立自然保护区

建立自然保护区往往是最直接有效的保护栖息地的方法,因此我们单独在第十二章中进行讨论。

二、破碎化栖息地修复目标

破碎化栖息地修复目标:扩大栖息地面积、提高现存栖息地的质量、降低对周围栖息地的人为干扰、促进自然栖息地之间的联系。

三、破碎化栖息地修复措施

（一）封山育林

对于立地条件好、雨量充沛、林下自然更新能力强的栖息地,封山育林、制止人为破坏是恢复栖息地的有效措施。

（二）建立生物廊道,连接片段化的栖息地

1. 生物廊道的概念　　生物廊道(biological corridor)或称生境廊道(habitat corridor),是指适应生物移动或居住的通道。廊道是指不同于两侧基质的狭长地带,可以看做是一个线状的斑块,如林带、树篱、河岸植被和道路等。廊道在很大程度上影响景观的连接性,是连接斑块的桥梁和纽带。廊道既可以是物种迁移的通道,也可以是物种和能量迁移的屏障。廊道的生态功能取决于其内部生态结构、长度和宽度及目标种的生物学特性等因素。目前,生物廊道作为一种较为有效的保护措施,已经得到比较普遍的应用。

2. 生物廊道的功能　　生物廊道的功能有:①为某些物种提供特殊生境或栖息地;②增加生境斑块的连接性,促进斑块间基因交换和物种流动,给缺乏空间扩散能力的物种提供一个连续的栖息地网络,增加物种重新迁入机会;③分割生境斑块,阻断基因或物种流,造成生境破碎化,或引导外来种及天敌的侵入,威胁乡土物种生存。廊道功能上的矛盾,要求谨慎考虑如何使廊道有利于乡土物种的保护(李义明等,1996),其中最重要的一点是必须使廊道具有原始景观自然的本底及乡土特性,廊道应是自然的或是对原有自然廊道的恢复,任何人为设计都必须与自然景观格局相适应。

近些年来,随着研究的深入,生物廊道功能方面得到一些新的结果。以种群增长模型对生物廊道的效应进行的分析结果表明,物种是否可以从生物廊道中获得好处,以及获得好处的多少取决于种群增长率、环境容纳量、迁出率以及目标种的扩散成功率。但总体上,不论时间长短,生物廊道对某些物种的长期生存还是有积极作用的(Anderson and Jenkins,2006)。

3. 生物廊道的类型　　由于依据不同,生物廊道的类型有所不同。生物廊道划分的依据主要有基于功能和空间形状两种。

1）基于功能的生物廊道类型　　①通勤廊道(commuting corridor)主要是用于野生动物短距离日常活动的廊道,如从活动区中的休息地或营巢地移动到取食地;②迁徙廊道(migration corridor)主要是用于野生动物每年进行迁徙活动的廊道,如鸟类从越冬地迁飞到繁殖地的廊道,并且这些迁徙廊道上常常还分布有一些停歇地(stopover);③扩散廊道(dispersal corridor)主要是用于野生动物个体或种群单方向活动的通道,如从其出生地或者繁殖地扩散到一个新繁殖区的廊道,这常常有助于种群间的交流或者进入其他适合的栖息地斑块。

2)基于空间形状的生物廊道类型　　①线状廊道(linear corridor)指全部边缘种占优势的狭长条带;②带状廊道(strip corridor)指有较丰富内部种的较宽条带;③河流廊道(stream corridor)指河流两侧与环境基质相区别的带状植被。

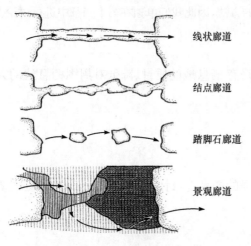

线状廊道

结点廊道

踏脚石廊道

景观廊道

图 7-12　根据空间形状的生物廊道类型
(引自:Bloemmen and Sluis, 2004)

Bloemmen 等(2004)的分类体系中,生物廊道可以分为线状廊道(Linear corridor)、踏脚石廊道(step stone corridor)、景观廊道(landscape corridor)、结点廊道(the nodal corridor)(图 7-12)。其中,线状廊道是栖息地斑块之间连续的线性连接体;野生动物主要分布区或栖息地斑块之间存在能容纳该物种生存和繁殖的栖息地斑块,这些斑块及其间的线性连接体组成结点廊道;踏脚石廊道是在源(source)和目标区(target area)之间存在的彼此分离的栖息地斑块,可以是任意形状;景观廊道由不同质量的栖息地斑块组成,并且不同斑块可能对该物种生活史中的功能也各有不同。

4. 生物廊道的设计原则　　1999 年,Spellerberg 和 Sawyer 建议科学合理设计生物廊道的原则如下:①设计生物廊道首先应基于对主要保护对象的属性分析;②生物廊道的数量应尽量多于一条;③构成生物廊道的植被或栖息地应该是由乡土物种组成;④生物廊道的基质必须保持多样性;⑤生物廊道的基质必须与自然的景观格局相适应;⑥生物廊道应是自然的或是对原有自然廊道的恢复,充分利用自然地形及自然植被;⑦生物廊道必须具有足够的宽度。生物廊道宽度的确定应充分尊重当地生态学家、保护生物学家的意见。

(三)人工促进天然更新

在林中空地或小面积的宜林荒山中,可通过人为干预以促进适合野生动物生活树种的传播与幼苗的生长。通过人为播种与插枝、清除有害物种、进行林地清理,有利于天然母树的种子落地触土,从而促进天然更新(李茂盛和胡灿坤,2003)。

四、研究实例:大熊猫栖息地恢复的评价指标体系的建立

以申国珍等(2002)的研究为例,介绍大熊猫栖息地恢复的评价指标体系建立过程。

(一)背景

大熊猫生活方式独特,只分布在一定的森林环境条件下。然而,近年来森林的砍伐、栖息地的破坏,再加上大熊猫繁殖率低等遗传因素,使得这个古老的孑遗种面临严重威胁。为了解决大熊猫生存受威胁的问题,要对其栖息地的标准和指标进行全面评价。地形因子指标、主食竹更新的森林群落因子和主食竹特性因子是描述大熊猫栖息地的主要指标。因此,这些指标是指示大

熊猫栖息地退化程度和指导恢复退化的主要指标。

（二）地形因子指标的选取

大熊猫一般栖息在有高大树林的竹丛附近。由于其特殊的生态习性,对生存环境要求比较独特。其中,地形因子如海拔高度、坡度、坡向、坡位等是影响大熊猫选择栖息地的重要因子（表7-3）。

表7-3　王朗自然保护区大熊猫遇见率等级表（根据地形因子）

大熊猫遇见率/%	地形因子			
	海拔/m	坡度/(°)	坡向	坡位
最高(50~65)	2600~3000	25~45	西、西南、西北	坡中
中等(40~50)	2800~3000	<25	东南、东北	坡上
少(10~40)	2400~2600	45~60	南、北、东	坡下
最少(0~10)	>3000	>60		

（三）影响大熊猫主食竹更新的森林群落结构指标

森林中竹子的存在与否和质量的高低是大熊猫生存的必要条件,所以影响竹子更新的因子是大熊猫栖息地恢复的重要标准和指标。森林群落结构特征如树种组成、林冠郁闭度、不同垂直层次的高度、各层植株的株数和灌木层(不包括竹子)总盖度的变化,会引起群落内环境条件变化,这种变化导致大熊猫主食竹更新状况不同(表7-4)。

表7-4　王朗自然保护区大熊猫遇见率等级表（根据森林群落特征）

遇见率/%	森林指标							
	乔木高度/m	灌木高度/m	林木株树/(株/hm²)	灌木株数/(株/hm²)	灌木种树/种	树种组成/%	灌木盖度/%	林冠郁闭度/%
最高(50~65)	15~25	>3	900	<5000	<5	云冷杉<50	<40	50~70
中等(40~50)	10~15	2~3	300~900	5000~6000	4~5	云冷杉40~50	40~80	>70~80
少(10~40)	<15	<2	100~300	5000~7500	5~8	云冷杉>50	80~100	<50
最少(0~10)	<10		<100 或>900	>7500	>8			<20 或>90

（四）大熊猫主食竹指标的选取

竹子密度、基径、高度和幼竹所占比例是衡量森林中竹子质和量的重要指标（表7-5）。

表7-5　王朗自然保护区大熊猫遇见率等级表（根据主食竹特性）

大熊猫遇见率/%	主食竹特性			
	竹子密度/(株/m²)	竹子基径/mm	幼竹比例/%	竹子高度/m
最高(50~65)	35~102	>4.4	>25	1.8~2.8
中等(40~50)	100~130	3~4.4	>10	1.5~2.0
少(10~40)	130~200	<3	5~10	>3.5
最少(0~10)	<10 或>200	1.8~2.8	<5	

（五）大熊猫栖息地恢复途径

大熊猫栖息地在人类活动出现之前的状况并没有详细记载,而目前栖息地的状况带有人类活动的痕迹。因此,这里所说的最适宜的大熊猫栖息地仅仅指大熊猫遇见率最高的栖息地,而不太适宜栖息地、退化栖息地和最不适宜栖息地都是以大熊猫在其栖息地可遇见率高低为标准进行分级的。对大熊猫栖息地的恢复,应以最适宜栖息地为参考栖息地进行恢复。具体恢复思路如图 7-13 所示。最适宜栖息地是没有退化的生态系统,可作为退化栖息地恢复的参考生态系统。不太适宜的栖息地,是退化不十分严重的生态系统,主要采取保护的措施,使其通过自然途径恢复到最适宜的状态,如封山、天然林保护等。对不适宜的栖息地,由于退化严重,通过自然恢复的途径要经过很长时间,应该辅助一定的人为干扰,才能恢复到最适宜的状态或处于最适宜和适宜之间的某个状态,如灌木种类多于 8 种、灌木株数在 5000～7500 株/公顷的森林,应该进行适当的疏伐等修复措施。而对于最不适宜的栖息地,从生态系统的观点来说,这些系统状态已越过生态系统所允许的阈值范围,不论是通过人为措施还是自然恢复,都难以恢复到栖息地最适宜状态。这时,只能通过诸如引种外来植物和微生物物种或利用栖息地残有的本地微生物和植物种,重建一个栖息地生态系统,另一种则是重建一种生态系统,如农田等。

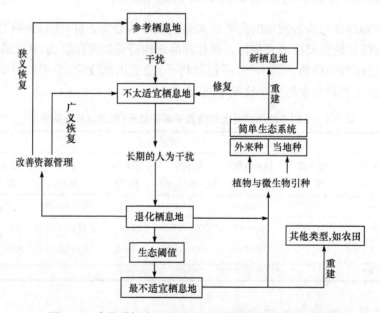

图 7-13　大熊猫栖息地退化的一般模型及可能恢复途径

小　结

栖息地是指生物个体或种群居住的场所,是指生物出现在环境中的空间范围与环境条件总和,包括个体或群体生物生存所需要的非生物环境和其他生物。旱灾、水灾、蝗灾、风灾、火山爆发等自然力破坏,森林砍伐、农田开垦、滩涂围垦、修建道路房屋和放牧等人为活动,导致动植物栖息地丧失或产生形态或生态功能上的破碎化。

栖息地破碎化效应包括面积效应、异质效应、边缘效应、隔离效应、斑块格局效应、干扰效应、遗传效应、种间竞争效应。不同效应之间既有区别又相互联系。面积效应是由于栖息地空间面积减少导致物种内部对食物、配偶以及领域等资源竞争,而边缘效应产生原因是栖息地总空间面积不变,斑块内部适宜栖息地减少。斑块布局不同会导致斑块格局效应,当大量小面积斑块之间有不同程度隔离,则会产生隔离效应。面积效应和隔离效应叠加引起遗传基因交流不畅,导致遗传效应发生。栖息地片断化引起斑块内资源不均和资源短缺,资源不均导致异质效应,资源短缺导致种间竞争效应。

栖息地质量评价的基本步骤包括:划分栖息地质量评价单元、选取合适的栖息地质量评价方法,建立栖息地适宜性指数模型。

森林破碎化栖息地修复主要措施包括封山育林、建立生物(森林)廊道走廊带,连接片段化的栖息地、人工促进天然更新。其中,生物廊道为生物提供了特殊生境或栖息地;增加了生境斑块的连接性,促进斑块间基因交换和物种流动,给缺乏空间扩散能力的物种提供一个连续的栖息地网络,增加物种重新迁入机会。

思　考　题

1. 请简述栖息地的概念,栖息地选择的概念。
2. 栖息地破碎化效应有哪些? 栖息地破碎化效应对动植物种群有什么影响?
3. 森林廊道建设在野生动植物保护中起什么作用?
4. 栖息地质量评价指标要素包括哪些?
5. 以大熊猫为例,试述其栖息地恢复途径。

主要参考文献

陈华豪,高中信,袁述.1990.用综合评分法和判别排序法对丹顶鹤繁殖生境进行评价分析.国际鹤类保护与研究. 北京:中国林业出版社

陈利顶,刘雪华,傅伯杰.1999.卧龙自然保护区大熊猫生境破碎化研究.生态学报,19(3):191-197

董世魁,刘世梁,邵新庆等.2009.恢复生态学.北京:高等教育出版社

高中信,陈华豪,陈化鹏等.1992.动物生态学实验与实习方法.哈尔滨:东北林业大学出版社

葛宝明,鲍毅新,郑祥.2004.动物栖息地片断化效应以及集合种群研究现状.东北林业大学学报,32(1):35-38

龚彩霞,陈新军,高峰等.2011.栖息地适宜性指数在渔业科学中的应用进展.上海海洋大学学报,20(2):260-269

国家环境保护总局自然生态保护司.2002.全国自然保护区名录.北京:中国环境科学出版社

金龙如,孙克萍,贺红士等.2008.生境适宜度指数模型研究进展.生态学杂志,27(5):841-846

孔博,孙树清,张柏等.2008.遥感和GIS技术的水禽栖息地适宜性评价中的应用.遥感学报,12(6):1001-1009

李典谟,徐汝梅,马祖飞.2005.物种濒危机制和保育原理.北京:科学出版社

李洪远,鞠美庭.2005.生态恢复的原理与实践.北京:化学工业出版社

李军锋,李天文,金学林等.2005.基于层次分析法的秦岭地区大熊猫栖息地质量评价.山地学报,23(6):694-701

李茂盛,胡灿坤.2003.浅议云南长臂猿栖息地的保护与恢复.林业调查规划,28(2):91-94

李天文,马俊杰,李易桥等.2004.基于GIS的大熊猫栖息地质量研究.西北大学学报,34(2):228-232

李义明,李典谟.1996.自然保护区设计的主要原理和方法.生物多样性,4(1):32-40

陆雍森.1999.环境评价.上海:同济大学出版社

马福.2003.与时俱进,开拓创新,努力把我国自然保护区事业推向新阶段.野生动物,24(1):4-11

马建章,邹红菲,郑国光.2003.中国野生动物与栖息地保护现状及发展趋势.中国农业科技导报,5(4):3-6

全国科学技术名词审定委员会.2006.生态学名词.北京:科学出版社

尚玉昌.1987a.行为生态学(十七):栖息地选择(1).生态学杂志,06

尚玉昌.1987b.行为生态学(十七):栖息地选择(2).生态学杂志,06

申国珍,李俊清,任艳林等. 2002. 大熊猫适宜栖息地恢复指标研究. 北京林业大学学报,24(4):1-5

汪应洛. 1998. 系统工程理论、方法与应用. 北京:高等教育出版社

吴金梅. 2004. 中国野生动物栖息地的现状与法律保护. 中国法学会环境资源法学研究会年会论文集

杨维康,钟文勤,高行宜. 2000. 鸟类栖息地选择研究进展. 干旱区研究,17(3):71-78

杨文斌. 2004. 高速公路对野生动物生存环境的影响. 生命科学研究,8(2):119-123

张大勇. 2002. 集合种群与生物多样性保护. 生物学通报,37(2):1-4

Anderson A B, Jenkins C N. 2006. Applying Nature's Design: Corridors as a Strategy for Biodiversity Conservation. Columbia University Press

Bergin T M. 1992. Habitat selection by the western kingbird in western Nebraska: A hierarchical analysis. The Condor. , 94:903-911

Bloemmen M, Sluis T. van der. 2004. European corridors-example studies for the Pan-European ecological network. Wageningen, Alterra, Alterra-report 1087

Boutin,et al. 2002. Landscape ecology and forest management: developing an effective partnership. Ecological Application,12:390-397

Braatz. 1992. Conserving biological diversity: a strategy for Protected Areas in the Asia-Pacific Region. World Bank Technical Report No. 193. Washington D. C. , United States: World Bank

Brambilla M F, Casale V, Bergero G,et al. 2009. GIS models work well, but are not enough: Habitat preferences of *Lanius collurio* at multiple levels and conservation implications. Biological Conservation,142(10): 2033-2042

Brooks R P. 1997. Improving habitat suitability index models. Wildlife Society Bulletin, 25(1): 163-167

Fahrig. 1997. Relative effects of habitat loss and fragmentation on population extinction. J Wilde Manage,61:603-610

Fukuda S, Hiramatsu K, Mori M. 2006. Fuzzy neural network model for habitat prediction and HEP for habitat quality estimation focusing on Japanese medaka (*Oryzias latipes*) in agricultural canals. Paddy and Water Environment,4(3):119-124

Gates,et al. 1978. Avian nest dispersion and fledging success in field-forest ecotones. Ecology, 58:871-883

Imam E, Kushwaha S P S, Singh A. 2009. Evaluation of suitable tiger habitat in Chandoli National Park, India, using spatial modelling of environmental variables. Ecological Modelling, 220(24):3621-3629

Johnson D H. 1980. The comparison of usage and availability measurements for evaluating resource preference. Ecology,61(1):65-71

Kareiva. 1987. Habitat fragment and stability of predator-prey interaction. Nature, 326:388-390

Laurance W F, Lovejoy T E, Vasconcelos H L,et al. 2002. Ecosystem decay of American forest fragments: a 22-year investigation. Conservation Biology,16:605-618

Laurance W F. 1994. Rainforest fragment and the structure of small mammal communities in tropical Queensland. Biological Conservation,69:23-32

Lovejoy T E, Bierregaard R O Jr, Rylands A B,et al. 1986. Edge and other effects of isolation on Amazon forest fragments. In: Soule M E. Conservation Biology: The Science of Scarcity and Diversity. Sunderland Massachuretts: Sinauer Associates Inc.

Maltby E. 1988. Wetland resources and future prospects: An international perspective. In: J Zelazny, J Scott Feierabend. Wetlands: Increasing Our Wetland Resources. Washington, D. C. : National Wildlife Federation

Morrison M L, Marcot B C, Mannan R W. 1998. Wildlife habitat relationship: concepts and applications. Madison: University of Wisconsin Press

National Research Council. 1982. Imparts of emerging agricultural trends on fish and wildlife habitats. Washington, D. C. : National Academy

Primack R B,马克平. 2009. 保护生物学简明教程. 4 版. 北京:高等教育出版社

Reid,Miller. 1989. Keeping Options Alive：The Scientific Basis for Conserving Biodiversity . Washington D. C. ：World Resource Institute

Reynolds. 1985. Details of the geographic replacement of the red squirrel(*Sciurus vulgavis*)by the grey squirrel (*Sciurus carolinesis*)in eastern England. Journal of Animal Ecology, 54：149-162

Ruger N，Schluter M，Matthies M. 2005. A fuzzy habitat suitability index for *Populus euphratica* in the Northern Amudarya delta (Uzbekistan). Ecological Modeling,184 (2-4)：313-328

Sainsbury,et al. 1995. An investigation into the health and wild animals and plants. Nature, 421：584-586

Scott. 1989. A Directory of Asian Wetlands. IUCN：Cambridge

Scott. 1993. Action Programme for the Conservation of wetland in China. WWF

Spellerberg I F，Sawyer J W D. 1999. An Introduction to Applied Biogeography. Cambridge University Press

U. S. Fish and Wildlife Service. 1981. Standards for the development of habitat suitability index models. U. S. Fish and Wildlife Service,1-81

Vincenzi S，Caramori G，Rossi R. et al. 2006. A GIS-based habitat suitability model for commercial yield estimation of *Tapes philippinarum* in a Mediterranean coastal lagoon (Sacca di Goro, Italy). Ecological Modelling, 193 (1-2)：90-104

Wilcove D S，McClellan C H，Dobson A P. 1986. Habitat fragmention in the temperate zone. In ：Soule' S E. Conservation Biology：The Science of Scarcity and Diversity

World Resources Institute. 1994. World Resources 1994-1995. New York：Oxford University Press

第八章　入侵生物学

外来物种的生态爆发如此频繁地在每个大陆和岛屿上发生,甚至在海洋中发生,所以我们必须了解是什么因素导致了生态爆发,人类应该试图去获得对于这整个事件的一些普遍性观点。

——Charles S. Elton(1958)

无论是紫茎泽兰侵占草场,水葫芦(*Eichhornia crassipes*)在河流湖泊中爆发,福寿螺(*Pomacea canaliculata*)在水田泛滥,松材线虫危害松林,还是 SARS 肆虐全球,它们都有一个共同的称呼——生物入侵(biological invasion),即由于某种来自异地的生物造成原有和谐环境的破坏。全国外来入侵物种调查(2001~2003)结果表明,我国共有 283 种外来入侵物种,其中外来入侵微生物、水生植物、陆生植物、水生无脊椎动物、陆生无脊椎动物、两栖爬行类动物、鱼类、哺乳类动物分别为 19 种、18 种、170 种、25 种、33 种、3 种、10 种和 5 种。而美国大约有 4 500 种外来动植物建立了自由生长的种群,包括 2000 多种植物、2000 多种昆虫、239 种植物病菌、142 种陆地无脊椎动物、70 余种鱼类,其中至少 675 种(占总数的 15%)造成了严重危害。生物入侵在世界范围内广泛发生,虽然生物入侵造成生物多样性丧失的事实已被科学家广泛接受,然而对于各类生物入侵事件背后的生物学原理并未被广大民众了解,入侵生物不能被科学地认识,相关防范的知识亟待普及。

对生物入侵的研究很早就吸引了众多生物学家的目光。1989 年,最大的相关国际组织环境问题科学委员会 SCOPE(Scientific Committee on Problems of the Environment)极大地推动了当代入侵生物学的形成和发展;1997 年,在来自 80 多个国家和联合国的代表提议下,发起了国际入侵种项目 GISP(Global Invasive Species Program),展开对全球防治入侵种的理论与技术研究;1999 年,国际性杂志《生物入侵》(Biological Invasions)创刊,入侵生物学的学科地位得到了认可,极大地促进了生物入侵研究的发展,相关研究论文的数量爆炸式增加。

地球孕育了非常丰富的生物多样性,世界上约有 2 千万个物种,而生物入侵描述了一种由于特定生物种的突然暴发导致的生态现象,然而到底何种生物会突然暴发? 暴发的种群会造成何种生态危害? 如何有效控制入侵种? 本章从相关概念出发,主要阐述生物入侵的发生过程、生态影响及防控措施。

第一节　外来种的概念和生物入侵过程

入侵种本质上也是一种普通的生物物种,并且在原有的自然分布范围内并不造成危害,入侵生物学所关注的主要是哪些物种进入新的分布区后,会对本地环境造成较大生态影响。然而究竟哪些物种可以认为是外来种,哪些又是入侵种,必须对这些基本的问题有清楚的界定,才能在此后探讨特定外来种的入侵机理、影响和防控等。因此,我们首先介绍生物入侵的相关概念及其含义,并对生物入侵的过程做全面的分析。

一、主要概念

虽然达尔文早在《物种起源》中就对生物入侵现象有过很多描述,特别提到了很多有巨大生态效应的有害动植物的例子,但他并没有明确提出生物入侵的概念。生物入侵一词最早是英国动物学家 Elton 在其经典著作《动植物入侵生态学》一书中提出的,而他因为考虑到读者的广泛性,使用的定义也很宽泛。本书采用世界自然保护联盟(IUCN)物种生存委员会(SSC)(2000)给出的相关几个概念,并在此基础上对生物入侵的含义进行剖析。

(一)外来入侵种的定义

与生物入侵相关的核心概念主要包括:外来物种(alien,non-native,non-indigenous,foreign,exotic species)、本地种(native,local,indigenous species)、引种(species introduction)、外来入侵种(alien invasive species),世界自然保护联盟物种生存委员会(Species Survival Commission,SSC,2000)对其定义如下。

(1)外来物种。是指那些出现在其(过去或现在)自然分布范围及其扩散潜力以外(即在其自然分布范围内,或在没有直接或间接引入或照顾之下不能存在)的物种、亚种或以下的分类单元,包括其所有可能存活、继续繁殖的部分。

(2)本地种。是指那些出现在其(过去或现在)自然分布范围及其扩散潜力以内(即在其自然分布范围内,或在没有直接或间接引入或照顾情况下而可以出现的范围内)的物种、亚种或以下的分类单元。

(3)引种。是指以人类为媒介,将物种、亚种或以下的分类单元(包括其所有可能存活、继而繁殖的部分),转移到其(过去或现在的)自然分布范围及扩散潜力以外的地区。这种转移可以是国家内的或国家间的。

(4)外来入侵种。是指已经在自然或半自然生态系统或生境中建立了种群,成为改变和威胁本地生物多样性的外来物种。

此外,与入侵种近似的常用词语有:有害生物(pest)、杂草(weed),但这两者主要强调,在其生活的生境中它们不是人类所需的,并具有可察觉经济或环境危害或两者兼有,两者都可能是入侵种,但也可以是本地种。有害生物可用于各类生物中,而杂草只用于植物。

与外来植物入侵相关的概念还包括:偶见外来植物(casual alien plants)、归化植物(naturalized plant),分别对应外来植物逃逸出人类栽培范围的状态和外来植物在野外已经建立可持续种群但未表现出明显危害的状态。

(二)生物入侵的含义

虽然有了以上定义,但可以看出,要判断一个生物入侵事件是否发生并不容易,入侵生物类型和生活史的多种多样使得统一判别标准难以确定,而且要确定其是否造成改变和何种程度上影响本地生物多样性,其中必然涉及一定的主观性,因此即使对同样的生态现象,不同研究者也可能有不同的判断。

最早的生物入侵概念是指某种生物从原来的分布区域扩展到一个新的(通常也是遥远的)地区,在新的区域里,其后代可以繁殖、扩散并持续维持下去(Elton,1958)。这个概念后期被无数学者修饰、再定义,甚至是否需要准确的定义也存在争议;无论如何定义,生物入侵应当包括如下含义。

(1)物种入侵的发生是相对物种的生物地理分布区而言,而非人为划分的区域界限,物种的天然隔离障碍的消除是发生生物入侵的前提。即形成物种自然分布范围的某种天然隔离因为某种原因被打破,使得物种到达自然分布区之外,才能产生入侵。

（2）外来物种必须对新到达的地区造成广义上的环境伤害，包括对本地物种、群落、生态系统、乃至非生物环境造成明显的改变，才能称之为入侵。通常这种危害主要指发生在自然或半自然环境中，但也有人将人工生境中的危害也算做生物入侵。

大多数情形下生物入侵的发生与人为活动有直接或间接的联系，尤其是在初始阶段，主要是人类活动使得其进入新的地区，才可能有后续结果的出现。虽然也有自然发生的入侵种从邻近区域传入新区域，但比例很小，而且之后的传播一般也涉及人类活动。

图 8-1　互花米草入侵天津沿海滩涂
（莫训强 摄）

入侵生物的种类多种多样，动物、植物、微生物都可能成为入侵种；同时入侵生物既包括种，也包括亚种、变种等种以下的单元，如一些外来种和新地区中本地种产生的杂交种和遗传修饰生物体（GMO）等。

入侵生物危害的方式千差万别，不具有统一的模式。

例如，我国华东沿海地区在 20 世纪 60 年代从英美等国引进互花米草（*Spartina alterniflora*），引进的目的是减少侵蚀以保护裸露的滩涂，然而最后却成为一个典型的入侵种。近年来它在沿海地区疯狂扩散，其覆盖面积越来越大，现已扩散到我国北起辽宁锦西县、南到广东电白县 80 多个县市的沿海滩涂上，到了难以控制的局面（图 8-1）。肆意蔓延的互花米草能够破坏近海生物栖息环境，使沿海养殖的多种生物窒息死亡；堵塞航道，影响船只出港、渔民捕捞活动和航运；影响海水的交换能力，导致水质下降并引发赤潮；严重影响沿海贝类水产养殖；与沿海滩涂本地植物竞争生长空间，致使大片红树林消亡。

（三）生物入侵机理相关概念

早期的 SCOPE（1989）提出了生物入侵研究中的三个迫切需要解决的问题：①决定一个物种成为入侵者的因素；②决定一个生态系统易受到生物入侵的立地特征；③在解决上述问题的基础上如何优化管理系统。在这个框架下，对入侵机理的研究大力开展。由此，入侵机理涉及三个重要概念：物种的入侵性（invasiveness）、生境的可入侵性（invasibility）和繁殖体压力（propagule pressure）。

（1）物种的入侵性。指一个物种能够成为入侵种的潜在能力。直观地理解入侵现象，一个可能的原理就是入侵种是否具有某些特殊的性能使其能够成功地占据新的领地，迅速扩大种群，并向更大的区域扩散。因此，入侵性的概念本身就暗示着入侵种应当与非入侵种有明显的生物学和生态学性状方面的差异，然而产生某种生活史性状差异的机理可能十分复杂，包括遗传、系统发育、繁育系统等方面的原因。

（2）生境的可入侵性。指某种生态环境易受外来种入侵的程度，用于全面评价某群落或地区易遭受生物入侵的程度。可入侵性的概念最初主要强调受入侵生态系统中的生物组分（群落）对外来种的抵抗作用大小，后来大量研究表明：物种组成，群落中的功能群、营养结构、营养水平间相互作用的强度，各种方式的相互作用都可能使得某些群落在抵抗入侵方面具有强于其他群落的缓冲作用；而干扰的作用，干扰同养分及其他营养水平的相互作用等非生物因素及其交互作用，都可能影响到生境的可入侵性。

（3）繁殖体压力，是对释放到一个区域的外来种个体数量的综合测度，它包括一次释放的物种个数的绝对值（繁殖体大小）和释放事件的具体次数（繁殖体数目），两者的增加都会导致繁殖体压力的增大。研究表明，繁殖体压力是决定入侵成功的一个重要因素，与物种入侵性和群落可入侵性没有必然的联系，虽然早期这个概念指从最初入侵源向外自然扩散所释放的个体，后来也指人类协助外来种到达一个新地区的力度。

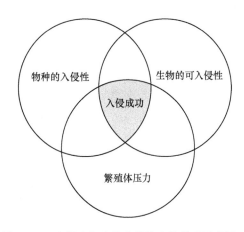

图 8-2 三个概念与生物入侵发生的关系示意图

物种的入侵性、生境的可入侵性和繁殖体压力对于生物入侵事件的发生都有一定程度贡献，三方面条件都满足的情况下，入侵发生的几率就非常高（图 8-2）。

这三个概念实际上各自包含了与入侵成功相关的一些生物、非生物及人类因素。某一个具体的入侵事件的发生，很可能只是和其中某些因素的关系更密切，而不一定和所有因素都紧密相关，入侵事件一般都有自身的特殊性。

二、生物入侵的过程

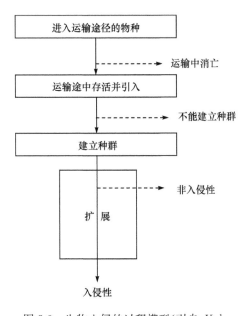

图 8-3 生物入侵的过程模型（引自：Kolar and Lodge,2001）

虽然生物入侵是一个连续发生的生态学过程，但为了便于理解，一般将生物入侵过程分成三个阶段：少数繁殖体到达新区域；建立能持续存在的种群；种群密度和面积短期内增大并造成危害（图 8-3）。

首先，外来物种从远距离以外的区域，通过各种途径被引入到新的区域，其中大部分个体和物种在运输途中死亡，一部分物种的个体存活下来，并成功地进行生长和繁殖，形成一个小种群；其次，通过运输和引入阶段进入新环境或生态系统后，这个小种群面临着遗传多样性贫乏导致的危机，多数物种的小种群逐渐消亡；最后，有少部分种群克服了这种种群奠基者的瓶颈效应，建立了一个可以自我维持的种群，其中有的物种不对新环境造成生态威胁，是非入侵性外来种，而外来入侵种则在自我维持的种群基础上不断繁殖，在占满合适的生境后，又继续向其他新的生境扩散，并威胁当地生态系统的结构和功能，形成生物入侵现象。

从对象物种的种群发展角度看，可以将入侵过程想象成上台阶的过程，包括四个相应的步骤和四个入侵阶段（图 8-4）。

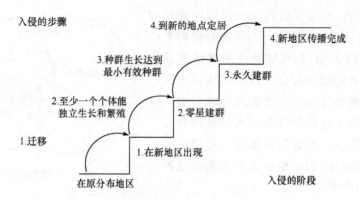

图 8-4　生物入侵的阶梯模型(引自:Heger and Trepl,2003)

从统计学的角度看,外来生物从离开原分布区到最后成为入侵种,物种要经过一系列的环境选择,繁殖体数量也会有不同程度的损失,各阶段成功的概率大约十分之一,这就是所谓的"十数定律(ten's rule)"。当然这个规律是很粗略的,也有许多例外存在,但十数定律在多种生物类群和地区的数据中都得到了支持,包括豆科植物、陆地脊椎动物、鱼类、软体动物、植物病原菌等,它们各阶段的转移概率都在 5%～20% 内(Williamson,1996)。所以,纵观整个生物入侵过程,外来种最终入侵成功其实是个小概率事件,然而人们常常有感于由某一种入侵种造成的局部地区的巨大危害,从而不自觉地夸大所有外来物种的负面效应。

三、外来入侵种的引入途径

引入途径指外来物种初期通过何种方式到达一个新区域。生物多样性公约(Convention on Biological Diversity,CBD)只分为有意引入(intentional introductions)和无意引入(unintentional introductions)两种:有意引入指人类有意移动或释放物种使其出现在其(过去或现在的)自然分布范围之外;无意引入包括其他所有无目的性的引入。而全球入侵物种研究计划(GISP)2001年报告系统总结了入侵中引入的 30 余种情况,并将其归为三大类途径:即有意引入(intentional introduction);被隔离的物种逃逸(introductions to captivity);偶然引入(accidental introduction)。

Hulme 等(2008)总结分析了不同引入途径的特点,提出一个整合引入途径和管理政策的框架,以适用于不同生物类群的比较和管理。在这个框架中,外来种主要通过三种机制(mechanisms)到达和进入一个新地区:一为随货物进口;二为随运输工具到达;三是邻近区域的外来种自然扩散。这三类机制导致六类主要的途径(pathways):释放(release),逃逸(escape),污染(contaminant),偷渡(stowaway),廊道(corridor)和自力传播(unaided)。各类途径的详细解释见表 8-1。三类机制中人类干预程度依次递减,六种途径中前五种都与人类直接相关。

表 8-1　外来种最初进入新区域的主要途径

途径	定义	举例	初期进入的机制	责任者
释放	作为一种可释放的商品有意引进	生物控制用媒介,狩猎用动物,土壤侵蚀控制用植物	商品	引入申请者
逃逸	作为一种商品有意引进,但无意中逃逸	作物、家畜,宠物、园艺植物、饵料生物等	商品	货物进口者
污染	随某种货物无意引进	被贸易动植物的寄生生物、有害生物、共生/共栖生物	商品	货物出口者

续表

途径	定义	举例	初期进入的机制	责任者
偷渡	在运输工具内部或外部附着而无意引入	船甲板污垢,船舶压仓物(水、土、沉积物)中的生物	运输工具	携带者
廊道	基础设施建设连接过去隔离地区而无意引入	红海、波罗的海的海峡开通导致的物种迁徙	扩散	地区开发者
自力	外来种通过自然扩散跨越行政边界的无意引入	所有潜在的具有扩散能力的外来种	扩散	污染者

引自:Hulme et al.,2008,有修改

我国 283 种外来入侵种中,有 94 种入侵植物是作为有用植物(牧草、饲料、观赏植物等)引进的,而福寿螺、克氏原螯虾(*Procambarus clarkii*)、牛蛙(*Rana catesbeiana*)等外来入侵物种主要是出于养殖、观赏等目的引进到国内,因野生放养或弃养后成为入侵种,属于释放途径;我国 10 种较为典型的鱼类入侵物种如奥利亚罗非鱼(*Oreochromis aureus*)、尼罗罗非鱼(*O. nilotica*)、露斯塔野鲮(*Labeo rohita*)等,绝大多数都是作为养殖新品种从世界各地引进的,这些外来物种逃逸到自然水体后,适应了环境并能自然繁殖后就成为入侵物种,属于逃逸途径;假高粱(*Sorghum halepense*)是从美洲国家的进口粮食中夹杂传入的,田野毛茛(*Ranunculus arvensis*)、阿拉伯婆婆纳(*Veronica persica*)、毒麦(*Lolium temulentum*)等,可能是在麦类引种过程中带入的,松材线虫、红脂大小蠹(*Dendroctonus valens*)、美国白蛾(*Hyphantria cunea*)等几种主要虫害均是通过木质包装箱、木材及木制品而传入的,属于污染途径;洞刺角刺藻(*Chaetoceros concavicornis*)、新月圆柱藻(*Cyclindrotheca closterium*)、方格直链藻(*Melosiar cancellate*)等 11 种藻类是由船只压舱水带入的,华美盘管虫(*Hydroides elegans*)、象牙藤壶(*Balanus eburneus*)、玻璃海鞘(*Ciona intestinalis*)等海洋外来入侵动物是靠附着于船底长距离传播而进入的,属于偷渡途径;青藏高原近些年出现的一些新的外来植物入侵种,都是在青藏公路建成后进入的,属于廊道途径;我国外来入侵动物中麝鼠(*Ondatra zibethicus*)原产北美,1927 年从北美洲引入前苏联,经人工放养遍及前苏联各地,分别沿着西北和东北两端边境的河流自然扩散至我国境内;紫茎泽兰大约于 20 世纪 40 年代由泰国经缅甸和越南传入中国的云南;豚草(*Ambrosia artemisiifolia*)和三裂叶豚草(*A. trifida*)可能是在 20 世纪 30~40 年代由北美经苏联传入东北,主要都是通过自身的扩散或借助于河流、风力等自然力量而跨越边境,属于自力途径。我国第一、二批外来入侵物种的名单如表 8-2 所示。表中部分物种如图 8-5 所示。

表 8-2 中国第一、二批外来入侵物种名单

中文名	学名	中文名	学名
紫茎泽兰	*Eupatorium adenophorum*	蔗扁蛾	*Opogona sacchari*
薇甘菊	*Mikania micrantha*	湿地松粉蚧	*Oracella acuta*
空心莲子草	*Alternanthera philoxeroides*	强大小蠹	*Dendroctonus valens*
豚草	*Ambrosia artemisiifolia*	美国白蛾	*Hyphantria cunea*
毒麦	*Lilium temulentum*	非洲大蜗牛	*Achating fulica*
互花米草	*Spartina alterniflora.*	福寿螺	*Pomacea canaliculata*

续表

中文名	学名	中文名	学名
飞机草	*Eupatorium odoratum*	牛蛙	*Rana catesbeiana*
凤眼莲	*Eichhornia crassipes*	桉树枝瘿姬小蜂	*Leptocybe invasa*
假高粱	*Sorghum halepense*	稻水象甲	*Lissorhoptrus oryzophilus*
马缨丹	*Lantana camara*	红火蚁	*Solenopsis invicta*
三裂叶豚草	*Ambrosia trifida*	克氏原螯虾	*Procambarus clarkii*
大藻	*Pistia stratiotes*	苹果蠹蛾	*Cydia pomonella*
加拿大一枝黄花	*Solidago Canadensis*	三叶草斑潜蝇	*Liriomyza trifolii*
蒺藜草	*Cenchrus echinatus*	松材线虫	*Bursaphelenchus xylophilus*
银胶菊	*Parthenium hysterophorus*	松突圆蚧	*Hemiberlesia pitysophila*
黄顶菊	*Flaveria bidentis*	椰心叶甲	*Brontispa longissima* (Gestro)
土荆芥	*Chenopodium ambrosioides*	刺苋	*Amaranthus spinosus*
落葵薯	*Anredera cordifolia*		

　　研究入侵种引入途径有利于采用检疫等针对性措施构建防范生物入侵的第一道防线。上述引入途径只是外来种最初进入新区域的方式,不等于物种及其繁殖体的常见扩散方式,也不排除在入侵地区出现其他的传播方式,如紫茎泽兰进入云南以后,除了借助西南季风继续传播,同时云南地区内车辆和人流的活动也大大促进了其向不同方向的传播,尤其是远距离的跳跃式传播。此外,有的入侵生物并不是只通过一种途径传入,可能有两种或多种途径交叉传入,在时间上并非只有一次传入,可能是两次或多次传入。多途径、多次数的传入加大了外来生物建立和扩散的可能性。

图 8-5　部分我国的外来入侵物种

A. 黄顶菊(莫训强 摄);B. 空心莲子草(曲上 摄);C. 马缨丹(金文驰 摄);D. 凤眼莲(H. Zell 摄);E. 互花米草(莫训强 摄);
F. 美国牛蛙(Carl D. Howe 摄);G. 克氏原螯虾(I,Duloup 摄);H. 非洲大蜗牛(Kerina yin 摄);I. 福寿螺(KENPEI 摄)

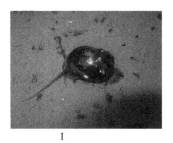

G　　　　　　　　　　H　　　　　　　　　　I

图 8-5(续)

四、生物入侵研究与生物多样性保护

入侵生物学(生态学)近几十年发展迅速,其研究内容远远超出 SCOPE 原来提出的范畴,并由于入侵在全球普遍的发生,而成为全球变化研究的一个重要组成部分。目前一般认为,入侵生物学的研究主要集中在四个方面(方精云,2000;徐汝梅,2003):①入侵的过程和机制的研究及其在管理上的应用;②入侵的生态学效应;③生物入侵和全球变化的相互作用;④入侵种的扩散和有效控制。

其中,第一项研究内容最为基础,包括以入侵种为核心的种群生态学,尤其是种群遗传、生理和生殖生态学(什么样的种群特性能使入侵成功);以被入侵群落为核心的群落/生态系统生态学(什么样的群落特性使之容易被入侵)。而全球变化的各种组分与生物入侵的交互作用,也为入侵生物学的研究提出了很多新课题。

生物入侵现象背后中存在大量的科学问题有待研究,目前提出了几十种机理假说,但还没有一种假说能解释一切入侵现象(图 8-6)。同时,生物入侵的研究从最早理论研究为主(SCOPE)到明确强调入侵机理研究要为入侵种管理服务(GISP 第二阶段),应用性也明显增强。新世纪入侵生物学的蓬勃发展,不但在学术上为生物学和生态学研究扩展了领域,实践中也必将为全球生物多样性的保护起到大力推动的作用(郑景明和马克平,2010)。

入侵生物学研究与生物多样性保护一直紧密联系。在 Elton(1958)经典的入侵生态学专著中,作者介绍了入侵现象及其对动物区系的影响,着重讨论的是如何保护生物多样性的问题,并第一次提出,一个比较复杂和丰富的生态系统应该也比较稳定(意思是它比较不容易受到有害生物暴发造成的剧烈波动的影响)的观点。Elton(1958)指出,生物保护关注的问题往往局限在未被开垦的领域,目的是为了保护其中的部分地区使之不被人类开发,然而生物保护同样应该关注那些已经被人类开发利用了的土地,尽量使这些区域的栖息环境和物种多样化。该书最后两章主要的论点是,为了维持自然生态平衡,必须保持生态系统的复杂性和多样性。虽然这一观点至今也无法完全被证明,但无疑奠定了生物入侵研究的基调。

入侵种不仅会降低所入侵新地区的生物多样性的特有性,而且对以保护生物多样性为目标的自然保护区也直接构成威胁。在美国建立自然保护区的初期,就有自然保护区要防范入侵物种问题的建议。通常人们认为保护区应当是外来种入侵最少的区域,而事实上,生物多样性极高的保护区往往也为入侵种提供了合适的环境条件,其中潜伏着大量的危险杀手。世界各地的自然保护区都可能受到入侵生物不同程度的威胁,如新西兰、美国、捷克等国的几百个自然保护区存在大量外来植物。对美国 25 个自然保护区的调查表明,其中的外来种比例最高达物种数的

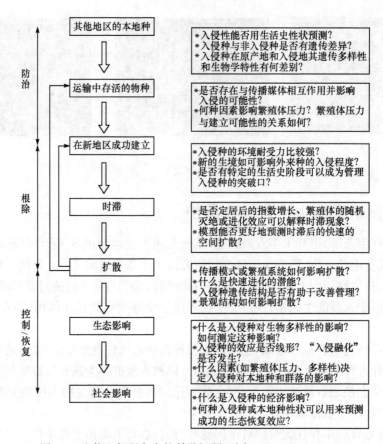

图 8-6　生物入侵研究中的科学问题(引自:Sakai et al.,2001)

66%。我国的自然保护区建设近些年迅猛发展,与此同时入侵植物几乎在所有的自然保护区中都存在,近年来出现的几十个自然保护区的相关报道充分表明,自然保护区中存在入侵种的现象已经非常普遍,尤其是开发强度比较大的自然保护区(郑景明等,2011)。然而我国自然保护区管理办法中几乎没有相关的规定。加强生物入侵理论和防控技术研究十分重要和迫切,入侵生物学的研究应将入侵机理、入侵途径、进化方向的研究与管理、治理或利用相结合,将入侵生物学的研究与生物多样性保护、生态系统恢复等结合起来,将入侵生物的扩散和危害限制到最小程度,最大限度的保护目标区域的珍贵自然遗产。

第二节　生物入侵的影响

生物入侵是当今世界范围内的普遍现象,无论是大陆还是岛屿,是温带还是热带,生物入侵无处不在,其被认为是排在生境破碎化之后的导致区域物种多样性降低的第二位因素,并很有可能成为第一位因素。随着国际贸易的发展和各国交流的增加,外来种导致的生物入侵已经成为一个世界性的生态和经济问题,对全球生物区系造成了严重的威胁,世界各地的许多生态系统因为外来种入侵受到严重的生态损失,包括本地种灭绝、种群和群落结构的改变、大尺度生态系统过程的改变等。测定入侵生物造成的生态系统改变评价入侵造成的生态系统服务损失,对于客观认识入侵的危害,积极建立防控入侵生物体系意义重大。

一、入侵种对生态系统结构和功能的影响

通常人们会注意到外来种入侵使得本地物种减少,对于一些本地特有种的威胁更会成为呼吁消灭入侵种的论据和口号;然而,从生态系统的角度看,入侵都造成本地生态系统的结构和功能在某些方面、某种程度上的改变,其生态影响远非单单物种数量减少那么简单。在入侵过程中,各种机制交错相关,都会影响生态系统的结构和功能,可将其归为对生物因子、自然循环、非生物因子影响三大方面(图 8-7),并分述如下。

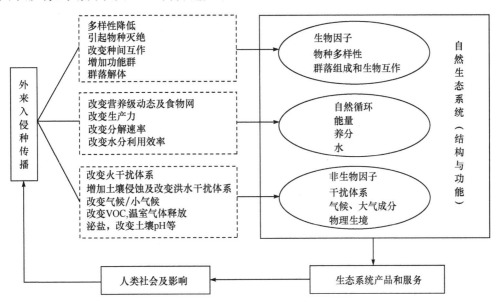

图 8-7　入侵种改变生态系统服务的机制(引自:Charles and Dukes,2007,有修改)

(一)物种灭绝和群落结构破坏

有大量外来种入侵导致本地种灭绝的例子,尤其是岛屿上的入侵动物。据 SCOPE(1989)的报告,在世界范围内,外来入侵种至少已经造成 109 种爬行动物的灭绝。如棕树蛇(*Boiga irregularis*)无意引入关岛造成 5 种本地鸟类的灭绝和许多物种数量的下降,并彻底改变了岛屿生态系统的结构。尼罗尖吻鲈(*Lates niloticus*)于 1954 年被引入非洲维多利亚湖(图 8-8),以对付过度捕鱼造成的本地鱼产量剧减,结果造成了 200 多种当地鱼类的灭绝。再如,栗疫病菌(*Cryphonectria parasitica*)来源于亚洲的苗圃,传入美国后,使得美国东

图 8-8　尼罗尖吻鲈(Pavel Zuber 摄)

部大部分区域的本地植物美洲栗(*Castanea dentata*)几乎全部死亡。

入侵种会对本地生物多样性和群落结构造成负面的影响。群落结构包括两方面的含义:其一为物种组成和数量;其二为物种间交互作用关系。入侵种可能通过利用性竞争和干扰性竞争改变群落结构。如忍冬(*Lonicera japonica*)和洋常春藤(*Hedera helix*)侵入美国华盛顿特区罗斯福岛后,其浓密的枝叶抑制了本地植物美国榆(*Ulmus americana*)、樱桃(*Prunus serotina*)和北美鹅掌楸(*Liriodendron tulipifra*)的光合作用,而最终导致其死亡,破坏了原有群落的结构。

案例研究——洱海外来水生动物入侵

洱海位于我国云南省大理白族自治州境内,是云贵高原的第二大湖泊。因其地处高原地带,环境较为封闭,因此形成了湖内物种相对较少,物种分化突出的特点。

在20世纪50年代以前,我国滇西北洱海等主要的3个湖泊的整体环境受外部干扰较轻,共有本地鱼类34种,从鱼产量的历史资料来看,本地鱼类数量的急剧下降均发生于引进新的鱼类种类之后。在20世纪60年代初期引进"四大家鱼[青鱼(*Mylopharyngodon piceus*)、草鱼(*Ctenopharyngodon idellus*)、鲢鱼(*Hypophthalmichthys molitrix*)、鳙鱼(*Aristichthys nobilis*)]"时无意中夹带进麦穗鱼(*Pseudorasbora parva*)等外来鱼类后,大理弓鱼(*Schizothorax taliensis*)等本地鱼类经历了第一次冲击,产量急剧下降,下降幅度约50～100倍。1966年洱海发水导致周围池塘放养的日本沼虾(*Macrobrachium nipponense*)进入洱海并迅速繁殖,威胁到本地物种糠虾的生存。20世纪70年代,在投放四大家鱼的同时,团头鲂(*Megalobrama amblycephala*)、麦穗鱼(*Pseudorasbora parva*)和棒花鱼(*Abbottina rivularis*)等大批进入洱海。80年代初,一些外来鱼类已形成大规模种群,如种群数量最大的鰕虎鱼(*Ctenogobius* spp.)占据了洱海沿岸的砾石浅滩繁殖并吞食本地鱼类的鱼卵,严重影响了以砾石为产卵和活动场所的本地鱼类,导致其数量急剧下降甚至濒临灭绝。至80年代中期,麦穗鱼等外来鱼类数量明显下降后,本地的产量又有所回升;80年代末期引进太湖新银鱼(*Neosalanx taihuensis*)并在90年代初期形成产量后,由于银鱼与洱海大头鲤(*Cyprinus pellegrini*)、大眼鲤(*C. megalophthalmus*)等均以枝角类和桡足类浮游动物为食,致使土著鱼类又经历了第二次冲击,各种本地鱼类均陷于濒危状态。

洱海的土著鱼类油四须鲃(*Poropuntius exiguus*)、洱海四须鲃(*Barbodes daliensis*)、大眼鲤、大理鲤(*C. daliensis*)、云南裂腹鱼(*S. yunnanensis*)、大理弓鱼、灰裂腹鱼(*S. griseus*)、光唇裂腹鱼(*S. lissolabiatus*)等现已基本灭绝,它们共占洱海土著鱼种类的47%,其灭绝所带来的生态损失难以估计。此外,这些本地鱼类具有很高的渔业价值,并不亚于引入的经济鱼类。入侵的杂鱼如麦穗鱼、鰕虎鱼等的种群规模现约占洱海渔业资源总量的50%以上,这意味着其大量消耗洱海的渔业资源,但带来的仅是很低的经济价值,从这一点看,入侵鱼类也造成了很大的损失(路瑞锁等,2003)。

对于其他物种间交互作用(包括捕食、植食、寄生、互利)的入侵效应,可能改变某些物种的多度,而这些物种具有能影响生态系统过程的某些关键性状。如在两种外来植物鼠李属(*Rhamnus catharitica*)和金银木(*Lonicera maakii*)上做巢的知更鸟比在本地灌木和乔木上做巢的知更鸟被捕食的数量多,因为外来植物没有尖刺并且做巢位置比较低。另一个例子,定居在外来植物栾树属植物上的甲虫比定居在本地植物虎皮楠(*Cardiospermum corindum*)个体上的喙比较短,身体小,产的卵小而且存活率低,这种现象对于不同植物的结实时间和种子质量差别有一定影响。外来植物还能通过产生不同于本地种的蜜来改变授粉者的活动。如有腺凤仙花(*Impatiens glandulifera*)比欧洲本地植物沼生水苏(*Stachys palustris*)能生产更多的蜜,从而被更多的本地蜜蜂光顾。

(二) 对能量、养分和水循环的影响

入侵种可以通过改变能量流动、养分循环、水循环的原本方式而在生态系统水平上造成严重影响。

营养级关系、食物网和关键种的改变都可能造成生态系统能量流动的改变。例如,福寿螺显著降低湿地中的高等水生植物的种群密度,由此依次发生一系列改变:浮游植物藻类成为优势种——营养水平提高——浮游动物生物量增大——水体浑浊,从而对水质和水净化造成不利影响。在其他一些情形中,入侵种通过生态系统的食物网造成巨大的影响,如一种蜻蜓(*Cordule-*

gaster boltonii)的入侵造成溪流食物链发生巨变,改变了食物链的连接方式和复杂程度(Wood-ward and Hildrews,2001)。典型的外来顶级捕食者入侵的影响可以造成食物链的雪崩效应,如一种虾引入美国蒙大纳州的淡水湖造成水生生态系统的崩溃。入侵虾大量取食浮游动物,浮游动物减少导致鱼类的种群下降,鱼类减少又导致水獭、熊、鹰等捕食者的减少。

　　能够更高效地利用资源的入侵种可能改变一个生态系统的生产力,或消灭一种优势生活型。如我国早期引进的 4 种美洲产仙人掌(*Optuntia* spp.)分别在华南沿海地区和西南干热河谷地段形成优势群落,那里原有的天然植被景观已很难见到。

图 8-9　松树入侵大利亚高草草原,
形成新的景观(Alan Liefting 摄)

　　在南非硬叶常绿灌木林(fynbos)被引进的松树(*Pinus* spp.)入侵,本地特有群落受到极大威胁。澳大利亚的草丛草原(tussock grasslands)也受到松树入侵的严重影响(图 8-9)。

　　一些入侵种能改变枯落物的化学特征,从而改变枯落物的降解速率,从而影响养分循环。如旱雀麦(*Bromus tectorum*)能够减少土壤中的 N 矿化速率,在其凋落物中比本地种有更高的 C/N 和木质素/N 比例。同时,旱雀麦的根可以达到本地种难以达到的浓度,消耗大量的水分,使地下水位下降,土壤过度干燥。

图 8-10　火树入侵夏威夷(引自:Forest and
Kim Starr,2001)
森林火树入侵夏威夷毛伊岛的灌木林,改变本地生
态系统的结构和功能

　　固氮性入侵植物种也能改变养分循环,过滤一些阻碍其他物种固氮的化学物质,释放化合物改变 N、P 等养分可利用性和持留时间,改变表土侵蚀和火发生频率。最好的例子是具有互利性固氮微生物的外来豆科植物,如夏威夷的火树(*Morella faya*)和南非的黑荆树(*Acacia mearnsii*),这两种植物都被列入了世界 100 种恶性入侵物种名单,其重要的特征是能快速固氮,使得原来养分相对贫瘠的生态系统中 N 明显增加,导致一些特有种消失和特有生态系统结构发生改变(图 8-10)。

　　入侵种通过改变蒸散速率、时间、径流、水位等方式,改变水文循环。如果入侵种与本地种在某些性状(如蒸腾速率、叶面积指数、光合组织生物量、根系深度、物候等)上有显著差异时,对水文循环的影响最大。典型例子是美国西南地区外来柽柳属植物,认为该物种能增加 300~460mm/a 的地表水蒸散量,因而柽柳在河流两岸的河岸带大量繁殖,造成水量减少并阻塞河道。

（三）干扰体系,气候和物理生境的改变

　　一些入侵种能改变干扰体系,包括火、侵蚀、洪水;或者它们本身成为一种干扰的媒介,特别是在土壤扰动方面。如果草本入侵灌木林地,就会增加火的频率、范围或强度,而当乔木入侵草原,则更可能发生对火的压制,降低可燃物负荷量和火传播速度。如果入侵种引起生态系统类型和相关物种的改变,这些影响会很显著。

　　对植物入侵者改变火干扰体系的研究很多,当草本外来种入侵并取代本地优势木本植物时,往往在地表形成连续燃料层从而改变当地的火体系。这类草-火的循环关系最有名的例子是欧洲一年生的早雀麦入侵北美草原。美国的大盆地(Great Basin)原来是以本地灌木或多年生草本为优势的草原生态系统。早雀麦入侵以后,火发生频率由原来的80年一次缩短到每4年发生一次,该入侵种形成的单优群落面积不断扩大。在夏威夷,引入的草本导致在季节性干旱的灌木丛和林地中火的发生频率提高3倍,对生物多样性有很大影响。入侵植物除了能改变火的频率,还能增大火的强度。这种趋势在那些有周期性火干扰而且外来种比本地种生产力高的生境中容易发生。在外来灌木和乔木入侵湿润草原、稀树草原或易于发生火的灌木生态系统中,对火焰升高、温度上升、热量释放增强等方面都有记录或预测。

图 8-11　野化山羊改变入侵地的生境
(Peripitus 摄)

哺乳动物入侵种常常增加侵蚀和土壤干扰,而木本植物入侵种更可能影响水文调节,导致水生环境中发生洪水或沉积。例如,在澳大利亚,野化山羊(*Capra hircus*)不仅啃食山坡上的植被,而且可导致大量的侵蚀与滑坡,因而严重地影响溪流生态系统(图8-11);如入侵澳大利亚的腺牧豆树(*Prosopis glandulosa*)可以改变大面积沼泽地的特征和性状,取代本地种并改变本地野生动物的生境结构。

入侵种能改变物理生境。动植物入侵种都能竞争排斥本地种,接管其生境,有些入侵种还能改变生境使其对其他物种不利。如南美洲的天鹅绒树(*Miconia calvescens*)引入塔希提岛(Tahiti),其密集的根系和巨大的叶片使得林下植物完全被遮蔽,使得生境发生巨大的改变,原来物种全部消失,被称为绿色的"癌症"。还有很多入侵植物可以降低土壤的适宜性。入侵加州沿海草原的南非冰草(*Crystalline iceplant*)影响群落的主要原因是入侵种植物下面积累盐分,而不是入侵种与本地种的竞争或食草动物的分化影响。一年生植物姬牛角(*Orbea variegata*)入侵澳大利亚灌木地的影响,主要是通过减少水分可得性实现的。有的入侵植物可以使土壤酸化,或者释放新的化合物。很多著名的入侵植物都具有很强的化感作用,如紫茎泽兰、豚草、加拿大一枝黄花等。

二、入侵生物对生态系统服务的影响

迄今最大的国际入侵种项目GISP的一个成果是编辑了世界100种恶性入侵种名单(郑景明等,2010),其中列出了世界范围内危害最为严重的入侵生物及其入侵历史,为世界范围的生物入侵研究提供了一个重要的参考。IUCN的入侵种专家组(ISSG)在该书的前言中指出:维持人类的生命支持系统的最好方法是保护地球生物多样性,因为生物圈可以作为一个自我调节系统,而多样性的系统可能具有更强的恢复力。这是对Elton(1958)生物保护思想的延续和深化,同时提示我们,入侵种影响的不仅仅是对被入侵地区的本地种和生态系统,而应从人类福利的角度出发,探讨生物入侵对各类生态系统服务(ecosystem services)的影响,并寻求解决之道。

生态系统服务是指生态系统与生态系统过程所形成及所维持的人类赖以生存的生物资源和自然环境条件及其效用。千年评估(MEA,2003)提出生态系统服务主要包括四大类:

(1)支持性服务(supporting services)。即对于产生其他生态系统服务所必需的服务,包括土壤形成与保持、大气制氧、水循环、养分循环、初级生产、生境稳定性。

(2)提供性服务(provisioning services)。即从生态系统中获得的产品,包括食物、纤维和燃料、淡水、遗传资源、生物化学物质、装饰资源。

(3)调节性服务(regulating services)。即由于生态系统自我维持特征而产生的效益,包括气候调节、大气质量、水文调节、水净化和废物清除、生物控制、授粉和幼苗存活、疾病控制、自然灾害保护、侵蚀调控。

（4）文化服务（culture services）。从生态系统中衍生的非物质性效益，包括精神和宗教价值、游憩和美学价值、教育和激发灵感、庇护所感、文化多样性、社会关系、知识系统。

前面在入侵种影响生态系统机理中所提到的一些入侵案例，展示了入侵种对本地生态系统的影响，从生态系统服务的角度看，这些影响及其后果都可以分别归于不同的生态系统服务类别，并可采用经济价值评价方法对其损失进行货币化评估。

案例研究——柽柳入侵美国

外来的柽柳属（*Tamarix* L.）植物给美国带来的恶劣影响仅次于千屈菜（*Lythrum salicaria*）。

8~12种柽柳属植物在19世纪末期作为观赏植物、防风林和水土保持植物，从欧亚引入美国。目前有7种已在美国建群，其中传播较快的主要有两种。在近50年，由于人类活动对自然水系的干扰，柽柳属植物遍布美国西部23个州的干旱和半干旱地区，几乎所有水系附近的多年生植被群落都受到入侵，并以每年18000 hm² 的速度扩张，被其取代的河岸带森林和灌丛群落约有600 000hm²。

柽柳入侵河岸带造成的功能改变主要有三个方面：①大量耗水使地下水位下降，水体流量减少，沙漠泉水枯竭；②促进泥沙沉积，使河道宽度和深度减少，水体蓄水量减少，洪水发生频度和强度增大；③导致河岸带不再是本地种的适宜栖息地，使河岸带物种的丰富度和多样性下降。其他方面的影响还包括：减弱所在区域1/3农作物授粉效率；增加地表水运输成本；加速水浇地的盐碱化等，在此没有计入。通过整合有关柽柳入侵的生物学和相关控制项目信息，可以采用不同的方法估算入侵所造成的生态系统服务损失（Zavaleta，2000）。

生态系统服务来自生态系统的各项功能，其基础是生态系统的结构。评价入侵种对生态系统服务的影响，首先必须明确入侵种影响生态系统结构和功能的机制，然后对相应的改变进行量化评估，最终采用环境经济学的方法，对生态系统服务的损失进行货币化转换，从而对其造成的人类社会福利的损失进行比较。

值得一提的是，美国中西部最为广布的柽柳属植物竟是多枝柽柳（*T. ramosissima*）和柽柳（*T. chinensis*）的杂交种。柽柳原产于中国、蒙古和日本。多枝柽柳则广泛分布于土耳其东部至朝鲜的区域。两者在地理区域上有约4200km的重叠。柽柳和多枝柽柳在美国西部区域广泛存在，多枝柽柳更拓展其分布区域至加拿大南部和墨西哥北部。在最新修订的柽柳属分类系统中，这两种植物被归入不同的分支，然而其形态上非常相似，仅能根据一些显微镜下可见的花部特征和是否喜盐生土壤予以区别。在以往的研究中，往往从形态上对柽柳属入侵物种进行辨别，然而John和Barbara于2002年运用同工酶、RAPD技术和AFLP技术对其DNA序列的研究则惊讶地发现，多枝柽柳和柽柳的杂交种在美国大陆广泛分布，而根据资料，这两种植物在其原产地欧亚大陆没有发生杂交现象。

因此，在分析和治理外来植物入侵问题时，只通过传统的形态分类的观察可能是远远不够的，借助DNA技术能帮助科研人员更好地了解入侵植物在其原产地和引入地区的多样性、地理分布和突变情况。更重要的是，在应对物种入侵时，我们首先需要了解的是物种的入侵历史和根本来源。在这个案例中，正是由于引入了多种柽柳属植物，才有可能在入侵地区形成杂交从而产生新的杂交种。因此，长期的有意或无意的引入外来物种，可能会改变自然种群的基因组成，并因此带来严重的生态灾难（Gaskin and Schaal，2002）。

三、入侵种影响生态服务的经济价值评估

生物入侵威胁到许多生态系统的关键生态功能，与入侵相关的一个重要的"风险"是生物多样性的改变，生态系统变化后的新特性对人类福利的结果是未知的。经济理论在诊断入侵问题的根源时是很有帮助的，特别是当入侵的发生是由于无意的偶然引入引起的；或当关于入侵风险方面的信息缺乏时；或当入侵损害了公共物品（如生物多样性或作为公共财产的流域）时。经济

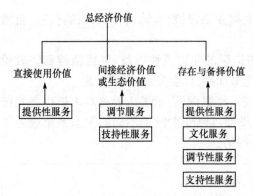

图 8-12　生态系统的经济价值与生态系统服务的关系(引自:Charles and Dukes,2007,有修改)

分析在处理某些决策问题方面也很有用,如在决定何时、何地、采取何种方法控制入侵种;估计不同控制项目的收益方面;在将已经发生的入侵造成的经济损失最小化方面等。

通过经济学的方法,可以对自然生态系统进行经济价值评估,生态系统的价值类型及其与各类生态系统服务的关系见图 8-12。

价值是以人类为中心的概念,对价值的评价便于比较不同商品或服务的相对重要程度,一般不用于自然环境,然而自 20 世纪 90 年代的生态系统服务评估理论的兴起及千年评估的开展,其作为沟通自然科学和社会科学的桥梁作用得到国际社会的认可。在后文中的第二章我们已经介绍过生物多样性及其所在的生态系统的价值,入侵造成生态系统结构和功能的损害,使某些生态系统服务不能有效实现而生态系统价值降低或丧失,针对不同的价值类型采用经济学的相应方法可以对这些价值进行货币化评估。

(一)直接利用价值

如后文中第二章所述,往往采用基于价格的评价方法评价入侵对直接使用价值的影响。

(二)间接经济价值或生态价值

主要包括由于入侵造成的某些生态系统服务的损失,更难评价。例如,一种外来植物入侵影响到某流域的生态系统服务功能,并且影响该系统的火发生频率和原来森林对缓解温室气体的作用。这种情况下可以采用替代成本法进行评价,即替代自然水资源的某种供水计划的成本,替代自然温室气体吸收的某些工业排放的成本。但这样得到的结果只是对已经损失的生态系统服务的价值的一个大致的估计,替代成本不一定和丧失的服务价值有直接的关系。

另外一种评价方式是估计在一个没有入侵发生的生态系统中水供应和温室气体吸收的价值,它反映的是已经被入侵种占领的一片土地的机会成本。当机会成本高到一定程度,表明采取控制和恢复项目以消灭入侵种在经济上和社会方面是值得的。机会成本区别于替代成本是在于它只是针对已经损失的收益进行计算,而不是总体成本。

(三)存在与备择价值

在经济学意义上讲,存在与备择价值一般是入侵分析的关键所在。其评价方法一般通过调查方法进行,如调查人们对于特定环境宜人性的支付意愿的条件价值法。

(四)总价值和边际价值

在评价入侵的各种价值时,应注意区分总价值评价和边际价值评价。许多入侵的经济分析研究中主要分析了随时间变化不同控制策略的总成本和总收益。但是对于入侵,相关政策问题可能是核心问题,即不采取某种有效控制就会导致入侵增加。这种边际成本的测定,可以计算由于入侵面积增加而产生的成本,也可以计算在某地区因入侵种危害程度增大而产生的成本。这里要分析的主要问题是,入侵程度的小范围增加会造成生态系统价值比较小的损失,还是入侵方面的小的变化会导致大的经济和生态系统损失。

　　生态系统服务损失的经济评价因其主观性的本质，通常不能全面地评价特定的生态系统服务的价值，尤其欠缺对几乎所有的支持性生态系统服务，和某些调节性生态系统服务及文化性生态系统服务（如养分循环、干扰体系改变等）的评价。下面列举一些研究案例见表8-3。

表 8-3　入侵种对生态系统服务影响的货币化评价案例

入侵种	发生地	改变的生态系统服务	影响货币化值（百万美元）
澳洲黑檀（*Acacia melanoxylon*）；海荆（*A. cyclops*）；桉树（*Eucalyptus* spp.）及其他木本植物	南非	食物、纤维、装饰资源、药物、油料；	−2.852 984
		水（高山流域）	−67.836 059
		授粉（养蜂）	−27.783 728
		生态旅游	−0.830 683
		燃料（海荆提供薪碳材）	+2.799 492
烟粉虱（*Bemisia tabaci*）及其散播的病毒	墨西哥	食物、纤维	−33
	巴西	食物	−5000
	佛罗里达（美）	食物	−140
	北美洲、地中海盆地，中东	食物	−20
白千层（*Melaleuca quinquenervia*）	佛罗里达南部	游憩	−168～−250
		旅游	−250～−1000
		自然灾害调节（火灾增加）	−250
		多种文化服务（濒危动物丧失）	−10
		装饰资源	−1
		食物	+15
穗花狐尾藻（*Myriophyllum spicatum*）	内华达（美）西部和加利福尼亚（美）东北	游憩（游泳、划船、钓鱼等）	−34～−45
		水质、水供给等非使用价值	未定量的负值
大瓶螺（*Pomacea canaliculata*）	菲律宾	食物（水稻）	−12.5～−17.8
野化家猪（*Sus scrofa domestica*）	佛罗里达	生境退化（公园、森林和湿地生境退化导致其他影响）	−5 331/ha～−43 257/ha

　　在国家和地区层面上，对入侵造成的经济损失评价研究有助于提高公众认识和影响政府决策。已有一些国家和地区对入侵种造成的生态系统服务损失进行了评估。Pimentel 等（2000）估计美国全部外来种每年造成的损失为 122 639 百万美元。我国入侵种造成经济损失评价研究表明，2000 年中国各类入侵造成的农林等行业直接经济损失为 2397.39 百万美元，而因各类生态系统功能变化造成的间接经济损失为 12 056.58 百万美元（Xu et al.，2005）。虽然我们可能永远也不会知道生物入侵造成的真正损失是多少，但相应的评价结果可以便于我们对比不同的生物入侵事件及其他环境变化的危害，并促使政策制定者充分认识到问题的重要性。虽然目前关于入侵种生态系统服务的经济评价方面的研究很少，但其重要性已经凸显。

第三节　入侵种的防控

　　在科技和交通技术迅速发展的近几个世纪里，人类活动引发了罕见的大规模洲际物种交换，目前世界的各个角落几乎都存在外来种，虽然关于全球入侵种的数量和分布尚没有权威的数据，但可以推想入侵种在世界范围的潜在危害之巨大。中国的 34 个省、自治区、直辖市均发现入侵种,国家环保总局和中国科学院经过研究,分别于 2003 年和 2010 年发布了《中国第一、第二批外来入侵物种名单》,其中包括紫茎泽兰等 19 种植物入侵种;以及松材线虫等 16 种动物入侵种(郑景明等,2010)。这些入侵种近年来在我国不断地爆发成灾,严重危害生态环境和人民生活,防控外来生物入侵成为保护我国生态安全的一项重要使命。

一、生物入侵的管理对策

外来生物的入侵不同于一般的环境污染等,其损害主体和受损害对象都是由有生命的物种组成的,生物及其所在环境间存在难以割断的联系,不能采用工程或化学方法简单处理。防胜于治,御敌于国门之外是防止生物入侵的最好方法;然而对于已经造成危害的入侵种,必须采取必要的措施,阻止其进一步危害,并充分发挥生态系统的自我修复功能,促进其向良性方向发展。

二、生物入侵的管理思想

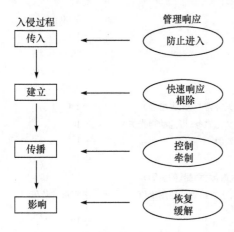

图 8-13　入侵过程和管理行动定位的关系
(引自:Hulme,2006)

外来种入侵威胁本地生物多样性、生态系统功能、动植物健康和社会经济,因此世界各国都非常重视入侵种的管理研究。最佳解决方式是防止外来种的引入(prevention),然而一旦物种已经引入,针对外来种采取一些管理措施则是必要的,许多措施被采用以控制(control)、牵制(containment)或根除(eradication)某受害地区的外来种。控制,指减少入侵者的存在;牵制,指限制入侵种的传播;根除,指将入侵者个体全部清除。从更长远目标看,还需要将关注的重点从严格的入侵种管理转向更宽的生态系统恢复的目标,包括缓解入侵种影响(mitigation)和促进本地生境恢复(rehibition)。从生物入侵过程考察入侵种管理策略,可以看出两者有着一定的平行对应关系(图 8-13)。

(一)入侵种的防控措施

外来生物的防控,首先要强调检疫和引种前评估的重要性,以防止入侵种的引入;其次,针对危害严重的入侵种,根除是最高目标,然后为控制和牵制,尽量降低其危害程度和继续扩大的潜力,长远目标是促进受损生态系统的结构和功能恢复,利用生态系统的自我调节能力防御入侵。

1. 实行全面检疫,阻止外来种的偶然入侵　　检疫,即根据国际法律法规对某国生物及其产品和其他相关物品实施科学检验鉴定和处理,以防止有害生物在国内蔓延和国际间传播的一项强制性行政措施,进出境动植物检疫已经成为各主权国保护本国农牧业生产安全和人民身体健康的一项重要工作。对于生物入侵,"防胜于治(an ounce of prevention is more than a pound of cure)"这句话是对检疫重要性特别合适的注释。很多入侵都是开始于少量外来种个体的引入,防止这些个体的进入所需费用同种群建立和生长后对其控制的花费相比要少得多。尽管确定一个潜在的入侵者很困难,但却有利于将资源配置整合到防止其进入,以及一旦进入后能迅速发现并消灭其奠基者种群。

一个国家如何做到限制入侵者越过其边境,客观上要受制于国际公约和协议,其中最重要的一部国际检疫法是1994年乌拉圭回合多边贸易谈判最终达成的《实施动植物卫生检疫措施协议》(the Agreement on the Application of Sanitary and Phytosanitary Measures，SPS)，WTO成员国可以据此限制威胁人类、动植物健康安全的物种的移动。1951年签订的《国际植物保护公约》(the International Plant Protection Convention，IPPC)主要针对农业病虫害的检疫，也常常被援引作为植物卫生标准。

目前，大多数国家实行针对性检疫，是根据风险分析列出危险性有害生物的"黑名单"。然而，许多外来生物在当地是有益的，传入新环境后却能导致巨大危害，所以针对性检疫存在弊端，日本1997年已率先修订了《植物防疫法》，改"黑名单"为"白名单"，列出了没有危险性的生物名录，提出在没有证据说明入境的外来生物无害之前，均应视其为有害生物(guilty until proven innocent)，禁止或限制其入境。不幸的是，这些国际公约的特定用词、现代解释及实施都不能为控制生物入侵提供完全有效的保证。各国政府对于生物方面的考虑往往会让位给政治和经济方面的考虑；即使某国希望禁止进口某一物种，也往往会与公约中的一些有关条文相抵触，被认为是设置贸易壁垒等，导致对环境的关注与政治经济利益发生冲突。

2. 采取全面的生态评估和监测，防范引进品种的入侵　对一些已经建群但尚未造成明显危害的外来种，对其在自然环境中多度的监测，对于及时发现其突然的密度增加很重要。许多引入的外来种在成为入侵种之前有一个潜伏阶段，种群密度和面积很小从而难于发现和处理，监测的目的就是发现何时该物种的多度增加到可能成为一个入侵种。监测的内容包括对环境条件的监测、物种分布和多度及其他入侵潜力指标，这些信息对于确定物种开始增加多度的时间，并在其广泛传播之前采取适当控制措施很重要。

对外来种和入侵种进行监测是早期预警系统的重要部分，监测有助于更好地了解外来种的生物学和生态学特性，尽早发现新的入侵现象，了解入侵过程和机制，了解本地生态系统在入侵后所受的影响等，有利于对入侵种在监测地区及其他地方实施更有效的管理。一般认为监测应当成为评估入侵影响的重要组成部分，监测有如下重要作用：①可以对本地生态环境入侵前后发生的变化进行对比；②记录相关环境变量在空间和时间上的变化；③了解本地生态系统哪些地区面临进一步退化，以及退化过程；④提供数据，用于建立描述本地区生态系统退化的模型；⑤制定措施，减缓生态系统进一步的退化，帮助生态系统的恢复；⑥评估治理措施、计划和恢复行动的实施效果。

目前，已经有很多国家对外来种和入侵种的监测提高了重视程度，如加拿大联邦政府1995年制定了入侵植物研究项目(Invasive Plants of Canada Project)，其目的之一就是提高公众对入侵植物的关注程度，监测项目列出了对加拿大可能造成不利影响的外来种名单并分发给从事户外运动的俱乐部；美国国家河口研究保育系统(National Estuarine Research Reserve System)于20世纪80年代启动了一个生态系统的监测计划，2002年又提出了河口入侵监测计划，监测区域包括美洲大陆、阿拉斯加、波多黎各和北美五大湖。①

3. 将根除作为最高目标　任何试图去掉或减少物种密度的做法都是很有挑战性的，无论该物种是本地种还是外来种。根除是将一个物种的所有可繁殖个体都移走或将该物种的种群密度减少到可持续水平之下。根除入侵种虽然需要短期内大量的投入，但成功的根除项目可以在几个月或几年完成，使本地生物多样性有最好的恢复机会，因此在可能的情况下，一般首选根除

---

①　相关网址等请参考http://www.invasivespeciesinfo.gov/(美国农业部国家入侵种信息中心)和《入侵生态学》附录(郑景明和马克平，2010)。

(Zavaleta et al. ,2001)。

　　根除项目按面积有大有小,小的只是在局部范围进行,而大的可能包括几千公顷,因此大尺度的根除项目对非目标影响的可能性很大,还可能因花费巨大引起争议。在城市区域进行的项目还会因为使用杀虫剂引起环保主义者的抗议。由于根除的起因往往是生态方面的影响或贸易受到制约,因此是否应当将根除作为对付入侵种的途径,不但依赖于项目的效益-成本评价,还要考虑它们成功的潜力。尽管对有效根除的应用和方法改进很需要,但同样需要的是将这些方法放到整个被管理的生态系统的大背景中考虑,要做的包括:①根除前的评价,使采取的根除措施与现实情况适应,避免产生不利的生态影响;②清除外来种后对根除效果的评价,包括对目标生物和被入侵生态系统两方面的评价。

　　过去有一些根除项目的成功例子,但也有失败的例子,有很多教训值得总结。Myers 等(2000)讲述的一些根除案例及结果评价,主要是一些入侵动物,采用的措施包括化学药剂杀除、不育昆虫释放、人工剔除寄主等,但是其中有很多例子的结果是被入侵地区处理后几年后又重新发现入侵生物的踪迹。这表明并非所有情况下的入侵都适合进行根除项目,成功的根除项目必须满足以下六个条件:

　　(1)必须有充足的资源以支持项目完成。大多数根除项目是在大尺度上开展的,可能耗费上百万美元,这要求政府机构必须参与,并可能需要额外征税以满足项目资金。

　　(2)项目的权力层次必须清楚,并且允许个人或机构采取必要的行动。大尺度根除项目涉及从私有土地到政府所有土地等各种权限范围,领导机构必须有能力命令所有涉及的地方都采取必要的程序。

　　(3)目标生物的生物学特征必须适合相应的控制程序。不同的物种在传播能力、繁殖方式等方面都不同,必须采用符合外来种生物学的针对性强的控制方式。

　　(4)必须防止再入侵。很多项目的经验表明,岛屿的根除项目容易取得成功,而大面积泛滥的外来种的再入侵可能性非常高,如果不同地点间存在个体的流动,则根除只是暂时性的,必须有相应的配套技术,如对传播介质的控制等。

　　(5)有害生物必须在低密度时可以探测到。这种特征有利于在外来种引入的早期被发现,也使采取根除措施后残余的个体易于辨认及处理。

　　(6)易于造成环境改变的根除项目,需要在清除关键目标物种后,采取恢复措施或对群落或生态系统进一步管理活动。

　　根除一个外来种是有可能的,但只适用于一定条件下并且有潜在的不可预料的结果。如果不做细致的计划而仅是鼓动纳税人的合作,那么根除项目注定会失败。没有经过充分计划的根除项目可能产生的偶然不利影响有很多类型:①导致其他非目标物种遭到毒害,毒素并沿着食物链上传;②不能完成目标物种根除,因为对一些个体的遗漏或没有采取防止再入侵的步骤;③根除本身不能保证本地生态系统的恢复,因为入侵种已经改变生境使本地种不再适应;④一种外来种被根除后,导致其他一种或多种入侵种的建立或另一种入侵种的影响增大;⑤清除入侵植物种可能减少本地动物区系的生境或资源的可得性。

　　4. 评估控制可行性,综合运用化学和机械方法开展控制　　即使入侵种已经在某地广泛传播了,在某些情况下采用传统的化学和机械控制方法也能取得一定控制效果。在特定的条件下采用化学和机械方法是否合适取决于两个因素:①控制的可行性。一些物种的个体太小,很难捕捉,需要的毒药诱饵或人工量太多等都不适合;②控制方式能否促进正向的长期变化。即化学和机械控制方法能显著限制入侵种的种群水平,但某个季节或某段时间停用就会使其很快恢复到原来的密度,那么不断地使用化学或机械方法就会造成很大经济浪费。当然有一些情况可以采用这种策略,如某些被入侵的生态系统不可替代,连续的控制能显著降低入侵种的影响等。进行采用常规方法控制入侵种的决策过程中一定要充分考虑所有这些因素。

（1）被控制对象与非目标物种的个体在大小和形态方面的差异。如果入侵种本身个体较大,容易分辨,那么对入侵种的控制是可行的,甚至是可以根除的;而如果入侵种和个体很小,并与其他相似本地种混合在一起,那么要控制入侵种而不损害本地种就很难。

（2）入侵种的个体是否容易被杀死。很多入侵植物能从植株碎片（部分根、茎等）重新萌发生长,这些入侵种采用化学和机械方法很难压制住。总体上说,只有在入侵者完全形成了大面积的单优群落使本地种几乎消亡的情形下,采用某些极端的处理方法（如反复使用广谱性除草剂）才值得。

（3）是否需要一次或多次处理才能消灭一块立地上的全部某种入侵种种群。一些植物由于有巨大的土壤种子库或能很快地传播到很远距离,其种子就很容易在种群消灭后再次占领立地。很多植物入侵种都有很轻的容易风传播或动物传播的种子,如果想控制这些物种,需要连续多次地使用化学和机械的方法。

（4）被入侵生境的生态敏感性和保育价值,是决定化学和机械控制方法可行性的一个非常重要的因素。如水生入侵植物一般不适合化学控制,很多常用的化学和机械方法对有着很多濒危物种的入侵生境则不适合。因此,入侵种最难控制的情形之一即入侵的生境比较敏感而且物种本身也很难根除,这种情况下只能采用生物控制方法。

5. 以牵制为根除的替代方式　　很明显,决定是否进行根除并不简单,实施控制也不容易。在一些情况下,采取另外的方式可能会更好些。以下两个根除的替代方式,从预期效果上讲应当属于牵制。

（1）大面积抑制外来种。不期望完全清除一个物种,而是在很大的面积上降低外来有害生物的密度,从而降低长期控制的费用。抑制项目开始可能花费很大并需要土地所有者的合作,并应当采用各种控制技术而不是单纯使用化学药剂。

对于已经建群的外来种,特别是昆虫,大面积抑制比根除更实际也更易于达到。很难将一个繁殖能力很强的外来种完全消灭,但在大面积危害区同时采用多种方法,可以降低外来种的长期影响,如调整使用交配破坏、不育昆虫释放、增加天敌、微生物杀虫剂等手段,可以减少仅使用化学杀虫剂导致的抗药性问题。

（2）降低传播速度。不需要完全消灭一个外来种,主要通过建立并维持一个缓冲区,从而降低它的传播速度,使项目成本效率更高。据研究,净收益最佳的控制策略存在于从完全消灭外来种,到限制传播,最终到不干预之间的某处,并受入侵种影响面积增大、造成损失下降或贴现率增大的影响。

有些情况下,降低传播速度可能是比根除是更可行的方案。根除能否取得较高的净效益,受需要根除的种群大小影响。外来种扩散的模型研究表明,根除新生核心的小种群比控制传播前沿的扩散经济效率更高。在决定采取哪种方式之前,进行根除和降低传播速度的正式比较是很有用的工作。美国林务局对美国西部广泛危害的舞毒蛾（*Lymantria dispar*）采取了降低传播速度的方式。由于舞毒蛾的卵可以通过运输工具等媒介传播到几百英里,新孵化的幼虫会危害附近的森林,由于蔓延的面积巨大,降低传播速度的项目目标确定为在传播前沿的稍后一条缓冲区中,发现并清除独立的小种群,这样可以用有限的成本控制其传播,项目取得了良好的效果。

6. 诱导长期正向变化,促进生态系统恢复　　采用生物控制技术控制外来种,是一种符合生态系统自我调节理论的方式,有利于受损生态系统的自我修复,并有很多成功的经验,如果生物控制计划可能并能够牵制入侵种使其长期影响减小,则优先使用生物控制方法。应当注意的是,有的生物控制媒介有非目标效应(non-target effect),可能会导致其他非控制对象物种受到影响,使用时应以保守的态度选择潜在的生物控制媒介。但有时候缓和人类土地利用活动的影响,对于生态系统受到入侵的可能没有太大作用,这种情况下,如果入侵种对生态系统会造成不可逆转的显著退化,那么不定期地采用各种化学和机械措施是必要和正当的。连续控制,有时候在入侵生态系统受威胁或不可替代的情况下也是正当的。如夏威夷的许多自然保护区和公园面临野化家畜的威胁,采用围栏并在其中设陷阱和射杀所有的猪羊等大型野化哺乳动物是正当的做法,在围栏中还要不定期检查以继续控制已经清除入侵种的地区,不然保护区就会遭到毁灭性的破坏。

绝大多数时候要完全根除已经广泛传播的入侵种是不可能的,因为即使采取了最严厉的管理措施也会有少量入侵种个体遗漏,因此化学和机械方法对付广泛传播的入侵种,在大多数情况下,应当以能诱导被入侵生境发生长期的可持续的正向影响为宜。例如,在某些原来过度放牧的地区一旦去掉放牧压力,有很多入侵植物就会疯狂生长,这时候采用合适的化学或机械方法加以控制,对于以恢复本地植被为目标的管理计划,具有非常重要的作用。

使用非化学(如机械控制)方法,能导致自我维持的正向恢复趋势,很大程度上依赖于是何种因素使得入侵种能在最初引入的地点进一步建群和传播。如果是人类导致的生态系统动态变化为入侵者打开大门,那么控制入侵种就可能是引导本地种逐渐恢复的有用措施,可以通过消除或补偿人类对生态系统的影响,而逐渐取得最终管理目标。例如,美国中西部地区的橡树稀疏林地一直是通过火干扰来维持其开放的结构,欧洲殖民者的到来使自然火干扰体系受到压制,导致大量灌木和乔木入侵种占据林下孔隙。对付入侵种的第一步应当是再引入火干扰体系,然后再采用化学和机械的方法,可以达到很好的控制效果。一旦林下的入侵灌木等被清除,本地草本重新建立,则模拟自然频率和强度地控制火烧,通常将能够防止木本入侵种的再次发生。

(二)植物入侵的防控实例——紫茎泽兰

紫茎泽兰是菊科泽兰属多年生草本植物,原产南美洲墨西哥至哥斯达黎加一带,现在已经广泛分布全球热带、亚热带30多个国家和地区。20世纪40年代在我国云南省首次发现了紫茎泽兰,现在已经成为我国西南地区主要的入侵植物,在西南地区诸省(直辖市、自治区)入侵草地、农田、路边、经济林地和森林,因其巨大危害被列入我国第一批入侵种名单。

1. 紫茎泽兰在我国的传播　　最初紫茎泽兰主要分布在中缅边境地区,可能首先从缅甸、越南、老挝经风媒入侵中国云南南部。其后,紫茎泽兰从最早入侵的区域逐步向北扩散。到1960年,云南南部的大部分地区都有了紫茎泽兰的入侵记录。20世纪60年代,紫茎泽兰从云南南部开始向北部和东部地区迅速蔓延。在此期间,紫茎泽兰的入侵区域主要集中在澜沧江、元江、把边江和怒江及其支流沿岸。到1969年,紫茎泽兰已侵占了云南南部的绝大多数地区。70年代初,在云南省,紫茎泽兰继续向中部和东部扩散。70年代中期,紫茎泽兰经云南东部扩散到了贵州省的西南部和广西壮族自治区西部。在贵州省,紫茎泽兰最早入侵了黔西南地区的兴义市,之后主要沿南盘江向北扩散。在广西壮族自治区,紫茎泽兰最早在广西壮族自治区西部的西林县和龙林县发现,后沿右江及其支流向东扩散。此外,70年代末期,紫茎泽兰向北扩散到了四川省南部的盐源县。到了80年代,紫茎泽兰几乎停止了向云南东北,西北地区的扩散,而在四川,贵州和广西壮族自治区则快速扩散蔓延。

2. 紫茎泽兰的生物学特性和危害　　紫茎泽兰的生态适应幅度极宽,耐阴、耐旱、耐寒、耐高温,以热带和亚热带分布最多,并蔓延到广大湿润、半湿润的亚热带季风气候地区。从垂直分布来看,紫茎泽兰在海拔 165～3000m 范围内均能生长,集中分布在海拔 500m 以上的中低山地,在海拔 1000～2000m、坡度≥20°的山地生长最为茂盛,并形成密集成片的单优植物群落。

紫茎泽兰是一种无融合生殖的三倍体($n=17$),通常形成无配子种子,且种子数量多,每株可结种子 3 万～4.5 万粒,多的可达 10 万粒;种子很轻,种子千粒重只有 0.040～0.045g,瘦果顶端有冠毛,种子成熟恰值干燥多风的季节,因此传播速度较快。紫茎泽兰种群具有长久性的土壤种子库,种子不具有生理休眠特性,土壤种子随着扰动而不断萌发,萌发历时很长,能在不同生境的土壤中广泛分布,在适应多变的生境和不良的生长条件方面具有优越性。

紫茎泽兰的繁殖方式多种,除种子之外,还可以用根、茎进行无性繁殖,茎和分枝有须状气生根,具有萌发根芽的能力,入土便能繁殖成新植株,使其在竞争和拓展生存空间中处于有利地位。同时,紫茎泽兰根部会分泌化感作用物质,抑制其个体周围生长的其他植物生长发育,能明显降低三叶草和酸模种群数量。地上部分植株的水提取液也明显具有化感作用效应,且随浓度增加效应增强。紫茎泽兰的异株克生作用特性使其具强侵染力和竞争力,被认为是入侵各类木地植物群落成功的重要因素之一。

紫茎泽兰的危害主要表现为:①侵占农田、林地而影响农林生产;②侵占草地,造成牧草严重减产和失去放牧利用价值;③含有有毒物质常造成牲畜误食中毒甚至死亡;④竞争排挤和取代当地植物而很快形成单种优势群落,造成生物多样性不可逆转性的降低,危及当地物种的生存,甚至导致当地物种特别是珍贵植物资源的濒危或灭绝,最终导致生态系统单一和退化,改变或破坏当地的自然景观。据估计,紫茎泽兰对中国畜牧业和草原生态系统服务功能造成的损失分别为9.89 亿元/公顷和 26.25 亿元/公顷。

3. 紫茎泽兰的防控方法

1) 人工和机械防除　　在秋冬季,人工挖除紫茎泽兰全株,晒干烧毁。该法可用于经济价值高的农田、果园和草原草地。但劳动强度大,劳动效率低,难以在大范围内应用。用装有旋转式刀具的轮式拖拉机,可以较快地清除单种群的紫茎泽兰植株。在陡坡上,可用履带拖拉机驱动,但是经这种方式清除后,土地遗留残根的萌生和新幼苗的定植,使得成功率不高。此外,由于紫茎泽兰发生生境的复杂性,如陡坡、零星边地、耕地中和疏林下等,使得可以进行机械防除的生境非常局限。

2) 化学防治　　化学防治也是控制紫茎泽兰的主要方法之一,主要除草剂配方有:①0.6%～0.8%的 2,4-D 溶液;②0.3%～0.6%的 2,4-D 丁酯和 2,4,5-T;③5.0%的氯酸钠溶液。前 2 个配方在夏秋季植株旺盛生长季节中应用是非常有效的。而最后 1 个配方在春夏之交长期使用,相当有效。此外,每亩用 10%草甘膦水剂 1000～1500mL,2,4-D 250g 加敌草隆 500g,于紫茎泽兰营养器官生长旺盛时期喷雾,亦有良好防效。

3) 植物的替代控制　　如既进行人工和机械防预,又对被清除地加以垦植,则可控制紫茎泽兰重新侵染。选作替代控制的植物须是适生、生长快,且有较高的经济价值,在短时间内郁蔽度可达到 70%的,如三叶豆、绞股蓝等。

4) 昆虫的生物控制　　紫茎泽兰的经典生物防治主要采用泽兰实蝇(*Procecidochares utilis*),美国、澳大利亚、新西兰、印度、南非都进行了释放泽兰实蝇控制紫茎泽兰的试验。泽兰实蝇产卵寄生于紫茎泽兰的茎顶端,继而形成虫瘿,严重抑制紫茎泽兰的生长。因为它虽然可形成侧枝,但开花结实数量显著减少,产生不孕的头状花序,直至植株最终死亡。我国自 20 世纪 80 年代开始研究泽兰实蝇的生防效果,但是发现泽兰实蝇也有自然发生的天敌,能抑制泽兰实蝇种群数量的扩大,从而限制了它的控草效果。另一种昆虫——食花虫(*Dihammus argentatus*)也被考虑,并与泽兰实蝇和一种真菌结合起来用于控制紫茎泽兰。不过,并没有达到理想的控制目标,只是抑制了紫茎泽兰的扩散速度,更不能将其从已定殖地清除。

5) 真菌的生物控制　　能引起紫茎泽兰叶斑病的真菌,首次被报道为泽兰尾孢菌(*Cercospora eupatorii*),它可引起叶子被侵染组织的失绿,使植株的生长受阻。该菌株在不同国家发现并被报道时,采用了不同的名字。澳大利亚、南非、新西兰和中国都对其研究用于控制紫茎泽兰,发现它显示极高的专一性,主要感染紫茎泽兰。然而上述 3 种紫茎泽兰天敌的综合作用,也仅是有限地减慢了杂草的扩散速度,不能完全抑制其扩散。

4. 紫茎泽兰的利用　　紫茎泽兰虽是一种必须防除的入侵植物,然而通过对其成分分析,发现它含有一些具有实用价值的活性成分,为其利用创造了条件。相关研究表明,紫茎泽兰适当处理后可以用于饲料、沼气、农药、胶合板、食用菌栽培等。如果能充分开发利用紫茎泽兰,变废为宝,则这可能是最好的防治方法。

(三) 动物入侵的防控实例——松材线虫

松材线虫是滑刃科伞滑刃属昆虫,原产地为北美,是松材线虫病(又称松树萎蔫病)的病原物。松材线虫和松材线虫病是两个不同的概念,伞滑刃属线虫有 49 个种都与树皮小蠹和木材钻蛀性害虫都有结合关系,但危害程度不同;一般谈到相关危害及防治时主要是指松材线虫病,即由特定松材线虫种类寄生在松树体内所引起的一种毁灭性病害。松材线虫病主要危害针叶树木,尤其是松属树种(50 余种),能导致松树在感染后 60~90 天内枯死,而且传播蔓延迅速,防治难度极大,3~5 年就造成大面积毁林的恶性灾害,被称为松树癌症,无烟的森林火灾。我国 1982 年在南京首次发现此病,此后疫区迅速扩大,因其巨大的危害,被列入中国第二批入侵种名单。

1. 松材线虫的在我国的传播　　松材线虫主要随着松木包装材料传播。松材线虫病 20 世纪初传入日本,随后传入韩国,以及我国的香港和台湾等地,1982 年在南京首次发现此病,虽然目前还无法完全确定我国入侵种群的全部来源,但至少可以说,我国部分种群来源于日本。虽然并不能排除存在其他次要的扩散路线,但采用 AFLP 方法根据国内各地样品之间的遗传关系,得出松材线虫在中国的扩散至少有两条主要的路线,并在此基础上推测广东是松材线虫种群入侵我国最初的定殖和扩散中心,而江苏已成为松材线虫在我国的新扩散中心(谢丙炎等,2009)。按 2006 年国家林业局公布的数据,该病目前已对我国的江苏、浙江、安徽、江西、山东、湖北、湖南、广东、重庆、贵州 10 省(市)的 95 多个县级行政区内的松林造成了严重危害。

目前,松材线虫病正由沿海地区向内陆地区、由经济发达地区向欠发达地区、由一般林区向重点林区和重要风景名胜区蔓延,对我国松林资源,尤其是对我国南方广泛栽植的 330 多万 hm² 松林和重要生态区域构成了严重威胁,同时由于它是世界重要的检疫病虫害,也严重地影响着我国外贸出口竞争力。

2. 松材线虫病的致病过程与机理　　尽管松材线虫病的发现已有近百年的历史,但只是在近几十年内人们才对该病进行了较为系统的研究。松材线虫病的发生与传播与媒介昆虫和人类活动密切相关,主要媒介昆虫包括天牛类、吉丁虫类及象鼻虫类,传播松材线虫的媒介昆虫必须具备以下条件。

第一,生活史必须与松材线虫同步。

第二,其所携带的松材线虫要达到一定的数量。

第三,有一定的种群密度。松材线虫在北美原产地的重要传媒昆虫为卡罗来纳墨天牛(*Monochamus carolinesis*),而在我国及几个亚洲国家的传媒昆虫则是松墨天牛(*M. alternatus*),其他几种昆虫均为携带者。松材线虫(病原)、松墨天牛(传播媒介)和松树(寄主)三者之间这种生物学联系就构成了松材线虫病的侵染循环。

松材线虫本身活动能力有限,一般仅在寄主体内活动,主要通过昆虫携带到达新寄主。松材线虫通过松褐天牛补充营养的伤口进入木质部,寄生在树脂道中。在大量繁殖的同时,逐渐遍及全株,并导致树脂道薄壁细胞和上皮细胞的破坏和死亡,造成植株失水,蒸腾作用降低,树脂分泌急剧减少和停止。所表现出来的外部症状是针叶陆续变为黄褐色乃至红褐色,萎蔫,最后整株枯死。病死木的木质部往往由于有蓝变菌的存在而呈现蓝灰色。病害发展过程分4个阶段。

第一,外观正常,但树脂分泌减少,蒸腾作用下降,在嫩枝上往往可见天牛啃食树皮的痕迹。

第二,针叶开始变色,树脂分泌停止,除见天牛补充营养痕迹外,还可发现产卵刻槽及其他甲虫侵害的痕迹。

第三,大部分针叶变为黄褐色,萎蔫,可见到天牛及其他甲虫的蛀屑。

第四,针叶全部变为黄褐色至红褐色,病树整株干枯死亡,此时树体一般有许多次期害虫栖居。

虽然松材线虫自被发现为松树萎蔫病的病原后一直受到公认,但该病与通常森林病虫害有许多不同,尤其是其致病机理尚不明确。到目前为止对松材线虫病致病机理具有3种解释,还没有为大多数人所接受的更明确的机理。

第一种观点认为,松材线虫分泌的酶使松树薄壁细胞的细胞壁和细胞膜遭到破坏,树脂不正常地从树脂道中渗漏并扩散到相邻的管胞中,使水分输导受阻,导致萎蔫。到目前为止的研究结果虽然对松材线虫分泌纤维素酶的现象做出了积极的印证,但实际上纤维素酶在松材线虫致病过程中的作用和地位尚缺少令人信服的试验证据。

第二种观点认为,松树感染松材线虫后,树体木质部内挥发性单萜烯和倍半萜烯的含量增加,这些物质具有疏水性,而且表面张力低,它们进入并在管胞中形成空洞,使管胞不能重新进水,致使水分输导受阻。该理论虽然在有的情况下能解释一些现象,但不具普遍性。

第三种观点认为,松树感染松材线虫后,体内产生有毒物质,这些物质使松树萎蔫。目前已知至少有7种毒素存在于感染松材线虫的松树中,苯甲酸(BA)和儿茶酚(CA)在针叶里,8-羟基香芹鞣酮(8-HAC)、二氢松柏醇(DCA)和10-羟基马鞭烯酮(10-HV)存在于木材中。但从目前的研究结果看,虽然在松材线虫病害发生的过程中产生了许多相关的毒素物质,同时这些物质对松树都显示出毒性,但哪一种是引起病害的主要原因很难判定。同时,目前对于毒素的来源还存在不同的看法。

3. 松材线虫病的防控方法 我国松材线虫病疫情扩散的主要原因是在通讯、电力、交通、企业等项目建设中,调入未经处理或处理不彻底的感病原木、木材、薪材以及包装材料而引发的,这已成为最主要的传播途径。

松材线虫病的发生与环境条件密切相关,特别是温度和土壤含水量直接影响松材线虫的生长发育及病害的发生发展。在松树生长季节,如遇高温、干旱,松材线虫病发生就相对严重。松材线虫具有很强的抗逆性和可塑性,如松材线虫在北美洲主要为害欧洲赤松、欧洲黑松等,传入我国后除了感染黑松外,已对我国乡土树种马尾松造成了严重危害;同时,松材线虫对低温适应性也在逐步增强,加上我国最近20年多处于暖冬,年平均气温呈上升的趋势,因此,松材线虫适生范围也是动态变化的,表现出逐步北移的趋势。

松墨天牛在我国的分布十分广泛,北纬40°以南地区广泛分布,不仅危害松属(*Pinus* spp.)植物,而且也危害落叶松属(*Larix* spp.)、雪松属(*Cedrus* spp.)、云杉属(*Picea* spp.)、冷杉属(*Abies* spp.)、栎属(*Quercus* spp.)等的个别物种。虽然松材线虫的自然扩散主要是以松墨天牛成虫的飞翔而进行的,但在纯松林中,一年的自然扩散距离也仅有100m左右,并不能成为松材线虫在区域尺度上扩散蔓延的主导因素。

关于松材线虫病防治国内外学者都进行了多方面研究,但由于松材线虫病传播、发生及危害的特殊性,到目前为止,运用于生产且经济有效的方法并不多。根据传染病发生的规律,针对其必备的三个条件:病原体、传播途径和易感群体,可以分别采取消灭病原体、切断传播途径及保护易感株群的措施使传染病发生的链条中断,是目前降低松材线虫病的疫情发生风险的主要方式,直接对松材线虫的防治技术还需要进一步研究。我国目前松材线虫病防治研究主要集中在人为控制、基因控制及生态控制三个主要方面(张锴等,2010)。

1) 人为控制　　目前我国对松材线虫病的人为防治手段主要有化学防治、物理防治、生物防治及综合防治,但总体上仍以化学防治为主。

在化学防治方面,我国研究人员已研制并筛选出一些行之有效的化学杀线剂、杀虫剂和引诱剂,并在生产实践中取得了一定的积极效果。虽然多数人工药剂具有毒性强、见效快等优点,但在自然气候条件下使用会受到季节的限制,还会不可避免地带来一些负面效应,如易残留、对环境造成破坏等。长期重复使用容易使病虫产生抗性,从而出现再猖獗。

在生物防治方面,目前已成功利用了管氏肿腿蜂(*Scleroderma guani*)、花绒坚甲(*Dastarcus longulus*)和球孢白僵菌(*Beauveria bassiana*)等天敌昆虫及病原微生物进行防治,且效果显著。然而,生物防治成本较高,见效慢,大面积推广仍存在难度。

此外,我国学者还利用电击处理防治松材线虫病,并取得了一定的效果,但是花费较高,生产应用并不普遍。

2) 基因控制　　作为我国南方种植面积最广、受灾最为严重的乡土树种,马尾松抗性品种的选育是我国目前树木抗性育种研究的重点内容之一。对不同地理种源的马尾松进行抗松材线虫病比较的试验结果表明,马尾松不同种源间的抗病性差异显著,且地理差异明显。虽已分离鉴定了一些抗病物质的种类和结构,并进行了抗松材线虫的生物测定,但总体来说仍很薄弱,在许多方面仍属空白。就抗病物质而言,无论对其种类、数量、结构,还是它们的代谢途径和作用机理都缺乏全面深入的了解。因此,有必要进一步加强松树抗松材线虫病机理的研究,从而为抗病松种的选育提供充分的理论依据,为松树抗松材线虫病基因工程打下理论基础。寻找抗性种质和利用基因工程进行抗性品种改造的相关研究还需要进一步深化。

3) 生态控制　　在生态控制方面,我国学者依据近自然林业思想,并鉴于森林生态系统的结构复杂性和时空稳定性,以及对生物灾害的自我补偿或恢复能力,提出通过生态系统的改造,构建系统优化结构,加强林分抚育,增强树势,提高系统自我控制松材线虫病的功能的想法。目前我国研究人员已经利用乡土阔叶树种与松树的混交造林和林分改造手段,达到了分散松材线虫的危害并抵御松材线虫自然传播的目的。但此类抵抗性的理论研究尚不够深入,松林生态系统抵御和恢复机制的研究亟待加强。

为了遏制松材线虫病严重发生和扩散蔓延的势头,提高防治成效,2010年,国家林业局发布了《松材线虫病防治技术方案(修订版)》,从七个方面对松材线虫病的防控做了全面的规定:

①疫情普查监测;②疫情报告、公布与撤销;③防治措施;④防治成效检查;⑤疫木除害处理和安全利用;⑥检疫封锁措施;⑦预防措施。通过全国系统的防治工程建设,可望逐渐抑制住松材线虫病的泛滥,有效保护我国生态环境建设成果。

小　　结

生物入侵研究在 20 世纪 90 年代蓬勃发展,并取得了独立的学术地位。本章从入侵生物学(生态学)历史和学科框架出发定义了外来入侵种相关概念,分析了生物入侵概念的含义及与入侵机理研究密切相关的三个重要因素的定义。

生物入侵是一个动态的过程,正文介绍了入侵过程模型和入侵阶梯模型,两者分别从物种繁殖体数量角度和种群数量角度将入侵过程分为几个阶段。同时,从整合外来种进入和管理相关信息的角度,将外来种传入新区域的方式分为三类机制和六种途径。

外来入侵种会影响或改变本地生态系统的结构和功能,从人类福利的角度出发,会造成相应的生态系统服务损失。采用环境经济学的评价方法,可以把入侵造成的损失转换成货币值,利于沟通自然科学和社会科学,为管理入侵种提供决策支持。

对生物入侵事件采取合理的管理方法。从生物入侵过程和传入途径的角度可以对不同阶段的入侵种采取不同的防控措施。包括采用检疫、风险评价等防止潜在入侵种进入,采用机械、化学、生物等综合措施防治已经发生的入侵种,以达到根除、牵制、控制等目标。然而入侵种管理的最终目标是诱导受损生态系统正向发育,恢复其抵抗入侵的能力。

思　考　题

1. 什么是外来入侵种? 生物入侵概念应包括哪些方面含义?
2. 从种群的角度如何划分入侵的过程?
3. 外来种传入新区域的途径主要有哪些,有何共同和不同之处?
4. 入侵种会对生态系统造成哪些方面的生态影响?
5. 举例说明,如何评价入侵种对某一项生态系统服务造成的损失大小?
6. 如何防止入侵发生?
7. 如何管理已经造成危害的入侵种?

主要参考文献

丁建清,谢焱. 1996. 中国外来种入侵机制及对策. 见:保护中国的生物多样性(二). 北京:中国环境科学出版社

方精云. 2000. 全球生态学:气候变化与生态响应. 北京:高教出版社,施普林格出版社

李博,马克平. 2010. 生物入侵:中国学者面临的转化生态学机遇与挑战. 生物多样性,18:529-532

李振宇,谢焱. 2002. 中国外来入侵种. 北京:中国林业出版社

路瑞锁,宋豫秦. 2003. 云贵高原湖泊的生物入侵原因探讨. 环境保护,(8):35-37

强胜. 1998. 世界恶性杂草——紫茎泽兰研究的历史及现状. 武汉植物学研究,16(4):366-372

万方浩,刘万学,郭建英等. 2011. 入侵生物学. 北京:科学出版社

万方浩,谢丙炎,杨国庆等. 2011. 外来植物紫茎泽兰的入侵机理与控制策略研究进展. 中国科学(C辑:生命科学),41(1):13-21

王卿,安树青,马志军等. 2006. 入侵植物互花米草——生物学、生态学及管理. 植物分类学报,44(5):559-588

谢丙炎,成新跃,石娟等. 2009. 松材线虫入侵种群形成与扩张机制——国家重点基础研究发展计划"农林危险生物入侵机理与控制基础研究"进展. 中国科学(C辑:生命科学),39(4):333-341

徐海根,强胜,韩正敏等.2004.中国外来入侵物种的分布与传入路径分析.生物多样性,12(6):626-638

徐海根,强胜.2004.中国外来入侵种编目.北京:中国环境科学出版社

徐汝梅,叶万辉.2003.生物入侵——理论与实践.北京:科学出版社

张错,梁军,严冬辉等.2010.中国松材线虫病研究.世界林业研究,23(3):59-63

郑景明,马克平.2010.入侵生态学.北京:高等教育出版社

Alan Liefting. 2009-1-17. Wilding_pines,_Canterbury,_New_Zealand.jpg. http://en. wikipedia. org/wiki/File: Wilding_pines,_Canterbury,_New_Zealand.jpg

Carl D. Howe. 2006-1-22. North-American-bullfrog1.jpg. http://zh. wikipedia. org/wiki/File: North-AmericaA-bullfrog1.jpg

Charles H, Dukes J S. 2007. Impacts of invasive species on ecosystem services. In: Nentwig W. Biological Invasions. Berlin: Springer-Verlag, 217-238

Drake J A, Mooney H A, di Castri F, et al. 1989. Biological Invasions: A Global Perspective. Chichester: John Wiley&Sons Ltd

Elton C S. 1958. The Ecology of Invasions by Animals and Plants. London: Metheun

Forest, Kim Starr. 2001-8-31. http://www. hear. org/starr/images/image/? q=010831−0015&o=plants

Gaskin, J. F., Schaal, B. A. 2002. Hybrid Tamarix widespread in U. S. invasion and undetected in native Asian range. Proc. Natl Acad. Sci. USA, 99: 11256-11259

Heger T, Trepl L. 2003. Predicting biological invasions. Biological Invasions, 5: 313-321

Hulme P E, Bacher S, Kenis M, et al. 2008. Grasping at the routes of biological invasions: a framework for integrating pathways into policy. Journal of Applied Ecology, 45: 403-414

I, Duloup. 2007-6-17. Procambarus clarkia side.jpg. http://zh. wikipedia. org/wiki/File: Procambarus_clarkii_side.jpg

KENPEI. 2009-8-20. Pomacea caniculata1.jpg. http://zh. wikipedia. org/wiki/File: Pomacea_caniculata1.jpg

Kerina yin. 2011-8-22. Siput babi(Achatina fulica) di parit Sulong, Johor.jpg. http://zh. wikipedia. org/wikw/File: Siput_babi_(Achatina_fulica)_di_Parit_Sulong,_Johor.jpg

Kolar C S, Lodge D M. 2001. Progress in invasion biology: predicting invaders. Trends in Ecology and Evolution, 16: 199-204

Levine J M, Vila M, D'Antonio C A, et al. 2003. Mechanisms underlying the impacts of exotic plant invasions. Proceeding of Royal Society of London (B), 270: 775-781

Lodge D M, Willams S, Macisaac H J, et al. 2006. Biological invasions: recommendations for U. S. policy and management. Ecological Applications, 16: 2035-2054

Lovei G L. 1997. Global change through invasion. Nature, 388: 627-628

Mack R N, Chair D, Simberloff W M, et al. 2000. Biotic invasions: causes, epidemiology, global consequences, and control. Ecological Application, 10: 689-710

Mooney H A, Hobbs R J. 2000. Invasive Species in A Changing World. Washington: Island Press

Pavel Zuber. 2009-2-19. Lates_niloticus.jpg. http://en. wikipedia. org/wiki/File: Lates_niloticus.jpg

Peripitus. 2008-4-28. Goats-Wilpena Pound.jpg. http://en. wikipedia. org/wiki/File: Goats_-_Wilpena_Pound. JPG

Perrings C, Williamson M, Dalmazzone S. 2000. The Economics of Biological Invasions. Cheltenham: Edward Elgar Publishing

Vitousek P M, D'Antonio M L, Loope L L, et al. 1996. Biological invasions as global environmental change. American Scientist, 84: 468-479

Wang R, Wang Y Z. 2006. Invasion dynamics and potential spread of the invasive alien plant species *Ageratina adenophora* in China. Diversity and Distributions, 12: 397-408

Williamson M. 1996. Biological Invasions. London:Chapman & Hall

Wittenberg R,Cock M. 2001. Invasive Alien Species:A Toolkit of Best Prevention and Management Practices. Wallingford and Oxon:CAB International

Zell. H. 2010-3-29. Eichhornia crassipes 001. jpg. http://commons. wikimedia. org/wiki/File: Eichhornia _ crassipes _ 001. JPG? uselang=zh

第九章　生物种质资源的保护

挖掘我们心灵深处的慈悲,拥抱万物生灵,接受整个大自然及其美丽之处,这样我们就可以完成我们释放自身的使命。

——埃尔伯特·爱因斯坦

动植物种质资源是物种进化和遗传育种研究的物质基础,也是人类赖以生存和持续发展的基本条件之一。由于自然和人为因素的干扰,许多植物栽培品种和野生动植物资源正受到严重影响,一些珍稀植物已经灭绝或濒临灭绝,因此,动植物种质资源的保存已成为全球性关注的课题。传统的种质保存方法主要有原地保存(in-situ conservation)与异地保存(ex-situ conservation)两种。但这些方法往往存在占地面积大,成本高,易受外界环境影响等弊端,不能长期稳定保存种质资源。随着科学技术的发展,出现了超低温保存技术,其能够有效克服这种不足。超低温条件能够最大限度地抑止材料的生理代谢强度,降低劣变发生的频率,从而达到长期保存种质的目的。超低温保存的长期稳定性对一些稀有、珍贵和濒危观赏植物种质资源来说意义重大。众多试验结果证明,超低温(一般指液氮,196℃)保存是植物种质保存技术中较为理想的方法(王越等,2006)。

第一节　超低温保存及其细胞学理论依据

超低温保存(cryopreservation)是一门应用于动植物种质保存、畜牧业和医学的生物技术。它是采用一定的技术将生物材料安全地保存在液氮中,需要时采用一定方法使之回到常温并正常发育或发挥生理功能的生物技术。由于它具有"永久性"保存生物材料的特点,并且生物材料经历极端低温后存在正常存活的奇妙生命现象,更重要的是它在医学、畜牧、动植物相关领域广泛应用后所获得的鼓舞人心的实际成功案例,使该技术成为近30年来低温生物学的研究热点之一。

一、超低温保存及其意义

超低温保存一般先将种质材料进行预冷,然后再放入液态氮中。预冷的温度为-10~-30℃或-70℃,有些种质材料如大部分种子可直接放入液态氮中。采用液态氮保存比用机械制冷保存节省能源,因而保存的费用比低温种质库低。如一份洋葱种子贮藏100年,超低温保存大约每年的费用仅为冷库保存的40%。超低温保存的种子只需常规干燥,而存入低温种子库中的种子含水量必须控制在5%±1%。种质低温库中保存的种子需定期进行生活力监测和繁殖更新,而在液态氮中,理论上种子可以"无限期"存活下去。

超低温保存技术于20世纪40年代最先在医学和畜牧业上得到应用,从20世纪70年代开始用来保存植物材料。超低温技术已成功地应用于许多粮食作物、蔬菜、果树、观赏植物和药用植物种子、花粉、试管苗等种质材料的保存。它对花粉和顽拗型种子保存具有十分重要的作用。美国是开展超低温保存技术研究较早的国家,目前许多国家和地区都在从事超低温保存种子的研究,日本、印度、中国的国家基因库和中国台湾的基因库都有液态氮保存设施。超低温保存技术,必将为人类生殖保险、医治或弥补生育缺陷、动物品种改良、濒危动物(如大熊猫、东北虎等)的挽救等提供了极大的方便,带来巨大的经济效益和社会效益。

Cryopreservation(超低温保存)是由 cryo 和 preservation 组成,在英语中 cryo 为前缀,被解释为低温、冷、冰、霜之意。从词义看,低温所涉及的温度范围是不确定的。习惯上,人们将−80℃以下的低温称为超低温,干冰温度(−70℃)称为极低温,低温则从 4℃往下推。对植物而言,低温常常是指那些比常温稍低一些的温度。如果低温超过细胞原生质所能忍受的临界温度,就会致使植物细胞遭受冻害而死亡。如甜橙树发生冻害的临界温度通常在−6.5℃,枳壳通常在−20℃左右。目前常用的超低温保存方法可分为两类:即冷冻诱导保护性脱水的超低温保存和玻璃化处理的超低温保存。在超低温条件下,生物的代谢和衰老过程大大减慢,甚至完全停止,因此可以长期保存植物材料。

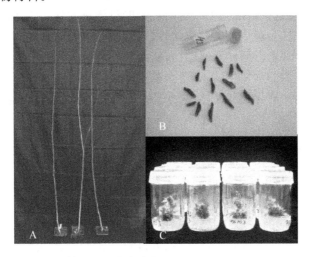

图 9-1　超低温保存休眠芽是杂交白杨(*Populus tremula × tremuloides*)种
质保存的理想方法(引自:Barbara M. Reed,2008)

A. 温室生长低温保存的样品;B. 切割好的将要被超低温保存的离体芽;C. 超低温保
存后扩繁获得的嫩芽

自 1973 年 Nag 和 Street 首次报道用液氮保存植物材料以来,世界范围内已对 100 多种植物种质开展了超低温保存的研究,涉及保存的材料有原生质体、悬浮细胞、愈伤组织、体细胞胚、花粉胚、花粉、花药、种子、茎尖分生组织、芽(图 9-1)、茎段,甚至植株幼苗等。同时,超低温保存技术在濒危植物资源的保存中也发挥了巨大作用。植物种质超低温保存技术具有传统的原境保存和异境保存无法比拟的优点,它能长期有效地保存植物种质而且不使种质资源发生变异,还能使保存的植物种质材料免受病、虫、毒的侵害,便于国际间的种质交换,随时快速繁殖大量健康植株,而且还能防止种的衰老,延长花粉寿命,从而解决不同开花期和异地植物杂交上的困难。另外,研究还发现,超低温保存还可以去除一些病毒。1997 年 Brison 等首次报道超低温保存不但可以保存植物种质,而且还可以去除病毒。Helliot(2002)等也发现感染香蕉花叶病和条纹病的香蕉病株的分生组织经超低温保存后可以去除 30% 的花叶病毒和 90% 的条纹病毒。

二、超低温保存的细胞学理论依据

无论哪种生物材料的超低温保存,研究的对象都是以细胞为基础的。因此生物材料的冻结首先需要解决的是细胞冻结问题,这是离体超低温保存首先必须研究的生物学现象,是低温生物学研究的重要内容之一。

(一)细胞冻害与抗冻性

组织细胞的超低温保存技术,建立在对细胞冻害和抗冻性机理研究的基础上。生物细胞在降温过程中,随着温度的降低,细胞外介质结冰,而细胞内尚未结冰,造成细胞内外的蒸汽压差,只要降温速度不超过脱水的连续性,细胞内水就不断向细胞外扩散,造成细胞原生质浓缩,从而降低细胞内含物的冰点。这种逐渐除去细胞内水分的过程称为保护性脱水,它能有效地阻止细胞质或溶液结冰,但也往往会造成溶液效应,即因为过度脱水导致细胞内有害物质积累,使蛋白质分子间形成二硫键,破坏蛋白质和酶的结构,从而破坏膜的完整性。除此之外,在降温冰冻过程中,如果生物机体细胞内的水发生结冰,还会造成细胞结构的机械损伤。这是冰冻伤害的两因素假说(陈品良,1989)。冰冻保存过程中的处理也是以此为基础的,以避免产生这两种伤害为目的。

(二)溶液的玻璃化

溶液经晶核形成和晶核生长过程而固化。溶液降温时,如果降温速度不够快,就形成尖锐的冰晶;而如果降温速度足够快,则很少或几乎不会形成均一核,或均一核生长缺乏足够的时间,这时溶液就进入无定形的玻璃化状态,这是一种透明的固态,与液态相比,分子没有发生重排,因此与晶态不同,被称为玻璃态,此时的温度称为玻璃化形成温度。在玻璃化形成过程中,既没有溶液效应对细胞的伤害,也没有冰晶的形成对细胞结构造成的机械损伤(裴冬丽等,2005)。

因此,种质超低温保存成功的关键是降温冰冻过程中避免细胞内结冰。在降温过程中必须使细胞发生适当程度的保护性脱水,使细胞内的水流到细胞外结冰,并且在化冻过程中防止细胞内次生结冰。为此,针对不同种类的生物材料,筛选适合的冰冻保护剂,采用适当的降温冰冻速度和化冻方式,可能使细胞不受损伤或使损伤减小到最低程度,而这是在超低温时保存生物种质资源的重要技术。

第二节　超低温保存的技术体系

生物体虽然能在低温下长期保存,但却极易在降温、复温过程中遭受损伤而死亡。整个过程包括三个主要的物理化学过程:即液体溶液的固化过程;固化溶液的融化过程和水分通过细胞膜的渗透过程。由此引起的溶液中冰晶形成和生长、冰晶的再结晶、高渗压应力和溶液的高浓度毒性等因素都会损伤细胞。因此,若不进行特殊的控制,绝大多数生物体在经历低温时会因损伤而死亡。经过长期的研究,科研人员建立了系统的生物组织细胞超低温保存的技术体系,并探明了影响超低温保存效果的因素。

下面是超低温保存的基本程序：

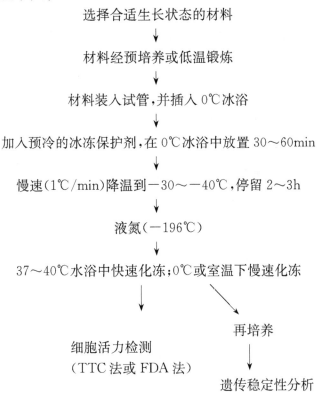

一、冰冻方法

超低温过程每一步都很重要，但降温冰冻方法是影响超低温保存效果的关键因素之一。科研人员针对不同的生物材料，探索出了多种冰冻方法（马千全等，2007）。

（一）快速冰冻法

将材料从0℃或预处理温度直接投入液氮，其降温速度在1000℃/min以上。这个过程可以使细胞内的水分子还未来得及形成结晶中心就降到了−196℃的安全温度，从而避免了细胞内结冰的危险。此法适用于那些高度脱水的材料，如种子、花粉、球茎或块根以及那些很抗寒的木本植物的枝条或芽（图9-2）。

（二）慢速冰冻法

采用逐步降温的方法，以0.5～2℃/min的降温速度，从0℃降到−30℃、−35℃、−40℃、−70℃，随即投入液氮，或者以此降温速度连续降温到−196℃（图9-2）。逐步降温过程可以使细胞内水分有充足的时间不断流到细胞外结冰，从而使细胞内水分含量减少到最低限度，达到良好的脱水效果，避免细胞内结冰。这种方法适合于液泡化程度较高的植物材料，如悬浮细胞、原生质体等。

（三）分步冰冻法

此法将快速和慢速2种冰冻方法结合起来。首先用较慢的速度（0.5～4℃/min）使植物材料从 0℃降至一定的预冷温度(一般为—50～—30℃)并停留一段时间(一般 10min 左右),使细胞进行适当的保护性脱水,然后再浸入液氮冷冻(图 9-2)。烟草、胡萝卜、水稻玉米、甘蔗、大豆、杨树、椰枣树、红豆草等悬浮培养细胞及愈伤组织等的超低温保存,均采用了此种方法。

(四)逐级冰冻法

植物材料经过冷冻保护剂 0℃预处理后,逐级通过—10℃、—15℃、—20℃、—30℃、—40℃等,每个温度停留 10min 左右,然后浸入液氮(图 9-2)。

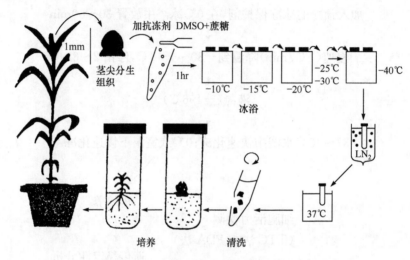

图 9-2　茎尖分生组织超低温保存程序示意图(引自:简令成,1995)
降温方法,可采用逐级降温法,也可采取两步冰冻或快速冰冻法

(五)干燥冰冻法

将样品在含高浓度渗透性化合物(如甘油、糖类物质等)培养基上培养一段时间,或者经硅胶、无菌空气干燥脱水数小时,或者用褐藻酸钙液泡包裹样品,在无菌风中进一步干燥,然后直接投入液氮;或者用冷冻保护剂处理后吸除表面水分,密封于金箔中进行慢冻。只要脱水足够,细胞内溶液浓度即可达到较高水平而易进入玻璃化状态。这种方法对某些植物的愈伤组织、体细胞胚、胚轴、胚、花粉、茎尖及试管苗等较合适,但对大多数对脱水敏感的材料不适用。

(六)脱水冰冻法

将植物材料先用含有甘油和糖类的冷冻保护剂进行渗透脱水,再置于—30～—20℃的冷藏库内冻结脱水,然后立即投入液氮中迅速冷冻。

(七)玻璃化法

玻璃化法(vitrification)是 Sakai 等(1990)建立的一种简单而高效的方法。它使组织或细胞在—196℃形成玻璃化,而没有冰晶的形成,从而减少了对细胞的损伤,提高了材料的存活率。在投入液氮前,使用高浓度的冰冻保护剂,或称之为玻璃化液(PVS2,MS 基本培养基附加体积分数 30%的甘油、15%的乙二醇、15%的 DMSO 及 0.4mol/L 的蔗糖)在 25℃或 4℃下处理一段时间(一般 10～60min)。玻璃化法的主要程序为:①选择适宜的材料;②材料的预培养;③装载液处理;④在0℃或25℃下用玻璃化液(PVS2)脱水;⑤投入液氮保存;⑥保存后快速化冻;⑦去除玻璃化液;⑧材料的恢复培养(图9-3)。实际应用中可以根据材料特性对PVS2各组分的含量(尤其是DMSO)做出调整,以减少DMSO对细胞的毒害,提高存活率。玻璃化法具有设备要求简单、材料处理步骤简便、简单易行、省时省力、效果和重演性好等优点。利用此法已经成功保存了十几种植物的茎尖、原生质体、合子胚及悬浮细胞等。玻璃化法冻存的关键在于,严格控制在玻璃化保护剂中的脱水时间及冰冻保护剂的渗透性,使植物组织在脱水过程中避免化学毒害或因过分渗透胁迫而造成的伤害。不同的植物材料应选择不同渗透势的玻璃化液及处理时间。

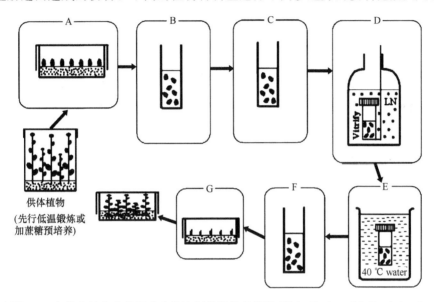

图9-3 离体生长分生组织玻璃化法超低温保存程序(引自:Barbara M. Reed,2008)
A. 离体分生组织在加0.3M蔗糖培养基上25℃或0℃预培养一定时间;B. 渗透保护。经预培养的材料放到低温管(内加2M甘油和0.4M蔗糖混合的2ml保护液),25℃下20~30min;C. 替换渗透保护液,用PVS2或PVS3玻璃化液脱水;D. 快速降温。低温管(分生组织浸入PVS2)直接浸入液氮(降温速率约300℃/min)至少1h;E. 快速升温。低温管快速转移到无菌40℃蒸馏水水浴(升温速率约250℃/min),低温管要用力震荡1.5min;F. 替换玻璃化液。升温后,立即将PVS2从低温管吸除,加入2ml添加1.2M蔗糖的基本培养基,保持20min;G. 平板接种。将分生组织转移到培养皿(内含固体培养基,培养基上放两层无菌双层滤纸)。1d后转移到新的相同的培养基上,3~4星期后统计能形成正常芽的分生组织比率

(八) 包埋脱水法

包埋脱水法(encapsulation-dehydration)是参照人工种子技术,结合低温保存的需要,将包裹和脱水结合起来,应用于超低温保存中。包埋脱水法最早出现在法国学者保存马铃薯茎尖的研究中。此方法的基本程序是:①选择适宜的材料;②用褐藻盐包埋茎尖;③在含渗透压剂(如蔗糖、山梨醇、甘油等)的培养基中预培养;④通风橱或硅胶脱水;⑤立即投入液氮中;⑥保存后的快速化冻;⑦材料的恢复培养(图9-4)。包埋脱水法的优点是容易掌握,缓和了脱水过程,简化了脱水程序,而且被保存的样品体积可以较大,同时还避免了一些对细胞有毒性的冰冻保护剂如DMSO的使用。因此这种方法应用于悬浮细胞、体细胞胚和茎尖等材料的保存。

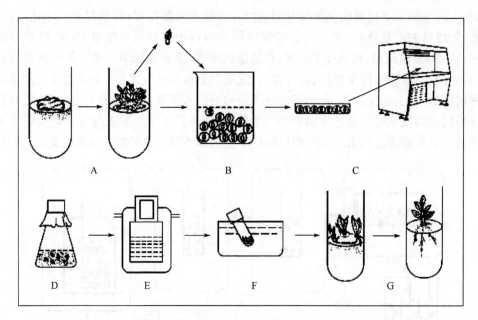

图 9-4　包埋脱水法超低温保存苹果茎尖示意图(引自:谢从华等,2004)

A. 诱导茎尖并让茎尖培养物在黑暗(4℃)条件下低温锻炼;B. 茎尖分离后用藻酸钙(alginategel)包埋;C. 将茎尖置于培养皿中,在净化工作台上干燥处理;D. 被包埋的茎尖含在含 0.75mol/L 蔗糖的培养基上预培养;E. 茎尖置于冷藏管中,浸入液氮进行超低温保存;F. 化冻处理;G. 植株再生

(九) 包埋玻璃化法

为了克服玻璃化法和包埋脱水法的缺点,有人将两者的优点结合起来,建立了包埋玻璃化法(encapsulation-vitrification)(图 9-5)。以山蓣菜和百合的茎尖分生组织为材料,在含 0.3mol/L 蔗糖的培养基上 25℃预培养 1d,然后包埋在含 2mol/L 甘油和 0.4mol/L 蔗糖的海藻酸钠丸中,包埋的茎尖分生组织在 PVS2 中处理 100min(0℃)后,直接投入液氮保存。结果表明,山蓣菜的茎尖分生组织在 3d 内恢复生长,成苗率达 95%,比包埋脱水法高 30%,因此认为包埋玻璃化法保存效果好、易于操作、脱水时间较短、成苗率高,是温带作物茎尖分生组织超低温保存的一种好方法。

9-5　包埋玻璃化法超低温保存的甘蔗茎尖恢复生长(引自:Barbara M. Reed,2008)

a,b,c,d 分别表示平板接种后 2d、7d、14d 和 21d;黑色标尺为 1cm

需要指出的是,尽管各种冷冻方法各有自己的优缺点,但目前为止还没有一种方法普遍适用于所有的生物材料,所以必须根据不同材料来确定冷冻方法。例如,对菊花茎尖来说,最适宜的

方法可能是小液滴快速冷冻法,而木薯超低温保存的最适方法是包埋脱水法,甘薯最适宜的超低温保存方法是玻璃化法。

二、影响超低温保存效果的主要因素

理想的超低温保存效果应当是:生物种质的存活率高,再生能力强,遗传稳定性高。下面分别介绍影响超低温保存效果的主要因素及相应的技术措施。

(一)材料的特性

材料的基本特性包括植物的基因型,抗冻性,器官、组织和细胞的年龄以及生理状态等。不同基因型的植物离体材料对超低温冻存的反应各不相同。植物细胞培养物的生长年龄是决定冻存后细胞成活率的最重要因素之一。指数生长期和滞后期的幼龄细胞抗冻力强,存活率高。如杏愈伤组织超低温保存,在一定的继代次数范围内,随着继代次数的增加,保存后的成活率逐渐提高,继代 8 次后达到最大值。对继代培养 4 次分别生长不同天数的愈伤组织进行超低温保存,结果 15~20d 的愈伤组织超低温保存后成活率最高。孙龙华等(1989)研究了玉米和甘蔗的超低温保存,继代培养 10d 的玉米、甘蔗的愈伤组织超低温保存效果最好。胚状体的保存也与分化时期有密切的关系,经超低温保存后,幼龄球形胚的存活率最高,心形胚次之,子叶形胚最低。Ryynanen 等(2001)研究了白桦树离体茎尖的超低温保存程序。用慢速降温法,以 PGD 作为冷冻保护剂,从 20 月龄的培养物上取茎尖比 55 个月龄培养物上所取茎尖的保存效果要好。适度干燥的花粉结合超低温保存可望成为一种永久性保存植物花粉的手段。对人参花粉超低温保存的试验证明,当花药含水量在 35.3% 和 26.7% 时,花粉保存后的萌发率和结实率与新鲜花粉无明显差异。

(二)预培养和低温锻炼

预处理对于调整植物离体材料的生理状态非常有效。通过预处理的植物材料,减少了细胞内自由水的含量,使细胞能经受低温胁迫,减少或避免了冷冻伤害,可大大提高材料的抗冻力。对于离体培养的植物,常在冻存前进行不同程度的预处理,以提高抗冻力。

预处理包括增加培养基中的糖浓度,提高渗透压,减少细胞内自由水的含量;在预培养基中添加诱导抗寒力的物质或冰冻保护剂,如 0.3~1.0mol/L 蔗糖、甘露醇和山梨醇等渗透压调节剂,5%~10%DMSO 等冰冻保护剂;也可以将茎段或茎尖在正常培养基上于 0℃以上低温、暗中或弱光下培养几周,以增强耐冷冻能力。高渗处理还可以与冷驯化结合使用,其效果更好。将马哈利樱桃的茎尖置于含 0.7mol/L 蔗糖的 MS 培养基中预培养 1、2 和 3d,超低温保存后的成活率分别为 84.6%、75% 和 83.3%,而对照组仅为 9.0%。Schabel-Preikstas 等(1992)研究指出,菊花茎尖不经 MS 培养基预培养,冻存后成活率只有 33%,经过 1~2h 预培养的冻存率可提高到 87.1%。Vandenbussche 等(1998)用包埋脱水法保存甜菜离体培养的茎尖,低温锻炼明显地将茎尖的成活率从 37% 增加到 70%,冻存后有 50% 的植株再生。低温锻炼可以激活植物体的抗寒机制。Langis 等(1990)报道,麝香石竹茎尖经 5℃低温预处理 16h,不仅提高了存活率,而且茎尖冻存后恢复较快。因此,在超低温保存前,应充分注意材料的选择、预培养和低温锻炼。

（三）冰冻保护剂

一般的生物体在没有添加冰冻保护剂的情况下经历低温后很难存活下来，所以生物体的低温保存离不开冰冻保护剂（cryoprotective agent，CPA）。冰冻保护剂也称为抗冻剂，合理地选择冰冻保护剂，对低温保存至关重要。

冰冻保护剂应具有以下特点：易溶于水，对细胞无毒，容易从组织细胞中清除。冰冻保护剂的作用机理目前尚未透彻了解，初步看来起以下作用：①降低冰点，促进过冷却和玻璃态化的形成；②提高溶液的黏滞性，阻止冰晶的生长；③二甲亚砜（DMSO）可使膜物质分子重新分布，增加细胞膜的透性，在温度降低时，加速细胞内的水流到细胞外结冰，防止细胞内结冰的伤害；④稳定细胞内的大分子结构，特别是膜结构，阻止低温伤害。

渗透型冰冻保护剂多属低分子中性物质，在溶液中易结合水分子，发生水合作用，使溶液的黏性增加，从而弱化水的结晶过程，达到保护的目的。常用的渗透型冰冻保护剂有甘油（glycerol）、二甲亚砜（dimethyl sulfoxide，DMSO）、乙二醇（ethylene glycol，EG）、乙酰胺（aetamide）和丙二醇（propylene glycol，PG）等。但渗透型冰冻保护剂的使用浓度，渗入细胞的能力和对水分子活性的影响等各不相同，如甘油适宜于慢速冷却，而 DMSO 易于渗入细胞，并在常温下稍有毒性。DMSO 是迄今广泛采用的一种冰冻保护剂，在单独使用时，表现出较好的效果。但它有一定的毒性，也可能引起基因的遗传变异。

非渗透型冰冻保护剂能溶于水，但不能进入细胞，它使溶液呈过冷状态，可在特定温度下降低溶质（电解质）浓度，从而起到保护作用。非渗透型冰冻保护剂主要有聚乙烯吡咯烷酮（polyvingylpyrrollidone，PVP）、蔗糖（sucrose）、葡聚糖（右旋糖酐，dextrane）、聚乙二醇（polyethyleneglycol，PEG）、白蛋白（albumin）和羟乙基淀粉（hydroxyethylstarch，HES）等。此类冰冻保护剂对快速、慢速冷却均有保护效果。

近些年来，许多研究都采用复合冰冻保护剂，即将 10％或 5％DMSO 与一定浓度的甘油、糖或糖醇相结合，能显著地提高超低温保存后的存活率。日本北海道国家农业实验站育种部的 Sakai 等在 1990 年最先试验获得了植物茎尖玻璃化溶液 PVS2。PVS2 的组成是：在 MS 培养液中添加 0.4mol/L 蔗糖、30％甘油、15％DMSO 和 15％EG。PVS2 已在多种植物茎尖的玻璃化冻存中取得了较好的保存效果，如山嵛菜（Matsumoto et al.，1993）、苹果、梨（Niino et al.，1992）、柑橘（Sakai et al.，1990）和芋（Takagi et al.，1997）等。DMSO 也是植物体细胞胚、合子胚（Ishikawa et al.，1997）和悬浮细胞（Yamada et al.，1993）等多种植物材料的有效玻璃化溶液。但 PVS2 并不是对所有植物材料都适合，对某些植物还具有毒害作用，如芒果的茎尖在 PVS2 中处理后，冻存的茎尖完全不能成活。玻璃化液的毒性与其渗透势有关。植物组织受到高浓度的冰冻保护剂的脱水胁迫，影响了植物的成活率，是超低温保存的限制因子。因此，不同的植物材料应选择不同的冰冻保护剂组合。山嵛菜的茎尖分生组织用含 0.3mol/L 蔗糖的培养基 20℃预培养 1d，用 2mol/L 甘油和 0.4mol/L 蔗糖在 25℃处理 20min，然后加入 PVS2，在 25℃处理 20min，投入液氮保存，获得了很高的成苗率（Matsumoto et al.，1994）。在薄荷的茎尖保存中，用 35％的乙二醇 1.0mol/LDMSO 和 PEG-8000 做玻璃化液（Hirai et al.，1999），在麝香石竹茎尖保存中用 50％乙二醇，15％山梨醇和 6％的 BSA 做玻璃化液，获得了 100％的存活率。试验表明，红豆杉细胞愈伤组织超低温保存最有效的冰冻保护剂是 10％山梨醇＋10％DMSO 的混合物（叶芳等，2001）。Joshi 等（2000）的试验表明，10％的甘油＋4％的蔗糖是人参细胞的最适宜的冷冻保护剂，其毒性最小，细胞成活率最高达 86.5％。由此可见，使用复合冰冻保护剂比单独使用更为有效。复合冰冻保护剂使各种成分的保护作用得到综合协调,或产生累加效应,并且能减少甚至消除单一成分的毒害作用。为了降低冰冻保护剂中某些有毒成分(如 DMSO)的毒害作用,冰冻保护剂的预处理应该在低温(0℃)下进行,处理时间也不能过长,一般为 30～45min。

（四）化冻方法

超低温保存的效果与化冻速度有密切关系,不同的材料采用的化冻方式也存在着差异。液泡小、含水量少的细胞(如茎尖分生组织),可采用快速化冻的方法。液泡大、含水量高的细胞则一般需要采用慢速化冻法。生长季节中的材料,一般在 37～40℃温水浴中快速化冻比在室温下慢速化冻要好。而木本植物的冬芽在超低温保存后,必须在 0℃低温下进行慢速化冻才能达到良好的效果。玻璃化冻存的材料在保存终止后,要求快速化冻,以防止由于次生结冰对组织细胞造成的伤害。大量的试验表明,快速化冻法对大多数植物材料都适合,一般是将装有材料的冻存管从液氮中取出,迅速插入 25～40℃的水浴中化冻(Towill et al. ,1990;Yamad et al. ,1993)。甘蔗的茎尖采用室温空气流动化冻 10～15min,待材料和玻璃化溶液化解后,立即提出冻存管,可以避免高温引起的伤害。化冻后的材料要尽快除去冰冻保护剂,以减少其毒性作用。最常用的方法是在含 1.2mol/L 蔗糖的 MS 培养液中浸泡 10～20min,也可用 1.5～2.0mol/L 山梨醇的培养液洗涤。如兰花胚状体玻璃化保存,其胚状体迅速解冻后,用 1.2mol/L 蔗糖溶液洗涤 20min,这样玻璃化保存的胚状体转入 ND 培养基上进一步培养,有 60%胚状体能再生植株(Ishikawa et al. ,1997)。

（五）再培养

经冻存的材料会不可避免地受到不同程度的伤害。为了减少再培养中的光抑制,利于离体材料恢复生长,冻存的植物材料一般在黑暗或弱光下培养 1～2 周,再转入正常光下培养。再培养所用的培养基一般是与保存前的相同,但有时需将大量元素或琼脂含量减半,有时则在培养基中附加一定量的 PVP、水解酪蛋白等成分以利于生长的恢复。

第三节　超低温保存后细胞活力及遗传特性的变化

种质保存的重要目的是尽量保持材料的遗传稳定性,保持高的存活率。因此,超低温保存后材料的活力及存活率的检测,以及遗传性状稳定性的检测,是非常必要的。

一、细胞活力、存活率

一般采用 TTC 法,荧光素双醋酸酯染色法快速检测化冻后生物材料的生活力和存活率,而采用再培养法检测化冻后材料细胞的复活情况。

（一）显示细胞活力的 TTC 法

冻后植物材料细胞相对存活率的测定目前广泛采用 TTC(2,3,5-三苯基氯化四氮唑)染色法。TTC 是标准氧化还原色素,氧化状态时无色,被还原后变成红色。TTC 染色法是通过测定呼吸链脱氢酶活性,来表征细胞代谢活力的一种有效方法,其原理是 TTC 在细胞呼吸过程中替代氧接受 H^+(H^+/e),TTC 被还原为 TTF 而呈现红色,TTF 经有机溶剂萃取后在一定波长下测吸光值,其吸收值大小能反映细胞膜电子传递链的递氢能力大小。有机物氧化分解生成的氢,通过呼吸链与受氢体氧结合而产生能量,是细胞能量代谢的关键环节,传递给氧的氢越多,说明脱氢酶活性越高。由于脱氢酶只有活细胞体才能产生,因此,常用脱氢酶活性表达细胞体的活性。TTC 染色法通过间接测定脱氢酶的活性,脱氢酶的活性可反映细胞呼吸强度的大小,而细胞呼吸强度可在一定程度上表征细胞活力。TTC 染色是一个酶促反应,所涉及的因素较多,如缓冲液的浓度和 pH 值、TTC 的浓度、处理的时间和温度等。

许多实验结果表明,TTC 法作为细胞损伤的一种初步鉴定手段是可靠的。

(二)荧光素双醋酸酯(FDA)染色法

FDA 本身不发荧光,只有当它渗入活细胞后,通过酯酶的脱脂化作用游离出荧光素,该荧光素在紫外光的激发下才产生荧光,因此它可以作为活细胞的一种鉴定方法。FDA 储存液为 2mg/L 丙酮溶液,4℃保存,工作液浓度为 0.101%;先用荧光显微镜明场观察和计数一个视野的总细胞数,然后用荧光显微镜中蓝色激发块直接观察和计数发荧光的活细胞数,从而计算出存活率,即存活率=发荧光的活细胞数/明场下细胞总数。

(三)再培养

经冻存的材料会不可避免地受到不同程度的伤害,所以材料的再培养也是极其重要的,要观察组织细胞恢复生长的速度、存活率和细胞组织的再生能力,跟踪其生长状况等,这是检查种质超低温保存效果最根本的方法。

二、遗传稳定性

无论哪种种质资源的保存方法都是以保持物种原有的遗传特性为出发点。在超低温保存过程中,植物材料是否发生变异是育种工作者十分关心的问题。从理论上讲,植物材料在超低温保存过程中,活细胞内的物质代谢与生长活动近乎完全停止,处于"生机停顿"状态,因而可使植物材料在该温度下不发生遗传性状的改变,使保存材料具有良好的生物稳定性。但实际上,超低温保存过程涉及一系列的胁迫,这些胁迫可能作为一种选择压对不同基因型的植物材料产生选择效应,并产生一些生理及遗传的影响。近年来,关于超低温保存材料的遗传稳定性研究主要集中在 3 个方面:①超低温保存再生材料的表型性状的比较;②超低温保存材料的基因组遗传稳定性研究;③超低温保存再生材料的表观遗传变异情况分析(邵丽等,2010)。

(一)表型性状变异

大多数研究认为,超低温保存再生植株的表型性状没有明显的变化。简令成(1995)等对来源于甘蔗茎尖幼叶的愈伤组织无性细胞系进行了长达 3 年的超低温保存,其存活率与保存 1d 和 2d 的一样,并保持了与贮存前一样高的分化能力,产生大量新植株的形态和生长状况正常。Moukadiri 等(1999)对水稻超低温保存后的愈伤组织研究表明,超低温保存后的再生后代的表型性状没有发生变异。超低温保存过的胚性愈伤组织再生的白杉发生了一定比例的变异(De Verno et al.,1999);超低温保存后的菊花叶绿素含量降低,而除虫菊酯合成提高(Martin and Gonzalez-Benito,2005)。

(二)基因组遗传稳定性

很多研究材料没有发生染色体数目和 DNA 序列的变异,在苦楝树、白桦、马铃薯和椰子的超低温保存过程中也没有发现基因组的变异(Scocchi et al.,2004;Rypnanen and Aronen,2005;曲先和王子成,2010;Sisunandar et al.,2010)。种质资源保存的最根本的目的是保持遗传基因的稳定,控制遗传性状不发生变化。Liu 等(2004)研究了超低温保存后苹果茎尖的形态学特征,并进行了同工酶分析及 RAPD 和 AFLP 分析,发现冻存材料化冻后和对照材料具有相同的再生能力,在形态学上没有差异,可溶性蛋白和 POD 酶也没有差异。进一步用 RAPD 和 AFLP 研究 DNA 水平的变化,也未发现两者有 DNA 水平的差异。新近,李艳娜等(2010)采用玻璃化法对香蕉栽培品种(*Musa* spp. AAA)"巴西蕉"的胚性细胞悬浮系(ECS)进行超低温保存。利用ISSR 分子标记的 8 条引物对,随机挑选的 30 株由冻存后成活细胞再生的植株以及 1 株对照植株的基因组 DNA 进行扩增,共得到 65 条带,平均每条引物 8 条。利用 NTSYSpc-2.1e 分析软件,采用 Dice 相似系数(Dice similarity coefficient)对 30 份香蕉材料 ISSR 扩增产物原始数据进行计算,得到相似矩阵。结果显示 30 株再生植株相似系数高达 98%,说明经超低温保存后再生植株的遗传稳定性较高。图 9-6 是引物 817 的扩增结果。

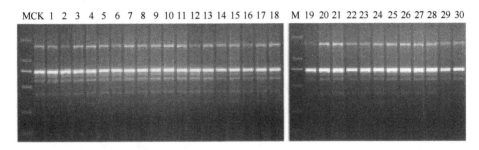

图 9-6　ISSR 引物 817 对'巴西蕉'超低温保存后 ECS 再生植株的扩增结果(引自:李艳娜等,2010)
M:DL2000 marker;CK:对照植株;1~30:由超低温保存后 ECS 获得的再生植株

(三)表观遗传变异

何艳霞和王子成(2009)对模式植物拟南芥所做的研究表明,超低温保存后材料发生了一定的 DNA 甲基化变化,并且这些变化的条带大部分可以通过有性生殖进行遗传传递。Johnston 等(2009)研究发现虎耳草科醋栗属的植物不同基因型经过超低温保存后,抗寒性的基因型具有 DNA 甲基化增加现象,而对低温敏感的基因型则发生去甲基化,并且发现 DNA 甲基化是一个可逆的表观遗传学机制。

(四)基因表达的改变

最近,有人对超低温保存后拟南芥的基因表达情况进行了分析,结果表明,超低温处理会诱导一些缺氧、干旱、盐胁迫和低温等逆境诱导的基因的表达(Basu,2008)。应用蛋白组分析技术分析超低温保存对大鼠肝细胞的影响,结果检测到 61 个肽段在超低温保存后出现显著变化。Zilli 等(2005)对比了新鲜和经超低温保存后的鲈鱼精子蛋白的双向电泳图谱,从 21 个差异表达的蛋白点中成功鉴定了 3 个蛋白质点。

超低温保存后再生材料的遗传稳定性到底如何,目前还没有最终的定论,可能与所用材料本身的遗传特性及研究方法等都有一定的相关性,也可能受检测手段所限制。作为一项重要的生物技术,超低温保存对植物材料遗传稳定性的影响,我们应该给予进一步的关注。

虽然超低温保存已有几十年的发展历史,但还有许多尚未解决的问题。目前为止关于生物超低温保存的耐逆境机制仍然不明。随着研究的深入,人们已将生物材料超低温保存前后形态、结构、生理指标和功能检验研究,推进到蛋白和基因水平等保存机制探索上,但是由于研究时间短,积累不够,超低温保存机制的揭示还有待深入细致的研究积累。

第四节　超低温保存技术的应用

低温生物技术是从 20 世纪 60 年代开始逐渐发展和形成的一门崭新技术。这项技术的重大意义是十分明显的。目前,人们已经能够将人体血液、精子、胚胎、胰岛、角膜、皮肤等进行成功的低温保存,为细胞和器官的移植带来极大的方便;牛羊等动物精子、胚胎的低温保存和农作物种质的低温储存,为发展农业、畜牧业和挽救濒危动植物带来了巨大的经济效益和社会效益。

一、动物种质的保存

动物种质细胞(精子、卵细胞和胚胎)包含了物种的全部遗传物质,而遗传物质决定了物种的多样性,是构成生态系统的物质基础。因此,种质细胞的超低温保存技术是生物多样性保存的基础。

为了挽救濒于灭绝的珍稀动物,科技人员采取了建立动物细胞"银行"的办法。"细胞银行"的超低温冰冻保存法,具体操作是将动物的细胞放在超低温(−196℃)的液氮下冷冻保存下来,待需要时再让这些冷冻细胞在常温下"复活",并培养成具有原来动物特点的个体。目前,在动物中,已用于保存人工授精的冷冻液和胚胎移植的冷冻胚,以及在水产上用于鱼、虾、蟹的精子和受精卵的保存等。有的冷冻细胞的保存期可达十年之久。美国圣地亚哥城的别尼尔什克博士的研究所已在为建立珍稀动物的"细胞银行"进行试验。他已把 400 多种动物的活细胞保存在玻璃瓶中,放在−196℃下贮存起来,建立了一座无需笼子、也无需栅栏的特殊的"动物园"。他的下一步计划是用贮存动物胚胎的方法,把富有生命活力的哺乳动物胚胎冷冻贮存起来,建立一个濒危动物胚胎的贮存库(刘希斌等,2005)。

(一)精子的超低温保存

精液的首次成功冷冻保存实验开始于 20 世纪 40 年代末,Polge 等(1949)用低温保存的精液做人工授精,并获得成功,随后以甘油作为防冻剂,成功冷冻保存了大鼠和猪的精液(Colas,1975;Wilmot et al.,1977)。现在,人、家畜和一些濒危动物的精液或睾丸组织已被成功冷冻保存(Liu et al.,2000;Rasul et al.,2000;Gould et al.,1989;Luca et al.,1999)。

动物种类不同,其精液防冻液的组成也不同。但常见的防冻液组成成分有 TES、TRIS、葡萄糖、蔗糖、青霉素、链霉素、卵黄和甘油等物质,这些组分给精子提供正常的渗透压、pH 值和离子强度,使精子能维持正常的生存环境。也有研究者在防冻液中添加抗冻蛋白后,明显增加了精子冷冻保存后的存活率和受精率(Abdelmoneimi et al.,1998)。甘油虽然作为渗透性防冻剂,获得了较好的冷冻保存结果,虽然其对精子也有一定的毒害作用,但是目前还没有发现甘油的有效替代物。在冷冻过程中精子体积发生变化时,卵黄中的脂蛋白则参与膜的修补、加固、扩增等过程,防止顶体外膜破裂,从而起到保护作用;卵黄还能促进精子与卵细胞透明带的结合,从而使顶体反应率提高(Jacobs et al.,1995;Gamau et al.,1994;Mark,2000)。从目前研究情况来看,精液的超低温保存主要存在以下两个方面的问题:①冷冻精子复苏后的存活率降低;②复苏后精子的受精率降低。这可能是因为在冷冻和复苏过程中,冰晶的形成和防冻剂的毒性作用,造成精子膜蛋白变性,通透性改变,稳定性降低,最后导致精子膜的肿胀或破损,一些形态正常的精子也可能发生了不可见的膜损伤(于德新等,1995;吴光明,1995)。

应用实例:大熊猫精液的超低温保存

大熊猫是享誉世界的珍贵物种。大熊猫繁殖能力较低,属于受孕难、产仔难、幼仔存活难的"三难"动物之一。大熊猫自然交配能力低下,特别是在人工圈养的条件下,不能像在野外那样较容易得到合适的配偶而进行繁殖,择偶性特征成为人工圈养大熊猫自然繁殖的最大障碍之一;同时,大熊猫人工授精成功率偏低,使得人工圈养大熊猫的繁殖变得十分困难,导致大熊猫种群数量持续下降,无法走出濒危困境。因此,建立一个具有遗传多样性的能自我维持的大熊猫圈养种群以防止这一物种的灭绝非常必要。人工授精在圈养大熊猫的繁殖计划和遗传管理中已经起到了非常重要的作用。我国科学家从1978年开始进行大熊猫人工授精的技术研究。使用人工授精技术繁殖大熊猫,首先在北京动物园获得成功,并相继在中国保护大熊猫研究中心、上野动物园、马德里动物园、成都动物园也获得了成功,提高了圈养大熊猫的繁殖率。

在人工授精过程中,采用高品质的精液是提高受胎率的关键。用于人工授精的精液主要是鲜精和冻精。由于圈养大熊猫种群中,能自然交配的雄性大熊猫的数量很少,人工授精的受孕率低,造成了少数雄性大熊猫繁殖了大部分后代的局面。精液的低温、超低温冷冻保存,可以加强人工授精的作用,既可使精子在体外的存活时间由几小时增加到几天甚至几十年,又能允许有价值的遗传物质在全球范围转输而不用转移动物。冷冻精液人工授精可以充分利用优良雄兽的遗传资源,是目前圈养大熊猫繁殖的最有效的辅助生殖技术。因此如何提高冷冻精液的质量,就成为目前大熊猫人工授精技术成功与否的关键。

杨景山等(1987)首次以甘油蛋黄或二甲基亚砜为抗冻剂,成功地长期冻存大熊猫精子。研究人员从三只雄性大熊猫中多次取精液,应用甘油蛋黄冷冻保护液(20%蛋黄、葡萄糖、柠檬酸钠和4.7%~15%甘油,pH7.2~7.4)在4℃下平衡1.5~2.5h,采用程控降温仪和聚四氟乙烯板。快速冷冻法成功地保存了大熊猫精子。解冻后精子的成活率可达89%~95.1%,精子活动度为49%~56%。在最佳条件下,大熊猫精子在液氮中(-196℃)保存三年,其活性无显著改变。侯蓉等(2005)通过筛选不同冷冻稀释液(TEST,蔗糖-卵黄-甘油液)、不同冷冻剂型(颗粒法,细管法)、不同甘油终浓度、不同解冻液(M199,Ham's F-10)等条件,建立了大熊猫细管冻精制备程序。与传统颗粒冻精制备技术相比,大熊猫冷冻精液质量得到极显著提高。

建立大熊猫的精子库,进行远距离圈养大熊猫种群间的人工授精和遗传物质的转运以维持遗传多样性,是目前大熊猫遗传管理的优先方法。要成为最有效的工具,精子库保存的精子解冻后的活力必须很好。近年来,人们发现冷冻过程中精子遭受的氧化损伤,是影响冻精质量的主要因素,因此尝试在大熊猫精子冷冻保存过程中在精液中添加外源性生物活性物质,来改善精子体外存活时间,提高精子的运动能力和冷冻保存精子解冻后的受精能力。可添加的外源性物质通常有咖啡因、氨基多糖类物质、己酮可可碱(PF)、生殖激素类物质、细胞因子、维生素、肾上腺素、牛磺酸和一些酶类物质。周应敏等(2007)研究发现冻存液中添加浓度为1 mg/mL的VB_{12}时,大熊猫精子顶体完整率从76.66%提高到83.34%($P<0.05$);在解冻液中添加高浓度BSA,大熊猫精子的运动速度有明显提高,而添加低浓度BSA对精子的影响不显著。研究证明,PF在提高大熊猫精子活力和体外受精能力,并延长精子维持授精能力的时间上具有一定作用,如果在大熊猫冷冻精液的体外处理过程中,通过PF体外刺激精子后再行人工授精,有可能对提高大熊猫的人工授精效率具有一定的促进作用(张明等,2007)。

虽然大熊猫精液的超低温保存技术和人工授精技术已经取得了很大进展,但大熊猫仍面临着种群数量较小等诸多问题,如何进一步提高精液超低温保存的质量及人工授精的受孕率,扩展大熊猫种群数量,是一个需要增加人力物力投入及提高研究水平的重要科研领域。

(二)卵细胞的超低温保存

尽管许多种动物的精液可被成功地冷冻保存,但卵细胞的超低温保存则没有那么顺利。卵细胞体积比较大,结构和组分也较复杂,抗冻能力也较低,因此动物卵细胞的冷冻保存仍不尽人意。目前仅有一些啮齿类、牛卵细胞或是卵巢组织冷冻保存成功的报道,但各实验室间的实验结果有很大的差异(Niemann,1991;Arav et al.,1993;Otol et al.,1997;Carroll et al.,1990)。卵细胞的纺锤体在冷冻过程中变得杂乱无章或断裂,导致染色体异常,复苏卵细胞受精后发育成胚胎的多倍体率也增加。这可能是第 2 极体滞留或多精受精所造成的,也可能是卵细胞对冷刺激敏感所致;另外,冷冻过程不但改变了卵细胞骨架的成分,也使皮质颗粒和透明带结构发生改变,同时细胞内外电解质浓度的增加,也导致卵细胞膜的损伤,进而影响复苏后卵细胞的受精率(Sahaet et al.,1997;Parks et al.,1992;Kathryn et al.,1999;Francios et al.,1999)。但 Susuki 等(1996)在对牛卵细胞冷冻保存实验中发现,合适的防冻剂和防冻程序对卵细胞减数分裂的纺锤体无明显影响,也不会造成孤雌生殖现象,且冷冻卵细胞受精后有很高的囊胚发育率。这种实验结果的差异可能与冷冻过程中防冻液中添加的海藻糖或 PVP 有关。

（三）体细胞库的构建

胚胎、幼体或成年动物的肺、肾、皮肤等组织,经体外传代培养,可长成纤维细胞或上皮状细胞。经消化处理后,收获的细胞悬浮在添加抗冻剂(DMSO 或甘油)的培养基中。再以预定的程序冷却,然后就可以在液氮中长期保存。这样建成的细胞系需要时再解冻复苏,就可以恢复在体外的生长、分裂。目前,美国标准细胞库或细胞银行(ATCC)液氮冻存有 3200 个经过鉴定的细胞系,其中,包括来自正常人和各种疾病患者的皮肤成纤维细胞系和来自不同物种的近 75 个杂交瘤细胞株。1986 年中国科学院昆明动物研究所筹建的野生动物细胞库,收集了包括滇金丝猴、毛冠鹿、赤斑羚等大量的野生动物的细胞株、组织和生殖细胞;中国农业科学院畜牧研究所遗传资源研究室,自 2001 年成立以来,构建了包括狼山鸡、三黄鸡、云南矮马、鲁西黄牛、蒙古羊、民猪在内的50 多个濒危地方畜禽品种的成纤维细胞库。这些收藏物为从细胞和分子水平研究现代生物学和医学,特别是动物的分类、系统演化、物种起源等重大科学问题提供了经济、便捷的实验材料。

（四）胚胎的超低温保存

胚胎冷冻保存技术是指在低温条件下利用低温保护剂保存胚胎的一门技术。这一技术是20 世纪后半叶随着人工授精技术广泛应用而产生的,目前已成为了现代生命科学研究必备的手段之一。动物胚胎的冷冻保存原理是因为低温降低了胚胎内的变质反应速度,温度越低,胚胎保存时间就越长。

精子低温保存成功以后,人们开始研究超低温保存动物的胚胎,并于 1972 年成功地进行了8 细胞期小鼠受精卵的低温保存(Whittinghamt et al.,1972;Wilmut,1972)。此后,人们在防冻液、防冻剂及解冻速度、冷冻模式等许多方面进行了研究,成功地冷冻保存了包括小鼠、家畜、人和一些濒危物种在内的多种物种胚胎,其中以牛胚胎的冷冻保存最为成功(John et al.,1995;Emiliani et al.,2000;Suzuki et al.,1993;1995)。而猪胚胎的冷冻保存一直是个难题。因为猪胚胎对温度和防冻剂都很敏感,但最近在猪胚胎冷冻保存上也取得一定突破:离心处理猪胚胎后,用显微操作技术把胚胎中的脂肪吸弃,然后用常规的程序降温方法冷冻保存,复苏后存活率和受孕率都很高(Nagashima et al.,1994;1995)。在冷冻过程中,胚胎细胞内的冰核形成、防冻液中的溶质、复苏过程中的重结晶,均可造成胚胎细胞骨架发生畸变,损伤胚胎细胞内的膜结构或导致细胞膜硬化等一系列变化。另外,添加的防冻剂类型和浓度,降温、升温的速度及最终保存的胚胎温度,胚胎的年龄、大小、基因型、父系和母系的基因型等因素,也影响胚胎冷冻保存后的存活能力(Rall,1987;Shevach et al.,1988)。

总之,许多动物的种质细胞可经程序冷冻、玻璃化冷冻或超高速冷冻法被成功地冷冻保存。

但由于冷冻和复苏过程中,细胞内冰晶的作用或防冻剂的渗透作用,在复苏后去除或置换防冻剂的方法不当,均对种质细胞的细胞膜造成一定损伤,导致种质细胞膜的内部结构发生改变,进而引起复苏后的种质细胞功能下降甚至死亡。目前冷冻生物学的研究热点是:①寻找毒性小,能降低冷冻损伤的有效防冻剂替代物;②阐明降温或升温过程中造成冷冻损伤的原因;③尝试卵巢或睾丸组织的冷冻保存;④研究新的防冻液组成。只有阐明冷冻损伤的机理,或找到有效的防冻剂替代物或冷冻模式,才能提高种质细胞的冷冻保存效率,也才能使超低温冷冻技术在生物多样性的保存中发挥作用,真正成为濒危动物的"诺亚方舟"。

二、稀有濒危植物种质的超低温保存

植物种质资源的多样性,是维持生态平衡的重要前提,直接关系到农业发展的方向和人类的生存。但是,由于环境恶化及人类活动的破坏等原因,植物种质资源的流失十分严重,一些珍贵、稀有的物种以及一些具有良好抗性的地方栽培品种已经灭绝或濒临灭绝。因此,如何保存现有的植物种质不再受到破坏,保护植物种质资源的多样性已成为全球关注的话题。世界范围内已对多种植物种质开展了超低温保存的研究,涉及保存的材料有原生质体、悬浮细胞、愈伤组织、体细胞胚、花粉胚、花粉、花药、种子、茎尖分生组织、芽、茎段,甚至植株幼苗等。

(一)中国红豆杉悬浮培养细胞的超低温保存

中国红豆杉是红豆杉属的一种,红豆杉是第四纪冰川时期孑遗植物,世界珍稀濒危物种。中国红豆杉是中国特有种,国家一级重点保护植物。从中国红豆杉提取的紫杉醇及其衍生物,是目前世界上最好的抗癌药物之一,具有很高的开发利用价值。

臧新等(2002)在研究红豆杉大规模细胞培养生产紫杉醇的基础上,开展了红豆杉悬浮细胞的超低温保存的研究。试图探讨红豆杉无性高产紫杉醇细胞株系种质保存的方法,这对红豆杉细胞大规模培养生产紫杉醇具有重要的意义。结果表明,取培养16d的细胞进行超低温保存效果最好;10%DMSO+8%葡萄糖作为冰冻保护剂对冷冻细胞起到最佳的保护效果;较好的降温程序是在0℃中预处理30min后移入-20℃中停留180min,然后转入-70℃中停留30min,最后投入-196℃液氮中保存。该实验还对保存后细胞的恢复性生长进行了验证(表9-1)。

表9-1　不同冰冻降温程序对红豆杉细胞低温保存效果的影响

降温方法	冷存后TTC测试值	细胞存活率(%)
0℃→LN	0.273	22.6
0℃→-20℃,30min→-70℃,30min→LN	0.867	71.8
0℃→-20℃,180min→-70℃,30min→LN	1.061	88.0

(二)野生稻的原生质体的超低温保存

稻属中有22个种,其中野生稻20种。野生稻资源是稻种资源的重要组成部分,是天然的基因库,保存了栽培稻没有或已消失了的基因,并具有特殊的优良性状及高抗病虫害的特性。环境恶化加之人为的破坏使野生稻种面临灭绝的危险。因此,保护野生稻遗传多样性已经刻不容缓。疣粒野生稻是原产于我国的3种野生稻之一,疣粒野生稻具有优异特性但极难培养。何光存等

(1998)建立了疣粒野生稻体细胞超低温保藏与原生质体培养体系。具体研究方法为:取长度为0.2～110cm 的疣粒野生稻幼穗和 20d 龄的幼胚为外植体,表面灭菌后在含有 2,4-D-2mg/L 的 N6 培养基上进行脱分化培养,诱导愈伤组织产生。愈伤组织的继代培养采用相同的 N6 培养基,每 4 周继代 1 次。愈伤组织在含激动素 2mg/L 的 MS 固体培养基上再生。选取 2～3mm 大小的愈伤组织在等体积的冰冻保护剂(10%DMSO、8%葡萄糖溶于 1/2MS 培养基中)中预处理 60min,然后在程序降温仪上降温,移至液氮中保存。超低温保存结束后,将盛有愈伤组织的保藏瓶迅速投入 40℃的水浴之中快速解冻,在 MS 培养基洗涤 3 次,转入继代培养基上培养,恢复生长从疣粒野生稻的幼穗诱导出的愈伤组织,经过继代培养和超低温保藏后获得了胚性愈伤组织,建立了悬浮细胞系,分离出原生质体并再生出植株。人工接种鉴定表明,再生植株的强抗病性没有改变,但获得了培养力高的特性。研究结果证明了植物愈伤组织的超低温保藏可能是获得胚性细胞系的一种新途径。原生质体再生体系的确立是应用原生质体融合技术转移疣粒野生稻有用基因的重要一步。

(三)铁皮石斛原生质体的玻璃化法超低温保存

铁皮石斛(*Dendrobium officinale*)为我国传统名贵中药,是兰科多年生附生草本植物。生于海拔达 1600 米的山地半阴湿的岩石上,喜温暖湿润气候和半阴半阳的环境,不耐寒。由于长期无节制的采挖和自然繁殖力低等因素,目前已成为珍稀濒危植物。尽管铁皮石斛的试管繁殖已获得成功,但其野生资源仍面临着绝迹的危险。陈勇(2000)以铁皮石斛的原生质体作为材料,用超低温保存的玻璃化法进行冻存,取得较好的效果。具体方法为:分别取石斛的叶、茎、愈伤组织放入酶液中脱壁。酶液用含纤维素酶 2%(W/V),果胶酶 0.5%(W/V)的 0.4M 甘露醇 CPW,pH5.8,在 25℃暗培,振荡(30-50rpm)5 小时。材料用 25%玻璃化保护剂 PVS2(PVS2:30%甘油+15%EG+15%DMSO+0.4mol/L 蔗糖)冰浴脱水 5 分钟后,离心去上清液,加 100%PVS2 冰浴脱水 3 分钟,分装 0.5ml/管;将冷冻管投入液氮保存。化冻 37℃,水浴快速化冻;用 1.2M 山梨醇 MS 液洗涤。上述冻存后的铁皮石斛原生质体经 FDA-PI 双染色荧光法检测,其存活率可达 48%。

(四)金钗石斛原球茎的超低温保存

金钗石斛(*D. nobile*)是名贵中药材,具有养胃生津、滋阴清热的功能,也是历史悠久的传统草药。金钗石斛分布于西双版纳海拔 1000m 以上的疏林中,附生于树干,种子繁殖困难,而大量采挖使资源遭到严重破坏。

郑丽屏等(1999)对金钗石斛原球茎进行诱导,并对再生植株和超低温保存进行了研究。结果表明,以金钗石斛幼芽为外植体,在 VWC+15%椰子汁+BA(0.2mg/L)固体培养基上进行芽生长培养,并在液体培养中诱导原球茎,诱导成功率达 45%。1 月龄的原球茎经 0℃冰浴适应性培养 10d 后,加入较适的冰冻保护剂(15%Suc+5%DMSO+0.5%LH),以 0.5℃/min 降至－40℃,1h 后进行液氮保存。2 月后存活率达 78.2%,保存后的原球茎在 VWC+5%香蕉汁+0.5mg/LNAA 的固体培养基上,可恢复增殖生长并分化成苗。

小　　结

动植物种质细胞的超低温保存,是指在超低温条件下(－196℃)抑制种质细胞内一切新陈代谢活动,使种质细胞长期保存而不丧失活性的一种保存技术。在超低温下种质细胞之所以能长期保存,是因为细胞内的一切新陈代谢中的化学变化被超低温所抑制。低温保存的细胞以一定的方式复苏后,又具有存活能力。利用超低温保存技术除了可以对动植物进行种质保存外,还可以保存植物的花粉,延长花粉寿命,解决不同开花期和异地植物杂交上的困难;保存动物的精子,解决濒危动物人工授精及遗传多样性的保护。种质超低温保存成功的关键是降温冰冻过程中避免细胞内结冰。在降温过程中必须使细胞发生适当程度的保护性脱水,使细胞内的水流到细胞外结冰,并且在化冻过程中防止细胞内次生结冰。

　　超低温保存种质资源包括下列主要过程:①选择适宜年龄和生长状态的冷冻材料;②对生物材料进行预处理,主要是提高分裂相细胞的比例和减少细胞内自由水的含量,使材料达到最适于超低温保存的生理状态;③将材料装入试管或其他保存容器中,放入冰浴中;④在冰浴条件下加入0℃预冷的冷冻保护剂,冰浴放置30~45min;⑤采用不同的降温冰冻方式进行冷冻,直至最后放入液氮中;⑥保存后的化冻,一般采取在37~40℃温水浴中快速化冻;⑦材料化冻后的活力鉴定,进行再培养,观察恢复生长的速度及再生能力,分析冻后材料或再生材料的遗传性状等多个步骤。冷冻模式和防冻剂是超低温保存的两个关键因素,其中,降温冰冻方法是影响超低温保存效果的关键因素之一。

思　考　题

1. 如何理解超低温保存的概念?
2. 超低温保存的细胞学基础是什么?
3. 常用的超低温保存方法及其技术要点有哪些?
4. 影响超低温保存效果的主要因素及调控措施有哪些?
5. 超低温保存后的生物材料的遗传特性会改变吗?
6. 濒危动物生殖细胞超低温保存有何意义?

主要参考文献

陈品良.1989.植物组织培养物的超低温保存.武汉植物学研究,7(4)390-398

陈勇.2000.铁皮石斛原生质体的玻璃化法超低温保存.温州师范学院学报(自然科学版),21(3):40,41

何光存,舒理慧,廖兰杰等.1998.疣粒野生稻体细胞超低温保藏与原生质体培养体系的确立.中国科学(C),28(5):444-449

侯蓉,王基山,张志和等.2005.大熊猫细管冻精制备程序的建立与应用.中国兽医学报,25(3):320-322

李艳娜,慰义明,胡桂兵等.2010.香蕉胚性细胞悬浮系玻璃化法超低温保存及再生植株遗传稳定性分析.园艺学报,37(6):899-905

刘希斌,关伟军,张洪海等.2005.濒危动物遗传资源的保存.中国农业科技导报,7(5):34-38

刘贤旺,杜勤.1996.凹叶厚朴愈伤组织的超低温保存.植物资源与环境.5(1):9-13

马千全,徐立,李志英等.2007.植物种质资源超低温保存技术研究进展.热带作物学报,28(1)105-110

裴冬丽,胡金朝,王子成.2005.植物遗传资源的超低温保存.生物学通报,40(3):19-20

邵丽,王子成.2010.植物种质超低温保存遗传稳定性的研究进展.植物生理学通讯,46(11):1109-1113

孙敬三,桂耀林.1995.植物细胞工程实验技术.北京:科学出版社

王越,刘燕.2006.观赏植物种质资源的超低温保存.植物生理学通讯,42(3),559-566

谢从华,柳俊.2004.植物细胞工程.北京:高等教育出版社

杨景山.1987.中国大熊猫精子深低温冻存的研究.北京大学学报(医学版),19(1):7-9

臧新,梅兴国,龚伟等.2002.中国红豆杉悬浮培养细胞的超低温保存.生物技术,12(2):13-14

张明,鲜红,侯蓉等.2007.己酮可可碱和血小板激活因子对冷冻保存的大熊猫精子受精能力的影响.畜牧兽医学

报,38(3):294-300

郑丽屏,王玲. 1999. 云南药用植物种质资源的试管保存技术. 资源开发与市场,15(1):3-4

周应敏,吴代福,汤纯香. 2007. 冻存液添加维生素 B_{12} 解冻液添加 BSA 及肝素对大熊猫精子的影响. 四川动物, 26(3):669-672

Barbara M. Reed. 2008. Plant Cryopreservation: A Practical Guide. Heidelberg:springer-Verlag GmbH

Basu C. 2008. Gene amplification from cryopreserved *Arabidopsis thaliana* shoot tips. Curr Issues Mol Biol, 10:55-60

Liu Y, Wang X, Liu L. 2004. Analysis of genetic variation in surviving apple shoots following cryopreservation by vitrification. Plant Science,166(3):677-685

Nag K K, Street, H E. 1973. Carrot embryogenesis from frozen cultured cells. Nature, 245: 270-272

Zilli L, Schiavone R, Zonn V. 2005. Effect of cryopreservation on sea bass sperm proteins. Biology of Reproduction,72(5):1262-1267

第十章　生理生态学在保护生物学中的应用

> 医学是关于疾病的科学，生理学是关于生命的科学。
>
> —— Claude·Bernard(19 世纪)

动植物对于环境变化的响应，首先表现出生理生态功能上的不同，其次表现出形态、结构和外貌上的差异。具有不同生态环境、形态特征的动植物，生理学机制也不同。

生理生态学(physiological ecology)或生态生理学(ecological physiology)是生态学与生理学的交叉学科，主要是用生理学的手段和实验数据，回答并解决与生存(survival)和繁殖(reproduction)相关的生态学问题，解释有机体在自然界中的分布、生存和繁衍(Lambers et al. 1998)。

植物生理生态学从生理机制上讨论植物与环境的关系、物质代谢和能量传输规律以及植物对不同环境条件的适应性(Larcher,1997)。正因为能够从生理机制上解释许多生态环境问题，植物生理生态学得到了日益广泛的重视，在近 20 年迅速发展。目前，植物生理生态学的研究对象从作物、常见种为主转向生物多样性和全球变化的关键植物种类，其研究的新动向包括植物在全球温室效应中的生理生态响应；植物适应和进化的机理，对有限资源的合理利用；各个环境因子对植物响应的相互作用以及对植物生长发育的影响；植物的抗逆性潜能和植物生长过程的动态模拟；特殊环境下植物的生态响应机制等。

动物生理生态学则是通过对动物体的机能(如消化、循环、呼吸、排泄、生殖、刺激反应性等)、机能的变化发展以及对环境条件所起的反应等研究，来解决生态学问题。动物生理生态学的研究对于理解种群、群落和生态系统功能，促进宏观与微观生物学研究的结合，对个体水平以下各研究层次的发现进行整合和阐释等方面都具有重要地位。

第一节　植物生理代谢途径的多样性

植物功能型(plant functional types，PFTs)是由具有确定植物功能特征的一系列植物组成，是研究植被随环境动态变化的基本单元(Gitay et al. ,1997)。植物对于环境变化的响应，不同的植物功能型有着不同的生理机制与环境变化相适应。这是植物在多样的生境中，经过长期自然选择进化出来的，适应其生境的生理代谢途径。生态环境不同的植物功能型也不同，多样的生态地理环境孕育出多样的植物。

一、光合作用的多样性

光合作用(photosynthesis)是绿色植物极其重要的代谢过程，是将太阳能固定在有机物中的过程，是地球上大规模地将太阳能转变为化学能的唯一过程。光合作用为异养生物提供食物和氧气，是异养生物赖以生存的基础。

植物的光合作用分为光反应和暗反应两个部分。光反应中发生水的光解、O_2 释放以及同化力(ATP＋NADPH)的生成；暗反应则是利用光反应形成的同化力，将 CO_2 同化，还原为糖。暗反应的碳同化途径，依据固定 CO_2 的最初产物的不同，可分为 C_3、C_4 和 CAM 三种不同的类型，他们的光合能力以及光能利用效率也明显不同。

（一）C₃ 植物

在光合作用的暗固定过程中，CO_2 最初固定的有机产物含有三个碳原子，故称此过程为 C_3 途径，具有 C_3 途径的植物为 C_3 植物。大部分植物为 C_3 植物，其在地球上的分布约占全部高等植物的 95% 以上（Houghton et al. ,1990），如油松、毛白杨（*Populus tomentosa*）、水稻、拟南芥等。

（二）C₄ 植物

在光合作用的暗固定过程中，CO_2 所固定的最初有机产物含有四个碳原子，此过程称为 C_4 途径，具有 C_4 途径或以此途径为主的植物称为 C_4 植物（蒋高明，2004）。

C_4 植物大多数为单子叶植物，少数为双子叶植物，多为一年生植物，特别是夏季一年生植物。冬季一年生植物或地下芽植物中很少有 C_4 植物。高大灌木和树木还没有明显形成 C_4 植物的综合特征。到目前为止，人们发现的 C_4 植物存在于被子植物的 18 科中，约 2000 个种（蒋高明，2004）。

C_4 植物具有一种独特的结构，其叶子的维管束周围有两圈富含叶绿体的细胞，称之为"花环结构"，这是 C_4 植物区别于其他植物的重要特征（图 10-1）。

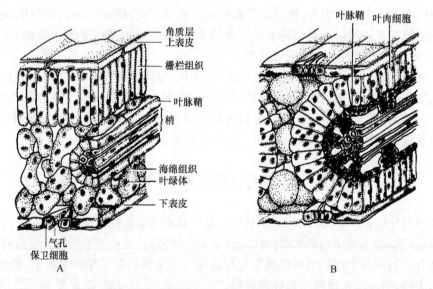

图 10-1　C_3 植物（A）与 C_4 植物（B）叶片解剖学特征的比较（引自：陈阅增等，1997）

正是由于 C_4 植物的光呼吸，CO_2 补偿点很低，它们能够适应强光高温的环境，更好地利用水热条件。所以，在生态分布上，C_4 植物多分布在干旱、高温的热带地区，温带草原地区也有分布。随着海拔的升高，C_4 植物呈明显减少的趋势。

（三）CAM 植物

除了 C_3 植物和 C_4 植物，还有许多肉质类植物，它们具有另一种碳同化途径：景天酸代谢途径（CAM）。除了景天科的许多植物（图 10-2）具有这种代谢途径外，CAM 也普遍存在于其他一些科中，如仙人掌科（Cactaceae）、大戟科（Euphorbiaceae）和凤梨科（Bromeliaceae）等，大约有 23～30 个科、1 万多种 CAM 植物。这些植物大多为被子植物，少数为蕨类植物。

图 10-2　CAM 植物(陈伯毅 摄)
A. 八宝景天(*Hylotelephium erythrosictum*)；B. 小丛红景天(*Rhodiola dumulosa*)

　　CAM 植物具有特殊的在黑暗中固定 CO_2、形成有机酸的能力,其夜间通过羧化反应固定 CO_2,生成苹果酸并积累于液泡内;白天进行酶解作用,释放 CO_2,进入卡尔文循环(图 10-3)。

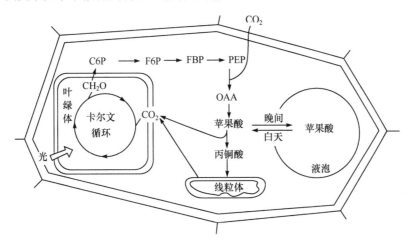

图 10-3　肉质多浆液植物的 CAM 代谢途径(引自:潘瑞炽,2001)

　　CAM 植物的叶片气孔在白天保持关闭,到晚上才开放,因此他们的水分利用效率很高。只要没有受到严重胁迫(严重胁迫会导致气孔完全关闭),CAM 植物的水分利用效率远远比 C_3 和 C_4 植物要高。因此,在生态分布上,CAM 植物更多分布在热带干旱地区,这是由其高效的水分利用能力决定的。

二、呼吸作用的多样性

　　呼吸作用(respiration)是将植物体内有机物分解的同时释放能量,是植物的重要代谢活动,它的中间产物在植物体各主要物质之间的转变中起着重要的枢纽作用。在生态环境变化的时候,植物能够利用不同的呼吸作用,对环境的变化做出反应,维持生命活动的正常进行。

(一)有氧呼吸

　　有氧呼吸(aerobic respiration)是指生活细胞在氧气的参与下,把某些有机质彻底氧化分解,放出二氧化碳并生成水,同时放出能量的过程(潘瑞炽,2004)。这是植物最主要的呼吸类型。一般来说,葡萄糖是有氧呼吸最常用的底物。

（二）无氧呼吸

无氧呼吸(anaerobic respiration)一般是指在无氧条件下,细胞把某些有机质分解为不彻底的氧化产物,并释放能量的过程。该过程在动植物体中习惯称为无氧呼吸,若在微生物中,此过程习惯称之为发酵(fermentation)。

在缺氧的环境中(如水淹),高等植物能够通过短期的无氧呼吸,来适应不适宜的环境。但无氧呼吸的氧化产物(乙醇或乳酸)对植物体有不良的影响,因此,无氧呼吸只是植物体短期内适应不良环境、维持生命的应急措施,长期无氧呼吸最终会导致植物体的死亡。

（三）抗氰呼吸

在氰化物存在下,呼吸作用的电子传递链(electron transport chain)无法正常传递,因而细胞的呼吸作用受抑制,最终导致生物体死亡。但某些植物的呼吸不受氰化物抑制,这种呼吸称为抗氰呼吸(cyanide-resistant respiration)。抗氰呼吸电子传递途径与正常的电子传递途径交替进行,所以,抗氰呼吸途径又称为交替呼吸途径(alternative pathway)。

虽然抗氰呼吸能保证植物体呼吸电子传递链的正常传递,但交替途径放出的电子不同于磷酸化偶联,所以不产生 ATP(或产生一个 ATP),只能放热。所以若只进行抗氰呼吸,植物体仍然不能获得足够的能量,会影响植物正常生长,甚至死亡。因此抗氰呼吸是植物体适应某些逆境环境的措施。

抗氰呼吸有利于一些植物的授粉。例如,天南星科的海芋属(*Alocasia*)的植物,在早晨开花时,花序会通过抗氰呼吸,大量放热,使花序挥发出一些腐败气味,引诱昆虫帮助授粉。抗氰呼吸还能减少逆境中植物活性氧的产生,减少胁迫对植物的危害。

三、水分生态类型的多样性

在生物圈中,水的分布是不平衡的,水分有效性是陆地植物的重要限制因子,在降雨量多且在生长季节水分分配均匀的地区,如湿润的热带地区,往往有茂密的植被;夏季干旱频发,降雨量少的地区,则出现草原荒漠,甚至是沙漠,植被稀少。植物界中不同类群的植物在生活史中对水的依赖性差异很大,我们可从不同的角度或按不同标准,划分出多种水分生态类型。

（一）变水植物与恒水植物

陆生植物的含水量在不同类群之间变化很大,可以按照植物体含水量以及稳定程度区分出变水植物(poikilohydric plant)和恒水植物(homoehydric plant)两种基本类型(Larcher,1997)。

变水植物的含水量与它们所在环境的湿度相一致,其细胞较小并且缺少中央液泡。所以,当细胞缺水干燥时,它们就十分均匀地皱缩起来,原生质的超微结构不致被破坏,细胞仍能保持有活力。当含水量降低时,植物的光合作用和呼吸作用受到抑制,但当它们再次吸足水分时,便可重新开始正常的代谢活动。藻类、地衣、苔藓、蕨类中的一些种类以及极少数被子植物属于变水植物。如地衣的叶状体只要组织水势不低于-3MPa,就能保持光合能力。因此,变水植物更适合在水分环境变化大的地区生存,如裸露的石壁、戈壁沙漠、冰冻苔原等。但由于变水植物的生长受水分影响太大,其生产力有限,只有一些低等植物以及高等植物的某些时期为变水植物。这是植物体应对外界水分条件变化的一种方式。

恒水植物的一个共同特点是成熟细胞内有一个中央大液泡。由于液泡内贮藏有水分,这使得植物组织的含水量能够在一定范围内保持稳定,因而原生质受外界环境条件变动的影响很小;不过大液泡的存在也使细胞容易失去耐脱水能力。陆生恒水植物的祖先分布在湿润的环境,后来随着角质层和气孔的进化使它们能够较好地控制水分平衡,才逐渐分布到干燥的生境中。由于其生长受水分环境变化的影响小,大多数维管植物属于恒水植物。

（二）水分不稳定型和水分稳定型

按照植物保持水分平衡能力,可以划分出水分不稳定型和水分稳定型两种生态类型。

水分不稳定型植物能够忍受水势较大幅度的变动,还能忍受短时间内大量失水而造成的萎蔫。通常,它们都具有有利的根冠比和有效的水分运输系统,因而在不利的水分状况下恢复也比较迅速。所有变水植物都是水分不稳定型植物的极端类型,群落演替早期的许多植物和水分状况波动性较大的生境中生活的草本植物,都属于水分不稳定型植物。

水分稳定型植物具有较强的保持水分平衡的能力,其气孔对水分亏缺有着较高的敏感性,根系分布广泛并且吸水性能好,叶水势的昼夜波动和季节性波动发生在较窄的范围内。此外,还有其他一些对水分平衡起作用的因素,包括贮藏器官、根部、茎干木质部的贮水组织等。水生植物、湿生植物以及肉质植物均属于这种生态类型。

四、矿质养分获取途径的多样性

如果说水是限制土地生产力最重要的环境因子的话,那么养分是另一个重要因子。不同植物从土壤中获取养分的能力存在着明显的差异。一些植物能够从钙质土壤中吸收铁、磷酸盐或其他离子,而另一些植物却不能从中获取足够的养分供其生存。

（一）根部对矿质营养的吸收

根部是植物吸收矿质营养的主要部位,能从土壤中吸收矿物质,其吸收矿物质的主要部位是根尖,其中根毛区吸收离子最活跃,根毛的存在使根部与土壤环境的接触面积大大增加。根部吸收营养物质是植物体最常见的吸收方式。

（二）植物的根外营养

除了植物的根部以外,植物的地上部分也可以吸收矿物养料,这个过程称为根外营养。地上部分吸收矿物质的器官主要是叶片,所以也称为叶片营养(foliar nutrition)。食虫植物就是根外营养的代表。

食虫植物(carnivorous plants)是一种会捕获并消化动物而获得营养(非能量)的自养型植物。生长于土壤贫瘠、特别是缺少氮素的地区。食虫植物分布于 10 个科,约 21 个属 630 余种。某些猪笼草偶尔可以捕食小型哺乳动物或爬行动物,所以食虫植物也称为食肉植物。这些植物通过变态为捕虫器的叶,进行根外吸收,获取生长环境中所缺乏的氮素。这是植物在逆境中长期适应而进化出的一种方式。

第二节　植物对自然环境胁迫的适应

植物体是一个开放体系,生长在自然环境中,常遇到一些不利于植物体代谢和生长发育的环境因素,如寒冷、高温、干旱、水涝和盐渍等。这些不利于植物体代谢和生长发育的环境因素,统称环境胁迫,或叫逆境。在逆境环境中,植物的生长发育受到抑制。

不同的环境胁迫因子对植物的伤害不同。植物对胁迫环境的反应因植物种类而异。在同一环境因子胁迫下,有的植物能正常生长,有的植物受到伤害,有的甚至死亡。植物依赖多样的生理途径和机制,来适应这种胁迫环境,并得以生存和繁衍。有的植物能够适应多种胁迫,而更常见的是不同的植物有着不同的适应策略,来适应不同的逆境,这在极端恶劣的生境中较常见。但是,一旦环境的变化超出了植物所能够适应的范围,将会导致植物的死亡,最终导致植物种的灭绝。

一、植物对辐射胁迫的适应

太阳辐射为地球生物圈中的绿色植物提供了唯一的能量来源,它包括从短波射线(10^{-5}nm)到长波无线电频率(10^5nm)的所有磁波谱。其中就包括了对植物最重要的光合有效辐射(photosynthetic active radiation,PAR),PAR 可以用光量子通量密度(photon flux density,PFD)来表示,即光合光量子通量密度(PPFD),指单位时间单位面积上所入射 400~700nm 波长范围内的光量子数,单位为 $\mu mol/(m^2 \cdot s)$。但并非所有辐射对植物都有利,很多辐射对植物是有害的,即使是 PAR,过强或过弱的光对植物也是不利的。植物对于光辐射的胁迫,有对应的适应策略,所以在各式各样的光环境中都会有植物的出现。

(一) 强光胁迫

当 PAR 超过植物的光饱和点(light saturation point,I_{sat})以后,光合速率随光强增加而降低。人们把超出光饱和点的光强定义为强光(high radiation 或 high light),而把强光对植物可能造成的危害定义为强光胁迫(high radiation stress 或 light stress)。强光会让植物的光化学转化效率降低,产生光抑制(photoinhibition),降低植物光合效率,减缓呼吸作用,甚至会降低呼吸速率。

植物对强光有一定的适应范围,这种适应具有季节性、地区性,并因物种而异。在强光、高温、低 CO_2 浓度的逆境下,C_4 植物比 C_3 植物有更高的生产能力。C_4 植物能把强光用于光合作用,它们的 CO_2 吸收量是随光强而变化的;C_3 植物则很容易达到光饱和,因而不仅不能充分利用太阳辐射,而且会由于强光而产生光合速率的"午休"。阳生植物能利用强光,而阴生植物在强光下往往遭受光胁迫而产生危害。植物对于强光的适应能力,表现在以下几个方面。

1. 改变光合特性以适应强光环境　　在自然光照下,同种植物处于不同的生境中光饱和点是不相同的。在林下生境中,南川升麻(*Cimicifuga nanchuanensis*)的光合作用——光响应曲线在光强为 $80\mu mol/(m^2 \cdot s)$ 就已经变得相当平滑了,呈现出饱和的趋势。而对林窗生境来说,曲线在光强为 $198\mu mol/(m^2 \cdot s)$ 时远没有达到饱和状态,在林缘中光强为$60\mu mol/(m^2 \cdot s)$时仍未见饱和。这说明光合有效辐射的差异能导致光合特性的变化,植株通过改变光合特性来适应相应的环境条件,以捕获更多的光能,提高光能的利用效率(岳春雷等,1999)。

2. 增加叶绿素含量　　强光胁迫对植物光合速率是否产生影响以及影响到何种程度,与其叶片的叶绿素含量有密切关系。同一生境中的羊草(*Leymus chinensis*)有灰绿型与黄绿型,两种类型的羊草对光辐射强度的响应有不同程度的变化。灰绿型羊草与黄绿型羊草的光饱和点与补偿点不同。灰绿型羊草对光强度响应相对迅速,有较高的饱和光合速率,但它的光补偿点、饱和点却低于黄绿型羊草。一般说来,较高光辐射条件下植物的叶色较深,叶片叶绿素含量也相对较高。

3. 不同部位叶片的适应　　同种植物的相同植株不同部位叶片对强光胁迫的耐受能力也

有差异。阴生叶光饱和点远低于阳生叶。树冠上层的全阳生叶可获得比一般阳生叶更高的光照强度,它们在高光下的光合速率也大于一般阳生叶,这说明不同类型叶片已经对各自的生境产生了不同的适应性。青冈(*Cyclobalanopsis glauca*)阳生叶的光饱和点可高达阴生叶的 10 倍之多,说明同一植株上叶片对于光强已产生了适应和分化。

4. 不同植物的适应　　对于喜光植物,强光不仅不易形成胁迫,而且有利于其生长。花生(*Arachis hypogaea*)单叶光饱和点为 1500～1800 $\mu mol/(m^2 \cdot s)$,群体在 2000 $\mu mol/(m^2 \cdot s)$以上,因而它对于强光有较强的适应性。油菜在强辐射日照时数长的条件下,开花早、产量高、品质好。

相反,对于喜阴植物则极易受到光胁迫的影响。如耐阴的饲料植物白三叶草(*Trifolium repens*),遇强光则引起生长不良。

(二) 光斑环境

在许多密闭的森林中,只有一小部分的太阳光能够到达植被的下层。因此,林下植物生长在一种变动的光环境中,一般是短期的直射太阳光和光强很弱的散射光相互交替。通常把透过植被冠层的缝隙入射到冠层内和植被下层的短时间的直射太阳光称为光斑(sunfleck)。林下植物全天大部分时间受光强很弱的散射光照射,只有 10%左右的时间受光斑照射。光斑照射时间往往只有几秒至几分钟或更长一些时间,但其光强却是林下散射光的几十倍甚至百倍以上。光斑照射时,林下植物叶温迅速升高,蒸腾加快,植物水势迅速下降,植物遭受暂时性水分亏缺。林下植物光饱和点低,强光可使其光合系统的光化学转化效率降低,产生光抑制,从而导致植物的最大光合速率和光量子产量降低。

在林下变动的光环境中,植物会通过形态解剖方面以及生理途径变化来适应这种光斑环境。

1. 林下植物形态方面的适应　　为适应林下光资源稀少的环境,林下树木有两种典型的树形。一种是形成较宽的单层树冠,相对地维持树冠的水平生长,减少垂直生长,枝条角度近于水平,且叶片生长在枝条的两侧,加速自疏掉树冠下层的枝条,减少自我遮阴,最大限度增加对光的接受,如温带林下的山毛榉(*Fagus longipetiolata*)、鹅耳枥(*Carpinus turczaninowii*)的幼树(Cao et al. ,1998);另一种是形成小的,甚至不分枝的树冠以及瘦细的树干,从而维持垂直生长,以便尽早的脱离弱光环境。

林下植物往往把相对多的生物量投入到地上部分,特别是叶片的生长,形成较高的冠/根生物量比。在叶片形态上,林荫下的植物叶片及叶片表皮层、角质层和栅栏组织较薄,栅栏细胞比较短粗,叶片气孔密度低,表皮毛少。

当光斑照射到林下植物的叶片时,有些植物还会发生保护型运动,如俄勒冈酢浆草(*Oxalis oreganga*)的叶片就会垂下来,从而避免光抑制的发生。

2. 林下植物生理方面的适应　　林下植物的叶片单位重量的叶绿素含量较高,叶绿素 a/b 比例较低。这有利于提高林下植物对红光的有效吸收,以保持光合系统之间的能量平衡(Bjrökman et al. ,1972)。林下植物的叶绿体基粒形成更大的垛叠,而且对卡尔文循环中间产物库的调控比较有效,这些都有利于提高林下植物光斑照射期间的光合有效性和光斑照射过后 CO_2 的同化反应(Pearcy,1990)。

在热带雨林中有些植物的叶或叶背或嫩梢嫩叶是紫红色的,这是因为这些叶片含有较高的花青素苷。花青素苷与叶绿素 b 的吸收光谱重叠,能吸收多余的光,使林下植物叶片在被光斑照射时能免受强光的伤害。

（三）UV-B 胁迫

紫外线(ultraviolet，UV)辐射也是太阳辐射的其中一部分，是比蓝光波长还短的电磁波谱，位于 100～400 nm 之间，约占太阳总辐射的 9%。依据在地球大气层中的传导性质和对生物的作用效果，通常将 UV 辐射分为 UV-A(315～400 nm)、UV-B(280～315 nm)和 UV-C(100～280 nm)三部分。UV-A 单个光子能量低，不足以发生光化学反应，UV-C 会被大气层中的 O_3 分子极有效地吸收，UV-B 亦会被 O_3 分子有效吸收，但只能减弱到达地面的 UV-B 辐射强度。UV-B 辐射(ultraviolet-B radiation)引起的 DNA 损伤能通过改变 DNA 的结构，进而导致转录、复制和重组等方面的极端变化。通过叶绿体、细胞悬浮液及完整叶片等进行的一系列研究表明，UV-B 辐射还会抑制植物的光合作用(表 10-1)。

表 10-1　增加 UV-B 辐射对植物的直接和间接影响

影响类型	影响结果
直接影响	1. DNA 伤害：环丁烷嘧啶二聚体(CPDs)、(6-4)光产物 2. 光合作用：PSⅡ反应中心、Calvin 循环酶、类囊体膜、气孔功能 3. 膜功能：不饱和脂肪酸的过氧化、膜蛋白的伤害
间接影响	1. 植物形态构成：叶片厚度、叶片角度、植物体构型、生物量分配 2. 植物物候：萌发、衰老、开花、繁殖 3. 植物体化学组成：单宁、木质素、类黄酮

引自：蒋高明，2004

大气平流层 O_3 的形成为地球上生物的生存和进化提供了防止 UV 伤害的外界屏蔽；与此同时，在从水体向陆地进化的过程中，植物体本身也形成了多种越来越复杂的内部防护机理。

1. 屏蔽作用　植物体能够屏蔽 UV-B 辐射引起的伤害，是因为植物能产生 UV-B 吸收物质(UV-B absorbing compounds)和叶表皮附属物质(如角质层、蜡质层)等。在大多数植物中，叶表面的反射相对较低(小于 10%)，因此通过 UV-B 吸收物质的耗散，可能是过滤有害 UV-B 辐射的主要途径(Caldwell et al.，1989)。

植物暴露在 UV-B 辐射下，会刺激 UV-B 吸收物质的积累。这些保护物质主要分布在叶表皮层中，能阻止大部分 UV-B 光量子进入叶肉细胞，从而避免对 DNA 等生物大分子的伤害。而 UV-B 吸收物质对 PAR 波段的光量子没有影响。UV-B 吸收物质属于植物的次生代谢产物，主要包括羟基肉桂酸酯、类黄酮(黄酮醇、黄酮)和相关分子，这些物质都能有效地吸收 UV-B。近期的遗传学研究通过对不能合成 UV-B 吸收物质的突变体(如拟南芥 tt4 和 tt5)进行大量研究，证明了缺乏 UV-B 吸收物质与对 UV-B 辐射的敏感性密切相关。

2. DNA 伤害修复　植物的屏蔽作用并不能 100% 地吸收有害的 UV-B 辐射，所以，植物体还需要修复系统来维持整组基因的完整性。通常，生物体组织中负责剔除损伤的修复系统包括光复活(photoreactivation，PHR)、切除修复、重组修复和后复制修复。

3. 活性氧清除系统　许多研究结果表明，UV-B 辐射引起的进一步伤害作用可能间接源于活性氧(active oxygen)的产生。活性氧能与许多细胞组分发生反应，从而引起酶失活、光合色素降解和脂质过氧化等。

植物体具有一个高效的活性氧清除系统。强 UV-B 辐射会诱导叶内抗氧化防御能力的提高，包括低分子量抗氧化物质(如抗坏血酸、谷胱甘肽等)含量的提高，抗氧化酶(如 SOD、POD、

CAT、GR 等)活性的增强,这些都能有效地保护细胞免受活性氧的伤害。此外,亲脂性维生素 E 和类胡萝卜素,以及酚类化合物和类黄酮化合物也能清除部分活性氧分子。

二、植物对温度胁迫的适应

冷和热是热力学状态。热加速分子运动,使生物膜的脂层流动性更强;冷使生物膜变得更加坚硬。冷和热的强度以及持续时间对植物代谢活动、生长和生活力的影响,可作为确定某物种分布界限的标准。在活性界限水平,生命过程被可逆地降低到最低速度。休眠阶段,如干孢子和变水植物处于干燥状态都不敏感,以致在极端温度下仍能存活而不被损伤。在致死临界水平,植物的组织和器官都会出现永久损伤特征。当超过临界温度阈值时,细胞和结构功能突然损伤,以致原生质立即死亡。在其他情况下,损伤渐渐发展,随着一个或多个过程失去平衡和受害,到最后,生命的重要功能停止,机体死亡。植物在一定的范围内,能够通过自身的适应性,对温度的变化做出相应的变化。所以植物的分布能跨越纬度、海拔,在多样的温度环境中生存。

（一）高温胁迫

地球上的高温环境包括赤道附近的热带荒漠、热带萨王纳群落、热带雨林等。热带土壤表面温度可达 $60\sim70℃$,在荒漠有高达 $80℃$ 的记录。温带草原与沙漠地区,中午因强烈阳光的作用,也产生高温环境,气温可达 $50℃$ 以上,植物叶面温度可以达到 $45℃$ 以上(Jiang et al.,2001)。

1. 高温环境对植物的伤害　　当温度超过植物的最适温度范围后,若再继续上升,就会对植物造成伤害,使植物生长发育受阻,特别是在开花结实期,植物最易遭受高温的伤害。例如水稻开花期遇高温,开花时间提早,但每天开花总量减少,花药开裂率减少,闭花率增加,最终造成产量的下降(表 10-2)。高温对受精过程也有严重伤害作用,因为高温能伤害雄性器官,使花粉不能在柱头上发育。高温还会影响子粒千粒重。据实验,早稻开花期在不同温度条件下,千粒重有明显的差别。

表 10-2　不同高温对水稻开花率(%)、结籽率(%)与千粒重(g)的影响

温度/℃	30	32	35	38
日开花高峰时间	11:00	9:00~11:00	9:00	7:00
最大开花高峰的开花率/%	20	6	4	2
总开花率/%	75	37	20	21
花药开裂率/%	89	84	83	42
夜花开率/%	2	8	8	8
闭花率/%	4	30	64	71
实籽率/%	52	33	19	0
秕籽率/%	2	2	4	12
空籽率/%	46	65	77	89
千粒重/g	20.9	20.7	20.5	0

引自:蒋高明,2004

2. 植物对高温胁迫的适应　　植物对高温的生态适应与该植物的原产地有很大关系。在高等植物中,热带旱生植物要比中生植物抗高温。同一种植物的不同发育阶段,抗高温的能力也不同。植物休眠期最能抗高温,生长期抗性很弱,随着植物的生长,抗性逐渐增强。开花受精期(禾谷类孕穗开花受精阶段)对高温最敏感,是高温的临界期。种子果实成熟期抗高温的能力增强,很少受到高温的伤害。

1）形态方面的适应　　植物抗高温的能力主要来自植物的形态适应性。有些植物体具有密生的绒毛、鳞片，有些植物体呈白色、银白色，叶片革质发亮等特征。这些绒毛和鳞片能过滤一部分光线，白色或银白色的植物体和发亮的叶片能反射大部分光线，使植物体温不会增加得太高太快。有些植物叶片垂直排列，叶缘向光；有些植物如云实亚科（Caesalpinioideae）的一些种，在气温高于35℃时叶片折叠，从而减少光的吸收面积，避免热害。有些植物树干、根茎附近具有很厚的木栓层，它起到隔绝高温、保护植物体的作用。

2）生理方面的适应　　植物在高温时，在细胞内增加糖或盐的浓度，同时降低含水量，使细胞内原生质浓度增加，增强了原生质抗凝结的能力。细胞内水分减少，使植物代谢减慢，同样增强了抗高温的能力；生长在高温强光下的植物大多具有旺盛的蒸腾作用，由于蒸腾而使植物体温比气温低，避免高温对植物的伤害。但当气温升到40℃以上时，气孔关闭，则植物失去蒸腾散热的能力，这时最易受害。某些植物具有反射红外线的能力，避免植物体温上升过高。

（二）低温胁迫

强大的冷气团由北向南移动，引起温度突然大幅度下降，这就是寒流（寒潮）。强大的寒流以及夜间辐射降温引起的低温，会严重影响植物的生长发育，甚至导致植物的死亡。

1. 低温环境对植物的伤害　　凡低于某温度，植物便受害，这种温度称为"临界温度"或"生物学零度"。超过临界温度，温度下降得越低，植物受害越严重。临界温度或低于临界温度的温度使植物受害的最短时间为"临界时间"。超过临界时间，低温的时间越长，植物受冻害越重。此外，低温发生的季节，降温（升温）速度都能对植物产生极严重的影响。植物受低温伤害的程度还决定于植物种，及其不同发育阶段的抗低温能力。

植物在低温环境下，原生质流动会变慢甚至停止，细胞内水分平衡失调，光合速率减弱。温度更低的环境会使植物体内结冰，从而引起对植物体的损伤。当温度缓慢下降时，细胞间隙的水分结成冰，称为"胞间结冰"。胞间结冰会使原生质过度失水，破坏蛋白质分子，原生质凝固变性。当温度迅速下降时，除了胞间结冰外，细胞内也会结冰，原生质体内形成的冰晶体积过大，就会破坏生物膜、细胞器和衬质结构，导致细胞死亡。

2. 植物对低温胁迫的适应　　植物在长期进化过程中，对冬季的低温，在生长习性和生理生化方面都具有各式各样特殊的适应方式。植物对于低温胁迫的适应方式，主要表现在以下几个方面。

1）生态适应　　一年生植物主要以干燥种子形式越冬；大多数多年生草本植物越冬时地上部分死亡，而以埋藏于土壤中的延存器官（如鳞茎、块茎等）度过冬天；大多数木本植物或冬季作物在形态上形成或加强保护组织（如芽鳞片、木栓层等）和落叶。但即使是抗寒性很强的植物，在未进行过抗寒锻炼之前，对寒冷的抵抗能力还是很弱的。例如，针叶树的抗寒性很强，在冬季可以忍耐−30～40℃的严寒，但在夏季，若人为将其放在−8℃的环境下，针叶树便会冻死。我国北方晚秋或早春季节，植物容易受冻害，就是因为晚秋时，植物内部的抗寒锻炼尚未完成，抗寒力差；而在早春，温度已回升，体内的抗寒力逐渐下降。因此，晚秋或早春寒潮突然袭击，植物就容易受害。

2）生理适应　　随着温度下降，植株吸水较少，含水量逐渐下降。随着抗寒锻炼的延续，细胞内亲水性胶体加强，使束缚水含量相对提高，而自由水含量相对减少。由于束缚水不易结冰和蒸腾，所以总含水量减少和束缚水相对增多，有利于植物抗寒性的加强。植株的呼吸随着温度的下降而逐渐减弱。很多植物在冬季的呼吸速率仅为生长期正常呼吸的0.5%。细胞呼吸微弱，消耗糖分少,有利于糖分积累和对不良环境条件的抵抗。

冬季来临之前,树木呼吸减弱,脱落酸含量增多。这时植物减少顶端分生组织的有丝分裂活动,生长速度变慢,节间缩短。在温度下降的时候,植物体内其他有保护作用的保护物质含量也会增多,如糖、脂类与核酸类化合物以及一些其他的中间产物。这些保护物质能够增强植物的抗寒性。

3) 其他生态因子的作用　　植物的抗寒性还与光照强度有关。在秋季晴朗天气下,光合强烈,积累较多糖分,有利于植物抗寒。如果此时阴天多,光照不足,光合速度低,积累的糖分少,抗寒力就比较低。

土壤含水量过多,细胞吸水太多,植物抗寒锻炼不够,其抗寒能力也会比较差。在秋季,土壤水分减少,会降低细胞含水量,使植物生长缓慢,从而提高植物的抗寒性。土壤营养元素充足,植株生长健壮,也有利于其安全越冬。但不宜偏施氮肥,以免消耗较多碳水化合物用来合成蛋白质,糖类减少,植株徒长而延迟休眠,反而使其抗寒能力降低。

总之,随着日照变短和气温下降,严冬来临的信息被植物所接收到,植物体便在生理生态上做出各种各样的适应性反应,最终进入休眠状态(如落叶或不落叶)。这时,植物生长基本停止,代谢减弱,体内含水量低,保护物质含量多,原生质胶体性质改变,以适应低温的状态安全越冬。

(三) 植物对水分胁迫的适应

水分过度亏缺对植物造成的伤害称旱害,它是全球性农业生产中的重大灾害。干旱分地区干旱和季节干旱,它们是世界上限制农作物产量提高的重要因素之一。土壤积水或土壤过湿对植物的伤害称为涝害。植物对旱害的适应或抵抗能力叫做植物的抗旱性,植物对涝害的适应或抵抗能力叫做植物的抗涝性。正因为不同的植物对于水分条件要求不同,所以,从湖泊海洋到戈壁沙漠,都会有植物的身影出现。

1. 植物对干旱胁迫的适应　　干旱区(arid zone)指属于干旱气候的地区,约占陆地面积的30%,其共同特征是:降水量少而变率大,一般气温日较差和年较差皆大,可能蒸发量远远大于降水量,多风沙,云量少,日照强。水分不足是干旱环境限制植物生长的主要因素。

1) 旱生植物　　生长在降水稀少、高温、土壤有机质含量少并伴有盐渍化的地区,在长期或间歇干旱环境中仍能维持水分平衡和正常生长发育的植物称为旱生植物(xerophyte)。

每一种旱生植物都有其复杂的生存机制,以确保能够在特定的环境中生存和发展(Gutterman, 1993)。在进化过程中,干旱区的植物发展出了丰富多彩的适应机制,来克服这一区域不适宜的环境条件。

根据综合生理指标,旱生植物可分为三个主要类型:干旱逃避型(drought escaping),生长周期很短的植物,它们能够在干旱季节来临之前迅速地完成其生活周期;干旱避免型(drought evading 或 drought avoiding),通过限制水分消耗和(或)发展出大量的根系,从而避免植物被干死,这些植物在干旱季节往往保持较高的、稳定的蒸腾和光合速率;干旱忍受型(drought enduring 或 drought tolerating),在没有任何水分可供根吸收的情况下,依然能够生存的植物,如仙人掌类植物。

2) 植物对干旱环境的适应　　为适应干旱环境中的水分不足的胁迫,植物进化出了多种多样的适应策略。无论从根、茎、叶、种子的传播以及萌发机制上,植物都进化出一套与干旱环境相协调的策略,确保能够在干旱环境下得以生存和繁衍。

(1) 根的适应变化。在外部形态上,干旱环境下的植物的根有以下适应特征:少浆液植物的根系发达,具有很高的根/茎比,从而使根的吸收面积增大,使植物能够维持其水分平衡;根系生长速度快,此特点有利于迅速扎根吸水;一些沙生植物根外往往形成保护结构——沙套,沙套是由根分泌的黏液粘住沙粒而形成的,它可使根系免受沙粒灼伤以及减少蒸腾,防止反渗透失水(曲仲湘等,1984);有些植物经风蚀暴露的老根上能长出不定根、不定芽,进行营养繁殖,从而加强植物的生存能力,如蒿属(*Artemisia*)的植物。

　　在解剖形态上,干旱环境下的植物的根有以下适应特征:根系有不同程度的肉质化,从而形成地下贮水器官,有的植物具有很厚的皮层,具有类似根套的作用,但生长在极端沙漠中的植物根皮层的层数反而减少,可能是为缩短土壤与中柱的距离,更有利于植物对水分的吸收;内皮层的凯氏带变宽,在极端条件下,凯氏带占据着整个内皮层细胞的径向壁与横向壁;具有发育良好的木质部,以利于水分迅速输导;一些旱生植物的根往往形成异常结构,可确保干旱造成外部组织死亡后,其余韧皮部和木质部可正常运行,确保植物生存。此外,荒漠灌木的一些种类往往形成木间木栓的异常保护组织,可把水分向上运输限制在小的木质部区域内,对维持水分平衡极为重要(表 10-3)。

表 10-3　几种旱生植物和栽培植物根结构的比较

	植物种类	皮层的层数	凯氏带的宽度与径向壁之比
旱生植物	凹叶白刺	2.5	1.00
	巴勒斯坦柽柳	3.0	0.90
	四叶猪毛菜	2.8	0.88
	灌木状霸王	2.2	0.87
	空心牧豆树	4.8	0.80
	毛叶沙拐枣	0.64	0.64
	地中海滨藜	2.0	0.63
	无叶柽柳	8.6	0.52
栽培植物	菜豆	14.0	0.33
	亚麻	10.0	0.33
	番茄	7.0	0.40
	莴苣	6.0	0.27

引自:李正理,1981

　　(2) 茎的适应变化。在外部形态上,干旱地区植物的茎有以下适应特征:在水分亏缺与日照强烈地区生长的植物,往往表现出粗壮矮化的外部特征,植株多呈灌木状,丛生,基部多分枝。在沙漠地区,流动沙丘会把植株的枝条埋起来,但被掩埋的枝条向下能发出不定根,向上能发出新的枝条,形成多个灌木丛包(刘家琼,1983)。有些植物在特别干旱的季节呈假死状态,等到降雨时再恢复生长,如沙冬青(*Ammopiptanthus mongolicus*);有的植物叶片在干旱时脱落,由叶轴营光合功能,如花棒(*Hedysarum scoparium*)(图 10-4);还有一些沙生植物叶子退化消失或呈鳞片状,由幼枝营光合功能,称为同化枝,如梭梭(*Haloxylon ammodendron*)。

　　在解剖结构上,植物的茎有以下适应特征:①皮层与中柱的比率较大。旱生植物的皮层要比中生植物的宽,可保护维管组织免受干旱。②沙漠植物的形成层活动和雨季持续的时间相一致,这是沙漠植物的一种适应特征。③形成了同化枝。同化枝具有较厚的皮层和极发达的贮水组织。④皮层内有韧皮纤维组成的纤维柱,这对防止吹折与沙割有一定作用。一些植物的木质部

图 10-4　花棒及其小叶脱落后营光合作用的叶轴(陈伯毅 摄)

A. 花棒；B. 其小叶脱落后营光合作用的叶轴

分子的细胞壁都强烈木质化,以增强其支持力。⑤导管平均直径小。⑥保持着生活的木纤维,如蒺藜科的 *Nitraria retusa* 和蓼科的 *Calligonum comosum*。⑦形成异常的次生结构。这些结构常在藜科、蒿属等一些荒漠植物中存在,如异常维管组织与木间木栓。

(3)叶的适应变化。除了必须适应强烈的光照与氮素缺乏外,旱生植物叶的旱性结构表现尤为突出。

旱生叶具有小的表面积/体积比,减少蒸腾。叶形变小,叶片变厚,并且多裂,可更有效地散热。有些旱生叶退化成鳞片叶或刺,由同化枝进行光合作用;有的旱生叶变为肉质,成圆柱状、棍棒状等类型,甚至变为球形,具有最小的表面积/体积比,可以最大限度的减少水分丧失。

旱生叶片表皮及其附属物也会发生变化:旱生叶的表皮细胞小,排列紧密;旱生叶的角化层分为内外两层,外层不具有纤维素,而内层则具有纤维素及果胶质的微通道,除了有很大的保水力外,果胶质的微通道还能将水分由表面运送到内部;一些旱生植物(少浆液类)有发达的毛状体,一般呈白色或灰色,可反射强烈的阳光,保护叶肉免受热灼;旱生叶的气孔呈典型的旱生状态,在炎热的夏季,保卫细胞的壁明显增厚,有些植物气孔深陷在表皮之下,形成气孔窝,气孔窝内还附有浓密的表皮毛(图 10-5)。

图 10-5　瓦松(A)和砂珍棘豆(B)(陈伯毅 摄)

A. 瓦松(*Orostachys fimbriata*)呈现棍棒状叶片；B. 砂珍棘豆(*Oxytropis racemosa*)叶片覆盖白色毛状体

旱生叶具有比中生叶大的栅栏组织/海绵组织比。旱生叶发达的栅栏组织分布于叶的背腹两面。柽柳属植物的叶片与营养枝愈合形成了抱茎叶,它除了具有小的表面积/体积比的特点外,其栅栏组织位于远轴面,而海绵组织则位于近轴面,与中生叶及其他旱生叶不同,是高效的光合器官(翟诗虹等,1983)。

旱生植物的输导组织也会发生变化:少浆液植物具有发达的网状叶脉,与其强烈的蒸腾相适应。而多浆液植物具有发达的贮水组织,细胞水分平衡较稳定,因此输导组织不如少浆液植物发达。多浆液植物往往形成肉质的叶子,贮水组织由大型的细胞组成,含有大液泡,渗透压高,有些还具有黏液,能适应极端干旱的环境。新疆多种沙生植物存在有黏液细胞、异细胞或结晶。有些植物如白梭梭(H. persicum)含有树胶物质。树胶物质通过提高渗透压提高植物的保水性与吸水力,增强植物的抗旱能力及耐高温能力。结晶物质的存在,可以维持细胞内高浓度的细胞液,提高植物的抗旱与抗寒性。

(4)种子的适应变化。在植物的生活周期中,种子对极端环境具有最大的忍耐力,而萌发的幼苗对环境的忍耐程度则最小。沙漠植物具有特殊的种子传播与萌发机制,能够度过植物对外界的敏感期,对于沙漠植物的生存与繁衍具有重要的意义。

有些旱生植物产生大量的灰尘状种子,并在成熟后迅速传播到土壤裂缝间,被土壤颗粒埋起来,避免被动物大量采食。有的植物会产生地上、地下两种果实,并被干枯的母体所保护。地下果实原地萌发,而地上果实则被风或雨水传播后萌发。有些种子表面遇水产生黏液性的物质,有助于种子黏附在地面,防止蚂蚁的采食;黏液物质会使种子黏附沙粒而导致大粒化,能防止风将其移位,还能下沉到土壤的一定深度,有利于种子的萌发。有些植物会将许多种子聚积在一起或以整个花序为一个传播单位,这些种子具有不同的萌发能力,每一季节每一个传播单位中只有一两株苗萌发,不仅避免了自身竞争的发生,而且还能确保一年中适合萌发的季节都有种子可以萌发。

沙漠中一些种子具有很厚的种皮,必须靠发洪水时的石砾碾碎种皮才能萌发,这种机制确保了种子萌发时能得到大量水分。某些植物具有季节性萌发的特征。白藜(Chenopodium album)的夏季生态型植物在较高温度(27~32℃)、较长日长(12.5~14h,3~9月)下萌发和生长。相比之下,冬季生态型在较低温度(11~20℃)、较短日长(10.5~11.5h,11~4月)下萌发。许多沙漠植物的种子具有部分休眠及部分萌发的特性,从而可使种子在种子库中保存许多年。

2. 植物对涝渍胁迫的适应　　土壤中积水过多,甚至产生地面浮水,成沼泽状态,并对植物的生存和正常生长已产生不利影响,造成伤害的逆境称之为涝渍化环境(waterlogging environment)(蒋高明,2004)。

1)涝渍化环境对植物的危害　　涝渍化环境是相对的,因为不同类型的植物对周围水分环境条件要求不一样,如果旱生植物和中生植物周围土壤环境过湿,就会形成涝渍化环境,而对水生植物来说,即使被水淹埋,也不算涝渍化环境。

水分过多对有些植物会造成危害,其原因不在于水分本身,而是由于其他的间接原因。如果排除这些间接原因,植物即使在水溶液中也能正常生长,例如无土栽培时,植物的根是完全浸在水中的。水涝对植物的伤害主要是因为土壤供氧不足。植物对缺氧适应能力的大小,直接关系到植物抗涝能力的大小。

在土壤缺氧的环境中,有益的需氧微生物活动受到抑制,不利于植物的养分供应。厌氧型微生物活动加强,它们的代谢产物使土壤 pH 值趋于酸性,对植物根特别有害。土壤中氧气缺乏时,一般旱生植物根部的呼吸受到影响,只能进行无氧呼吸,其代谢物不利于植物根系的生长,从而影响根对营养物质的吸收,导致根生长减缓甚至烂根、烂苗等。淹水条件下,因为茎叶被淹没,植物气孔往往处于关闭状态,CO_2 进入困难,光合作用难以进行;有氧呼吸被无氧呼吸所代替,储藏物质大量被消耗,植株由于饥饿而导致衰老,加上有毒物质在体内的积累,植物的生理活动发生紊乱,导致最终死亡。

2) **植物对涝渍化环境的适应**　　不同的植物适应涝渍化环境的程度不同,有些植物非常适应涝渍化环境,有些具有一定的抗涝特性,主要因为一方面植物忍受无氧呼吸的能力不同,另一方面在于氧气的供应不同。水生植物及水生起源植物(半水生植物类)均有抗涝结构及适于水生的代谢方式。

(1)生理的适应。当植物处于涝渍环境时,植物根细胞进行无氧呼吸。有些植物进行无氧呼吸时所积累的最终产物对细胞本身是无毒的。因为当这些植物根部缺氧时,不是发生酒精发酵,而是具有其他的呼吸途径,代谢产物不是酒精,而是一些有机酸,如苹果酸、芥草酸等。另外,有一些植物能够利用 NO_3^- 作为 O_2 的来源,以补充氧气的不足。

(2)形态的适应。植物适应涝渍化环境的另一个原因,是因为有些植物天生具有抗涝结构,另外也有植物能很快生成输氧管道。水生植物及水生起源植物(半水生植物类)均有抗涝结构,植物地上部分具有向地下部运送氧气的通道,主要是皮层中的空隙。这种通气组织从叶片一直连贯到根(图 10-6)。有些植物的通气组织可储藏白天光合作用生成的氧气,以供植物本身呼吸使用。水稻根部就有特殊的通气组织供应氧气,而小麦则缺乏这样的通气组织。但当小麦、玉米等根部缺氧时,也可诱导形成通气组织(潘瑞炽,2004)。

图 10-6　水生植物的通气组织(林秦文 摄)

A. 黑三棱(*Sparganium stoloniferum*)的茎;B. 香蒲(*Typha orientalis*)的茎

红树林植物长有向上的特殊根系,这些根系能伸出通气不良的基质,而根内部具有良好的细胞气室系统,与气孔相连。有的水生植物能从水中吸收氧气,将氧气经过水道送到根部,解决根部缺氧的问题。

(四)植物对盐渍胁迫的适应

盐渍化环境是土壤里面所含的盐分影响到植物正常生长的一种逆境环境。根据联合国教科文组织和粮农组织不完全统计,全世界盐碱地的面积为 9.543 8 亿公顷,其中我国为 9913 万公顷。严重的盐碱土壤地区植物几乎不能生存。

1. 盐渍化环境对植物的影响　　生境中盐分超过一定浓度对植物就会造成伤害。在盐渍化生境中,植物细胞过量摄取 Na^+ 和 Cl^- 以后,细胞的离子均衡(ion homeostasis)被破坏,光合作用、呼吸作用、核酸代谢和激素代谢等都受到影响,进而严重影响植物的生长发育,使植物生长缓慢、发育不良。在盐渍化生境中,土壤水势低,造成植物根部水分吸收困难,细胞水分亏缺,从而影响矿质营养的吸收和运输、有机物质的合成和运输。细胞水分亏缺使得细胞膨压降低,影响光合作用,造成细胞分裂和膨大,最后也影响植物的生长发育。营养亏缺也会引起植物体一系列生理代谢失调、生长减慢和发育不良。

虽然盐渍生境不利于大部分的植物生长,但依然有些植物能在如此恶劣环境中正常生长并完成生活史，它们就是盐生植物（halophytes）。盐生植物能在含盐量超过 0.33 MPa（相当于单价盐 70 mmol·L⁻¹）的土壤中正常生长并完成其生活史的植物（Greenway et al.，1980）。世界上盐生植物大约有 5 000～6 000 余种，我国盐生植物大约有 500 余种。世界上盐生植物主要分布在有花植物的 38 个目中，其中盐生植物较多的有 12 个科。

2. 盐生植物对盐渍胁迫的适应　　　盐生植物对盐渍生境有一定的适应性，这种适应性的大小，即植物的抗盐性（salt resistance）。不同的盐生植物适应盐渍胁迫的方式也不尽相同。盐生植物主要可以分为稀盐盐生植物（salt dilution halophytes）和泌盐盐生植物（salt secretion halophytes）两种。

1）稀盐盐生植物对盐渍胁迫的适应　　　稀盐盐生植物在盐生植物中是一类真盐生植物（eu-halophytes），它们的生长发育需要一定数量的盐分。土壤盐分不足或过高都会影响它们的生长发育。它们对盐渍生境的适应手段之一就是茎或叶的肉质化作用。稀盐盐生植物的叶片或茎部的薄壁细胞组织大量增生，细胞数目增多，体积增大，这样可以积存大量的水分，避免植物因在盐渍生境中吸水不足而造成的水分亏缺。茎叶的肉质化作用还能将吸收到细胞中的盐分进行稀释，使细胞盐分浓度降低到不足以致害的程度，这是稀盐盐生植物对盐渍生境的适应现象。

稀盐盐生植物对盐渍生境的另一个适应方式是细胞内离子的区域化作用（ion compartmentalization）。所谓区域化作用，是指植物通过离子通道、质子泵、Na⁺/K⁺ 逆向运输载体的作用，将从外界吸收到细胞质中的大部分 Na⁺、Cl⁻ 转运到液泡中，从而降低细胞的水势。这样不仅使细胞顺利地从低水势生境中吸收水分，而且还能避免细胞质遭受盐离子的毒害，最终达到适应盐渍化生境的目的。

2）泌盐盐生植物对盐渍胁迫的适应　　　大部分泌盐盐生植物的茎或叶生有盐腺或盐囊泡。通过盐腺以及盐囊泡，泌盐盐生植物能将从土壤中吸收的盐分大部分分泌到体外。

盐腺的泌盐过程是一个主动过程，离子进入盐腺及在盐腺中运输是需要能量的。盐腺分泌的物质主要是盐类，此外还有少量的小分子有机物质等。盐腺分泌的盐分与培养液中的盐分是一致的。而且，盐腺分泌盐的速度和数量也与培养液中的盐浓度有关。

盐囊泡则是把盐分从沿着维管束鞘细胞→栅栏细胞→下表皮细胞→盐囊泡柄细胞→盐囊泡，将盐分聚集到盐囊泡。盐离子到达盐囊泡后，并不分泌到胞外，等到囊泡破裂后，盐分即被送到体外（图 10-7A 和 B）。

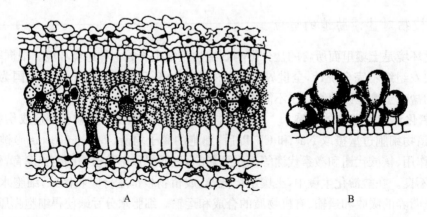

10-7　滨藜（*Atriplex patents*）叶表面盐囊泡剖面图（A）和 *Atriplex leucoclada* 的盐囊泡（B）.

（引自：蒋高明，2004）

泌盐盐生植物除了盐腺和盐囊泡两种主要的排盐方式外,还能通过其他一些方式,将盐分排出植物体。

盐生植物的地上部分细胞中可溶性物质可以通过蒸腾流将叶细胞内和积累在叶表面的盐分排掉,这些盐分也可以通过胞间连丝或者角质层破裂排出,而后经雨水淋溶掉。

有一些盐生植物有泌水结构——排水孔(hydrathode),地上部分的盐分可以通过排水孔排掉。另外,叶片的吐水现象普遍存在于植物中,特别是一些幼年植物的叶片。吐水的液流与木质部液流不同,其营养离子一般都低于伤流液。吐水溶液中有 Na^+、K^+、Cl^-、Ca^{2+} 等,可以通过吐水减少植物组织中的盐分,这对生长在潮湿地区的幼年盐生植物的脱盐特别重要。

一些盐生植物还可以用落叶的办法来降低植物体中的盐分。有的盐生植物,如盐生灯心草(*Juncus maritimus*),当其叶片盐的负荷达到饱和时即脱落。许多盐生植物叶片的历程都是如此,幼年叶含盐少,中年叶含盐增高,老年叶(脱落叶)含盐最高。还有一些盐生植物,在植物体积累的盐分可以通过韧皮部再运输到根部,并从根部再排到根外,从而降低植物体内的盐分,这也是一种排盐方式。

(五)植物对生物胁迫的适应

生命物质和无生命物质共同组成了自然界,植物的生长发育除受非生物环境因素的影响之外,各种植物和动物之间也会发生相互的作用,产生伤害。病原生物对植物产生的伤害称病害,动物对植物产生的伤害称虫害。

1. 病害胁迫　　真菌、细菌、病毒、类菌原体、线虫及寄生性种子植物会引起植物病害,这些称之为植物病害的病原体生物。病原生物在寄主植物中的生活方式有死体营养型和活体营养型。前者导致寄主细胞或组织死亡,寄主广泛;后者与寄主共存,寄主专一性较强。

1)病害胁迫对植物的伤害　　病害侵染植物后,根系吸收能力下降;细胞透性增加,蒸腾失水加快;寄主产生的树胶、黏液等,堵塞导管。最后导致植物水分平衡失调,水分吸收减少,失水增加。

叶绿体结构会受病原体破坏,叶绿素含量减少,CO_2 同化速率降低,光合速率下降,产生的有机物减少。

病原菌会破坏植物细胞结构,使酶与底物直接接触,氧化加快;另外,呼吸代谢途径由三羧酸循环转为磷酸戊糖途径,多酚氧化酶活性增强。结果使得植物体呼吸作用增强,有机物消耗增加。

病原侵染后,植物激素水平会有变化,某些激素水平明显升高,表现最明显的是生长素水平上升,其次是 GA_3 下降。激素水平的变化导致形成肿瘤、偏上生长。

2)植物对病害胁迫的适应　　在形态结构上,植物会有产生结构上的屏障,来保护植物不受病害的威胁。有些植物表面有蜡质、绒毛,阻止病原菌到达角质层;有的植物具有坚厚的角质层,能阻止病原菌侵入植物组织。植物受到病原物侵染后,细胞壁木质化,富含羟脯氨酸的蛋白质含量增加,阻碍有害物质积累。植物体受到病原物侵染后,发生局部组织坏死,使依赖活细胞生存的病原菌无法存活。

植物还能产生一些内源性的抗病毒物质,例如植物凝集素、酚类化合物、植保素、病程相关蛋白等物质,杀灭病原体,抑制病原体酶活性或将受感染细胞与其他健康细胞隔离开,保证植物能正常生长。

2. 虫害胁迫

1)病害胁迫对植物的伤害　　虫害对植物体的伤害最为明显,就是对植物体进行取食。除取食外,昆虫产卵于植物组织内也会造成虫伤;吐丝或排泄体内物质植物造成污染;分泌大量蜜露于叶片,影响光合作用并招致霉菌寄生;传播植物病害等。

2) 植物对虫害胁迫的适应　　植物对于虫害胁迫,一般表现出拒虫性和抗虫性(邹良栋,2004)。

拒虫性主要是通过物理方式干扰害虫的运动机制,包括干扰昆虫对寄主的选择、取食、消化、交配及产卵。棉花叶、蕾、铃上的花外蜜腺含有促进昆虫产卵的物质,无花外蜜腺的棉花品种可以减少昆虫 40% 的产卵量,因而是一个重要的抗虫性状。又如植物体内的番茄碱、茄碱等生物碱均对幼虫取食起抗拒、阻止作用,直至昆虫饥饿死亡。

有些昆虫具有偏嗜某些营养物质的弱点,当植物体内缺乏该营养物质时,就不会被害虫取食,表现为抗虫特性。更多的抗虫性表现是植物腺体毛分泌物、次生代谢物对昆虫有毒,昆虫食用后,引起慢性中毒,直至死亡。中棉 21、华棉 101 等抗虫棉新品种棉酚和单宁的含量较高,可抗红铃、棉铃虫和棉蚜。

植物的抗虫性不是绝对的,经常受到气候条件和栽培条件的影响,如光照减弱、温度过高或过低都会使植物抗性明显降低,甚至会丧失抗性。如在光照减弱的情况下,茎秆硬度降低,原具有抗性的实秆小麦品种抗虫性下降显著。栽培过密,通风透气差也会导致植物抗虫性下降,害虫大量发生。

(六) 植物对环境污染胁迫的适应

由于世界上人口增加和工业的发展,化石原料的使用剧增,大气层中二氧化碳、二氧化硫、氟化氢、氯气和二氧化氮等有害气体浓度逐年增大,污染环境。这些污染物不仅对人体有害,而且对植物的生长也会造成不利影响,构成胁迫。

1. 环境污染胁迫对植物的伤害　　土壤污染物胁迫主要从两个方面影响植物的生长。一方面土壤中的有毒物质直接影响植物生长或杀死植物,土壤受污染后,根系首先表现出被害性状,尤其是受重金属污染后,根系变短变粗,吸收功能变弱,根系生长受抑制或死亡;地上部分萌芽迟,生长缓慢,叶片黄化,开花不齐,坐果率低,果实畸形,污染严重时树衰退或死亡。另一方面引起土壤酸碱度的变化,进而影响植物的生长。

酸雨是指 pH 值小于 5.6 的雨或其他形式的大气降水。酸雨会使植物叶缘、叶尖和脉间出现块状漂白坏死斑,有时甚至出现黄化或枯萎。酸雨作用于植物叶片,严重时会导致细胞的功能丧失,气体的交换过程失去控制,最后导致蒸发和蒸腾作用失调,使植物更易遭受干旱的危害,并对空气中的气态污染物更加敏感。

大气污染包括 SO_2、HF、O_3、氮氧化物(包括 NO、NO_2 和硝酸雾)和总悬浮颗粒物(烟尘、粉尘、扬尘、风沙)等。植物受大气污染的主要部位在叶片。严重的大气污染会造成植物叶组织损伤,常常出现变干或灼伤等坏死症状;植物长期暴露在低浓度大气污染物中,会导致叶绿素被破坏以及色素的损伤,出现褪绿病或出现其他颜色的斑点。另外,植物受污染后还会表现出生长减退、刺激横向生长、减少顶端优势、形成扭曲、下垂或矮化的结构、落花或不能适时开花。大气污染还会引起病虫害的发生、土壤酸化、酸雨的形成等,间接地对植物造成伤害。

2. 植物对环境污染胁迫的适应　　植物对环境污染的伤害有多重抵抗途径,如限制污染物的进入等,待污染物进入植物体内后,其毒害程度又与一系列生理生化特点有关。

从生理生态上来看,植物能够控制气孔的开闭,从而限制大气污染物进入到植物体内;植物对污染物有一定的忍耐作用;植物体内具备代谢解毒机制,清除或排除污染物;有些植物还有较强的恢复生长能力,在受污染后可快速生长,以此抵抗大气污染。

从形态学上来看,植物表皮细胞排列紧密、角质层厚可以防止大气污染物的进入;有些植物有表皮毛,也能在一定程度上阻挡污染气体;单位面积气孔数量少的植物,对于大气污染胁迫的抗性较高;叶片革质的比草质的抗性强;叶厚的比薄的抗性强;栅栏组织厚且密的抗性强;海绵组织不发达的抗性强。

第三节　生理生态学方法在保护生物学的应用

正是由于动植物有着适应外界环境条件变化的能力,在多样的生态环境中,才有丰富多样的动植物。通过生理生态学的方法,不仅可以对野生动植物的生存情况进行检测,而且还能通过人工干预的方法,增加野生动植物的适应性,提高其繁育能力,确保物种的延续,保护生物的多样性。

一、珍稀濒危植物濒危的原因

珍稀濒危植物濒危的原因可分为外部因素和内部因素。

外部因素包括自然因素和人为因素。自然因素是指大规模地质变化造成的气候变迁,导致的植物灭绝。人为因素是指人类的活动改变了植物的生存环境,对植物生存造成威胁。

内部因素包括遗传力、生殖力、生活力、适应力的衰竭等。大多数珍稀濒危植物或多或少存在生殖障碍,如雌雄蕊发育不同步、花粉败育、花粉管不能正常到达胚囊及胚胎败育等。有些植物虽然能够结种,但其种皮坚硬,种子繁殖极为困难,常规播种很难发芽出苗,自然更新能力较弱,处稀有状态(吴小巧等,2004)。

在各类威胁植物生存的因素中,人类活动无疑是影响植物濒危的最主要因素。

二、植物生理生态学方法的应用

植物的适应力是有一定的范围的,超过这个范围,植物将无法适应该环境而死亡,最终导致种的消失。植物濒危的外部原因主要就是因为植物生境的破坏,导致植物生长受到威胁。通过保护植物栖息地,就可保护植物的正常生长。而利用植物生理生态学的方法,可以通过增强植物的适应力,从而拓宽植物生长所能适应的环境条件限制,使得植物能够在更广泛的地区生存。

通过对濒危植物种子结构解剖以及萌发过程进行研究,可以得出种子萌发过程中是否有哪个环节有困难或是种皮过硬等物理因素导致繁殖困难,从而导致植物濒危。例如,大小孢子发育过程,雌雄配子体发育,种子发育,种胚活力,萌发过程中伴随着各种激素的变化等。相应的,通过激素调节、人工破除种皮、人工授粉、春化等方式,可以促使植物种子正常萌发。

对植物体内某些物质含量以及活性的测定,也是植物生理生态学的一种常用方法。通过对植物体 SOD 活性、POD 活性以及丙二醛、叶绿素、脯氨酸含量的测定,可以推断出该植物对环境因子的敏感程度,得知植物的抗旱、抗寒等对逆境的抗性。亦可通过对植物的基因进行改良,促使植物自身能够有更好的抗性,或是通过添加外源植物激素,提高植物的抗逆性,拓宽植物的生存范围。

此外,外植体培养技术也是在挽救濒危植物时常用的一种方法。对濒危植物进行无性繁殖,特别是对于无法自然更新的濒危植物,该技术能更快速地繁育濒危植物,保护该物种不消失。

三、激素监测在保护生物学中的应用

激素(hormone)对机体的代谢、生长、发育、繁殖、性别、性欲和性活动等起重要的调节作用，是高度分化的内分泌细胞合成并直接分泌入血的化学信息物质。激素通过调节各种组织细胞的代谢活动来影响动物的生理活动。

(一)监测野外野生动物生存状况

为了更好地防止濒危野生动物的灭绝，保护生物多样性，必须通过科学的方法掌握其生存状态，激素水平则是其中一个重要的指标。

野生动物因其生活环境较为隐蔽，在长期的野外生存环境中形成了良好的自我保护能力，因此奔跑速度较快，研究者在野外不仅很难发现野生动物，而且即使能够发现野生动物，想对其进行捕获、麻醉、采血等一系列操作也是很不实际的。对野生动物来说，粪便或尿样是最容易获得的样本，而且样本的采集过程对野生动物生存状态没有任何干扰，因此粪便及尿液激素水平是野生动物研究的主要内容。通过对粪便或尿液中激素水平的测定，便可以掌握野生动物的健康指数，为自然保护区管理人员对野生动物进行补饲和有效管护提供依据。这种采集粪样或尿样的非损伤性取样方式，是研究野生动物生存状态的重要途径。

(二)监测圈养野生动物生存状态

为了防止濒危野生动物灭绝，目前世界各地有大量的野生动物处在圈养状态。但圈养后的野生动物的生活环境同样会发生巨大变化，其生存环境的改变对圈养野生动物的影响目前还很难确定。因而为了更好地掌握它们的生存状况，研究其生存状态是必需的。采集圈养环境下的野生动物的粪便或尿液，比野外生存的野生动物更加方便，因此，粪便和尿液激素水平的测定同样是了解圈养野生动物生存状态的有效途径。

近些年来，很多研究者通过分析野生动物粪便或者尿液中激素的水平，对野生动物的生存状态进行监测，实践证明这种非损伤性的研究方法非常适用于动物园中圈养的动物或者自然保护区内半放养的动物，是我们了解和掌握野生动物的生存状态行之有效的方式之一。

(三)激素非损伤方法检测的应用

动物季节性发情是与环境季节变化相适应的结果。环境的变化影响季节性发情动物体内性激素的水平，而性激素是与性行为关系最密切、由内分泌系统分泌的激素，直接影响动物发情期各种性行为的发生和表现。

近年来很多学者通过动物体内性激素水平的变化来研究动物繁殖的生理机制。李春旺等(2000)研究了麋鹿粪样中性激素变化与行为的关系；李春等(2003)等探讨了小熊猫(*Ailurus fulgens*)粪样睾酮水平与繁殖周期的关系；刁晓平等(2005)通过圈养海南坡鹿的繁殖行为与粪样中孕酮含量的关系，可以确定海南坡鹿的早孕；任宝平等(2003)及高云芳等(2003)分别研究了雄性川金丝猴睾酮分泌水平与其社群变化及性行为的相关性。

上述研究说明通过分析野生动物粪便或尿液中性激素的水平，可以在不伤害野生动物的情况下为我们掌握野生动物生存、繁殖情况提供科学依据。

四、免疫球蛋白监测在保护生物学中的应用

免疫球蛋白含量是评价野生动物免疫力的一项有效而直观的生理指标。血液、乳汁、唾液、胆汁、羊水、汗水、皮肤分泌物、尿液及粪便中都存在免疫球蛋白。研究较多的是血液，因为血液中免疫球蛋白含量较其他机体分泌物高，且易于提取，得到的结果能够及时与机体健康状况相对应，这也是医院采集病人血液样本进行检查而不是其他分泌物的原因所在。

（一）监测野生动物免疫水平

在普通动物研究方面，通常对免疫球蛋白的检测也是通过分析动物血液来获得的，但这种方法会给动物造成很大程度的刺激，容易引起损伤甚至死亡，因此不适用于野生动物研究与保护。

对野生动物来说，与监测激素水平一样，可以通过分析粪样免疫球蛋白含量来进行相关研究。粪便免疫球蛋白对野生动物生存状态具有良好的指示作用，通过对野生动物机体免疫球蛋白含量的测定，有利于掌握野生种群的生存状况，为野生动物的有效管护提供依据。

（二）免疫监测的研究方法及应用

初期免疫球蛋白的测定都是应用于人类临床医学的，因此无论是对于人类、家畜还是野生动物，其测定方法都是可行的。目前免疫球蛋白的测定方法有很多种，研究人员在实际操作过程中到底要使用哪种方法，可根据自己所具备的试验条件而定。目前在野生动物粪样免疫球蛋白检测研究中，最常用的方法是酶联免疫吸附测定法（ELISA）。

近年来，国内外科学工作者已经开始对动物粪样免疫球蛋白进行研究并取得了一定成果，这对生物多样性保护工作起到了重要的帮助。Hau J 等（2001）使用酶联免疫吸附测定法，定量测定了小鼠粪便中 IgA（immunoglobulin A，免疫球蛋白 A），认为可以把粪便 IgA 作为一种非损伤手段测定动物应激的指标。Paramastri Y 等（2007）使用酶联免疫吸附测定法，以采血作为一种应激源，测定了圈养雌性猕猴粪便和尿液中的 IgA，结果表明，采血组与对照组粪便 IgA 含量与尿液 IgA 含量所得到的结果一致，粪便免疫球蛋白能够准确表达机体所处的状态。

由此可见，粪便免疫球蛋白可以广泛用于检测野生动物生存状态。目前，野生动物粪便免疫球蛋白研究已经表现出良好的应用前景。

五、应用实例

1. 水杉的保护　　水杉是重要的珍稀濒危植物，杉科水杉属唯一现存种，中国特产的孑遗珍贵树种，有植物王国"活化石"之称。已经发现的化石表明水杉在中生代白垩纪及新生代曾广泛分布于北半球，但在第四纪冰期以后，同属于水杉属的其他种类已经全部灭绝。

水杉自发现以来一直受到国家的重视和保护。经过 60 多年的研究，如今已有 50 多个国家先后从我国引种栽培，几乎遍及全球。我国从辽宁到广东的广大范围内都有它的踪迹。水杉现如今已成为重要的植物研究材料和著名风景观赏、造林绿化树种，是珍稀濒危植物中保护的成功案例。水杉如今在世界引种范围已超出水杉的历史分布界限。据热量、水分和其他指标将世界气候划分为 17 个气候区，其中水杉迁地保护成功的国家涵盖了其中的 10 个气候区。

水杉在自然状态下，种子质量很差，空瘪率超过 90%，加之产地春季温度不适于水杉种子的萌发，这导致水杉种群中缺乏幼苗和幼树（辛霞等，2004）。而人类的过度开发，也导致天然水杉林生境退化严重，自然更新不良（尤冬梅等，2008）。这是天然水杉濒危的主要原因。

通过对种子萌发以及无性繁殖的研究,确保濒危植物得以生存与繁衍。研究表明,萌发温度对水杉种子的活力和抗氧化酶活性有较大影响。水杉种子萌发的适宜温度范围为 19～28℃,最适温度为 24℃。光照萌发实验表明,$65\mu mol/m^2 \cdot s(12h/d)$光照对水杉种子萌发有较大的抑制作用,黑暗条件更适于水杉种子的萌发。目前的技术下,通过诱导水杉愈伤组织,使其器官再生,建立了水杉的植株再生体系,移栽成活率已经可以达到 85%(黄翠等,2010)。

地质史上冰川时期,植物被迫南迁,冰川期后有些植物又从南向北移动,现在许多植物的分布范围是经过冰川期后被迫形成的,因此,现有植物的分布并不能说明它们在古代的分布情况,也不能说明现今的分布地是植物的最适生境,把它们引种到其他地区可能会发挥更大潜力(潘志刚等,1994)。世界范围内水杉的引种证明,水杉的适应范围和在许多地方的生长潜力远远超过在水杉自然分布区域内的表现,水杉已成为世界上适应范围最北、最耐寒的杉科植物。

2. 珙桐的保护　　　珙桐也称为“鸽子树”,是我国特有的珙桐科单型属植物,且仅有 1 种和 1 个变种,即珙桐和光叶珙桐。珙桐是新生代第三纪留下的孑遗植物,在第四纪冰川时期,大部分地区的珙桐相继灭绝,只有在我国南方的一些地区幸存下来,成为了植物界今天的“活化石”。珙桐的种子、果皮都能榨油,木材是建筑、家具、模具、室内装修和工艺美术等用材的优质原料,花是蜜源,树皮与果皮可提取拷胶或作活性炭原料。1904 年珙桐被引入欧洲和北美洲,成为有名的观赏树。

天然珙桐分布在我国的西南山地,北纬 27°1′～北纬 31°7′,东经 98°6′～东经 111°1′的范围内,海拔700～3000m,成不连续的、点状分布(张嘉勋和李俊清,1995)。虽然珙桐从群落内部来看,是一个相对稳定的群落,但从其散生分布状况,以及在分布区大都伴有古老群落的树种,属残遗性质的混交林,说明其是一种衰退性的种群(张清华和阎洪,2000)。

经过国内外学者多年的保护研究,现如今已取得了一些进展,在一定程度上保护了珙桐。王献溥等(1995)对其栽培要点从选苗、扦插育苗、造林地选择、栽培技术、抚育管理等方面进行了概述。提出种子必须经敲击、尿泡、腐蚀、超声波以及变温处理等人工处理后才能播种;扦插可采用硬枝扦插、嫩枝扦插、埋条育苗、嫁接育苗、高压诱根育苗和压条育苗等方法;苗期生长阶段要依照天气状况以及土壤状况,并且要依苗木长势适时浇水;入冬后,土壤还未结冻前,要适时地灌足封冻水,才能保证它的正常生长。

珙桐处于濒危状态的主要原因是繁殖很困难,不论是种子繁殖还是营养繁殖都不易成功。从学者们对珙桐种子结构解剖以及萌发过程的研究发现,珙桐大小孢子发育过程正常,雌雄配子体发育正常,种子发育完整,种胚活力较高,萌发过程中伴随着各种激素的变化正常,说明了珙桐的种子从形成到正常萌发过程都无异常,发芽率低的主要原因是由于果皮坚硬所造成的机械阻力以及果皮中存在的萌发抑制物造成的(王宁宁和沈应柏,2010)。

通过研究发现,珙桐的 SOD 活性、POD 活性以及丙二醛含量受生物和非生物因子影响较大,说明珙桐是一种对环境因子比较敏感的植物(朱利君等,2007;2009)。薛波(2006)通过抗旱节水措施,研究了珙桐对干旱胁迫的响应,发现轻度的水分胁迫可使珙桐幼苗水分利用效率提高,重度水分胁迫会严重扰乱珙桐幼苗的生长。彭红丽和苏智先(2004)通过测定低温胁迫下的抗寒性指标,发现随着温度降低,珙桐叶片内叶绿素含量和 POD 活性呈现下降的趋势;脯氨酸随着胁迫的进行其含量升高。这说明珙桐具有一定的抗寒性,叶片内脯氨酸含量的高低可作为衡量珙桐抗寒性指标。

董社琴等(2004)通过生长调节剂来加速珙桐种子繁殖,结果发现 6-BA(6-苄氨基嘌呤)可解除种子的萌发抑制,IAA(吲哚-3-乙酸,生长素)能促进种子形态后熟的完成,而 GA(赤霉素)对解除种子生理后熟至关重要。夏晗等(2003)以珙桐芽作为外植体进行组织培养,发现最佳培养基为1/2MS+BA1.5mg/L+IBA1mg/L。罗世家等(2003)利用芽作为外植体进行组织培养,发现添加萘乙酸和6-BA可促进芽体生长,两者同时使用时效果最佳,芽分化率达87.5%。

经过学者们的努力研究,珙桐的生理生态等方面的特征都有深入的了解,增加其繁殖能力及适应力,积极开展引种栽培和繁殖试验,有望在未来进行人工造林,扩大其分布区。这样,就能更加有效地保护珙桐,使其远离濒危的境地。

小　　结

C_3、C_4 和 CAM 途径是植物光合作用的三种类型,C_3 途径存在最为广泛,C_4 途径能更好地利用热带环境的高水热条件,CAM 途径更能适应高温干旱的生境。

有氧呼吸是植物的主要呼吸方式。无氧呼吸和抗氰呼吸都是辅助方式,前者为适应缺氧环境,后者抗氰抗逆境或是为大量产热。

变水植物不易因干旱而死亡,恒水植物受周围水分条件影响小。水分不稳定型常出现在群落演替初期,水分稳定型对外界水分条件要求较小。

植物吸收矿质营养主要是通过根的吸收,但根外器官也能辅助吸收矿质营养,补充根系吸收的不足。

强光下,植物叶绿素增多、栅栏组织增厚、光饱和点上移,伴有形态上的变化,确保植物不受伤害;弱光下则叶片薄,叶绿素 b 相对较高,更好地利用弱光,多宽单层树冠水平生长或瘦长垂直生长;UV 辐射下,植物吸收 UV 物质增多,内部 DNA 修复并清除自由基。

高温下,植物多毛、鳞片或呈白色发亮,发射阳光,改变叶片角度,蒸腾加强,原生质浓度增加,降低代谢速度;低温下,植物以种子或地下营养器官过冬、落叶、增加保护组织,原生质浓度增高,脱落酸增多,降低代谢速度。

干旱下,植物缩短生命周期或粗壮矮化,减少水分消耗(少或无叶片)、增加根部吸水能力,常有异常结构,有些形成发达的贮水组织。种子小或有黏液,部分休眠,部分萌发;涝渍下,植物通过无氧呼吸或其他呼吸途径获取能量,植物内部有通气组织或特殊根系吸收氧气。

盐渍下,植物肉质化稀释盐分浓度,区域化提高细胞水势,保证根系吸水,或通过盐腺、盐囊泡、淋洗等方式排出盐分。

植物能利用蜡质、角质等一些保护组织来避免生物胁迫,还能通过次生代谢产物的产生以及其他代谢途径,防止植物遭受病害或虫害。

植物在遭受环境污染时,可通过控制气孔、增强表皮细胞以及角质层等防止污染物的进入,亦可通过内部代谢将污染物降解或排出植物体。

激素水平测定是对野生动物生存现状进行观测研究的重要方法,这种通过对尿液和粪便中的激素测定的非损伤性方法,不仅对野外野生动物,而且对圈养的野生动物同样有效。近年来,该方法主要测定性激素水平以研究野生动物繁殖机制。

免疫球蛋白含量是评价野生动物免疫力的一项重要生理指标,通过非损伤性的粪便免疫球蛋白测定方法,可以检测野生动物生存状态。

思　考　题

1. 植物的适应性与植物多样性之间的关系是什么?
2. 植物在逆境环境中适应性的一些共同特征有哪些?

3. 植物的适应性是否意味着环境破坏对植物的影响不大?

4. 生境的多样性,代谢适应途径的多样性,植物多样性三者之间的关系是什么?

5. 植物在环境修复中起到的作用是什么?

6. 濒危野生动物生存状态的研究为什么要采用非损伤性研究方法?

主要参考文献

陈阅增,张宗炳,冯午等. 1997. 普通生物学. 北京:高等教育出版社

刁晓平,梁宁,杜世川. 2005. 圈养海南坡鹿的繁殖行为与粪样中孕酮含量的关系. 家畜生态学报,26(4):72-74

董社琴,李冰雯,王爱荣. 2004. 植物生长调节剂对珙桐种胚离体培养的影响. 湖北农学院学报,124 (14):291-293

高云芳,陈超,李保国等. 2003. 川金丝猴尿液中睾酮水平的季节性变化. 动物学报,49(3):393-398

胡正海,张泓. 1993. 植物异常结构解剖学. 北京:高等教育出版社

黄翠,景丹龙,王玉兵等. 2010. 水杉遇上组织诱导及植株再生. 植物学报,45(5):604-608

蒋高明. 2004. 植物生理生态学. 北京:高等教育出版社

李春,魏辅文,李明等. 2003. 雄性小熊猫粪便中睾酮水平的变化与繁殖周期的关系. 兽类学报,23(2):115-119

李春旺,蒋志刚,房继明等. 2000. 麋鹿繁殖行为和粪样激素水平变化的关系. 兽类学报,20(2):88-99

李正理. 1981. 旱生植物的形态和结构. 生物学通报,4:9-12

刘家琼. 1983. 超旱生植物——珍珠的形态解剖和水分生理特性. 生态学报,3:15-20

罗世家,周光来,王建明. 2003. 珙桐芽体组织培养研究. 湖北民族学院学报(自然科学版),21 (4):11-13

潘瑞炽,董愚得. 1984. 植物生理学. 2 版. 北京:高等教育出版社

潘瑞炽. 2001. 植物生理学. 4 版. 北京:高等教育出版社

潘瑞炽. 2004. 植物生理学. 5 版. 北京:高等教育出版社

潘志刚,游应天. 1994. 中国主要外来树种引种栽培. 北京:北京科学技术出版社

彭红丽,苏智先. 2004. 低温胁迫对珙桐幼苗的抗寒性生理生化指标的影响. 汉中师范学院学报,22 (6):50-53

曲仲湘,吴玉树,王焕校等. 1984. 植物生态学. 北京:高等教育出版社

任宝平,夏述忠,李庆芬等. 2003. 雄性川金丝猴睾酮分泌与其社群环境变化的关系. 动物学报,49(3):325-331

王宁宁,沈应柏. 2010. 珙桐生理生态学研究进展. 林业科学,7:218-220

王献溥,李俊清,张家勋. 1995. 珙桐的生物生态学特征和栽培技术. 广西植物,15(4):347-353

夏晗,张健,尚旭岚等. 2003. 珙桐初代培养研究. 四川农业大学学报,21 (4):356-358

辛霞,景新明,孙红梅等. 2004. 孑遗植物水杉种子萌发的生理生态特性研究. 生物多样性,12:572-577

薛波. 2006. 珙桐幼苗对抗旱节水措施的生理生态响应. 雅安:四川农业大学

尤冬梅,汪正祥,雷耘等. 2008. 天然水杉林的群落分类及演替动态. 湖北林业科技,5:6-11

岳春雷,刘亚群. 1999. 濒危植物南川升麻光合生理生态的初步研究. 植物生态学报,(01):72-76

翟诗虹,王常贵,高信曾. 1983. 桎柳属植物抱茎叶形态结构的比较观察. 植物学报,25:519-525

张家勋,李俊清. 1995. 珙桐的天然分布和人工引种分析. 北京林业大学学报,17(1):25-30

张清华,阎洪. 2000. 气候变化对我国珍惜濒危树种——珙桐地理分布的影响研究. 林业科学,36(2):47-52

朱利君,苏智先,胡进耀等. 2007. 珍稀濒危植物珙桐超氧化物歧化酶活性. 生态学杂志, 26 (11):1766-1770

朱利君,苏智先,胡进耀等. 2009. 珍稀濒危植物珙桐过氧化物酶活性和丙二醛含量. 生态学杂志,3(28):451-455

Bjrökman O, Ludlow M M, Morrow P S. 1972. Photosynthetic performance of two rainforest species in their native habitat and analysis of gas exchange. Carnegie Institute of Washington Yearbook,71:94-102

Caldwell M M, Teramura A H, Tevini M. 1989. The changing solar ultraviolet climate and the ecological consequences for higher plant. Trends in Ecology and Evolution,4:363-367

Cao KF, Ohkubo T. 1998. Allometry,root/shoot ratio and root architecture in understorey saplings of deciduous dicotyledonous trees in central Japan. Ecological Research,13:217-227

Gitay H, Nobel IR. 1997. What are functional types and how should we seek them? In: Smith T, et al. Plant

Functional Types：Their Relevance to Ecosystem Properties and Global Change. Cambridge：Cambridge University Press

Greenway H，Munns R. 1980. Mechanisms of salt tolerance in nonhalophytes. Annual Review of Plant Physiology，31：149-190

Hau J，Andersson E，Carlsson H E. 2001. Development and validation of a sensitive ELISA for quantification of secretory IgA in rat saliva and feces. Laboratory Animals，35：301-306

Houghton J T，Jenkins G J，Ephrauma J J. 1990. The IPCC Scientific Assessment. Cambridge：Cambridge University Press

Jiang G M，Zhu G J. 2001. Different patterns of gas exchange and photochemical efficiency in three desert shrub species under two natural temperatures and irradiances in Mu Us Sandy Area of China. Photosynthetica，39：257-262

Lambers H，Chapin S，Pons T L. 2005. 植物生理生态学. 张国平,等译. 杭州:浙江大学出版社

Larcher W. 1997. 植物生态生理学.5 版. 翟志席,等译. 北京:中国农业大学出版社

Paramastri Y，Royo F，Eberova J. 2007. Urinary and fecal immunoglobulin A，cortisol and dioxoandrostanes，and serum cortisol in metabolic cage housed female cynomolgus monkeys (Macacafascicularis). Journal of Medical Primatology，36（6）：355-364

Pearcy R W. 1990. Sunflecks and photosynthesis in plant canopies. Annual Review of Plant Physiology and Plant Molecular Biology，14：421-453

第十一章　生物地理学在保护生物学中的应用

> 万物并作,吾以观其复。夫物芸芸,各复归其根。归根曰静,静曰复命。复命曰常,知常曰明。
>
> ——老子

地球诞生于 45 亿～50 亿年前,开始出现生物则在 35 亿年前,之后生命活动几乎覆盖地球表面的各个角落。地球有别与其他无生命星球的特殊性在于,它具有生命和长达 38 亿年之久的生物与地球环境相互作用、协同演化的历史。20 世纪 20 年代末,前苏联学者维尔纳德斯基(В. И. Вернадский)出版了《生物圈》一书,提出了生物圈概念并认为地球生物圈是一个由生命控制的完整的动态系统。

20 世纪 70 年代初,英国的地球物理学家洛维洛克(J. E. Lovelock)和美国生物学家马古丽斯(L. Margulis)提出并阐述了一个新假说,叫做"盖雅假说"。盖雅(Gaia)一词源于古希腊,是大地女神之名,古希腊人用以代表大地和大地上所有的生命。根据"盖雅假说","盖雅"是一个由地球生物圈、大气圈、海洋、土壤等各部分组成的反馈系统或控制系统,这个系统通过自身寻求并达到一个适合于大多数生物生存的最佳物理—化学环境条件。这个系统的关键是生物,假如生物消失,那么盖雅也消失,地球环境要大变样,最终变成类似其他无生命行星那样的不稳定状态。

德国地质生物学家克鲁宾(Krumbein)在发展"生物地球化学"概念时认为,地球表面的大多数元素的地球化学循环实质上是由生物参与的生物地球化学循环。

地球的演变过程也是生物与地球协同演化与适应,而形成的一部演化史。

由于大陆漂移、海底扩张和板块构造等地质运动,地球上简单的地形向复杂多样的方向发展,出现了海洋与大陆的隔离、陆地上高大山体对大陆体的分隔等,这些隔离障碍对生物的分布、迁移、基因交流产生了重要的地理隔离。

地理隔离是产生动物居群之间生殖隔离的最普遍方式,如海洋与陆地、冰川与陆地、海洋与海岛、陆地与淡水水系的相互阻隔、山系、峡谷、大沙漠等。如虎曾广布于西伯利亚、中国东南与东部及东南亚,在被分隔为几个孤立的分布区后,分别形成以下几个亚种:东北虎、华南虎、印度虎、苏门答腊虎。同样,世界不同的植被发展过程中,受大陆体地形变化和气候影响,发育为现在的植被分布特点(图 11-1)。

生命活动几乎贯穿整个地质历史,地质历史实质上是生物与地球表层非生命部分相互作用、协同演化的历史,是生物—地质协同进化史。生物与地球环境之间的协调关系,乃是这一漫长的演化历史的结果。

所以,地球的生命以太阳为驱动,以地球环境为造物主,构成了生物地理、生态地理和岛屿生物地理学的核心。

任一生态系统中这种状态和过程的破坏所引起的后果都不是孤立的,会引起地理系统的连锁反应。一般而言,生态系统的恶性循环,必然导致地理环境的恶化。故对地理环境中处于不同自然带的各类生态系统的发生与起源、适应与演化规律的研究,如何维护生态平衡,积极建立新的生态平衡,是当前地理学研究的重点;而人类生态系统的管理和调控(包括人工生态系统)亦是其中的重要环节。在生态规律与地理规律的结合点上,开拓地理学研究,有利于深入阐发生态的演化与人类作用机制,为人类合理开发利用地理环境提供信息依据。

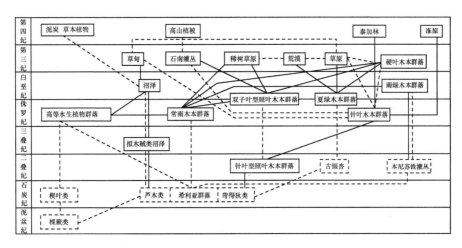

图 11-1　植物群落发生学系统图式(引自:宋永昌,2001)

注:虚线方框中的植被类型表示地质史上曾经存在过,但现已灭绝;实线方框中的植被类型表示现今仍然存在。虚线表示生态上的联系(群落间只有生境方面的联系,群落成员间没有亲缘关系);实线表示发生上的联系(组成新群落的种起源于老群落的种)

第一节　生物地理学的概念和理论

地球上不同种生物的地理分布表现为"什么(what)"、"在哪儿(where)"和"为什么(why)"。也就是说,生物地理学是考察地球上有哪些物种,这些物种分布在什么地方,为什么形成这样的分布。

中国《诗经》有"山有枢,隰有榆;山有栲,隰有杻;山有漆,隰有栗"。这些植物与相应的生境与地理单元有着直接的对应关系。这些都是生物地理学要回答的问题。

一、生物地理学的概念

生物地理学(biogeography)主要研究生物群及其组成成分在地球表层的分布特点和规律,它们的形成、演变及其与环境条件的关系。它研究的主要对象是地球表层的生物群落。基本任务是阐明地理上生物分布的基本规律。研究的主要内容是:地球上生物群的组成结构、动态变化和分级分类;生物群与环境之间的关系;生物区形成与演变;岛屿生物种的拓殖与灭绝。通过研究生物群分布的特点和规律,为保护生物多样性、合理利用野生生物资源、定向改变生物群,使其与人类和谐共生、持续发展提供科学依据。

生物地理学于 19 世纪早期产生并迅速发展。达尔文关于物种形成和生物演化的理论促进了生物地理学的发展。洪堡(Humboldt)被誉为植物地理学的创建人,华莱斯(Wallace)用自然选择和演化的理论,综合了动物地理学的基本概念和原理,提出了著名的"华莱斯线"。孟德尔、摩尔根学派的新达尔文主义者认为,"突变"是生物种内遗传变异的基本来源,导致形成亚种和新的物种,而且生理学和细胞学的差异与自然条件有关,说明了物种形成、系统发育和多样性的根本原因。板块构造、海底扩张理论的兴起和魏格纳大陆漂移说的复活,促进了生物地理学的发展。麦克阿瑟和威尔逊的岛屿生物地理学平衡理论,说明了岛屿生物群落的平衡点与拓殖和灭绝速度的关系。

生态地理学是研究各类生态系统的空间分布、结构、功能、演替及其与地理环境之间的协调平衡机制的学科,是生态学与地理学之间的新兴边缘科学。地理学的生态观点首先由美国地理学者巴罗斯(H. H. Barrows)于 1924 年阐述人文地理学研究对象时提出,他提出"人类生态学"方向,主张地理学的目的不在于考虑环境本身的特征与客观存在的自然现象,而是要研究人类与自然和生物环境间的相互影响,从这些作用过程、机制的探讨,到环境政策的制定和环境的整治。

二、生物地理学的理论

气候条件,主要是热量和水分以及两者组合状况,是决定陆地生物群成带状分布的根本因素。因而各种陆地生物群也成带状从赤道向两极依次更替,这种沿纬度方向有规律的更替生物群分布规律,称为生物群分布的纬度地带性。同时,在陆地同一纬度的不同地点,各地的水分条件由于与海洋的距离、大气环流和洋流性质的影响,差异往往十分明显,使生物群的分布呈现出从海洋向内陆成带状更替的规律,生物群这种因水分差异而大体上按经度方向,成带状依次更替的现象称为生物群分布的经度地带性。生物群分布的纬度地带性和经度地带性一起构成了生物群的水平规律性,称为生物群分布的水平地带性,见图 11-2 和表 11-1。

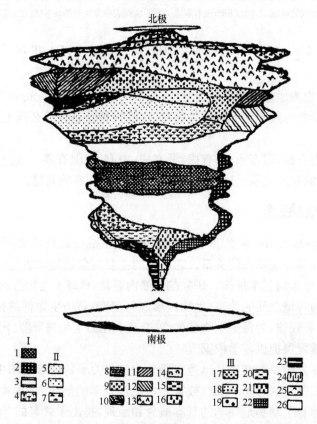

图 11-2　瓦尔特(Walter)的大陆植被理想分布图(引自:宋永昌,2001)

Ⅰ.热带:1.赤道雨林;2.信风、地形雨的热带雨林;3.热带落叶林(和湿润萨王纳);4.热带刺灌丛(和干萨王纳) Ⅱ.北半球外热带:5.热带荒漠;6.寒冷内陆荒漠;7.冬雨半荒漠和草原;8.冬雨硬叶疏林;9.寒冬草原;10.暖温带常绿林;11.落叶林;12.海洋性森林;13.北方针叶林;14.亚北极桦木林;15.冻原;16.冻荒漠 Ⅲ.南半球外热带:17.海岸荒漠;18.雾荒漠;19.冬雨硬叶疏林;20.半荒漠;21.亚热带草地;22.暖温带雨林;23.寒温带森林;24.具垫状植物的半荒漠或草原;25.南极生草丛草地;26.南极大陆冰川

表 11-1　世界陆地主要生物群

序号	生物群	序号	生物群
1	热带雨林生物群	9	温带草原生物群
2	热带季雨林生物群	10	温带荒漠、半荒漠生物群
3	稀树草原(萨王纳)生物群	11	针阔叶混交林生物群
4	热带疏林和刺灌丛生物群	12	常绿针叶林生物群
5	热带亚热带荒漠、半荒漠生物群	13	落叶针叶林生物群
6	硬叶林生物群	14	苔原生物群
7	常绿阔叶林生物群	15	山地生物群
8	夏绿阔叶林生物群		

　　地球上生物群的分布不仅受经度和纬度组成的水平地带性的影响,而且由于不同的海拔、坡度和坡向等垂直调度方面形成不同的水热分配与组合,导致在不同的地形有相同或不同的生物群组合与分布,这种海拔高度的不同导致生物群有规律的更替现象,称为生物群的垂直分布地带性。

　　Trol 和 Walter 提出一个全球范围内山地植被垂直带的分布图式(图 11-3),表明在高纬度地区分布的植被类型随着向赤道方向推移,可以出现低纬度高海拔的山地。

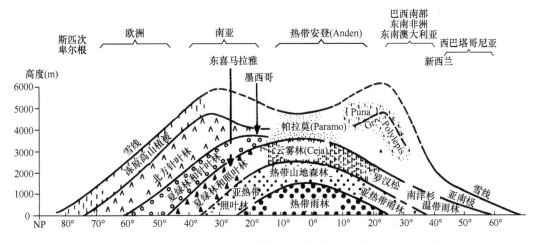

图 11-3　地球上湿润地区南北剖面上的植被垂直带与水平带(引自:宋永昌,2001)

　　在生物地理学的研究过程中,人们最先发现的现象是土著性或特有性(endemism),即许多类群只局限于一定的区域分布。为了对这一现象进行解释,首先提出的观点是由于生态环境、气候因子的影响,所以生物只生存于适合它们的环境中,而不到其他的地方去。但是,人们很快就发现,如果人为引种或迁移,许多物种在其他地方仍可以活得很好。这就说明,仅用生态因子来说明显然是不够的,还存在有其他因子的作用,这就是生物地理学的历史因素。

　　以生物地理学的历史因素,来解释生物地理分布格局的假说有两种:离散假说(vicariance)和扩散假说(dispersal)(陈宜瑜和刘焕章,1995)。

离散假说又称为隔离假说,其观点为生物先形成了广泛的分布区,后来障碍出现,将分布区隔离开,生物在障碍的两边各自独立演化,形成差异。扩散假说则认为,障碍是先形成的,生物后来超过障碍扩散形成间断分布,再独立地演化。二者的本质区别是障碍出现的先后(图 11-4)。

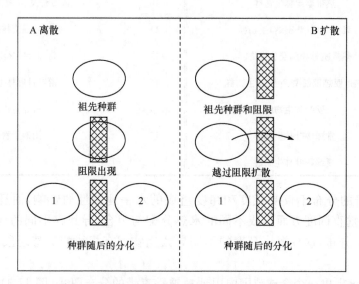

图 11-4　离散 A 和扩散 B 发展方式差异(引自:Nelson,Platnick,1984)

生物地理学的分支:从生物角度划分,分为植物地理学和动物地理学;从时间尺度划分,分为生态生物地理学和历史生物地理学,前者以小的时间尺度进行地球上生物分布的研究,而后者从大的时间尺度上进行生物分布的起因追寻。

根据方法的理论基础差异及其产生的历史意义,生物地理学研究方法主要有:扩散生物地理学(Dispersalism)、泛生物地理学(Panbiogeography)、特有性简约性分析(Parsimony analysis of endemicity)、分支生物地理学(Cladistic biogeography)、基于事件的方法(Event-based methods)、系统发生生物地理学(Phylogeography)、实验生物地理学(Experimental biogeography)岛屿生物地理学(Island biogeography)和基于地理信息系统的方法(GIS-based methods)等。

三、讨论:中国为什么具有丰富的特有生物种

中国自然环境多样,野生动物资源丰富,是世界上拥有野生动物种类最多的国家,占世界种类总数的 10% 以上。有 160 多种闻名世界的特产珍稀动物,如大熊猫、金丝猴(川金丝猴、滇金丝猴、黔金丝猴)、白鳍豚、白唇鹿、华南虎、麋鹿、扬子鳄、鳄蜥、大鲵、中华鲟、白鲟、白头叶猴、岩猴、藏酋猴、普氏原羚、藏羚、扭角羚、台湾鬣羚、野牦牛、荒漠猫、黑麂、四川山鹧鸪、海南山鹧鸪、黑颈鹤、中华秋沙鸭、白颈长尾雉、黄腹角雉、绿尾虹雉、雉鹑、黑长尾雉、蓝鹇、褐马鸡、白马鸡、藏马鸡、蓝马鸡、斑尾榛鸡和朱鹮等。

中国大陆的动物区系分属于两个界。南部约在长江中、下游流域以南,与印度半岛、中南半岛、马来半岛及其附近岛屿同属东洋界,为亚洲东部热带动物现代分布的中心地区。北部自东北经秦岭以北的华北和内蒙古、新疆至青藏高原,与亚洲北部、欧洲和非洲北部同属于古北界,为旧大陆寒温带动物的现代分布中心地区。这两大界在中国的分野,以喜马

拉雅山脉部分最为明显。两大界动物相互渗透,形成广泛的过渡地带,两界之间的分界不易确定。根据大多数代表性动物的分布,这一界线大致相当于秦岭和淮河一线,是许多主要分布于热带、亚热带种类分布的北限。

中国特有植物有200属左右,有72个科,其中银杏科、钟萼树科、珙桐科及杜仲科为4个特有科。

特有的珍稀植物有银杉、水杉、珙桐、银杏、普陀鹅耳枥、绒毛皂荚、广西火桐、百山祖冷杉、冷杉、羊角槭 、天目铁木、华盖木 、滇桐 、膝柄木、白豆杉、银杉、金银松、水松和水杉等。

第二节　地理阻限与物种保护

无论扩散学说还是离散学说都说明一个问题,即物种的形成与地理隔离有着重要的关系,这种阻隔导致了生物在进化过程中形成了特有种、狭域种和生态种等适应于所生存环境的种的分异。

影响和限制动植物广泛分布和迁移的条件(或因素)称为阻限,一般分为生物阻限和非生物阻限。其中由于存在自然条件地理规模上的阻限称为地理阻限,如海洋是陆生生物的散布阻限,山脉是喜温生物的散布阻限。

从达尔文开始,关于物种形成的主要观点就是地理隔离(geographic isolation),即同一个物种因为地理阻碍而分离,最终产生生殖隔离,即使它们再次相遇,也不可能发生基因交流。然而很多亲缘种分布于同一生境,而且相互之间能够有效地进行隔离。这里有的亲缘种可能在开花物候上分离,有的花结构发生分化,以适应不同的传粉者,或将花粉置落在访花者的不同部位;还有的种进化出了种间不亲和系统,来保持自身基因的独立性。

生境隔离(habitat isolation)是不同的居群为了适应环境本身而发生了分化,当把它们移栽到同一个地点后,因为不能适应新的生境而可能死亡。如果将一方去除后,另一方能够成功入侵到该生境,则原来的分化是因为植株之间的竞争导致。如果不能在该居群生长,则二者的分化是因为生境隔离。

地理隔离,是因为自然环境变化(如地震、山脉隆起等)导致物种分成不同的居群,这种分离一开始是被动的。

一、岛屿隔离

岛屿性(insularity)是生物地理所具备的普遍特征,许多生物赖以生存的生境,大至海洋中的群岛、高山、自然保护区,小到森林中的林窗,甚至植物的叶片,都可以看成是大小、形状、隔离程度不同的岛屿。

岛屿有以下几个重要特征:①岛屿比陆地和海洋简单;②地球上岛屿的数量要比大陆和海洋多;③岛屿的大小、形状和隔离程度都不同。

达尔文首先注意到,生存在岛上的物种数目比大陆上同样面积上生存的物种数目数少,且其中大部分又是本地所特有的种类,这种岛屿上特殊的生物多样性变化为揭示生物进化理论提供了重要的依据。后经麦克阿瑟(MacArthur)和威尔逊(Wilson)对岛屿群落研究的卓越贡献,特别是1967年提出著名的"均衡理论"标志着岛屿生物地理学的诞生(李俊清等,2002)。

岛屿生物地理学(theory of island biogeography)是研究岛屿生物群落生态平衡的学科,即岛屿上的物种数取决于岛屿的面积、年龄、生境的多样性、拓殖者进入岛屿的可能性及丰富性,以及新种拓殖速度与现存种灭绝速度的平衡。

（一）岛屿的生物组成

岛屿在生物组成方面表现出一种特殊的情况。它们的隔离使陆地生物的移入发生困难，并且这种困难与距离的远近成比例，如果距离近，可能仅表现出对新进入种类栖息地范围的限制。相反地，如果距离远，可能被散布能力和竞争所限制。迈克阿瑟总结了大量的资料和事实，概括出岛屿生物组成的主要特征。

1. 岛屿上的生物总数比大陆少　　盐水的限制对所有类型生物的散布都起着过滤器的作用，加利福尼亚的沙巴拉群落（硬叶林）的常见鸟鹟雀鹛（Wretit）在离南加利福尼亚 20～50km 的海峡岛没有分布，普通的大陆鸟类比如棕喉唧鸡（toehee）和加利福尼亚嘲鸫（thrasher）也同样没有出现。另外，一个岛屿链很明显地证明，离大陆越远的岛，其种类多样性越小。由于岛链中的各岛屿形成时期不同，所以它们的生物群种类多样性与岛的年龄密切相关。随着拓殖者的增加，有些种变得过饱和。而有些种逐渐消亡，最后建立平衡。

2. 较大岛屿比较小岛屿生物种类多样性高　　导致这种现象的原因是较大岛屿的栖息地类型较多。西安德列斯群岛展示了这样的规律，岛屿大小每增加十倍，两栖动物和爬行动物的种数翻一番（图 11-5）。岛屿生态系统的生物种类多样性的某些不稳定，使其种类组成易受影响乃至有时会发生灾难性的变化。人类的影响较大，当驯养动物、杂草和鼠灾随之引入时，岛屿的生物组成将发生巨大变化。

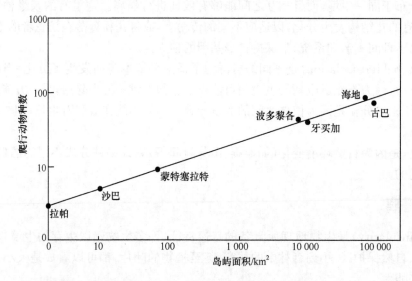

图 11-5　西安德烈群岛的两栖动物和爬行动物的种类与岛屿面积关系（引自：MacArthur, 1972）

3. 移入的高速度和消亡的高速度是岛屿生物组成的重要特征　　对移入者来说，适应岛屿的新环境可能是困难的，因为只有少数种群有可能组成迁入种群。就是这些少数的迁入种群，由于它们原来适应了大陆上的环境条件，因此它们在岛屿新环境成功定居的遗传变异机会也会受到限制。尽管如此，还是有些生物源源不断地迁移到岛屿上来。但随着迁入者的增多，不可避免地会带来与已存在者的竞争。最后，有些生物在竞争中失败或因为对岛屿条件不适应变得衰落，以至消亡。

15 世纪最先到达马斯克林群岛的观光者放出了猴子和猪,这些引进的动物及随后而到的荷兰殖民者导致渡渡鸟(*Raphus cucullatus*)等 19 种鸟类及 8 种爬行动物灭绝。引进捕食者对岛上种类造成压力的最明显例子是一种不能飞的鸟——鷈鷉,它是一种新西兰岛外一个小岛上的特有种,后来岛上全部的鷈鷉被灯塔看守人养的一只猫吃掉(Diamond,1984)。所以引入一头捕食者可能会消灭岛上的整个种(Richard,1996)。

把 1600 年到现在的大陆、岛屿及海洋中已灭绝种数进行比较,可以进一步证明岛屿物种更易遭灭绝(表 11-2)。

表 11-2　1600 年至今的生物灭绝记录

类群	大陆[1]	岛屿	海洋	总计	估计种数	1600 年来灭绝的种类百分率
哺乳动物	30	51	2	83	4000	2.1
鸟类	21	92	0	113	9000	1.3
爬行类	1	20	0	21	6300	0.3
两栖类	2	0	0	2	4200	0.05
鱼类	22	1	0	23	19 100	0.1
无脊椎动物[2]	49	48	1	98	1 000 000	0.01
有花植物[3]	245	139	0	384	250 000	0.2

引自:Reid and Miler,1989

(1) 陆地面积为 100 万 km² 或更大(等于或大于格陵兰)者称为大陆,否则称为岛屿;(2)此数字主要代表北美和夏威夷;(3)此数字包括已种、亚种和变种。

4. 温度制约和影响岛屿生物种类的多样性　　寒冷会减少岛屿上脊椎动物的组成。相反,湿热使岛屿生物群落的种类多样性增加。在很冷的岛上,一些典型的爬行动物不存在,尤其是更新世的冰期,限制了岛屿生物群落的组成。另外,冰桥和浮冰也可以带着一些动物,特别是一些大型和中型的动物到达一些寒冷岛屿。但这是一种特殊的情况,并且所带来的种类也很有限。

5. 生物对岛屿环境的适应有多种形式　　首先,因为隔离使物种形成,因此岛屿的特有种很多。中国的阿拉善荒漠包括河西走廊以北,中蒙边境以南,弱水(额济纳河)以东,贺兰山以西以,荒漠为背景,分布着贺兰山、龙首山、合黎山、雅布赖山等山体和以不同水系组成的荒漠绿洲,这些山体和绿洲如同岛屿镶嵌在沙漠中,被称为"荒漠绿岛"。

这里由于荒漠与沙漠的阻隔,加之未受到冰期的侵袭,以西鄂尔多斯为中心形成了我国西北干旱地区中国特有植物属的分布中心,为中国北方生物多样性关键地区,并随环境变迁在植物系统发育中形成单种属,如四合木(*Tetraena mongolica*)、绵刺(*Potaninia mongolica*)、革苞菊(*Turgarinovia mongolica*)、百花蒿(*Stilpnolepis centiflora*)、寡种属如沙冬青和半日花(*Helianthemum songaricum*),其中四合木和绵刺是本区特有的单种属植物;沙冬青是阿拉善荒漠特有种,并且是唯一的常绿阔叶灌木;半日花在我国只有一种,而且仅在西鄂尔多斯高原形成以半日花为建群种的荒漠群落,形成该区域的特有成分非常高的现象。

其次,由于缺少大型食肉动物和竞争,允许一些特殊的动物存在。另外,隔离岛屿上的生物渐渐失去了原来使它到达海岛的散布机制。一些植物的种子有失去其翅、冠毛或羽毛状聚伞花序的倾向。许多岛屿昆虫是无翅的,有些鸟类也失去翅,如新西兰的恐鸟、马达加斯加的象鸟和毛里求斯的渡渡鸟及一些岛屿上的秧鸡。

最后，由于岛屿生物种类数量少，空闲的生态位多，允许适应辐射的发展。如加拉巴戈斯群岛 4 属 12 种鸣禽是从一个祖先演化而来，并在演化中担任了通常被其他类群担当的角色（图 11-6）。夏威夷蜜鸟科处于与外界隔绝的中太平洋岛屿中，因此呈现出明显的进化辐射（图 11-7）。

图 11-6　加拉巴戈斯群岛达尔文地雀　　　　　图 11-7　夏威夷蜜鸟科（引自：Futuyma，1986）
　　　　　（引自：Skelton，1993）

（二）岛屿的种—面积曲线

人们早就认识到，较大的岛屿一般具有较多的生物种类，例如我国雁荡山有兽类 20 种，鸟类 31 种；而附近的一个岛屿上仅有兽类 5 种，鸟类 11 种。舟山群岛（面积在 0.25～524km² 之间）兽类种数随面积增大而增大（钱迎倩和马克平，1994）。

达灵顿（Darilington，1975）用数量表示了西安德烈斯群岛爬行动物的这种关系。阿利尼乌斯（Arhenius，1921）和格里森（Gleason，1922）建立了一个统计关系上的经验性模型来说明二者的这种关系，用公式（11-1）来表示。

$$S = CA^K \tag{11-1}$$

或

$$LgS = lgC + KlgA \tag{11-2}$$

式中，S 为生物种的数目；A 为面积；C 为生物种的密度，即单位面积内的物种数目；K 为适当的参数或某个统计指数。

在正常情况下，空间面积每增加 10 倍，物种数目平均增加 1 倍，反之亦然。就全球陆地植物而言，K 的平均值为 0.22，它决定着物种数目的基本动态变化状况。因此，保护好 1‰ 的物种空间面积，相当于保护原有物种数目的 25%，这种估计尽管忽略了许多具体的分析，但却比较客观地为我们提供了有根据的数量概念(牛文元,1990)。

　　但是,地球表面并非均一的,自然条件随着空间变化的巨大差异,生物物种的固有特性以及对于生存环境条件的选择,物种与环境之间的协调性等都会对上述公式产生影响。另一方面,"物种-面积"关系仅是一种经验统计关系,只能说明静态的宏观模式,尚未触及到原理本身。因此,物种-面积关系模型需要改进。

(三) 岛屿的种类—距离关系

　　众所周知,海洋中遥远、单个、隔离的岛屿所维持的种类比大群岛或离大陆近的岛屿的种类少,这可以用远近不同的岛屿的种类面积曲线来证明。那么离大陆很远(或离特别大的岛屿远)的岛比离大陆近(或离大的岛屿近)的、不太隔离的岛屿生物种类少,并且种类面积曲线的斜率不大相同。

　　威尔森根据对新几内亚、美拉尼西亚和波利尼西亚的蚂蚁进行系统研究的结果,指出岛屿生物种类主要起源于大陆祖先,隔离岛屿生物种类的极度贫乏证明了距离阻限限制了能成功拓殖的种类的数量,这主要是由生物的散布机制决定的。远洋海岛的鸟类和蝙蝠比蛙类和陆地哺乳类多。

　　冰后期海平面上升,海水浸淹低平的大陆缘,产生了一批新岛屿;一些小山现在被海环绕,作为岛屿出现。在这些岛屿出现之时有一个"过饱和"的生物区,因为岛屿生物区系平衡多样性比相似的大陆区域小。"过饱和"的生物区会逐渐缩小,以致较老的岛屿进而向适应它们的地区的生物平衡移动。下加利福尼亚的沿岸岛屿,在距今 6000～12 000 年间多次因海平面上升而隔离,其 17 个岛屿的蜥蜴区系证明了这一点。

　　对面积变化的岛屿或晚近才形成的岛屿研究证明,岛屿不是静止不变的陆地区域。生物地理学家们常按岛屿曾是否是大陆块的一部分,将岛屿分成"大陆岛"或"海洋岛"。认为岛屿的出现和消失仅仅是因为海平面的变化,这似乎显得有些片面。只有位于大陆架上的岛屿才曾经与大陆相连。但大陆漂移也引起大陆块的碎裂以及移动到新的位置,这就更难区分了。同时,海底火山喷发高出海平面,也形成新的岛屿。一个岛屿生物类群的起源时间,取决于这个特定区域是一个大陆的一部分,还是一个容易进入的沿岸岛屿,或是一个遥远的、几乎不可进入的岛屿。即使其拓殖者也可以变化,如新几内亚的情况一样,它从澳大利亚接受了哺乳类拓殖者,但岛屿上的热带有花植物来自东南亚。

　　麦克阿瑟和威尔森对岛屿物种流通的速度和流通特征进行了研究。喀拉喀托和窝拉顿两个火山岛的生物群在 1883 年被火山爆发全部摧毁。到 1908 年探险队第一次到岛上调查时,喀拉喀托火山岛上已经有 13 种鸟类拓殖,而窝拉顿却只有 1 种鸟类拓殖(表 11-3)。

表 11-3　喀拉喀托和窝拉顿的陆地鸟和淡水鸟种类

年份	喀拉喀托			窝拉顿		
	总计	非候鸟	候鸟	非候鸟	候鸟	总计
1908	13		13	1	0	1
1919～1921	27	4	31	27	3	30
1932～1934	27	2	29	29	5	34
年份	灭绝		拓殖	灭绝		拓殖
1908～1921	2		20	0		28
1921～1934	5		4	2		7

引自:殷秀琴,2004

后来又进行了两次进一步的调查,发现岛上的生物从附近较大的岛屿爪哇和苏门答腊岛再拓殖是很迅速的。到 1930 年,一个维持大量鸟类和其他动物的发育良好的热带雨林发展起来了,几次调查的结果在表 11-2 中,从表中可以看出,1921 年前后,种数的增加很迅速,但以后,除了一些种的绝灭和其他拓殖使鸟类组成上发生变化以外,总种数大致保持相对的稳定。以喀拉喀托岛为例,从 1883 年火山爆发后到 1921 年,鸟类增加到 31 种,不仅拓殖速度快,而且消亡速度极慢。在 1908 年调查到的鸟类有两种在 1921 年灭绝了。在 1921 年以后到达的这些种中的一些成功的拓殖者代替了大约相等的已灭绝种。这些不长的拓殖可以真正地反映鸟类在适应热带雨林的发展、开辟栖息地和灭绝过程中的变化。到 1932~1934 年鸟的种数几乎保持稳定(30 种)。这是该岛达到平衡的数目,但以前拓殖的种类已有 5 种灭绝了,说明了岛屿的生物消亡速度是每年 0.2~0.4 种,即每 2~5 年灭绝一个种。然而,实际数字可能高于此数,因为也许一个种已经灭绝了,但在下一个调查期之前又重新拓殖再现了,每年 0.2~0.4 种的消亡速度与麦克阿瑟和威尔森的数学分析预报的每年 0.8~1.6 种的消亡速度差不多。

威廉姆斯(Williams)关于西印度群岛安乐蜥属的拓殖生态学研究,揭示了陆地动物的消亡速度可能较低。因为新的移入导致的竞争和灭绝远不如鸟类那样频繁。

威尔森等人于 1966 年设计了一个实验,这个实验在当时被认为是在生物地理学和生态学中用灵活的实验来检验理论模型的典范。基本设计很简单,在佛罗里达一些长满红树的小礁岛上,剔除所有节肢动物,然后仔细监测以后的变化。

实验地是四个生长着红海榄(Rhizophora stylosa)的小岛。首先,将这四个小岛上所有的节肢动物种类、红海榄的叶片和树皮、淤泥通过照相和采集标本等都做了分类和记录。这样,这些岛上的节肢动物种类数目就得到了测定。然后将整个小岛用尼龙网罩住,雇佣了一个杀虫人,用甲基溴化物气体熏蒸这几个小岛,来杀死所有的昆虫、蜘蛛和其他陆栖动物,同时毫不损伤红树植被。通过严格的监测,他们发现"重占"出人意料地快。熏蒸后几天物种就开始迁入熏蒸过的岛屿,不到一年,除最遥远的小岛外,所有的岛都恢复了它们起初的生物数目。起初,种类数目增长很快,似乎要超过原来的水平,然后又减少,稳定在原来的种类数目上。以后,还有大量的种类更新,但总的种类数目大致保持不变。在短期的研究过程中,个别种拓殖了,又灭绝了,甚至重复出现这种情况。

重占期间,种数的明显超额表明了只要到来的大多数种是新种,岛屿能供养比平衡数目更多的生物种类。但是,当生物数量超过岛屿的承受能力时,竞争和捕食就剔除了过量的种类,又恢复到原有的种类数量。同时,也发现不同类群的生物的迁入率和灭绝率不同,蜘蛛的灭绝率最高,而螨类的迁入速度最慢。蟋蟀、蚂蚁等占据空岛最快,而蜈蚣、马陆等两年后仍没有再返回岛上去,反映出这些物种散布机制的差异。

在一个离其来源区域 200m 的小岛上,昆虫拓殖和消亡的速度是十分高的,造成每 1~2 天 1 种的流动速度(原始昆虫区系是 20~25 种,属于佛罗里达州凯斯地区几百种的总昆虫区系),小岛的昆虫区系大约在 6 个月恢复到原来水平,虽然会发生进一步的拓殖和消亡,但是昆虫种数并无明显变化(图 11-4),这个实验证明了岛屿生物拓殖和消亡的高速度。通过上述分析,可以得出:连续的物种流通可能是岛屿的主要特征,尤其当具有高度散布机制的有机体穿越唯一的阻限到达小岛时,这种流通速度更大。

岛屿生物地理系有两点很重要:一是由于岛屿所包含的种数较少,使用数学方法比较容易确定种类多样性;二是许多大陆环境也是事实上的岛屿,如被农田围绕的林地、被集中用地包围的保留地、城市中的公园和绿地、自然保护区等。因此,从岛屿推出的一般模式也可用于上述这些陆地环境中的"岛屿"(殷秀琴,2004)。

（四）岛屿生物地理学平衡理论

生活在岛屿的生物种数,取决于若干因子,不仅包括岛屿面积、距离、地形、生境的多样性、生物拓殖的可能性和生物来源的丰富性等,而且还包括新种拓殖的速度与现存种的灭绝速度的平衡。在以往的180年里,人们对此类现象做过大量的观测和分析,但只是在20世纪后半叶,生物学家才试图将这些观测和分析资料综合成定量的理论模式,用以预测特定条件集合的可能结果。麦克阿瑟和威尔森在《岛屿生物地理学理论》一书中清楚地解释了这一数学途径。

麦克阿瑟和威尔森总结了大量的资料,创立了一个理论,来解释他们所认为的岛屿生物群的三个特征:①生物种数与岛屿面积成正相关。②生物种数与岛屿距大陆或其他的生物源地的远近成负相关。③岛屿在生物种类组成上出现连续的种类流通,但种类数量保持大致稳定。他们指出,栖居在岛上的生物种数表现出拓殖与消亡之间的对抗速度平衡。这称为岛屿生物地理学平衡理论。

岛屿刚有生物开始拓殖时,拓殖的速度会很高。因为适应于散布的那些种很快达到岛屿,并且这些种对岛屿来说是全新的,随着时间的推移新种出现的速度会下降。另一方面,消亡速度将上升。这是因为岛屿环境对拓殖者是个考验,每个种都有灭绝的危险。到达的种越多,就有越多的种处在危险之中。因此,随着更多种的到来,每个种的平均种群大小将因竞争加剧而缩小。最初,少数现有种能占据的生态位的种类比大陆上可能占据的还多,因为它们在大陆上要同许多别的种竞争。例如,巴拿马大陆和普埃尔科斯岛相比,岛屿上鸟类种数较少。但由于竞争缓和了,其种群就可能增大。岛上每公顷平均有1.35对种,相对之下,大陆的两个区域分别为0.33和0.28,这种免却竞争的效应,在横斑蚁鸎(*Thamnophilus doliatus*)上尤其明显,在大陆上,它与20种以上其他食蚁鸟类竞争,每40hm²只有8对横斑蚁鸎。在岛上只有一种这样的竞争者,每40 hm²有112对横斑蚁鸎。

如果一个新种后来拓殖一个岛屿,利用了较早移入者相似的食料,两种之间就会发生竞争。尤其是在近缘种类之间,可能造成两个竞争者之一的消亡。或者造成它们食物偏向的趋异,或者形成时间和空间的分离,即发生生态位的分离,使它们彼此竞争的程度缓和。结果每个种的需求更为特化,更充分地利用种类较少的可能营养资源。例如三种不同的唐加拉雀属(*Tangara*)鸟,在特立尼达共存,但其间的竞争因其猎食植物不同部位上的昆虫而得到缓和。点斑唐加拉雀(*T. guttata*)主要在叶子上觅食,栗头唐加拉雀(*T. gyrola*)在大枝桠上,而青绿唐加拉雀(*T. mexicana*)主要在小枝桠上猎食。如果每个种利用的食物种类都以此方式减少,随之是岛屿能支持的每个种的种群就会变小。而较小的种群消亡的机会较多,消亡速度必因新种拓殖该岛而升高,知道达到拓殖的速度和消亡的速度相等的平衡点。这可以用一个简单的模式来解释,以岛上出现的种数为基础,画出岛屿生物的拓殖、消亡速度的关系图(图11-8)。生物种数可以潜在地从零增加到最大值P,从最近的大陆或其他源地迁到岛上的生物种类库(生物种类所在空间)是可变的。若假定,当岛上没有生物时,迁入速度为最大值,而当岛屿已含有生物库中所有种和没有新种到达时为零。相反地,消亡速度在岛上没有生物为零,在大陆库的所有种类假设都栖居在岛上时为最大值。在图11-9中,0和P中间的某一种数上,代表对抗的迁入速度曲线和消亡速度曲线一定相交,在这个交点上,两个速度完全相等。导致了一个种类流通的平衡速度T,和种类平衡数S。这是一个稳定的动态平衡,因为如果种数从平衡值扰动,它将总是倒转,最后恢复到平衡值。例如,一种自然灾害比如飓风,引起一些岛屿种的消亡,种类暂时从S减少到S′

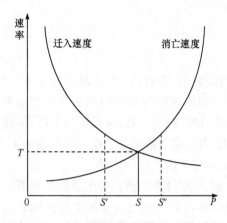

图 11-8　岛屿生物的迁入速度与消亡速度之间的平衡关系引自:Brown and Gibson,1983)

（图 11-8）。这时迁入速度将超过消亡速度,岛上的生物种数将积累直到再一次达到 S。同样地,如果 S 被干扰,从 S 增加到一个较大的数 S'',那么消亡速度将大于迁入速度,使岛上的种数减少,直到恢复到 S。

现在让我们把两种影响——岛屿的面积与岛屿的距离结合到模式中来。假定岛屿的大小只影响消亡速度,虽然一个较大的岛屿对繁殖体的散布比一个小岛可能提供的目标大,但是这种对迁入速度的影响与岛屿大小在消亡速度方面的影响相比是不重要的。所有生物的种群将随岛屿面积的减少而减少,当一个种群变得很小时,消亡的概率迅速增加。因为生物不可避免地占据不同的生态位及具有不同的传播能力,尤其是生物在任一大小的岛屿上的消亡速度将改变,所以,对一个有许多种类的生物库来说,小岛生物的消亡速度比大岛大,这可用两条消亡速度曲线的模型来说明(图 11-9)。

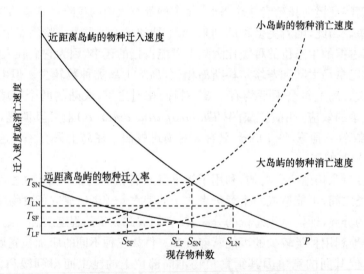

图 11-9　岛屿生物地理学理论动态模型(仿赵淑清等,2001)

从这些消亡曲线和迁入曲线的交点可以看出,小岛与大岛相比,有较小的平衡种数和较高的平衡流通速度。麦克阿瑟和威尔森认为,岛屿的距离只影响迁入速度。不论什么样的散布机制,如果阻限起过滤作用,那么,随着阻限宽度的增加,有机体穿越阻限的概率会减少。例如,在任何一种随机散布中,植物种子的传播随着离来源地的距离增加,到达岛屿的概率就会减少。岛屿距离这种影响可以画出两条迁入速度曲线结合到模型中,近距离岛屿的曲线总是比远距离岛屿的曲线高些(图 11-9)。可以预测,这些曲线与消亡曲线的交点平衡时,近距离岛屿比远距离岛屿将有较多的种类和较高的流通速度。

通过结合图中两个岛的大小和距离的影响,可以对其物种数作出预报。这四条曲线有 4 个交点,每个交点是岛屿面积(大和小)与距离(远和近)的一种组合。在平衡时,种数预报具有 $S_{LN} > S_{LF} = S_{SN} < S_{SF}$ 的顺序(注意:是较大较远的岛还是较小较近的岛具有较多种类,取决于迁入曲线和消亡曲线的确切形状),很明显,这个模式可以预报岛屿上的生物种

类随着面积的增加而增加,随着距离的增加而减少,并且存在着连续的种类流通。同时,这个模式还可以预报平衡流通速度顺序 $T_{SN} > T_{SF} = T_{LN} > T_{LF}$;另外还可以预报,如果生物群被试验或某些异常的自然事件干扰后,不同大小和隔离程度的岛屿恢复平衡的相关速度。例如,一个近岛比一个同样大小的远岛恢复平衡更迅速。因为它有较高的迁入速度,而消亡速度与远岛相同。

在一些情况下,消亡可能不像麦克阿瑟和威尔森的模式中那样快。例如,若岛屿开始不含什么生物,那就将逐步通过若干连续阶段前进到顶级群落。在每个阶段上,一些先前不曾达到的移居者,将首次找到一个空闲的生态位。当然,这些变化也可能导致一些较早拓殖种的绝灭。

平衡理论的基本前提在于:物种数目的多少,应当由"新物种"向区域中的迁入和"老物种"的消亡或迁出之间的动态变化所决定,它们遵循着一种动态均衡规律,这就是说物种维持的数目是一种动态平衡的结果。显然,麦克阿瑟和威尔森把岛屿生物地理学原理的阐述,已经从单纯的经验关系,向着较高层次的解析推进了一步;已经从单纯的静态表达向动态变化推进了一步;从单一的物种面积研究,向以该物种面积为中心并结合邻域特点的空间研究推进了一步。现在证实,唯有把"种类-面积"关系和"平衡理论"两者有机地结合在一起,才有可能更好地理解岛屿生物地理学原理,也才有可能对于物种的自然保护做出更完善的解释。基本的事实是:任何划定的自然保护区,并不是孤立的空间隔离,它与周围的区域及环境,保持着密切的动态联系。尤其是物种的迁移与演替,物种的发展与消亡,没有科学的岛屿生物地理学原理做指导,正确的结论是很难得出的。

因此,岛屿生物地理学理论为生物多样性的保护提供了非常重要的理论依据。但是,由于该理论的局限性,仅仅根据岛屿生物地理学进行生物多样性的保护是远远不够的,还应考虑环境因素、遗传因素和生物之间的相互作用等。

二、生境岛隔离

生境岛隔离包括生境丧失和生境破碎化,相关概念我们在第七章已经详细介绍过。在此我们只强调可以从岛屿的概念出发来理解生境破碎化:破碎化的生境间有着片断化的景观,因此破碎化的生境小斑块可以看做"生境的岛屿"。

其中,生境消失过程中学者较多地关注生物生存的空间环境要求,而对于生物生存所需要的某些特定生境因子的关注较少。在此我们补充两个例子来说明这个问题。

胡杨是杨柳科中繁殖季节较为独特的一种杨属植物,其花期为6～7月,果期为 7～8月,比其他杨柳科植物都晚。这与胡杨生长的荒漠绿洲环境相关。胡杨生长在荒漠内流河形成的绿洲上,形成荒漠绿洲的河岸林。胡杨生长的河流自然泄洪期是从 7 月中旬开始,8月中旬结束,与此相适应,胡杨形成的繁殖节律也相对固定,即在 6 月下旬和 7 月上旬进入开花期,7 月中旬和 8 月上旬为结实期。胡杨种子的活力只有 30 天,这与短暂的泄洪量和温度有着极大的关系。8 月是降水最高峰和温度最高期,可保证胡杨种子的萌发的水热需要。另胡杨种子被毛,需要有一定的覆盖物进行种子的定居,洪水携带的淤泥正是胡杨种子萌发的土壤条件,有着淤泥覆盖的种子萌发后形成的幼苗还可避免根茎灼伤,提高幼苗的成活率。胡杨有性繁殖响应于稳定的气候变化规律,其有性繁殖的行为过程已特化为 30天,这一短暂更新期是胡杨种群更新的关键。所以对胡杨林更新的关键是上游的给水期,而不是给水量。"林缘水生",胡杨的生长需要漫灌的河流运动方式,目前黑河流域的额济纳绿洲由于水利的需要,在保证给水的情况下,河流大部分建设了以水泥为主的砌衬作业,使胡杨种子萌发失去了所需要的淤泥条件,因而有性繁殖受阻。所以保护胡杨,不仅要保护胡杨分布的绿洲环境,而且也要保护胡杨对河流的季节要求和土壤要求(图 11-10A)。

湟鱼(*Gymnocypris przewalskii*)又称为青海湖裸鲤,在青海湖的生态系统中,湟鱼处于核心地位,是这个共生生态系统中的重要指导性物种。湟鱼资源量的衰减,直接危害到鸟类的迁徙、繁衍和生长发育,影响到湖区候鸟的数量和组成结构。所以,湟鱼灭绝将导致整个湖区生态系统严重失衡,青海湖水体生态链崩溃。

湟鱼本身是淡水鱼,但它又生活在盐碱度较高的青海湖内,每年 5 月底到 7 月初时快到产卵季节时,鱼种群就会慢慢向各自出生的河道游动,然后成群逆流而上,向着它们世代相传的产卵地进发。湟鱼产卵一般选择流速缓慢,底质为石砾、卵石或细沙,水深在 1m 以内、清澈见底的河道。找到合适的产卵地之后,它们唯一要做的只是静候河水达到合适的温度,开始排卵。研究表明,当水温低于 6.2℃或超过 17℃时,湟鱼都不会产卵。由于受全球气候变暖的影响,整个青藏高原暖干化趋势加剧,致使青海湖几条主要入湖河流上游山区的积雪越来越少,严重影响了河道的来水量,所以几条河道经常会出现大量湟鱼滞留河道口,无法进入河道产卵的现象。同时由于河道流量不稳定,水位随时会出现骤降的可能,所以湟鱼进入河道后,极有可能会出现河流断流现象,一旦断流,数十吨、甚至上百吨亲鱼就会搁浅,最终窒息而死。但在青海湖周围人们却与鱼争水,几十年间每年六七月间正当湟鱼产卵季节,也是这些耕地需要大量灌溉用水的时节,人们在入湖的大大小小的河流上或筑坝或开口,引水浇地,不但夺走了产卵湟鱼的产床,更让大量湟鱼走到了生命的终点。据青海省水利部门统计,20 世纪 50 年代初期,青海湖周围共有大小入湖河流 78 条,目前则仅剩 20 多条,入湖水量减少 60% 以上,青海湖水位平均每年以 12cm 的速度下降,青海湖的面积在缩小 。

而供湟鱼产卵溯游的河流则由 20 多条减少到了目前的布哈河 、沙柳河等 7 条,这些河流现在每年 4～6 月均会出现断流。所以保护青海湖的湟鱼不仅要保护青海湖的面积、水体和水质,而且也要保护与此相关的河流的生态环境(图 11-10B)。

A　　　　　　　　　　　　　　　　　B

图 11-10　生物-气候节律吻合的生物保护（高润宏 摄）
A. 胡杨；B. 湟鱼

讨论：岛屿的生物形成对我国特有物种的影响

神农架位于湖北省西北部，由房县、兴山、巴东三县边缘地带组成。最高峰神农顶海拔3105.4米，最低处海拔398米，平均海拔1700米，3000米以上山峰有六座，被誉为"华中屋脊"。在距今约七千万年前，由于燕山和喜马拉雅山的造山运动，神农架被抬升为多级陆地。由上新世进入更新世时期，来自地壳运动的强大应力促使秦岭、巴山和神农架大幅度隆起，河流沿构造线快速下切，形成了高山深谷，长江穿过巫山与下游贯通形成了三峡。位于三峡北岸的神农架，巍然屹立于群山之上，成为华中第一峰。

神农架地层随造山运动上升到170万年前的第四纪冰川期时，地球上至少三分之一的大陆被厚达千米的冰雪覆盖，高山平川被吞没，而神农架由于地形复杂，气候分带明显，又在河谷低地，于是成为一块未受冰川侵袭之陆地岛屿，成为了物种基因库和濒危动植物避难所。特有动物有白色动物王国的白雕、白獐、白猴、白鹿、白松鼠、白麂、白蛇、白熊、白乌鸦、白鼠等。

类似地，根据生物地理学的知识，可以进一步认识我国台湾的生物多样性现象。

第三节　Meta-种群和Meta-群落理论

一、集合种群理论的提出及其意义

在20世纪70年代以前，生物地理学家和生态学家就注意到，生境在时间和空间上的异质性作用将会对种群动态、群落结构、物种多样性以及种群内的遗传多样性产生重要影响。在生境空间异质性结构理论中，有一个十分重要的分支，就是20世纪60年代由著名生态学家Levins所发展起来的集合种群（meta-population）理论。

（一）集合种群的概念

集合种群是指在相对独立的地理区域内，由空间上互相隔离，但又有功能联系（一定程度的个体迁移）的两个或两个以上的局部种群或许多小种群的集合，一般也称为一个种群的种群（a population of populations）。关于集合种群一词在国内有几种不同的译法，如异质种群、超种群、混合种群、组合种群以及复合种群等。集合种群生物学是在大量昆虫种群生物学实验的基础上发展起来的。

（二）集合种群理论研究的主要问题

生态学家早已注意到，由于各种各样的原因导致了生物种群栖息地破碎化，从而形成空间上具有一定距离的生境斑块（habitat patch）。同时也正是因为栖息地的破碎化，相似的一个较大的生物种群被分割成为许多小的局部种群（local population）。由于栖息地的破碎化，致使那些被分割的小的局部种群随时都有可能发生随机性灭绝，但同时又会由个体占据生境斑块建立起新的局部种群。通常情况下，集合种群理论就是研究上述过程的生态学理念（蒋志刚，1997）。

二、集合种群与岛屿生物地理学

在Levins模型中，他引入一个变量$P(t)$去描述一个由许多局部种群所构成的集合的状态，即一个Meta-种群状态。在该模型中，$P(t)$被定义为在时间t时已被一个种所占据的生境斑块的数量与总的生境斑块的数量之比，也可以叫做已被一个种所占据的生境斑块的比例，并且一个Meta-种群在t时刻的大小也是以$P(t)$作为测度的。Levins将与一个Meta-种群动态有关的个体和种群过程都浓缩在两个关键参数 e 和 m 之中。e 被定义为局部种群的灭绝率(rate of extinction),而 m 则是一个与扩散个体能够成功地侵入空的斑块生境有关的参数。Levins 的模型是:

$$\frac{\mathrm{d}p}{\mathrm{d}t}=mp(1-p)-ep \tag{11-3}$$

很容易看到这个方程的平均值为:

$$p=1-\frac{e}{m} \tag{11-4}$$

这个模型就是有关 Meta-种群理论的最经典模型,它描述了一个最简单的 Meta-种群随时间的变化动态。Levins 模型与 Logistic 模型在结构上是完全相似的。方程(11-4)可以被改写为另一个完全等价的形式,即:

$$\frac{\mathrm{d}p}{\mathrm{d}t}=(m-e)p\left[1-\frac{p}{1-\frac{e}{m}}\right] \tag{11-5}$$

在这里差值 $(m-e)$ 可以被认为是一个充分小的 Meta 种群的增长率(即 $P(t)$ 是充分小的),$\frac{1-e}{m}$ 可以看做是与 Logistic 模型中的"环境容量"等价的值,并且如果 $m>e$,则 $\frac{1-e}{m}$ 必定是 $P(t)$ 的稳定平衡值。

无论是作为一个概念性的模型,还是作为一个数学工具,Levins 模型在种群生态学中不仅是一个有价值的新模型,而且也是为在这一领域内进行进一步的数量研究迈出的最重要的第一步(Hanski, 1991)。

(1) 两者之间的联系。集合种群的理论或观点涉及岛屿生物地理学中的平衡理论,因为在这两个理论体系中都有一个共同的基本过程,即个体迁入并建立新的局部种群以及局部种群的灭绝过程。当然这两个重要的理论体系是有区别的,其中最重要的区别就是岛屿生物地理学中总假定存在一个所谓的"大陆",并且在这个大陆上的大陆种群不仅不会灭绝,而且还是迁移个体的唯一源泉,或者说所有的迁移个体都是只能来自于大陆种群。在 Levins 模型中,迁移个体可以来自由于任意一个存在的局部种群,同时任意一个局部种群都有可能随即灭绝的。

(2) 两者的区别。岛屿生物地理学理论和集合种群理论之间有明显的差别:①岛屿生物地理学理论强调平衡状态和物种丰富度,是一种平衡理论,集合种群理论研究局部种群的灭绝和中间过程,显然不再是平衡理论;②岛屿生物地理学理论忽略了物种个体的变化,强调物种间的平衡模式,其空间概念是模糊的,集合种群理论则通过空间模型和地理信息系统分析工具的联合,加强了过程模型的预测能力;③岛屿生物地理学研究的核心是岛屿中的物种的数量,显然是属于群落水平的研究,集合种群以种群作为其研究对象,强调的是同一种群内部的局部种群之间物种个体的交流;④岛屿生物地理学理论把重要的生态数据解释为简单的物种—面积关系,集合种群模型则关注那些被岛屿生物地理学理论忽略的小生境,而这样的生境可能具有特有种;⑥岛屿生物地理学理论把大陆看成是物种永不灭绝的保护伞,而集合种群理论认为无论多大的地理区域其中的物种都有灭绝的危险。

(3) 两者与现实种群的关系。尽管作为两个不同的理论体系,Levins 的集合种群模型和岛屿生物地理学的平衡模型确实存在一些互相抵触的情况,实际上 Levins 模型和迈克阿瑟-威尔逊模型所定义的集合种群结构之间还存在很多过渡类型。正像 Harrison(1991)在她的论文中所指出的那样,对于绝大部分集合种群来说,斑块生境的大小上存在着相当大的变化,当然这也就反映了局部种群的大小之间也存在着相当大的变化。有些局部种群可能是相当大的,并且同那些较小的局部种群相比只有很低的灭绝概率。在现实自然界中的绝大多数集合种群的性质,肯定是介于 Levins 模型和大陆—岛屿模型之间的。

在生物多样性保护工作中,必须科学地考察所研究地区的空间范围、种间和种内差异。目前有许多以前连续分布的物种,由于生境的破碎化而以集合种群的方式存在,物种的灭绝也往往经历了集合种群的阶段。因此,集合种群理论是保护生物学所关注的热点。人类活动所造成的物种灭绝,事实上是从局部灭绝开始的,局部灭绝的后果可能导致物种的最后灭绝,所以关注集合种群是十分重要的(蒋志刚,1997)。

三、集合种群理论与生物多样性保护

随着人类生存环境的破碎化程度愈来愈高,有关集合种群的理论将会被广泛地应用于保护生物学研究之中。集合种群理论在保护生物学中的应用将主要涉及环境破碎化、种群动态、种群动态以及自然保护区的设计原理等。

(1)探讨环境破碎化对物种的影响。许多以前是连续分布的种,由于生境的破碎化而转变为集合种群。对这样的种群进行动态研究,是为了提出一些适当的管理方法,以保证这些物种不会灭绝,一个在刚刚破碎化的栖息地中生存的种通常还不具备集合种群的功能,因为这时个体也许只有很弱的迁移能力,因而这样的种很容易灭绝。对于这种情况,有效的管理可以提供人工迁移,防止种的灭绝,因此在这里集合种群模型的作用是非常明显的。由于在同一生境内可能存在着许多不同的种,并且它们都各自以不同的方式适应着栖息地的破碎化过程,因此给解决保护生物学问题带来了非常大的困难。

(2)关于自然保护区的设计。十几年来,关于保护计划的争议一直没有停止,主要是关于保护计划是应该建立一个大的生境,还是建立几个互相联系的小生境的争论,从根本上讲就是一个集合种群的问题。当保护的目的只是为了一个或几个种,甚至只是确定在物种多样性的水平上,则可以从集合种群的角度考虑问题。

(3)探讨种群结构与动态。集合种群结构在遗传进化方面具有重要的意义。如果一个种具有 Levins 模型的结构,则种群遗传杂合性的损失将在很大程度上被加速,吉尔平(Gilpin, 1991)计算了再集合种群中有效种群的大小 Ne,与经典的种群生物学和种群遗传学的理论相比,在集合种群中有效种群的大小 Ne 可以很小。

讨论:集合种群保护的生态学意义

虽然集合种群由于生境破碎或岛屿现象的存在,可能会造成种群局部灭绝,但也不能不考虑其存在的生态学意义。其生态学意义表现为增加遗传的多样性和促进生态位的扩张。

集合种群由于生境破碎化而分布在不同的小斑块中,基因交流方面存在着一定的困难,这为变型、亚种和变种的形成和生态隔离创造了地理上的条件。在条件好转的条件下可促进不同小种群内的基因交流,形成近缘、远缘杂交的现象,有利于提高物种对环境适应基因的选择。

利用同一种资源的两个物种不能共存,这一原理被称为高斯原理(Gause's principle)或竞争排斥原理(competitive exclusion principle)。分布于同一生境的同一种群个体,由于在资源利用方式和生境的均质性,个体竞争强烈,环境共容的个体有限。生境破碎化可缓减这种竞争压力,促进个体向新的生境拓展,发生该物种生态位的分化,从而形成集合种群,其多样性取决于隔离的规模和强度。

小　结

生物地理学(biogeography)主要研究生物群及其组成成分在地球表层的分布特点和规律，以及形成、演变及其与环境条件的关系。它研究的主要对象是地球表层的生物群落。基本任务是阐明地理上生物分布的基本规律。研究的主要内容是：地球上生物群的组成结构、动态变化和分级分类；生物群与环境之间的关系；生物区形成与演变；岛屿生物种的拓殖与灭绝。

以生物地理学的历史因素来解释生物地理分布格局的假说有两种：离散假说和扩散假说。离散假说其观点为生物先形成了广泛的分布区，后来障碍出现，将分布区隔离开，生物在障碍的两边各自独立演化，形成差异。扩散假说则认为，障碍是先形成的，生物后来超过障碍扩散形成间断分布，再独立地演化。

物种的形成与地理隔离有着重要的关系，这种阻隔导致了生物在进化过程中形成了特有种、狭域种和生态种等适应于所生存环境的种的分异。其中岛屿隔离是地理阻限的主要方式，并以威尔逊和麦克阿瑟提出的"均衡理论"为代表，标志着《岛屿生物地理学》的诞生。

岛屿生物地理学(theory of island biogeography)是研究岛屿生物群落生态平衡的学科。即岛屿上的物种数取决于岛屿的面积、年龄、生境的多样性、拓殖者进入岛屿的可能性及丰富性，以及新种拓殖速度与现存种灭绝速度的平衡。

岛屿有以下几个重要特征：①岛屿比陆地和海洋简单；②地球上岛屿的数量要比大陆和海洋多；③岛屿的大小、形状和隔离程度都不同于陆地的动物和植物区。

根据"岛屿生物地理学"的内容，岛屿的面积与物种数存在着联系，表现为：$S=CA^K$。

岛屿在物种形成过程中的隔离性可导致物种的形成，同样岛屿化也可导致生境破碎，引起物种的灭绝。岛屿化的后果：①缩小了的生境总面积会影响种群的大小和灭绝的速率；②在不连续的片断中，残存面积的再分配将影响物种散布和迁移的速率。

集合种群是指在相对独立的地理区域内，由空间上互相隔离，但又有功能联系(一定程度的个体迁移)的两个或两个以上的局部种群或许多小种群的集合，一般也称为一个种群的种群。

思　考　题

1. 生物地理学的定义及其研究的内容是什么？
2. 离散假说和扩散假说的定义是什么？
3. 为什么岛屿生物灭绝速度比大陆快？
4. 简述岛屿生物地理学平衡理论。
5. 生境片断化对物种的影响有哪些？
6. 简述生境破碎化的原因。
7. 集合种群的概念是什么？
8. 集合种群与岛屿生物地理学两者与现实种群的关系是怎么样的？
9. 探讨环境破碎化对物种的影响。
10. 探讨生物地理学与生态学的关系。

主要参考文献

陈宜瑜,刘焕章.1995:生物地理学的新进展.生物学通报,30(6):1-4

郝守刚,马学平,董熙平等.2000.生命的起源与演化.北京:高等教育出版社

李俊清,李景文,崔国发.2002.保护生物学.北京:中国林业出版社

钱迎倩,马克平.1994.生物多样性研究的原理与方法.北京:中国科学技术出版社

宋春青,张振春.2005.地质学基础.北京:高等教育出版社

宋永昌.2001.植被生态学.上海:华东师范大学出版社

殷秀琴. 2004. 生物地理学. 北京:高等教育出版社

张昀.1998.生物进化.北京:北京大学出版社

Andrew S Pulin. 2005. 保护生物学. 北京:高等教育出版社

Brown J H,Gibson A C. 1983. Biogeography. London: the C. -V. Mosby Company

Diamond J M. 1984. "Normal" extinctions of isoland populations. In: M. H. Nitecki. Extinctions. Chicago: University of Chicago Press

Futuyma D J. 1986. Evolutionary Biology. 2nd ed. Sunderland,MA: Sinauer Associations

Lynch J F,Whigham D F. 1984. Effects of forest fragmentation on breeding bird communities in Maryland,USA. Biological conservation,28:287-324

MacArthur R H,Wilson E O. 1967. the Theory of Island Biogeography. Princeton, NJ: Princeton University Press

Nelson G,Platnick N L.1984. Biogeography. Carolina Biology Reader. No. 119

Richard B. Primack. 1996. 保护生物学概论. 湖南:湖南科学技术出版社

Simberloff D. 1986. Are we on the verge of a mass extinction in tropical rain forests? In: Elliott D K. Dynamics of Extinction. New York: John Wiley

Skelton P. 1993. Evolution, A Biological and Paleontological Approach. Addison-Wesley Publishing Company

Wilson E O. 1989,Threats to biodiversity. Scientific Ammerican, 261(September):108-116

第十二章 自然保护区可持续经营管理

人类将会杀害大地母亲,抑或将使她得到拯救? 如果滥用日益增长的技术力量,人类将置大地母亲于死地;如果克服了那导致自我毁灭的放肆的贪欲,人类则能够使她重返青春,而人类的贪欲正在使伟大母亲的生命之果——包括人类在内的一切生命造物付出代价。

——英国历史学家阿诺德·汤因比(1976)

随着人类活动范围和力度的不断扩大和加强,对自然资源的需求也愈来愈大,自然环境遭到了大范围的干扰和破坏,导致物种生存环境破坏,生态系统结构和功能减弱,外来有害生物入侵,生境退化,遗传多样性丧失甚至灭绝。如第二章所说,保护生物多样性最有效的方式是保护原始健康生态系统的完整性,建立保护地(protected area)(图 12-1)是其中的最佳途径。

图 12-1 美国黄石国家公园(Yellowstone National Park)一景(徐基良 摄)

美国黄石国家公园是世界第一座国家公园,成立于 1872 年。黄石公园位于美国中西部怀俄明州的西北角,并向西北方向延伸到爱达荷州和蒙大拿州,面积达 8956 平方公里

保护地是指专门用于生物多样性及有关自然与文化资源的管护,并通过法律和其他有效手段进行管理的特定陆地或海域。根据保护地的管理目标,保护地包含了严格自然保护区(strict nature reserve)、荒野地(wilderness area)、国家公园(national park)、自然纪念物(natural monument)、生境/物种管理区(habitat/species management area)、景观保护区(protected landscape/seascape)、资源管理保护区(managed resource protected area),以及陆地和海洋景观保护区等。而在我国,保护地除了通常所说的自然保护区外,还包括风景名胜区、森林公园、地质公园以及部分重点文物单位等。到目前,全球共建立各类保护地约 11 万处,陆地保护区面积则超过 22 万 km²,占地球面积的 12% 以上。

全球特别是我国自然保护区事业所取得的成就,都离不开长期以来人们在自然保护区建设与管理领域的积极探索。自然保护区建设与管理涉及多个领域和学科。针对本课程的特点,本章重点阐述自然保护区规划与建设、可持续经营、管理以及所面临的挑战四个方面。

第一节　自然保护区规划与建设

自然保护区的位置和大小决定于主要保护对象的属性如动物体型大小(图 12-2)、人口的分布、土地的潜在价值、公民保护意识的程度以及历史因素等。全球自然保护区事业发展 100 多年来,自然保护区建立与设计是一个日趋深入、科学而规范的过程。特别是由于全球人口及土地利用需求等因素的迅速增加,自然保护区建设与管理面临的风险,自然保护区设计也日趋精确化,并在实践中应用了一些理论,推动了自然保护区设计的科学化进程。

自然保护区设计中,特别需要关注几个问题:①如何确定自然保护区的位置?②需要多大面积的自然保护区才能有效地保护生物多样性?③与多个小面积的自然保护区相比,单个面

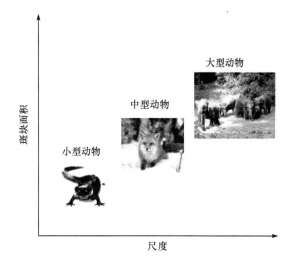

图 12-2　维持不同体型的动物所需要的斑块面积

现有研究表明,在片段化生境中,相对于体型较小的野生动物,要维持
体型大的野生动物正常栖息和繁衍,需要相对更大的面积

积大的自然保护区的保护效果是好还是差?④自然保护区至少需要保存某一物种的多少个体,才能更有效地防止该物种灭绝?⑤自然保护区具有什么样的形状才有最好的保护效果?⑥在构建自然保护区网络时,各保护区之间的距离是近好还是远好?是应该相互隔离还是通过廊道连通?

一、自然保护区选址

自然保护区的建设需要大量人力、财力和物力(如土地资源)等的投入,但受某一国家或地区社会经济发展条件的限制,自然保护区所能得到的相关投入是有限的。因此,需要采用合理的方法,确定设立自然保护区的优先地点或最适地点(即自然保护区选址问题,reserve site selection problems,RSSP),构建自然保护区网络,使其在有限的投入范围内能够最大限度的保护某一区域的生物多样性。根据行政区域和自然地理属性特征,这一区域可以是全球、地区、国家、省、市、县,也可以是生物圈、生物地理单元(界、省、区)、生态区、生态系统等。

在我国,自然保护区(nature reserve)是指对有代表性的自然生态系统、珍稀濒危野生动植物物种的天然分布区有特殊意义的自然遗迹等保护对象所在的陆地、陆地水体或者海域,依法划出一定范围予以特殊保护和管理的区域。根据自然保护区主要保护对象的自然属性,我国自然保护区可以分为 3 个类别、9 个类型(图 12-3)。我国自然保护区还可分为国家级、省(自治区、直辖市)级、市级和县级 4 级。

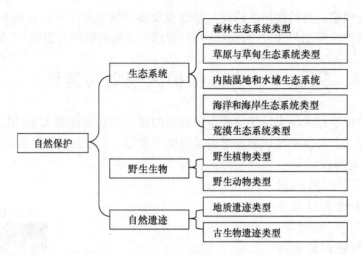

图 12-3　我国自然保护区分类体系

　　截至 2010 年底,我国共建立自然保护区 2588 处,保护区总面积约 14 944 万公顷,陆地自然保护区面积约占国土面积的 14.9%;其中国家级自然保护区 319 个,面积 9267.56 万公顷。这些自然保护区有效保护了我国 90% 的陆地生态系统类型、47% 的天然湿地、20% 的天然优质森林、85% 的野生动物种群和 65% 的高等植物群落,还涵盖了超过 30% 的荒漠地区。在分布上,这些自然保护区在面积上主要集中在西藏、青海、新疆和内蒙古等西部省、自治区,而在数量上则主要集中在广东、江西、内蒙古、云南、四川等省、自治区。

（一）指示物种的确定

　　自然保护区选址需要有物种分布方面的资料。但是,人们很难得到某一区域所有物种的详细分布信息,因此,需要确定指示物种。确定指示物种时可以参考该物种当前的稀有性、受威胁状态及其实用性;物种在生态系统和群落中的地位;该物种在进化中的意义。一般情况下,指示物种可以是:①该区域内特有的濒危物种;②该区域特有的受威胁物种;③绝大多数种群分布在该区域的濒危物种;④绝大多数种群分布在该区域的受威胁物种;⑤其他具有特殊意义的动植物物种。

　　由于某种原因,当人们很难获得某一区域内物种分布的足够信息时,也可用环境因子作为指标来选择,如气温和降雨量的分布、植被状况、地形因子等。

（二）选址的一般原则

　　自然保护区选址,应坚持以下基本原则。

　　1. 完整性原则　　应在广泛的时空尺度上包含生态过程和生物多样性各组成成分,应以生物等级系统的各个层次或节点作为保护对象,将节点连接成一个完整的保护网络。根据保护对象的生物学特征,应考虑保护对象的各生长阶段或各季节生活的生境需要。

　　2. 代表性原则　　应能够最大限度的代表所处生物地理区域的生物多样性。处在生物地理区域内的珍稀濒危物种或特有物种及其栖息地、野生生物资源以及典型的生态系统,都应在保护区网络中有充分的代表。

　　3. 优先性原则　　对受威胁严重的生态系统及濒危物种栖息地尽可能划为保护区,并优先安排建设。

4. 可持续发展原则　　应尊重现有土地利用方式,尽量避免与现有土地利用方式冲突,并充分考虑当地居民对土地及其他资源的利用与开发的潜在要求。

（三）主要方法

关于自然保护区选址,人们已经建立了很多模型,并提出了很多算法。总体上,这些模型和方法可以概括为:在一个由 N 个地理单元组成的地理区域内,选出能够最大程度覆盖指示物种的 n(n≤N)个地理单元,这 n 个单元组成的区域就是建立自然保护区的最适区域。

1. 基于多样性分值的选址方法　　早期,自然保护区选址的目的是要使每一个物种在构建的自然保护区网络中都有代表,代表性方法是基于多样性分值(scoring approach),如打分法(图 12-4)。然而,打分法选择的自然保护区,可能会出现冗余现象(图 12-4)。

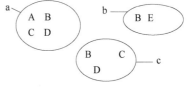

图 12-4　打分法示意图

图中 a、b、c 为三个地点,A、B、C、D、E 为五个物种。根据打分法,地点 a、b、c 的得分分别为 4、2、3。但是,地点 c 并没有给整个保护区网络添加新的物种。当资金有限时,地点 c 的保护可以先不投入

但是,打分法操作相对简单,且能提供具有相对重要性的备选地点清单,因此仍然得到较为普遍的应用,如第四章中介绍的热点(hotspot)途径来选择热点地区开展优先保护。

2. 基于互补性的选址方法　　近些年来,人们发展出一些新的模型和方法。例如,基于互补性的自然保护区选址方法(complementarity approach),目的是以最低数量或面积的自然保护区网络来覆盖所有的物种。如在图 12-4 中,地点 a 和地点 b 已经覆盖了所有物种,地点数量也最少。迭代法(iterative algorithm)是其中比较有代表性的一种。迭代法是逐步进行的。每一步往备选地点集添加的单元,最大限度的补充备选地点集中单元的属性,即每次添加的单元对整个保护区网络的代表性贡献最大。迭代法的一种筛选算法的基本过程是:每次选中含有物种数最多的单元,然后删除该单元中所含有的所有物种,再按物种数从多到少重新排序,再选种位序最高的单元并重复前面的步骤直至所有物种均被删除,这样就可以找到保护所有物种所需的最少的单元。

3. 基于不可替代性的选址方法　　近些年来,基于不可替代性(irreplaceability)的自然保护区选址方法也逐渐发展起来。简而言之,这种方法就是某一地点内的物种不能由其他地点所包含,则该地点即为不可替代的。例如,在表 12-1 中,物种 A 和 H 分别只分布在地点 2 和 4 中,因此这两个地点是不可替代的。

表 12-1　地点-物种矩阵

地点＼物种	A	B	C	D	E	F	G	H
1		○	○	○				
2	○	○	○	○				
3			○		○	○	○	
4					○	○	○	○
5					○	○	○	

不可替代性是系统保护规划方法的准则之一。系统保护规划方法(systematic conservation planning,SCP)是近年来建立的一种较系统、较全面的结构化的步进式自然保护区网络构建方法。其根据生物多样性属性特征,确定保护目标,利用多学科和技术对一个地区生物多样性进行有限保护和保护区规划设计,侧重于保护区选址和设计的结合。目标是构建有代表性、可持续性

和经济的自然保护区网络,从而保护整个地区生物多样性特征。除互补性、稀有性和邻接度三个网络选择的准则外,系统保护规划方法还纳入了经济、政治和社会因素,以灵活性、透明性和不可替代性等作为辅助准则。在系统保护规划框架下,澳大利亚新威尔士州立公园和野生动物保护署开发了 C-PLAN 保护规划软件。

4. 地理途径方法　　地理途径方法(即 GAP 分析)即保护生物多样性的地理学方法(a geographic approach to protect biological diversity)也是当前自然保护区选址中常用的一种方法。它是通过对研究区域的植被状况、物种分布极其丰富度、野生动物生境等分布信息的分析,寻找生物多样性保护的热点地区(hot spots),然后对比当地土地利用现状和生物多样性保护现状,最终识别当前生物多样性保护的空白点(gaps)和差距。随着遥感技术的发展,GAP 分析不仅在全球、国家和州尺度得到了广泛应用,而且在县域和集水区一级的研究也已经逐步展开。

5. 生态评估方法　　生态区评估方法用于确定生物多样性丰富和具有重要生态过程的所有生态系统和生境类型的典型代表,它把保护物种多样性与保护独特生态系统和生态过程相结合,主要指标有物种丰富程度、特有种、特殊的物种以上分类群、非同寻常的生态或进化现象、生境类型的稀有性。世界自然基金组织(WWF)把全球划分成了 238 个生态区,包括 142 个陆地生态区、53 个淡水生态区和 43 个海洋生态区。

二、自然保护区大小的确定

确定自然保护区的面积(大小),就是确定自然保护区的范围和界线。但是,自然保护区大小及自然保护区设计,即使是考虑了生物多样性的保护问题,也并不意味着可以形成统一规则,各人对其考虑和理解存在差异。下面我们就几种常见理论来探讨对这一问题的理解。

(一)物种-面积关系及岛屿生物地理学

在第十一章中我们介绍了物种-面积曲线。人们认为,可以利用物种-面积关系来确定自然保护区的适宜面积。如果掌握一定数量的物种,就可简单地算出必需的面积。

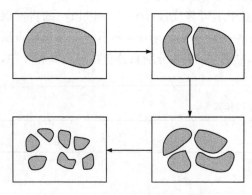

然而,由于"物种-面积"关系纯粹是一种经验统计关系,只能说明静态的宏观趋势。MacArthur 和 Wilson(1967)在"物种-面积"关系的基础上,提出了岛屿平衡理论(equilibrium theory),这我们也已在第十一章进行了详细的讲解。

随着栖息地的片段化,生物赖以生存的栖息地变成了大小不等的生境岛屿(图 12-5)。岛屿生物地理学理论可以适用于研究栖息地的片段化问题,其理论本身及其推论已被广泛应用于自然保护区设计和濒危物种的保护工作之中,特别是对确定自然保护区面积有重要启示。

图 12-5　栖息地片段化的过程

(二)Diamond 自然保护区设计原则

基于岛屿生物地理学的物种-面积关系和平衡理论,Diamond(1975)提出保护最大物种多样性的自然保护区设计原则(图 12-6),包括:

① 大自然保护区比小自然保护区好;

② 栖息地是同质性的自然保护区,一般尽可能少的分成不相连的片段;如果要分成几个不相连的自然保护区,这些自然保护区应尽可能地靠近;

③ 如果是几个不相连的自然保护区,这些自然保护区应等距离排列,或用长带状的栖息地把它们相连;

④ 只要条件允许,任何自然保护区应尽可能接近圆形。

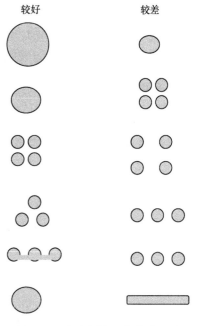

图 12-6　自然保护区的设计原则

Diamond 首次比较系统地提出自然保护区的设计原则,对后来的设计原则的建立和发展产生过重大影响。最近提出的岛屿生物地理学的套子集(nested subset)模型(Patterson and Atmar,1986)也认为,处于分散状态(物种在岛屿间不存在迁移和再定居)的岛屿,较小动物群的物种是较大动物群物种组成的一个子集。因此,建立一个大自然保护区等于保护了几个小自然保护区。虽然岛屿的初始物种组成可能不同,但由于选择性灭绝,岛屿物种组成随时间延续而区域相同。该模型由此得出大自然保护区是保护物种的最佳策略。

（三）种群生存力分析和最小可存活种群

在岛屿生物地理学理论之后,也有学者应用种群生态学和种群遗传学的一些理论进行自然保护区的规划设计,如用种群生存力分析用来进行确定自然保护区最小面积的设计。

关于种群生存力分析我们已在第五章介绍过。利用 PVA 来确定保护区的最小面积可分为三个步骤:①确定目标种或关键种;②确定这些种的最小可存活种群;③通过种群密度估计维持最小种群数量所需的面积大小来确定最小面积。

最小可存活种群也已在第五章介绍过,这个概念把种群大小和其绝灭速率直接联系到了一起,在对孤立种群的动态研究中得到了广泛应用。

PVA 和 MVP 对于濒危物种的保护具有重要的启发性。王昊等(2002)以对秦岭野生大熊猫多年研究的资料,建立了一个机理性的随机模型,并用此模型对秦岭大熊猫种群进行了种群动态的模拟,分析了该种群的存活力。结果显示:秦岭大熊猫种群具有正的增长潜力;在环境维持现状的情况下,秦岭大熊猫种群以小于 5％的灭绝概率维持 200 年所需的最小种群规模为 28～30 只,低于此数值,由于种群统计学随机性,种群会有较高的灭绝概率;在密度制约因素的影响下,种群维持需要 50～60 只个体;在非密度制约因素的影响下,每年由种群中减少的个体不应超过种群数量的 1％。

PVA 理论涉及生物多样性保护的实质性问题,是保护生物学的基础理论之一,并已成为保护生物学研究的焦点之一。然而,分析 PVA 所需的资料需要长期的野外生态观察。对于每一个保护物种或关键种,研究其 PVA 和 MVP 都是一项复杂的课题,目前还在不断发展与完善之中。

（四）植物群落或生态系统稳定性

植物群落结构是一个生态系统的基础,其完整性和稳定性方面的指标是众多健康监测和评估计划的重点。由于群落或生态系统稳定性分析问题的复杂性,以及生态健康评价技术还处于不断完善和发展的过程中,研究者意识到目前将这种研究应用于自然保护区面积确定中还存在一定的难度,因而提出根据生态系统中关键种的有效种群大小来估测自然保护区的最适面积。这些关键种可以包括食肉动物、重要的被捕食动植物、对植物传播与传粉起作用的物种,实际工作中也可采用自然生态系统中的濒危种和特有种进行分析。

(五) 有效种群大小

在第三章中我们提到过有效种群这一概念,其在野生生物保护方面已经有了很多研究。计算某个物种的有效种群需要考虑物种的生物学特性和环境特征,也很复杂的。有研究表明,生态系统中关键种的有效种群可以用来估测自然保护区最适面积,如食肉动物、重要的被捕食动植物、对植物传播与传粉起作用的物种。当然,也可采用自然生态系统中濒危种和特有种分析。种群要维持多大的数量,才能自我生存和繁衍下去? 一些植物学家认为,植物有效种群的下限为1000~4000 个个体;而动物学家提出,作为长期的保护策略,对一些大型动物来说,有效种群应保持在 500 个以上的数量。

三、自然保护区的功能区划

对自然保护区实行分区管理,既能有效保护好保护区的主要保护对象,又能够合理、科学地利用自然保护区的资源,促进地方经济发展,缓解自然保护区与周边社区的矛盾,实现自然保护区的保护和社区共同发展的双赢目标。

(一) 功能区的一般组成

参照联合国人与生物圈保护区的保护区功能分区,我国自然保护区一般分为核心区、缓冲区和实验区三个功能区(图 12-7),必要时应划建生物廊道。对于湿地生态系统类型自然保护区,由于其特殊性,为提高其功能区划的科学性和协调性,可以将其划分为核心区、季节性核心区和实验区。

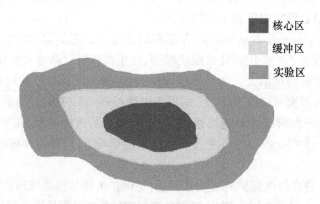

图 12-7　我国自然保护区功能分区的一般模式

核心区是保存完好的自然生态系统、珍稀濒危野生动植物和自然遗迹的集中分布区。其中,在重点保护的迁徙性或洄游性野生动物集中分布的时段里,季节性核心区是核心区以外保护对象相对集中分布的区域。

缓冲区是位于核心区外围,用于减缓外界对核心区干扰的区域。其空间位置与宽度应足以消除外界干扰因素对核心区的影响。

实验区位于核心区或缓冲区之外，可用于实现生态旅游、科学实验和资源持续利用等功能的区域。对于作为迁徙性或洄游性野生动物重要栖息地，特别是作为候鸟栖息地的湿地生态系统类型自然保护区，实验区是位于核心区和季节性核心区以外的区域。另外实验区中需要加以特殊保护的地段，应参考缓冲区的管理方式予以管理。

（二）功能区划的原则

对自然保护区进行功能分区，应坚持以下基本原则。

（1）科学性原则。根据主要保护对象、自然环境和自然资源以及社会经济等因素，采取科学而合理的分区方式，因地制宜地确定核心区、缓冲区和实验区的位置和范围等。对以候鸟等迁徙性动物为主要保护对象的自然保护区，则应该采取科学而灵活的分区方式。

（2）针对性原则。针对主要保护对象的数量和分布以及面临的干扰因素，确定各功能区的位置和范围。

（3）完整性原则。为确保主要保护对象的长期安全和生境的持久稳定，应确保各功能区的完整性。

（4）协调性原则。确定功能区的布局时应充分考虑当地社区生产生活的基本需要和社会经济发展趋势。

四、生物廊道的应用

生物廊道在第七章已经做了一些介绍，生物廊道（biological corridor）或称生境廊道（habitat corridor），是指适应生物移动或居住的通道，可以将自然保护区之间或与之隔离的其他生境相连（图12-8），从而减小生境破碎化对生物多样性的威胁。目前，生物廊道作为一种较为有效的保护措施，已经得到比较普遍的应用。

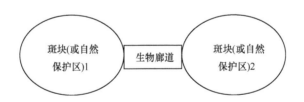

图12-8　用于连接隔离生物廊道或自然保护区的生物廊道

在我国，自然保护区建设生物廊道较早的一个尝试是1992年规划建设的大熊猫自然保护区生物廊道。大熊猫走廊带就是在已经建成的大熊猫保护区之间，为提高大熊猫基因交流的能力，而建立起的四通八达的走廊带。实施大熊猫走廊带计划，可以调整和扩大部分大熊猫自然保护区的面积，尽可能使大熊猫的栖息地连接成大的区域。利用实施"天然林保护工程"和"退耕还林工程"的良好机遇，选择几个较大的大熊猫栖息地的毗邻结合区域，建立和实施大熊猫走廊带项目，有利于促进和实现大熊猫种群之间的迁移和扩散（严旬，2005）。

修筑青藏铁路时，为了便于藏羚羊迁徙，青藏铁路在穿越可可西里时也设计并修筑了多条生物廊道。几年的实践证明，这些廊道发挥了很好的作用。2007年，在亚洲开发银行、荷兰和瑞典政府及减贫合作基金共同资助下，云南省西双版纳生物多样性保护廊道建设示范项目启动（图12-9）。

图 12-9　西双版纳国家级自然保护区的亚洲象（*Elephas maximus*）（徐基良 摄）

西双版纳自然保护区管理局和有关科研院所合作，在对我国亚洲象的分布现状、栖息地质量评价以及社
区开展全面系统调查的基础上，利用现代技术规划设计出 6 条中国亚洲象保护廊道，目前勐养—勐仑、勐
腊—尚勇两条廊道正在建设

五、集合种群理论与自然保护区设计

集合种群的相关概念和理论我们在第十一章已经介绍过。

集合种群理论在一定程度上改变了我们对片段化生境中景观连通性的看法，也在很大程度上替代了岛屿生物地理学说，成为保护生物学尤其是自然保护区设计中基本的种群动态模型。对于自然保护区设计，集合种群理论最重要的是要求人们在进行自然保护区设计时，既要考虑种群的空间动态，也要考虑土地变化动态；保护生物多样性工作中，既要保护其现存格局，也要保护其过程。

基于集合种群理论，并结合景观生态学的观点，从生态系统角度上，自然保护区可以按照图 12-10设计。

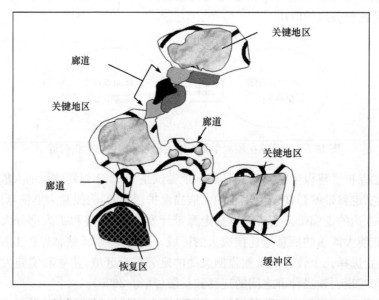

图 12-10　基于集合种群理论、景观生态学原理及生态系统管理角度的自然保护区设计

（引自：Bloemmen and Sluis，2004）

第二节　自然保护区可持续经营

　　社会经济发展与生物多样性保护之间的矛盾,是自然保护区管理面临的一个世界性问题,社会经济活动造成自然保护区生境的改变和对生态系统的干扰已经成为自然保护区保存生物多样性最大的威胁。我国自然保护区多数地处"老、少、边、穷"地区(图 12-11),地区发展压力大,对区内自然资源的要求日益增大,自然保护区划建过程中遗留了一些资源、土地权属纠纷,使得该问题更加突出。自然保护区开展可持续经营,科学组织开展资源利用活动,可以协调社区社会经济发展和生物多样性保护关系,有助于保护目标的实现。

图 12-11　云南白马雪山国家级自然保护区的藏族村庄(徐基良 摄)

白马雪山保护区保护了我国滇金丝猴 3/4 的种群,但区内生活有 7.3 万少数民族的居民,生产生活
水平较低,且生产和生活资料主要来自保护区的资源,偷猎和盗伐的情况依然存在

一、自然保护区资源的利用

　　自然保护区资源是大自然赐予人类的珍贵遗产。几千年来,人类一直在利用大自然、改造大自然。如何在保护好自然资源的前提下可持续地利用自然资源,实现自然保护和资源利用的和谐发展,是当前和今后一段时间自然保护区资源保护所需要解决的重要问题之一。

　　(一)自然保护区资源的类型

　　自然保护区资源是指在特定的自然保护区范围内,对其保护和发展有价值的生物、环境因素及文化等有形和无形资产的总和,包括生物多样性资源、人文资源、景观资源、土地资源、水资源、空气资源等(图 12-12)。

图 12-12　湖北神农架自然保护区板壁岩(徐基良 摄)

神农架保护区以其丰富的景观资源、野生动植物资源和人文资源而闻名,是著名的旅游地

（二）自然保护区资源利用的原则

1. 保护优先　　自然保护区有多种功能，包括资源保护、恢复和持续利用等。如此多的功能，很难以现有的人力、财力和物力同时进行，而应该根据自然保护的目标确定一个主要或优先领域，突出重点。无疑，生态保护和生态建设在自然保护区各功能中是处于第一位的，是自然保护区各项资源科学恢复、合理利用和持续发展的前提条件，也是自然保护区各项工作的根本要求。

2. 合理利用　　合理利用自然保护区资源是基于我国人口多、资源少、经济不发达的国情确定的，是正确处理自然保护与国民经济社会发展关系的有效手段。在传统意义上，自然保护区是当地及周边居民资源利用的重要场所。在制定自然保护区相关政策法规时，如果无视这一现实，将使自然保护与经济发展之间产生激烈冲突，威胁到自然保护工作的有效性。并且，目前我国社会经济发展水平还不具备对自然资源实行严格保护、禁止利用的条件。因此，在不对自然保护区资源带来明显影响的前提下，可以在一定范围内适当进行资源合理利用。

3. 科技先行　　自然保护区在利用资源前要进行深入调查、科学研究和论证，以科学调查和评价的结果为依据，避免开发的盲目性，防止出现过度资源利用而给自然保护区造成破坏。我国自然保护区根据自身的特点，在自然保护区总体规划中明确生态旅游资源之外的资源利用方面的内容，在实际操作中，按总体规划的设计和要求严格管理。科技先行也具有为周边社区的资源利用提供示范的作用，为全社会的资源可持续利用提供示范。

4. 持续发展　　持续发展观强调的是环境与经济的协调发展，追求的是人与自然的和谐。其核心思想是，健康的经济发展应建立在生态持续能力、社会公正和人民积极参与自身发展决策的基础上。这种发展观较好地把眼前利益与长远利益、局部利益与全局利益有机地统一起来，使经济能够沿着健康的轨道发展。人与自然的关系反映了人类文明与自然演化的相互作用，人类生存与发展依赖于自然，同时也影响着自然的结构、功能与演化过程。自然保护区在资源利用中，必须以生态规律和经济规律为指导、保护目标和经济目标相结合、近期利益和长远利益相结合、资源利用与生态平衡相协调，实现自然保护区资源利用的可持续发展。

（三）自然保护区资源利用的形式

各个国家和地区、各自然保护区自然地理环境和社会经济环境不同，自然保护区内资源利用方式也不尽相同。在资源利用方式上，国外保护区或国家公园主要的形式是旅游。在资源利用的主体方面，国外很多保护区自身的工作主要是保护，而资源利用与开发主要是由保护区之外的公司或当地社区通过与保护区签署开发合同，在保护区及相关管理部门的监督之下，在规定的区域内进行。在资源利用的管理方面，如日本等国家，国家公园管理部门将公园的创收纳入经费计划，并对创收的管理制定了一系列的规定。我国自然保护区内资源利用方式主要有以下几种。

1. 生态旅游　　自然保护区拥有优美的自然环境（图 12-13），吸引了国内外大量游客。自然保护区逐渐改变封闭式保护的模式，适度开发自然保护区丰富的旅游资源，利用门票和接待服务增加收入，旅游收入又反过来促进自然保护区的建设和发展。根据统计，为加强环境教育和推动生态旅游，80%以上的自然保护区都不同程度地开展了旅游服务，旅游已成为自然保护区资源利用最重要的形式，就全国自然保护区而言，旅游收益占总创收的 50% 以上。后面我们将对自然保护区生态旅游问题做专门阐述。

2. 自然资源采收　　自然保护区资源收获主要包括风倒木、枯木、病腐木的清理，林木间伐

图 12-13　新疆喀纳斯国家级自然保护区(刘永范 摄)
该保护区内自然生态景观和人文景观始终保持着原始风貌而被誉为"人间净土",具有极高的旅游观光价值

等。根据对我国 78 个自然保护区的统计,1998 年的资源收获收入为 3986.4 万元,占总收入的 27.2%,仅次于旅游业。同时,自然资源的采收也是当地社区重要的经济来源。例如,福建武夷山国家级自然保护区曾大力支持发展毛竹产业,通过让村民有限制地利用实验区中占保护区面积 10% 的土地上的毛竹生产,解决了当地社区居民的生活问题,并提高了当地居民的生产生活水平。

3. 种植业和养殖业　　大多数自然保护区具有土地和植物资源优势,发展种植业是自然保护区最普遍的一种生产经营活动,主要包括经济动植物、药用植物、苗木等。自然保护区可根据当地的自然气候条件和经济需求,人工种植经济植物和饲养经济动物,并获得经济效益。例如,贵州梵净山国家级自然保护区引导当地农民种植烤烟、茶叶等,烤烟生产每年达 3 万多公斤;云南西双版纳国家级自然保护区创办了蝴蝶养殖场,年产值达 20 万元等。种养业是自然保护区资源开发最早的产业类型,近年随着旅游业的发展和市场的调节,种养业呈下降趋势。

4. 工业生产　　自然保护区工业生产主要包括资源深加工、食品工业、其他工业生产等方式。例如,贵州梵净山国家级自然保护区利用当地楠竹纺织床席和其他竹制品,并加工野菜。福建武夷山国家级自然保护区利用实验区内丰富的毛竹资源,发展毛竹加工及竹笋保鲜加工,利用区内茶叶资源发展红茶产业,区内有茶叶加工企业 6 家,毛竹加工企业 15 家,区内每年生产经营毛竹 40 万~60 万根,茶叶 80~100 吨。

5. 资源补偿和资源管理　　自然保护区内丰富的自然资源不仅具有直接使用价值,而且具有重要的生态价值,在维护生态平衡、保持水土、涵养水源、调节气候、改善人们的生活环境等方面发挥着不可替代的作用。因此,对于任何人从自然保护区获取资源或从中受益的活动都可以收取一定的补偿费。资源补偿费的收取可增加自然保护区的收入、促进自然保护区的有效管理,主要包括资源管理费、资源补偿费、资源返还金(育林金、林政费和更改资金的政策性补助)及罚款等。例如,福建武夷山国家级自然保护区对实验区内的生产毛竹按销售价格的 8% 收取资源保护费,大约每根毛竹 0.8 元。

（四）自然保护区资源利用范围

根据我国现行的自然保护区管理条例,大多数自然保护区都分为三个功能区,同时有些自然保护区还另外划分出保护区域和经营区域。不同功能区域利用原则如下。

1. 核心区　　根据国家自然保护区管理规定,无论任何类别、任何级别的自然保护区,其核心区除了经上级主管部门批准的科研监测活动外,不能有任何有形的资源利用。然而对于不同类别的自然保护区应有区别对待,如以候鸟迁徙停留地为主的自然保护区,如江西鄱阳湖国家级自然保护区(图 12-14)在候鸟栖息的时候要按规定严格保护,但是候鸟迁飞之后,目标保护对象不在自然保护区范围之内,这时可以考虑进行有序的资源利用,比如湿地或者湖泊开放旅游等。

图 12-14　夏天的江西鄱阳湖国家级自然保护区(徐基良 摄)

鄱阳湖保护区是全球白鹤(*Grus leucogeranus*)和东方白鹳(*Ciconia boyciana*)主要越冬地,也是亚洲最重
要的候鸟越冬地之一,但其在夏季水位上升,白鹤、东方白鹳等越冬鸟类均已迁飞到其他地区

2. 缓冲区　　自然生态系统类自然保护区、自然遗迹类自然保护区可以开展生态旅游、利用无形资产、收获种源、开展科学试验研究工作等;野生生物类自然保护区应该严格禁止经营活动。

3. 实验区　　野生生物类自然保护区的生态旅游、人工林经营,饲养动物和科学试验等只能限定在实验区范围内。自然生态系统类自然保护区、自然遗迹类自然保护区在实验区可以进行各种科学试验、生产示范、旅游、收集种子、收获野菜、野果等。自然保护区资源利用势必会对自然保护区生物多样性保护带来一定的影响。为有效解决保护和利用的矛盾,根据目前我国自然保护区的发展和资源利用现状,结合自然保护区资源利用的原则,自然保护区资源利用范围主要是在实验区内。

二、自然保护区生态旅游

生态旅游(ecological tourism, ecotourism)是一种基于自然资源的旅游,它应在有效管理措施下运行,并以生态环境、经营者、游客和社区居民四方共同受益为目标,达到环境、社会和经济可持续发展为目的。2002 年,世界生态旅游学会指出,作为概念的生态旅游有以下基本组成:①为保护生态多样性做出贡献;②维护当地人的福利;③包括解说/学习经历;④旅游者和旅游业负责任的行动;⑤主要是小规模、小团体进行;⑥对非更新资源的消费要尽可能少;⑦强调当地居民参与、拥有和经营的机会。

自然保护区常常生物多样性丰富、自然景观集中而自然景色相当优美,为自然保护区开展生态旅游提供了有利条件。

(一)世界生态旅游的发展

生态旅游 80 年代初受到西方国家重视并得到快速发展。目前全世界自然旅游市场的规模可估计为国际旅游市场的 7%~20%。国际旅游组织预测 2010 年国际旅客人数为 9.37 亿人。据此推测,2010 年国际自然旅游人数最粗略的估计应在 0.65 亿~1.87 亿人之间。经过多年的发展,生态旅游活动在国外已经有丰富的经验。下面以建立了全球第一个国家公园的美国和发展生态旅游活动最早的国家之一肯尼亚为例,对此进行简要说明。

1. 美国　　1872 年,美国建立了世界上第一个国家公园——黄石国家公园(Yellow Stone National Park)。1990 年,美国约瑟美蒂国家公园(Yosemite National Park)建立 100 周年之际,发表了名为《爱,勿置于死地》的宣言,被媒体称为"揭开了生态旅游取代大众游园式旅游的新纪元"。1991 年美国成立了国际生态旅游协会(TES),1994 年制定了生态旅游发展规划,从制度化、规范化、科学化的角度对生态旅游加以规定。从目前来看,无论是旅游接待还是客源产出方面,美国都是世界上生态旅游最发达的国家。

在发展生态旅游的过程中,美国的主要做法如下。

1) 完善生态旅游规划　　为适应游客对生态旅游日益增长的需求,美国在 1994 年就开始在联邦和州层面上制定生态旅游可持续发展旅游规划,并加强了生态旅游景区的规划设计。

(1) 改造老景区景点,使其达到生态旅游的要求。

(2) 利用生态学原理设计新景区景点,同时综合考虑文化、人文、历史、地理、气候、环境等因素,尽可能利用当地建筑材料,体现当地风貌,强调人与自然、人与建筑、人与动植物的协调。

(3) 注重生态学原理在产品上的应用。

2) 对环境实行严格的科学监测　　美国国家公园于 1991 年就专门拟定了有关生态旅游的管理方法,重点包括:

(1) 设立入口管制站,并为游客提供相关资讯。

(2) 将游客中心(图 12-15)视为环境教育的第一站,并提供完整的生态旅游资讯,以纠正游客的不当行为。

(3) 有效执行区内相关法律法规。

(4) 避免植物、动物资源被携带出园区。

(5) 以各种解说教育方式,为游客提供丰富的生态之旅,且不会造成对环境的破坏。例如,导游同行步道之旅、晚间节目、展示等环境教育。

图 12-15　美国黄石公园的游客中心(徐基良 摄)
该游客中心于 2010 年新建,能为游客提供公园内的相关资讯,并组织有丰富的环境教育活动

3) 以严格的立法保障生态旅游对环境的保护　　在国家公园进行生态旅游,要受到许多法律的制约,如国家环境政策法案、空气清洁法案、国家历史保护法案、荒野地法案等的制约。此

外,美国还有针对国家公园整体的立法、各国家公园及重要自然与历史性旅游资源保护与开发的专门立法。

4) 进行科学的旅游管理

(1) 提出多种影响环境的科学模型。例如,国家环境保护署提出了美国娱乐和旅游业经济和环境影响模型。该模型被广泛用于旅游业,其理论和实践方法已成为评估旅游对生态影响的工具和提高生态旅游效益与资源管理的工具。

(2) 运用多种技术手段加强管理。1960年以来,美国联邦部门一直利用技术手段评估旅游活动是否符合生态原则。例如,利用地理信息系统(GIS),对进入生态旅游区的游客数量、旅游状况进行严格的控制,并不断监测和评估人类活动对自然生态、资源和环境的影响;一旦某一区域超负荷旅游活动对旅游资源造成破坏,这个区域将被关闭并提供资金予以修复。此外,利用专业技术对废弃物进行最小化处理,对水资源节约利用等,借此达到加强生态旅游区管理的目的。

(3) 提出尊重自然、保护自然多种方案。例如,国家森林管理局提出在旅游中"离开不留痕迹"方案,是对公众和土地管理者进行培训和教育的材料;国家森林管理局提出的"轻轻地走"方案,其目的是通过教育保护室外环境。

2. 肯尼亚　　肯尼亚是世界上开展生态旅游最早的国家之一,是世界生态旅游的先驱者。肯尼亚的生态旅游主要是野生动物旅游,目前已成为肯尼亚国民经济的两大支柱产业之一,成为该国最重要的外汇收入来源。

肯尼亚生态旅游活动有以下突出特征。

(1) 政府授权与支持。生态旅游被肯尼亚政府视为重点项目。肯尼亚政府野生生物服务署(原野生生物保育暨管理部)承担自然保护和旅游发展的重要使命,直接管理肯尼亚的所有国家公园及两处保护区。其直接隶属总统领导,预算独立,从而实现了专款专用,有力地推动野生动物管理与观光发展的整体规划和全面布局,有效且及时地推动与保护区附近居民切身相关的计划。

(2) 积极倡导当地社区居民的参与。肯尼亚野生动物服务署非常重视与当地居民的互动关系,并于1992年成立了社区服务协会(CWS),目的是通过该组织对居住于国家公园或保护区周围的民众给予实质的帮助。同时,肯尼亚野生生物服务署从门票所得收入中提取25%给予受野生动物骚扰的村落作为回报,并邀请当地居民亲身参与国家公园的管理。当地居民开始改变原来排斥肯尼亚野生生物服务署的态度,开始支持生物多样性保护计划。

(二)我国自然保护区生态旅游现状

我国自然保护区开展生态旅游起始于20世纪80年代,在20世纪90年代达到第一个高峰(图12-16),目前已经比较普遍。据初步统计,我国自然保护区中有近七成开展了生态旅游,而国家级自然保护区中则有约80%开展了生态旅游,其活动形式主要包括观鸟、野生动物旅游、自行车旅游、漂流旅游、沙漠探险、保护环境、自然生态考察、滑雪旅游、登山探险、探秘游等多类专项产品。

自然保护区生态旅游活动的发展也能增加社区居民的就业机会,促进地方社区经济的发展,引导和带动周边地区的资源合理开发。据统计,我国自然保护区年接待参观考察人数逾3000万人次,云南西双版纳、福建武夷山、湖北神农架、陕西太白山、吉林长白山等自然保护区已成为全国著名的生态旅游、宣教和科研基地。湖北神农架国家级自然保护区科学规划,在有效保护自然资源的同时,在实验区内划定仅占保护区总面积2.74%的2.9万亩区域作为生态旅游区,发展生态旅游。2010年1月~10月初,保护区接待游客64.7万人次,门票收入2 785.69万元,经营性收入2 026.94万元,旅游综合收入4 812.64万元,拉动区域经济增长2亿余元。生态旅游的

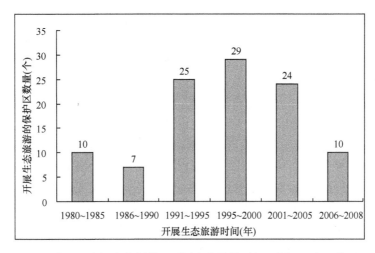

图 12-16 我国国家级自然保护区开展生态旅游时间(引自:王志臣等,2009)

发展改善了职工工作条件,增加了职工收入,稳定了保护队伍。保护区还广泛吸纳当地农民加入到生态旅游产业链(图 12-17),将他们的农产品变为商品,使他们提高了收入、改善了生活,享受到了保护的成果,对促进人与自然和谐、构建和谐社会发挥了巨大作用。

图 12-17 湖北神农架国家级自然保护区社区旅游接待设施(徐基良 摄)
该保护区管理局积极引导和支持社区居民加入到生态旅游产业链

(三)我国自然保护区生态旅游管理方式

自然保护区生态旅游活动主要管理方式有:独立自主经营开发、股份制经营、外部部门为主经营及其他形式等(图 12-18)。

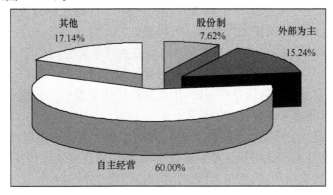

图 12-18 我国自然保护区旅游生态旅游经营方式(引自:王志臣等,2009)

1. 独立自主经营开发　　自然保护区管理机构开发旅游资源,经营和管理旅游活动,收取入区门票,提供住宿、交通等旅游服务。例如,云南西双版纳、湖北神农架、河北雾灵山和江苏大丰麋鹿等国家级自然保护区等是管理局或其下属的旅游公司承担自然保护区内生态旅游活动的组织、经营活动。

2. 股份制经营　　以四川九寨沟自然保护区为例。九寨沟自然保护区位于四川省阿坝藏族自治州。该州是典型的贫困山区,对资源的依赖很大,植被的破坏也很严重。80 年代末,九寨沟开始开展生态旅游。随着旅游业的发展,自然保护区与旅游部门及地方社区共同成立了股份制企业——九寨沟旅游总公司,该公司统一管理和经营九寨沟的旅游开发。自然保护区管理处收取旅游门票,联合经营公司收取住宿餐饮费,绿色观光公司收取观光车费。

3. 外部部门为主　　由于历史原因或土地使用权的限制,有些自然保护区自己没有旅游开发的主导权,而由外部的旅游公司经营,自然保护区从门票中提取少量资源保护费。例如,广东鼎湖山国家级自然保护区的旅游多年来一直由广东肇庆市旅游局经营开发;江西井冈山国家级自然保护区也存在相似情况,当地政府的旅游公司获取了全部旅游收益,而自然保护区只有保护资源的义务,而无利益分配的权力。

4. 其他形式　　自然保护区对生态旅游的管理,还有企业投资、自然保护区管理机构和外部公司合作管理、由外部公司租赁但接受自然保护区管理机构监督、旅游部门管理、委托经营、群众自主经营等多种方式。

有些自然保护区开展生态旅游活动时,对于不同区域可能采取不同形式的管理方式。例如,云南大围山国家级自然保护区,其在屏边管理站所辖区域采取的是承包经营,而在个旧管理站所辖区域则采取的是集体经营;广东南岭国家级自然保护区在乳阳管理站所辖区域采取的是股份制经营,在大顶山所辖区域采取的是合作经营,但在大东山管理站则采取的是自主经营方式。

（四）自然保护区开展生态旅游中存在的问题

自然保护区科学、规范地开展生态旅游活动,对于自然保护区、社区及自然保护工作均具有积极的推动作用。但如果执行不当,则可能对自然保护工作带来很大的风险。目前自然保护区开展生态旅游存在以下几个主要问题。

（1）对生态旅游的内涵认识不到位。一些自然保护区将生态旅游等同为大众旅游或观光旅游,采用传统的旅游规划设计和管理方式来规范自然保护区内的旅游活动。超过自然保护区内在承载力的游客对保护区内的野生动植物及生态系统等可能带来严重影响。

（2）开发重于保护。一些地方政府只重视经济利益而忽视对资源的保护,重点放在将自然保护区旅游资源的开发作为突破口以带动地方经济发展上,因此旅游开发活动可能并没有遵循自然界的客观规律,区内资源保护工作面临巨大风险。

（3）机构重叠。例如,对 710 多个自然保护区调查的结果表明,有 104 个自然保护区与风景名胜区重叠,还有一些自然保护区与森林公园相重叠。风景名胜区、森林公园在管理目标、管理要求和管理方式上与自然保护区均存在不同,因此这种机构重叠会给自然保护区内资源保护与管理造成混乱,甚至可能带来难以挽回的后果。

（4）缺乏科学规划。在开展生态旅游活动前,没有编制生态旅游规划,或者不按生态旅游规划开展活动,导致过度开发、无序利用,对生态系统、自然环境造成破坏;同时,自然保护区开发的绿色旅游产品品种结构单一,同质性高,很难对消费者形成整体影响。

（5）生态教育滞后于开发建设。生态知识的普及和教育是生态旅游的关键环节,也是区别于其他旅游活动的关键因素。但实际工作中,自然保护区生态旅游常忽视生态知识教育设施建设,缺乏专业的导游、解说员人员,没有科学的讲解、宣传材料,尤其是缺少专业的、科学的生态设计。

（6）基础设施不完善,旅游设施与环境失调。有些自然保护区由于投入不足,缺乏必要的基础设施投资费用。有些自然保护区在旅游开发过程中,不惜以牺牲自然景观为代价,在其保护区及其外围保护带内修建很多的人造景观（图12-19）,以城市化、商业化景点取代了原有的自然景观;而且,建筑物的形态、线条、色彩和质感与自然保护区的自然景观和人文背景不协调,破坏了自然保护区景观的整体性、协调性。

图12-19　云南苍山洱海国家级自然保护区内
人工修筑的珍珑棋局（徐基良　摄）

（7）专业人才缺乏。自然保护区生态旅游专业人才培养不足,相关管理人员能力不够,导致自然保护区生态旅游管理水平不高,生态旅游业发展后劲不足。

（8）社区参与不足。当前我国自然保护区生态旅游中社区参与的程度还有待进一步加深。只有让当地社区群众充分参与并获利,才能让其体会到自然保护区生态旅游资源的价值,自觉地进行自然资源的保护。

（五）自然保护区生态旅游开展应关注的关键事项

自然保护区发展生态旅游,要最大限度地发挥其积极作用,减少其不利影响。自然保护区在开展和管理生态旅游时,除了遵循保护区内资源利用的原则外,还要关注以下主要关键事项。

1. 区域发展与自然保护并重　　1992年在里约热内卢举行的联合国地球高峰会议讨论了保护与发展之间的极端重要的关系,并首次在全球规模上承认这一关系。自然保护区开展生态旅游是一种可持续的发展方式,有效地把自然保护与发展旅游业结合起来,协调了自然保护区与区域持续发展之间的关系,这得到越来越多的重视,并形成了很多成熟的经验和做法。

2. 统一规划,有序开发　　对自然保护区发展生态旅游进行合理、可持续性的管理规划,是减少生态旅游活动对环境造成破坏的重要途径,也成为当前自然保护区可持续发展的首要任务。自然保护区生态旅游规划涉及两个层面上的问题:国家或者区域层面上的生态旅游规划、某一单个自然保护区的生态旅游规划。前者是后者的指导和全局把握,后者是前者的具体落实。当前我国自然保护区生态旅游规划多集中在单个自然保护区的生态旅游区层次,在国家和区域层次探索较少。

国家或区域层面的生态旅游规划应依据全面规划、因地制宜、合理布局、重点突出的原则,对不同类型和不同层次的自然保护区统筹规划,并根据自然保护区在地理位置、自然资源、旅游景观特色、文化背景、旅游基础设施、旅游开发外部环境、旅游市场发育程度以及生物多样性保护、种质资源保护和保障国家地方生态安全的价值等方面的不同,科学确定适宜的生态旅游发展形式,避免盲目建设、遍地开花的现象。

单个自然保护区生态旅游规划,是从生态学角度对旅游环境容量、旅游设施和场所的规模、数量、风格等加以严格控制,细化功能分区和分区开发要求,有效地引导开发与发展,减少盲目性,保证利益相关者的合法权益,保障自然保护区生态旅游开发达到预期目的,实现自然保护区三大效益统一的目标。批复后的生态旅游规划,将是自然保护区生态旅游保护、开发和发展的指南和法规性文书。

　　3. 生态旅游立法　　发达国家在发展自然保护区生态旅游方面已经形成了一整套保证和监督的法律体系,真正做到了"有法可依"。尽管我国开展生态旅游也有近 20 年的时间,但是生态旅游管理所依据的主要是宪法、野生动植物及其他自然资源保护及环境保护的相关法律,生态旅游管理和经营中碰到的许多问题尚不能做到有法可依。

　　4. 社区参与　　对于社区与自然保护区的关系和社区参与的观点,国外各个国家和地区也不尽相同。美国国家公园相对独立于所在地区,并不对当地社区与居民承担维护与发展的义务,不存在社区发展责任,所以美国发展生态旅游并不存在社区参与问题;而在日本、肯尼亚和泰国等国家,则必须强调生态旅游对社区发展的带动作用和社区参与的必要性。同样,我国自然保护区发展生态旅游,必须要强调社区参与的必要性。

　　5. 生态环境监测　　自然保护区开展生态旅游活动,应严格地按照适应性管理的模式,及时、准确地掌握游客及游客活动对区内野生动植物、生态系统及环境等的影响,经评估分析后及时反馈到生态旅游管理工作中,促进生态旅游工作的科学开展。

　　6. 重视生态旅游认证工作　　国外自然保护区或国家公园在发展生态旅游过程中,在消费者需求的推动下,许多公司都在证明他们的产品和经营行为对环境是友好的,以增强竞争优势。生态旅游认证制度提供一种方法来评估个别的产品、游程、服务和景点是否符合规定的环境友好基本水平的标准,与仅仅依靠法律条文和罚款来推行自然环境保护,这种方法具有明显的优势。

第三节　自然保护区可持续管理

　　为了生物多样性的长久保护,人类必须对自然保护区保护的物种和生态系统进行监测和管理。自然保护区管理涉及多个领域,包括自然科学和社会科学两个方面。这里主要论述监测、社区共管、环境教育以及有效性评估等问题。

一、自然保护区监测

　　自然保护区有效管理的一个重要方面就是对其生物多样性的组分及其可能的影响因素进行监测。自然保护区监测是收集了解自然保护区内各种相关信息的重要技术手段。监测有助于管理人员实时了解自然保护区的健康状况,及时了解各种管理措施的有效程度。自然保护区管理人员必须经常分析提炼保护区及周边的监测信息并积极调整保护区的管理措施,以达到保护的目的,这种管理方式即为适应性管理(adaptive management,图 12-20)。

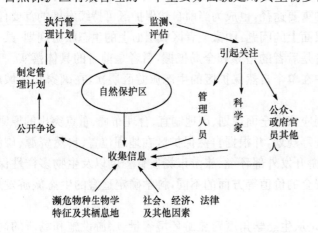

图 12-20　自然保护区适应性管理模型(引自:Primack,2009)

（一）单个自然保护区监测

单个自然保护区监测的主要内容包括野生动植物监测、植物群落生态系统监测、人为活动监测（如旅游、放牧、非法入区等）、社区和经济监测等内容。野生动植物监测可以采用样点、样线、固定样地、无线电跟踪（图 12-21）、定点拍照（如红外相机定点拍照，图 12-22A，12-22B）等方法，人为活动及社区和经济监测可以采用参与性农村调查评估（participatory rural appraisal，PRA）方法及问卷调查法等。

图 12-21　带有无线电发射器的白冠长尾雉（*Syrmaticus reevesii*）（徐基良 摄）

A

B

图 12-22　野外放置的红外相机（A）（徐基良 摄）和红外相机拍摄的白冠长尾雉（B）（李建强 摄）

例如，四川王朗国家级自然保护区建于 1965 年，是全国建立最早的四个以保护大熊猫等珍稀野生动物及其栖息地为主的自然保护区之一。该保护区自 1997 年开展监测，如今已经组建了一支强健的监测巡护队伍，建立了完善的监测巡护体系（图 12-23）及组织管理制度，技术手段也逐步上升到了应用红外热感自动相机监测动物。

该保护区前期的监测工作主要针对以大熊猫为中心的大型兽类。监测线路的重点是对大熊猫、金丝猴、牛羚等为主的珍稀动物的活动情况、分布情况，与人为活动的关系，与季节等诸因

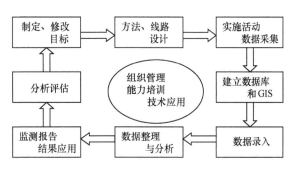

图 12-23　王朗自然保护区监测体系示意图（蒋仕伟 绘）

素之间的关系,同时在样线上要求对人为活动情况进行监测(图 12-24)。旅游监测线路是针对游客对环境干扰进行监测,重点是旅游线路上的垃圾、植被破坏等情况,以改善和加强保护区对旅游的管理。

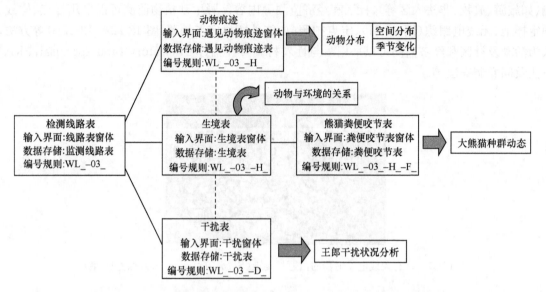

图 12-24　四川王朗自然保护区监测数据记录表及相互关系(蒋仕伟 绘)

从 2006 年开始,王朗自然保护区在本身的大熊猫及其栖息地监测工作基础上,开展了王朗自然保护区生态系统示范监测,通过该项目的开展,数据收集的能力得到大的提高,监测的物种数量增加,并逐步将这些工作正规化和系统化。

(二)自然保护区监测体系现状

在我国自然保护区建设和发展的过程中,随着管理部门保护管理决策对自然保护区资源和生态状况有关信息的日益需求,我国自然保护区监测体系得到逐步建立,主要有以下几种监测体系。

1. 生物多样性专项监测网络　我国的一些自然保护区很早就纳入到国际或国内的生物多样性专项监测网络,包括国际生物圈监测网络、中国生态系统研究网络、亚洲候鸟迁徙网络等。例如,加入《湿地公约》国际重要湿地名录的有黑龙江三江、吉林向海、海南东寨港、青海鸟岛、湖南东洞庭湖等自然保护区;列入人与生物圈网络的有江苏盐城、浙江南麂列岛和广西山口红树林等自然保护区;加入"东亚—澳大利亚涉禽保护网络"的有山东黄河三角洲、辽宁双台河口、辽宁鸭绿江口、江苏盐城、上海崇明东滩和香港米埔自然保护区等重要迁徙水鸟中途停歇地;加入"东北亚地区鹤类自然保护区网络"的有黑龙江兴凯湖、山东黄河三角洲、江西鄱阳湖、江苏盐城等国家级自然保护区;加入"雁鸭类迁飞网络"的有黑龙江三江自然保护区等。这些自然保护区具备较好的监测条件,并且按照国际组织和网络的要求,定期开展生态系统和重要物种的监测,为国际组织、保护机构以及当地保护管理部门提供了定期的监测数据和资料。

2. 生态站点监测　我国建立的第一批自然国家级自然保护区,一部分已经成为我国生态系统最早的定位研究站点或者与建成的定位研究站点邻近或重叠,包括广东鼎湖山、吉林长白山,四川贡嘎山,云南西双版纳、哀牢山(图 12-25)等自然保护区,黑龙江三江和内蒙古鄂尔多斯自然保护区等分别纳入到中国生态系统研究网络。在中国森林生态系统定位研究网络的国家级生态站中,有大兴安岭、帽儿山、祁连山、林芝、秦岭、尖峰岭等生态站分布在自然保护区内或与自然保护区相邻近,有关部门建立的天山、卧龙、太岳山、下蜀、喀斯特、武夷山等生态站几乎全部分布在本区域具有生态系统典型性和代表性的自然保护区中。这些定位监测站点,为自然保护区监测网络建设起到重要作用。

图 12-25　中科院哀牢山亚热带森林生态系统研究站(徐基良 摄)
该研究站位于云南哀牢山国家级自然保护区内,主要是以亚热带山地森林生态系统
为主要研究对象,开展亚热带森林生态学及保护生物学研究

3. 自然保护区固定样地监测系统　　现有的自然保护区固定监测样地系统建设包括了全国野生动物监测样地、野生植物调查样地、专项监测样地、野生动植物疫源疫病监测站点等。在全国野生动物、野生植物、湿地和大熊猫"四项"调查中,自然保护区都是作为极其重要的调查区域,设置了很多临时和固定的调查和监测样地和样带(图 12-26)。自然保护区固定监测样地系统的建设,为今后在全国建立自然保护区固定样地监测网络奠定了坚实的基础。一些资源监测开展较好的自然保护区,尤其是开展了科研监测基础设施建设的国家级自然保护区,都建设了科研监测实验室,配备了相应的监测设备,设置了自然保护区野生动物监测固定标准样线(地)网,并开展了连续的监测活动(图 12-27)。自然保护区固定监测样地系统的建设,为今后在全国建立自然保护区固定样地监测网络奠定了坚实的基础。但目前,根据不同系统和监测目的而设置的各类自然保护区监测样地比较零散,缺乏系统规划,需要对各类固定监测样点进行有机整合,以提高建设效率,发挥优势,形成监测网络。

图 12-26　四川卧龙国家级自然保护区五一棚
野外观测站远眺(徐基良 摄)

图 12-27　湖北神农架国家级自然保护区的工作人员正通
过视频监测川金丝猴(*Rhinopithecus roxellanae*)(徐基良 摄)

（三）自然保护区监测体系建设思路

自然保护区监测体系建设,应该朝着科学规划、合理布局、系统化、网络化的方向发展,应该以国家级自然保护区以及示范自然保护区作为科研监测体系的基本骨架,其他自然保护区、自然保护小区作为补充,形成 8 个主要网络,各类监测数据将通过自然保护区信息平台进行综合管理和分析,其网络组成如下。

（1）国家级生态系统与生物多样性调查标准地网。主要是对自然保护区内不同生态系统的内部结构（植物、层次、大小、分布）,以及演替规律进行定期观测。在自然保护区内,设置数块固定标准地,每年观测 1～2 次。

（2）自然保护区野生动物监测固定标准样线（地）网。主要是在自然保护区内监测野生动物的数量、种群密度与变化趋势。可在总体布局选择的自然保护区内,结合巡护线路布设固定样线,根据样线上的野生动物遗留粪便、足迹、卧迹、洞穴、尿迹、鸣叫等进行推测。

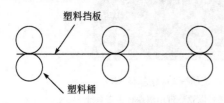

图 12-28　捕捉两栖爬行动物的陷阱俯视图
塑料桶口与地面平齐,塑料挡板位于地面以上

（3）重点（特有）物种观察站（点）网。主要对重点（特有）物种的生活习性与规律进行详细观察。

（4）自然保护区重点野生动物标志（环志）站网。主要对一些重点保护动物、特有动物分布较多的自然保护区,按物种研究的要求布局标志（环志）站点,采用标志-重捕（图 12-28）等方法进行种群数量、分布与变化规律性监测。

（5）建立和完善自然保护区森林病虫害和野生动物疫源疫病监测体系。在一些重要和潜在区域,建立森林病虫害和野生动物的疫源疫病监测站（点）,以便及时发现病虫害和疫源疫病,并采取有效的防治措施。

（6）自然保护区生态定位观测站网。主要是对典型生态系统,特别是未经干扰的自然生态系统进行生态、环境、资源的长期定位观测,站网布局与已有生态定位观测网站统筹考虑,成为全国生态定位观测网站的骨干站点。

（7）自然保护区生态环境监测站（点）网。考虑到全国生态建设和野生动植物栖息地保护的需要,按照监测体系总体布局选择部分自然保护区布局一批气象站（点）、水文站、空气质量监测站等,并与水利、环保、海洋等部门的生态环境监测站（点）网相结合,加强气候、水文、土壤、空气质量等方面的监测。

（8）自然保护区社区监测网。主要对保护区农户社会经济状况等进行长期监测,通过抽样农户,监测保护区对社区社会经济的影响。

二、自然保护区社区共管

自然保护区建设和发展面临的一个重要难题是社区发展与自然保护的冲突,这种冲突主要体现在资源保护与利用、利益分配、人口压力加剧带来的不良影响。自然保护区保护成效也与当地社区的支持程度直接相关。社区共管是协调自然保护区与社区之间矛盾的有效方式之一。

（一）社区共管的含义与意义

自然保护区社区（community）泛指在自然保护区范围内或与自然保护区邻接的各种类型社区,一般由多个功能、规模各异的社区组成,既有自然社区,也有法定社区。从我国自然保护区的地理分布看,以农村社区为主(图 12-29)。习惯上称分布在自然保护区界限范围内的社区为当地社区,与自然保护区邻接的社区为周边社区。

图 12-29　四川卧龙国家级自然保护区内的羌族居民(徐基良 摄)
该保护区现有人口 5300 余人,其中农业人口 4500 余人

自然保护区社区共管(co-management)是自然保护区和当地及周边社区对社区和自然保护区的自然资源、社区社会经济活动进行共同管理的整个过程,包括以下几层含义。

(1)自然保护区同当地和周边社区共同制定社区的自然资源管理计划,促进社区自然资源的持续利用,使社区的自然资源管理成为保护区综合管理的一个重要组成部分。

(2)当地和周边社区参与保护区有关生物多样性保护的管理工作,实验区自然资源的科学利用探索。

(3)自然保护区和社区共同对社区其他社会经济活动进行管理,促进社区社会经济与自然保护和谐发展,避免或减少对自然保护区生态系统的干扰和破坏。

自然保护区开展社区共管具有明显的积极意义。

(1)增强生物多样性保护的系统性。社区共管中,自然保护区和社区可以共同参与社区自然资源的规划和使用管理,使当地和周边社区对自然资源的使用和社会经济发展方式能一定程度上同自然保护区的保护目标统一和协调起来。

(2)协调保护区与社区的关系。社区在共管中既是自然资源可持续的使用者,又是管理者,从保护的被防范者变成了保护者,消除了被动式保护造成自然保护区同当地社区的对立关系。

(3)推动社区发展。通过了解当地社区的需求、自然资源使用情况、自然资源使用中的冲突和矛盾以及社区社会经济发展的机会和潜力,采取多种形式帮助社区解决问题,促进发展,使社区从单纯的生物多样性保护的受害者变成生物多样性保护的共同利益者。

(4)给当地社区提供充分参与生物多样性保护工作的机会。通过当地居民、社会团体、政府机构和其他组织的参与活动,促进了他们对生物多样性保护的了解,增强了生态环境意识和对有关法律政策的了解和认识。并且,通过共管中的参与,加强了自然保护区同周边社区的联系。

(二)社区共管的类型与方法

共管作为一种合作或协作方式普遍存在于当今的社会经济生活,是一个广义的社会学和管理学概念。共管对象和共管者的关系是共管的两个关键特征,一般对共管的分类也多从这两个角度进行划分。共管类型的划分,主要目的是分析不同类型共管的特征,以便在共管中根据这些特征确定适合的共管类型(表 12-2、表 12-3)。

表 12-2　根据共管对象划分的主要共管类型

类型	共管者之间的关系	目标	主要方式	时间
自然资源共管	地域的相邻资源的共同拥有或拥有的资源相互依存外部援助	目标是多重的,有经济的、社会的和生态的	援助性的,协议性的,共同开发等	一般较长

续表

类型	共管者之间的关系	目标	主要方式	时间
基础设施共管	地域相连行政隶属关系共同投资	目标主要是社会和经济的	协议性的,共同投入性的,行政管理性的	可长可短
生产项目共管	利益相同	主要目标是经济收益	共同投入性的	相对较短
文化教育事业共管	行政隶属关系外部援助	主要是社会效益	协议性的,援助性的,行政管理性的	一般较长

表 12-3　根据共管参与者的组成进行划分的共管类型

共管类型	共管者之间关系	主要内容
双边共管	紧密,半紧密	商业性,行政管理性
多边共管	紧密,半紧密	商业性,行政管理性,公益性
政府机构之间的共管	紧密,半紧密	行政管理性,公益性
政府与社区间的共管	紧密,半紧密	行政管理性,公益性
社区与NGO间的共管	半紧密,非紧密	公益性,商业性
社区、政府和NGO间的共管	半紧密,非紧密	公益性,商业性

对于不同的共管类型,可以采取的共管方法主要有以下几种。

(1) 通过共建组织进行共管。建立共管组织明确共管过程中共管者的职责范围和责权利关系。是一种比较常见的共管形式。

(2) 通过提供信息、技术和服务等援助对一些活动进行共管。是一种比较松散的共管方法。

(3) 通过合同协议进行共管。是一种利益关系比较明确的共管方法。

(4) 通过行政和政策手段进行共管。是行政管理的一种重要方法,也是我国采用比较多的一种共管形式。

(5) 通过合资或股份制的形式进行共管。以资产或资金投入为联结纽带并确定共管中的关系,是在商务和企业界常采用的一种共管方法。

(6) 通过生产或生活中的一些联系进行的共管。是在社区中比较常见的共管方法。

(三) 云南高黎贡山国家级自然保护区的社区共管

云南高黎贡山位于我国云南省西部,地处印度板块和欧亚板块碰撞形成的大地缝合线上,是海洋性气候和大陆性气候交汇地带。该地区是我国生物多样性最丰富的地区,也是特有植物富集的地区,分布有特有植物 434 种;又是我国近 30 年来发现新物种最多的地区,累计发表新物种 518 种;还是我国灵长类动物分布最多的地区,有 8 种。高黎贡山国家级自然保护区总面积为 40.52 万 hm²。

高黎贡山自然保护区在行政区域上,涉及保山市和怒江州,周边有 5 个县(区)的 18 个乡(镇)109 个村民委员会,居民人口达 21.36 万人,涉及汉族、傣族、傈僳族、白族、回族、怒族、苗族、彝族、德昂族、景颇族、纳西族等 16 个世居民族(图 12-30),社区群众的生产生活与自然保护区息息相关。

1995 年 12 月,位于高黎贡山东坡深处的百花岭村,由当地村民自发组织成立了中国第一个农民生物多样性保护组织——"高黎贡山农民生物多样性保护协会",开辟了高黎贡山自然保护区社区共管的先河。十余年来,社区共管作为对自然资源实施有效管理的新方式,逐渐深入高黎贡山自然保护区的周边社区。在自然保护区管理机构的指导下,高黎贡山(保山段)周边社区先后成立了 28 个森林共管委员会;在国家知识产权局的支持下,腾冲县界头乡新庄村成立了中国第一个农村传统资源共管委员会;在隆阳区潞江镇赧亢村成立了白眉长臂猿共管委员会。1998~2004 年期间,高黎贡山自然保护区周边的 28 个自然村编制和实施了《社区环境

图 12-30　云南高黎贡山国家级自然保护区(徐基良 摄)
该保护区内生活有汉、傣、傈僳、怒、回、白、苗、纳西、独龙、彝、壮、阿昌、景颇、佤、德昂、藏等 16 个民族

行动计划》。2002 年,对高黎贡山周边的 847 个村民小组实施了"全覆盖"的基础性调查和自然保护意识教育。以上社区共管活动的开展,有力地推进了周边社区公众保护森林和爱护大自然的意识和行动,既促进了周边社区的发展,也促进了人与自然的和谐共处。

该保护区还通过实施中外合作项目,推动周边社区的发展。1995 年,由美国麦克阿瑟基金会资助,在百花岭村民委员会实施了"高黎贡山森林资源管理与生物多样性保护"项目,以混农林模式种植的日本甜柿、板栗,现在已经进入盛果期。1999~2001 年,参与实施中荷合作云南省"森林保护与社区发展"(FCCD)项目的 28 个村,直接得到荷兰王国 200 多万元的无偿资金援助,实施了节能、营造用材林和薪炭林,发展经济林,封山育林,种植农经济作物,养殖畜禽,建设基础设施,农科技术培训,自然保护意识教育 9 个主题的社区发展活动,为直接实施项目活动的村民 2071 户 9046 人改善生产生活环境,创新经济收入途径注入了强大的牵引力。2006~2009 年,在香港社区伙伴(PCD)的资助下,腾冲分局在横河自然村实施了"傈僳族社区文化和自然恢复"项目。2009 年,隆阳分局在赧亢村民委员会实施了 RARE 项目。

三、自然保护区环境教育

自然保护区环境教育是一个教育过程,目的是要使访问者了解自然保护区的环境以及组成环境的生物、物理和社会文化要素间的相互关系、相互作用,得到有关环境生态方面的知识、技能和价值观,并思考个体和社会如何应对环境问题。自然保护区是实施英国学者卢卡斯提出的"关于环境的教育"、"在环境中的教育"和"为了环境的教育"的环境教育模式的最适宜场所(图 12-31)。

图 12-31　浙江古田山国家级自然保护区的环境教育长廊(徐基良 摄)

(一)环境教育的功能

1997 年 66 个联合国教科文组织的成员国参加的首次部长级环境教育会议上,通过了以下五个环境教育目标,即环境教育的五大功能。

(1)意识。帮助人们培养关心环境的意识和忧患感;增进其判断和分析环境问题的能力;鼓励人们用新的思维和技术去解决问题。

(2)知识。帮助人们获取环境保护基本知识,如环境的功能、环境与人类的关系、现有的环

境问题和应对环境问题的方法。

（3）态度。帮助人们建立关注环境的正确价值观，从而培养他们积极参与保护和改善环境活动的动力和决心。

（4）技术。帮助人们获得判别和解决环境问题的能力。

（5）参与。帮助人们善用既有环境意识和知识，积极参与保护环境的活动。

（二）环境教育活动的设计类型

总体上，环境教育活动主要可分为描述解释型、验证假设型和设计发现型三种类型。

1）描述解释型　旨在帮助学生发展观察、记录、寻求依据和做出解释的技能。在活动中组织者居于主导地位，事先做出周密安排，组织者预设问题、选取资料，要求参与者遵照组织者指示的方法处理各种信息，从而引导参与者几乎直线式地展开活动。描述解释型基本上是由组织者控制学生所能掌握的知识、决定收集和处理信息的过程。例如，小学生户外环保活动就属于这种类型。

2）验证假设型　旨在培养学生自主分析、处理信息的技能，包括形成假设、收集资料、进行实验和提出结论等四个阶段。在这种活动中，活动参与者可以对资料的选取和解释加以讨论并自我决定，组织者充当管理者和服务员，提供问题，安排活动的展开方式等。整个活动的成果是可预测和可控制的。例如，中学生户外环保活动属于这种类型。

3）设计发现型　不仅要使学生知晓某一个学术领域的基本原理，而且还要使学生养成从事学习和研究、推理和预测以及发现问题和解决问题的能力，激发学生学习的欲望，有利于学习的迁移和创造能力的培养。设计发现型由活动的参与者决定活动的主题、假设和展开方式，学生既是参与者，又是组织者；教师不充当组织者，仅作为顾问辅助活动的开展。因此，学生可以研究他们关心和感兴趣的环境问题。例如，国内中学课外环保科研活动就属于这种类型。

（三）自然保护区环境教育活动的组织设计

以香港米埔自然保护区为例（图 12-32），对自然保护区环境教育活动的组织设计进行说明。1983 年以来，世界自然（香港）基金会协助香港政府在自然保护区进行生境管理和开展环境教育工作，并使该自然保护区成为推行环境教育的重要地点。1985 年，该自然保护区正式开始接受当地中学进行生物和地理的野外研习和参观，每年来此接受环境教育的学生人数约为 15 000 多人次。

根据教育对象的年龄阶段，米埔自然保护区针对学校的环境教育活动可以分为两大类（表 12-4）。

小学参观项目旨在提高学生对湿地和保护工作的兴趣、认识和关注，主要包括三个主题：①"米埔小侦探"是让学生通过一系列感观游戏认识米埔湿地，欣赏米埔湿地漂亮的景色和其重要价值；②"小鸟的故事"是让学生通过观鸟和以

图 12-32　香港米埔自然保护区环境教育中心（徐基良 摄）

环境为题的游戏,了解鸟类如何适应湿地环境,认识为何保护米埔自然保护区对候鸟和人类同样重要;③"米埔点虫虫"是指在不破坏环境的前提下,让学生通过细心观察昆虫的活动,了解昆虫如何适应湿地环境,探究它们与米埔自然保护区内其他野生生物的相互关系。这些内容并不与任何小学课程有直接联系,但通过亲身体验,启发年幼的学生欣赏大自然和积极保护环境。

表 12-4　香港米埔自然保护区的环境教育活动

类别	对象	活动主题	活动形式	备　注
小学参观项目	小四到小六学生	① 米埔小侦探 ② 小鸟的故事(春、秋、冬) ③ 米埔点虫虫(夏)	野生生物观察、示范、角色扮演、讲解、游戏和讨论	由教育主任带领,行程 2km,需时约 3h;内容并不与任何小学课程有直接联系
中学参观项目	中一到中三学生	认识米埔和后海湾内湾拉姆萨尔湿地	多元化的教学活动,如观鸟及夏季进行的池塘探索	由教育主任带领;行程 5 km,时间约 4 h;内容与中学课程如地理、生物等互相配合
	中四到中七学生	① 一般参观 ② 后海湾之红树林生态 ③ 湿地生物多样性 ④ 米埔和后海湾拉姆萨尔湿地之土地用途 ⑤ 后海湾之水质污染	角色扮演、野生生物保护与识别、讲解和讨论等	

中学参观项目旨在提高学生对湿地保护的了解和兴趣,主要包括五个主题。"后海湾之红树林生态"是让学生通过红树林生态,了解湿地的重要功能并关注全球的红树林保护工作,借此认识不同的红树品种及其适应环境的特征;"湿地生物多样性"是让学生探索湿地富饶的物种,并理解不同物种的相互关系,更有机会认识保护生物多样性的重要性;"后海湾之水质污染"是让学生认识后海湾的主要污染源头和水质污染对栖息于拉姆萨尔湿地或附近的人类和野生生物构成的潜在威胁,更有机会理解政府实施的水质污染监管政策和有关的进一步行动;另外,还有一般公众参观。中学参观项目的所有内容均与中学的地理、生物等互相配合,融入了正规学习的学习经验。

四、自然保护区管理有效性评估

自然保护区评估是根据预定的准则(通常是一系列标准或目标),对自然保护区所取得的成果进行判断和评定,找出计划编制、人员培训、能力培养、规划实施等方面存在的问题,进而改进管理措施,提高保护成效。自然保护区评估是自然保护区适应性管理的重要环节,内容主要包括背景、规划、投入、过程、产出和成果六个方面。

自然保护区管理有效性评估最早是从国外发展起来的,如世界自然保护区委员会(WCPA)、世界自然基金会(WWF)等开发了多种保护区管理有效性评估方法,各种方法在全球不同地区进行了评估;而在我国,对自然保护区管理有效性进行评估则是最近一段时间的事情。

通过自然保护区管理有效性评估,自然保护区管理者能够识别出威胁自然保护区管理的主要因素。例如,2005 年,在世界银行的资助下,国家林业局组织中国科学生态环境研究中心、北京林业大学等有关科研院所的专家,对我国林业系统 634 个自然保护区管理有效性进行评价。评价结果显示,林业系统自然保护区的管理有效性平均得分为 51.9 分,其中得分小于 60 分的保护区有 371 个,占 69.4%,其结果表明我国自然保护区的管理水平总体偏低,存在一些制约我国自然保护区事业发展的基本问题,包括基础设施、管理机制、管理行为等方面。Ervin(2003)对不丹、中国、俄罗斯及南非几百个自然保护区或国家公园的评价,认为偷猎、外来物种入侵、森林砍伐和侵权是威胁生物多样性保护的主要因素,而资金不足、人员缺乏以及研究和监测力度不够等是限制自然保护区或公园管理有效性的主要因素。

第四节　自然保护区可持续经营管理发展构想

当前和未来一段时间内,全球人口数量还将继续迅猛增长,国民社会经济发展对自然资源的需求仍将继续增加,特别是在发展中国家中。我国作为世界上人口最多的发展中国家,自然保护区管理人员应该充分预计到目前保留在自然保护区内的自然资源和原始自然生境被开发利用的可能性。以我国自然保护区为主要对象,分析自然保护区可持续经营管理的发展问题,既有利于我国自然保护区事业的可持续发展,也可供其他国家和地区借鉴。

一、我国自然保护区管理面临的挑战

尽管我国自然保护区经过 50 余年的发展,在自然保护区建设与管理方面取得了举世瞩目的成就,但与我国社会经济发展的客观形势以及我国自然保护区事业的客观需求相比,我国自然保护区可持续经营管理还面临一些新的挑战。

(一)法律法规体系不完善

随着我国经济的持续高速增长和社会的快速转型,自然保护区建设和管理面临一些新形式,现行法律法规在实践中暴露出很多问题,已经不能适应实际工作的需要。此外,保护地管理机构的设置和职责、如何协调开发与保护的矛盾等都是现行立法存在的有待完善之处。我们将在第十三章专门探讨相关问题。

(二)社区居民生产生活水平较低

据不完全统计,我国自然保护区内居民约有 1000 万人。有关部门通过开展社区共管、发展社区替代能源、扶持社区发展项目、建立生态补偿制度等措施,努力帮助自然保护区内群众改善生产生活条件,提高生产生活水平。例如,四川九寨沟国家级自然保护区通过组织开展生态旅游,使社区群众的人均收入在 2004 年即分别达到当地城镇人口人均收入的 1.9 倍,四川省平均水平的 3.9 倍,以及全国平均水平的 3.2 倍;福建省武夷山自然保护区通过扶持区内群众开展毛竹深加工、树立品牌茶叶等项目,使区内群众人均年收入达到 5000 元以上。

但是,我国一些自然保护区内群众生产生活还是相对比较贫困(图 12-33)。例如,广东省自然保护区内社区群众人均年收入 3200 元,低于全省农村居民人均年收入。

我国自然保护区社区居民生产生活水平相对较低,究其原因主要有:地理区位条件的制约;群众生产生活方式的落后,依赖自然资源的程度很大;现行自然保护区相关法律法规的限制。另外,划建保护区时,为确保野生动植物栖息地和分布地以及生态系统的完整性,不可避免地将一些群众包括在内,但由于经济社会发展条件限制,当地政府和有关部门也无力妥善安置好区内群众。

(三)集体林权改革带来新挑战

长期以来,我国自然保护区土地权属管理均不完善,如自然保护区边界不清,与周边社区产生土地权属争端;土地所有权与使用权或管理权分离,土地所有权人与使用权人或管理权人为形成有效协议;未能妥善保障土地所有权人权益。

图 12-33 河南董寨国家级自然保护区(徐基良 摄)

该保护区是中国特有雉类白冠长尾雉的集中分布地之一。根据 2008 年的调查,该保护区有人

口 161 580 人,年人均收入 4070 元,低了当年河南省农民人均纯收入的 4430 元

特别是我国集体林权改革工作自南方部分省份开始试点,2007 年开始在全国范围内铺开。2008 年 6 月,《中共中央国务院关于全面推进集体林权制度改革的意见》出台,指出林改要在 5 年左右的时间内,实现亿万农户"耕者有其山"的愿景,兑现他们"均山、均权、均利"的期待,但这可能会给我国自然保护区事业带来新的挑战。

由于历史原因,我国很多自然保护区内都分布有一定比例的集体土地(林地)。例如,据初步统计,仅我国林业系统自然保护区内集体土地面积为 7 905 000 hm²,并且我国东南部地区自然保护区内的集体土地(林地)面积过高(表 12-5);福建省的国家级自然保护区中,集体林面积达 109 209 hm²,占这些自然保护区面积的 71.2%,集体林地面积达 110 106 hm²,占自然保护区面积的 71.7%;在云南省,1986 年建立的自然保护区内集体林地面积为 2.5%,到 1990 年增加为 4.5%,1995 年增加到 10%,到 2007 年 4 月则达到 32%,有明显的上升趋势。

表 12-5 我国林业系统自然保护区林权现状简表

省份	保护区总面积(hm²)	集体土地(林地)面积(hm²)
北京	127 010	39 789
天津	67 220	13 337
河北	431 080	6733
山西	1 140 297	29 951
内蒙古	9 846 336	406 863
辽宁	1 337 751	297 333
吉林	2 224 620	179 646
黑龙江	4 068 698	40
上海	24 155	0
江苏	78 754	127
浙江	92 739	69 243
安徽	359 307	196 768
福建	496 674	398 000
江西	812 522	189 144
山东	818 837	126 764

续表

省份	保护区总面积(hm²)	集体土地(林地)面积(hm²)
河南	470 814	150 707
湖北	842 810	281 530
湖南	1 226 424	372 516
广东	958 772	801 959
广西	1 433 086	1 035 591
海南	239 296	0
重庆	828 095	545 060
四川	7 560 234	1 597 031
贵州	725 982	290 393
云南	2 860 384	596 828
西藏	40 308 064	0
陕西	999 417	95 164
甘肃	9 422 112	173 416
青海	21 796 920	0
宁夏	433 209	11 557
新疆	9 142 405	0
合计	121 174 025	7 905 490

引自：国家林业局，2007

　　随着社会经济的发展，自然保护区的生态功能和社会功能日益突出，而与此同时，自然保护区内集体林的管理与自然保护区的功能维持之间的矛盾也逐渐凸显。如何在保持我国自然保护区建设和管理相关政策相对稳定的前提下，充分保障自然保护区内林木、林地所有权人的权益，已成为当前急需解决的问题。

（四）补偿机制不完善

　　关于自然保护区生态补偿，我国目前主要采取的措施有：天然林保护工程区范围内自然保护区中的森林按天保工程标准予以补助；天然林保护工程以外区域国家级自然保护区的森林纳入国家公益林范围予以补助；在自然保护区内修建工程设施，由建设单位给自然保护区管理机构给予生态恢复和补偿费用等。但是，这种补偿机制存在一些问题。

　　（1）补偿标准偏低。目前确定生态补偿的标准和程度的主要依据是中央和地方的财政支付能力。自然保护区部分集体林地划入生态公益林，但过低的公益林补偿标准影响了周边群众参与自然保护的积极性，尤其是林权制度改革后，区内与区外集体林经济效益形成的显著对比，使两者之间的矛盾更为突出。

　　（2）生态补偿标准及实施机制未充分考虑地区的差异。我国地域广阔，不同地区的经济、环境条件差异显著。任何简单划一地确定生态补偿标准及其实施机制的方式和途径，可能都存在潜在危险。因为这既可能加剧新的地区不公平，也难以落实地方配套补偿政策，在自然保护区的生态补偿方面更是如此。

　　（3）生态补偿对象和范围不全面。目前仅将天保工程区的自然保护区和其他地区的国家级自然保护区纳入生态补偿范围，省、州市、县级自然保护区未实行生态效益补偿。群众的集体林林地被划入自然保护区进行管理，对此，林权所有者迫切要求得到相应的补偿，但地方没有制定对省、州市、县级自然保护区及林权所有者进行生态效益补偿的相应政策，林权所有者没有政策依据。

（五）资金投入不足

我国自然保护区在基本建设上，国家级自然保护区由各有关部门给予一定的支持，省级及以下自然保护区则主要是由地方解决；在日常运行经费上，基本上是由地方解决。随着"全国野生动植物及自然保护区建设工程"的启动和实施，国家已开始为保护区事业发展安排专项投入，自然保护事业也得到了较快的发展。但由于长期以来，该项工作投入力度不够，自然保护区事业费和基本建设费用没有得到有效保障（图 12-34），导致基础薄弱，远远不能适应事业发展的要求。

图 12-34　云南哀牢山国家级自然保护区的雨林（徐基良 摄）
云南省国家级自然保护区绝大多数位于交通不便、经济落后的少数民族县、区，这些县、区承担着 15%
左右的国家级自然保护区的管理人员编制及其经费支出，为保护国家的生态安全做出了巨大牺牲

（六）其他挑战

此外，我国自然保护区可持续经营管理还面临一些其他挑战，如管理体制不顺、机构建设不全、发展不平衡、本底不清、科研宣教水平较低等。例如，我国自然保护区尽管已经开展了科研宣教工作（图 12-35），但与国际先进水平相比，还存在一定差距，如科研监测和宣传教育大部分集中在国家级自然保护区和涉及国家重点保护物种的自然保护区，由于资金投入不足，部分自然保护区未开展科研监测和宣传教育工作，特别是一些市级或县级自然保护区，仅停留在简单看护阶段，监测工作水平低，不利于自然保护区事业的长远发展。

图 12-35　内蒙古达里诺尔国家级
自然保护区宣教馆内景（徐基良 摄）

二、我国自然保护区可持续经营管理发展方向

我国自然保护区是国家自然资源的精华所在，它是自然界中最丰富的资源库和基因库，在国家生态保护和建设、维护生态平衡中具有基础地位，在国家战略资源储备和生物多样性保护中具有关键地位；并且，自然保护区事业不是以经济利益和盈利为目的，而是以保护和可持续发展为目的，这就决定了自然保护区的建设和发展是一项社会公益事业，各级政府应当承担起自然保护区建设和发展的责任，应当将自然保护区建设资金纳入各级政府公共财政预算，以确保我国自然保护区事业的健康发展。在未来一段时间内，我国自然保护区应按照"统筹兼顾、严格保护、科学管理、合理利用、和谐发展的方针"发展，积极推动自然保护区的可持续发展，重点关注以下几个方面。

（一）强化自然保护区法律法规立法和执行力度

（1）加强现有法律法规的完善工作。基于科学研究和监测，修改和完善现有法律法规，进一步提高相关法律法规的科技含量。

（2）贯彻落实好《森林法》、《野生动物保护法》等法律法规的要求，依法履行对自然保护区的森林、林木、林地、湿地和野生动植物的保护管理。

（3）切实落实和维护自然保护区的管理权限，明晰森林、林木、林地和土地所有权或使用权，严格自然保护区内人员活动（图 12-36）和工程建设的管理。

图 12-36 香港米埔自然保护区内的自然护理员办事处（徐基良 摄）
该办事处的主要职能是代表香港渔农自然护理署核发"进入自然保护区准许证"，根据香港法令第 170 章，未经批准擅自进入自然保护区罚款 5 万元

（二）加大对自然保护区投入力度

（1）国家应当规范和支持自然保护区建设，明确各级财政在自然保护区投入上的责任，将自然保护区的日常经费纳入各级政府公共财政预算体系（图 12-37）。2004 年开始，浙江省森林类型自然保护区被定为社会公益类纯公益性事业单位，国家级、省级的森林类型自然保护区的人员经费和公用经费列入财政预算，标准按当地同类事业单位定额标准，由当地财政和省财政按3：7比例承担。2009 年开始国家级自然保护区的人员经费由省财政支出，人均 6 万元，省级自然保护区的人员经费由当地财政和省财政按 3：7 比例支出，269 编制人员省财政共支出 1 518.6 万元。

图 12-37 浙江乌岩岭国家级自然保护区的科研基地（徐基良 摄）
吉林、湖北、甘肃、宁夏、广东、浙江等省区通过积极争取人大、政府以及各有关部门的支持，将国家级自然保护区的经费全额纳入省级财政预算，国家级自然保护区的管理机构由省厅直接管理

（2）对自然保护区的常规建设，国家级自然保护区应主要由中央财政投入，其他自然保护区由中央和地方共同投入，以地方投入为主，在边远贫困地区，当地政府要通过财政转移支付的方式，加强自然保护区建设。

（3）落实天然林保护和森林生态效益补偿等有关政策，多渠道积极解决管护经费不足的问题。

（三）完善生态补偿机制

（1）进一步完善国家级自然保护区的生态补偿机制。一方面加大投资力度，提高补偿标准，另一方面也要充分考虑地区差异，因地制宜，因时制宜。

（2）加强自然保护区生态补偿中的分级管理与投资的研究与实践。作为国家生态安全体系的重要组成部分，自然保护区应该全面纳入生态补偿范围。但是，由于财政压力，很难由任何一级财政独立承担。因此，加强分级投资与管理的研究与实践，形成全社会支持的合力，发展我国的自然保护区事业。

（3）将自然保护区纳入森林生态补偿范围。国家建立自然保护区在于保护生态环境和生物多样性，维护国土生态安全，因此，目前仅将国家级自然保护区纳入国家生态公益林补偿范围显然是不够的。

（4）将国家重点保护野生动植物的栖息地纳入生态补偿范围。保护野生动植物及其栖息地，因此受益的是广大群众乃至全国，应该对受此影响的个人、集体与单位予以补偿。

（四）加强试点，逐步开展集体林权改革工作

（1）自然保护区集体林权制度改革是一个系统工程，异常复杂，不能简单地把自然保护区外集体林权改革的经验和做法移植到自然保护区内。各地应该先在局部地区开展试点工作，并在充分总结，评估经验、做法和问题的基础上，因地制宜，因时制宜，循序渐进，积极稳妥地推进我国自然保护区集体林权改革工作。

（2）建立自然保护区集体林权管理法律法规及政策体系，包括明确各级政府、有关部门、社会各界特别是社区在自然保护区集体林权改革中的权利、义务和责任，并利用经济激励和经济补偿机制，充分发挥各级政府、有关部门、社会各界特别是社区在自然保护区集体林权改革中的积极性和主动性。

（3）创新自然保护区集体林权改革的模式。

① 对自然保护区内的集体林进行征用或赎买。这是最彻底而有效的解决方式，也是国际上常用的做法之一。根据我国国情、现有政策和地区差异，这可以分地区、分步骤进行。如可根据各地区社会经济发展水平，由中央和地方按一定比例承担相关费用，也可优先解决国家级自然保护区内集体林的征用或赎买问题，还可以重点解决各自然保护区核心区及缓冲区中集体林的征用问题。

② 探索开展生态移民工作，将自然保护区核心区或生态脆弱区的居民逐步移出（图 12-38）。

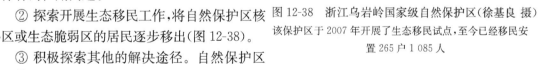

图 12-38　浙江乌岩岭国家级自然保护区（徐基良 摄）该保护区于 2007 年开展了生态移民试点，至今已经移民安置 265 户 1 085 人

③ 积极探索其他的解决途径。自然保护区内集体林管理问题比较复杂，在上述两种方式的基础上，还应该积极探索多种途径，因地制宜，采取最优的方式及其组合，如可以探索采取租赁、置换等多种形式（如图 12-39）。

（五）充分尊重社区群众的利益

自然保护区建设与管理，不仅仅涉及各级政府和有关部门，还涉及当地社区。自然保护区建设管理工作要充分尊重当地居民的意见，自然保护区集体林权制度改革更要充分尊重集体林权益人（农民）的切身利益。这既可以通过社区共管，让当地农民参与自然保护区日常管理工作，也可以让当地农民参与重要方案和计划的制订和决策，如自然保护区内集体林（地）的划界确权、权

图 12-39　浙江古田山国家级自然保护区管理局(徐基良 摄)
该保护区于 2007 年开始在核心区开展集体林租赁试点

益处置、价值评估、实施补偿或征收等工作,还可以采取协议保护的方式,与社区群众共同加强对自然保护区重点区域的管理与保护。

(六)提高科技支撑力度

(1)认真做好自然保护区的资源调查、科学考察工作,查清本底情况。

(2)以自然保护区为平台,以保护对象为重点,采取内引外联的方式,吸引、支持大专院校、科研院所等到自然保护区开展科学研究,并加强自然保护区科研能力建设,提高自然保护区科研水平。

(3)积极开展自然保护区自然资源科学利用模式的研究与实践,协调自然保护区与社区和谐发展。

(4)对集体林区自然保护区建设与管理工作进行重点研究,探索集体林权改革背景下的自然保护区建设与发展对策。

(七)加强宣传教育工作

(1)加大对公众教育的政策扶持力度,完善我国自然保护区公众教育相关法规和政策,保证自然保护区公众教育事业的正常顺利进行。

(2)完善相关基础设施建设,加强自然保护区公众教育人员培训工作,提高自然保护区公众教育工作人员的业务素质和能力。

(3)开展丰富多样且具有特色的公众教育活动。

(4)重视科学研究和监测对自然保护区公众教育的支撑作用,保证公众教育活动的针对性和科学性。

(5)加强国际交流,引进先进的公众教育理念,切实提升自然保护区公众教育工作水平。

(八)加强国际交流与合作

(1)充分发挥自然保护区在双边、多边政府协定和国际履约中的重要作用。

(2)积极争取和实施自然保护区相关国际项目。

(3)加强与世界自然基金会和保护国际等国际自然保护非政府组织的交流与合作。

(4)各地根据当地特点和优势,大力开展国际合作与交流,多渠道争取国际资金和项目,学习和借鉴国外先进经验。

小　　结

保护生物多样性最有效的方式是保护原始健康生态系统的完整性。目前,全球共建立各类保护地约 11 万处,陆地自然保护区面积则超过 22 万 km²,占地球面积的 12% 以上。

我国自然保护区包括 3 个类别、9 个类型,含国家级、省(自治区、直辖市)级、市级和县级 4 级,目前面积约占国土面积的 14.9%。

自然保护区设计日趋科学化和精确化。一般地,自然保护区面积要尽可能大,并可以通过建设生物廊道提高生境之间的连通性。为进一步提高保护成效,应该提高自然保护区选址的科技含量,科学构建自然保护区网络。

自然保护区应开展可持续经营活动,让社区充分参与到自然保护区建设与管理工作,可以获得当地社区对自然保护区工作的理解和支持,提高保护成效。

自然保护区资源利用应坚持保护优先、合理利用、科技先行和持续发展的原则。科学开展生态旅游活动是自然保护区资源利用的重要形式。

自然保护区有效管理的一个重要方面是对其生物多样性的组分及其可能的影响因素进行监测。开展社区共管活动,可以让社区公众充分参与到自然保护区工作中。

自然保护区应设计和开发多种形式的环境教育活动,实现环境教育的目标。

自然保护区建设和发展离不开法律、资金等的支持。要实现我国自然保护区的可持续发展,需要重视法律法规制度、社区参与、集体林权改革、生态补偿、公众教育、国际合作等方面的工作。

思　考　题

1. 我国自然保护区发展过程如何? 目前我国自然保护区在生物多样性保护中发挥了什么样的作用?

2. 根据你的理解,是单个面积大的自然保护区好还是几个面积小的好?

3. 生物廊道在生物多样性保护中有什么积极作用和不利作用? 如何尽量发挥其积极作用而减少其不利作用?

4. 自然资源利用对生物多样性保护有什么不利影响? 当前发展生态旅游是自然保护区资源利用的重要形式,如何有效发挥其对生物多样性保护的积极推动作用?

5. 监测是自然保护区有效管理的重要内容之一,如何理解监测在自然保护区有效管理中的地位?

6. 我国自然保护区社区问题产生的原因是什么? 在当前社会经济条件下,对这一问题的解决,你有什么建议? 社区共管是否能够完全解决这个问题?

7. 如果你是某一个自然保护区的管理人员,你如何组织实施该自然保护区的环境教育或公众教育工作?

8. 自然保护区可持续经营管理离不开资金的支持,当前,我国对自然保护区的经费投入还有不足。就自然保护区筹资问题,你有什么可行的建议?

9. 我国自然保护区事业的健康发展也离不开社会各界的支持,你是否愿意为我国自然保护区事业贡献一点力量? 如果愿意,你准备如何做?

主要参考文献

国家林业局野生动植物保护司,国家林业局政策法规司. 2007. 中国自然保护区立法研究. 北京:中国林业出版社

国家林业局野生动植物保护与自然保护区管理司. 2008. 国家级自然保护区工作手册. 北京:中国林业出版社

唐小平,王志臣,徐基良. 2009. 中国自然保护区生态旅游政策研究. 北京:北京出版社

王昊,李松岗,潘文石. 2002. 秦岭大熊猫的种群生存力分析. 北京大学学报(自然科学版),38(6):756-761

俞孔坚,李迪华,段铁武. 1998. 生物多样性保护的景观规划途径. 生物多样性,6(1):205-212

Bloemmen M, Sluis T. van der. 2004. European corridors-example studies for the Pan-European ecological network. Wageningen, Alterra, Alterra-report 1087

Diamand J M. 1975. The island dilemma: lessons of modern biogeographic studies for the design of natural reserves. Biological Conservation, 7(2):129-146

Ervin J. 2003. Rapid assessment of protected area management effectiveness in four countries. Bioscience, 53(9):833-841

Hanski I. 1999. Metapopulation ecology. New York:Oxford University Press Inc.

Jim C Y, Xu S S W. 2004. Recent protected-area designation in China:an evaluation of administrative and statutory procedures. The Geographical Journal, 170(1):39-50

MacArthur R H，Wilson E O. 1967. The theory of island biogeography. Princeton，New Jersey，USA：Princeton University Press

Patterson B D，Atmar W. 1986. Nested subsets and structure of insular mammalian faunas and archipelagos. Biological Journal of the Linnean Society，28(1-2)：65-82

Primack R B，马克平. 2009. 保护生物学简明教程. 4 版. 北京：高等教育出版社

Shaffer M L. 1981. Minimum population sizes for species conservation. Bioscience，31(2)：131-134

Wan J，Zhang H Y，Wang J N et al. 2005. Policy evaluation and framework discussion of ecological compensation mechanism in China. Research of Environmental Sciences，18(2)：1-8

Xu H G，Wu J，Liu Y et al. 2008. Biodiversity congruence and conservation strategies：a national test. Bioscience，58(7)：632-639

Xu J C，Melick D R. 2006. Rethinking the effectiveness of public protected areas in Southwestern China. Conservation Biology，21(2)：318-328

第十三章　生物多样性保护法规与政策

我们不要过分陶醉于我们对自然界的胜利。对于每一次这样的胜利,自然界都报复了我们。

——恩格斯

生物多样性是公共物品,对其保护是政府的公共物品保护,因此生物多样性政策应属于公共政策范畴,进而定义为"生物多样性保护政策是生物多样性保护管理的政府行为"。从政策内容上,生物多样性政策分为生物多样性保护政策和生物多样性利用政策(图 13-1)。我国对生物多样性政策的定义比较侧重于从狭义角度,认为生物多样性政策是我国保护生物多样性法律和相关法规的集合。

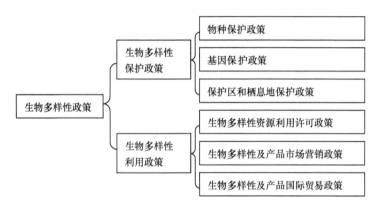

图 13-1　生物多样性政策构成(引自:温亚利,2003)

生物多样性保护立法和经济性政策手段是各国生物多样性政策中最活跃的领域。一个物种一旦确定需要保护,就需要通过相关法律法规和签署条约来实施保护。这些法律法规总体上可以分为两大类:国家法律和国际公约。

国家法律主要是在国境之内保护生物多样性,如美国的《濒危物种保护法案》(Endangered Species Act, ESA)。ESA 为美国保护濒危物种的基本法律,由美国国会颁布,也可能是全球执行效力最强的环境资源法(Gosnell,2001),有 1351 个物种列入了名录(图 13-2)。在该法案的影响下,45 个州颁布了州级的濒危物种法案,一些大型的物种保护项目也相继启动和实施,如栖息地保护工程(Habitat Conservation Planning)、大型的生态系统管理合作项目,如哥伦比亚河盆地(Columbia River Basin)、大沼泽地(The Everglades)及旧金山湾—三角洲(The San Francisco Bay-Delta),取得了明显的效果,但该法案对名录上的物种保护措施非常强,也引起部分商业利益和土地使用者的反对。

国际公约主要是处理国家和地区之间的生物多样性保护与贸易。人们需要国际协定和公约来进行物种及其栖息地保护,主要是因为物种会在国家间迁徙或迁移,因此存在生物及其制品的国际贸易;生物多样性的贡献具有国际意义;对生物多样性的威胁常常是国际范围的。有些国际团体,如联合国环境规划署(UNEP)、联合国粮食及农业组织(FAO)以及世界自然保护联盟(IUCN),积极推动了全球的生物多样性保护工作。

我国疆域辽阔,地形气候复杂,生态环境多样,孕育了丰富的物种资源,是世界上物种多样性

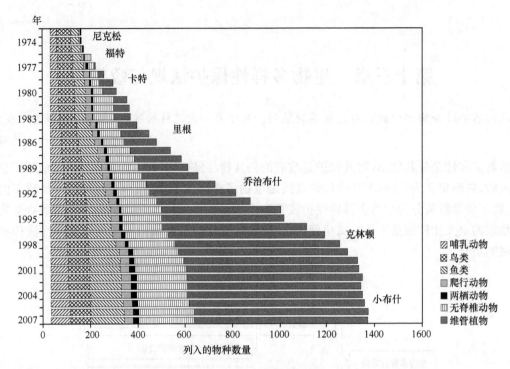

图 13-2　美国《濒危物种法案》列入的濒危物种数量(引自:Schwartz,2008)

最丰富的国家之一,在世界生物多样性及其保护中具有十分重要的地位。因此,本章将重点说明我国生物多样性保护相关政策及法规的发展、现状、成效及未来发展的方向。

第一节　我国生物多样性保护政策概况

　　我国是全球 12 个生物多样性最为丰富的国家之一,生物多样性保护任务艰巨。建立完整的生物多样性政策体系,是规范生物多样性保护与利用工作的重要措施。我国生物多样性保护事业的持续健康发展,首先要得益于生物多样性相关法规政策的建设与完善,特别是在生物多样性保护政策方面取得的突出进展。

一、我国生物多样性保护政策的发展

　　我国在长期的封建统治中,生产力发展缓慢,生产方式原始落后,对资源的盲目滥用造成的破坏是严重的。在唐代以前,川、黔、湘、鄂几省交界地区,有 15 个州、郡尚用犀角作为贡品。犀牛由于长期被捕杀,加之自然环境变化,北宋以后遂,趋于灭绝。明成祖朱棣在迁都北京后,以"十万众入山辟道路",从南方大量采运木材达数年之久。历次战争、砍树、焚林、掘堤、毁堰等,给自然资源带来的破坏更为严重。比及近代,帝国主义列强对我国生物资源又肆无忌惮地掠夺,许多珍贵物种也惨遭破坏。

　　新中国成立后在自然资源的开发利用方面取得了不少成绩,同时在资源和环境的保护方面也采取了一些措施。例如,早在 1950 年,原林业部就颁布了以护林为主的林业工作方针,特别是封山育林的贯彻执行,使自然保护工作首先在林业方面开展起来。1962 年,国务院发布《关于积极保护和合理利用野生动物资源的指示(国谭林字 287 号)》,并公布了一批国家重点保护动物的名单。

　　"文化大革命"时期,我国生物多样性保护事业受到严重摧残。我国于 1972 年参加斯德哥尔摩联合国人类环境大会后,对环境问题给予逐步重视,国务院也于 1974 年成立了环境保护领导小组。1978 年,中国科学院设立了中华人民共和国"人与生物圈"国家委员会。1984 年,《中华人民共和国森林法》颁布实施。1987 年,国务院环境委员会颁发了《中国自然保护纲要》,这是我国第一部保护自然资源和自然环境的宏观指导性文件,它明确表达了我国政府对保护自然环境和自然资源的态度和政策,是我国保护自然资源和生态环境的宣言书、指导书、总规范,是我国在保护自然资源和自然环境方面的纲领性文件。随后,我国生物多样性保护工作及相关法规政策体系逐渐迈上正轨,《野生动物保护法》《野生植物保护条例》《草原法》等也相继出台。

二、我国生物多样性保护政策现状

目前我国已经形成了一系列与生物多样性保护有关的法律规范,如《宪法》中有关自然资源所有权、保障自然资源的合理利用和保护珍贵动植物的规定以及《刑法》中对于破坏环境资源罪的规定。在遗传资源保护立法方面,有《进出境动植物检疫法》《种子法》《农业转基因生物安全管理条例》及配套的《农业转基因生物安全评价管理办法》《农业转基因生物进口安全管理办法》和《农业转基因生物标识管理办法》;在野生动植物保护立法方面,有《野生动物保护法》《野生植物保护条例》《陆生野生动物保护实施条例》《水生野生动物保护实施条例》等;在生态系统保护立法方面,有《环境保护法》《森林法》《草原法》《海洋环境保护法》《水土保持法》《风景名胜区暂行条例》《自然保护区条例》等一系列法律法规。

对于新出现的转基因生物安全的问题,国务院也于 2001 年紧急出台了《农业转基因生物安全管理条例》,对转基因生物的安全评估、进出口管理和标识制度的实施发布了三个具体管理办法。在外来物种控制方面,相关法律主要有《进出境动植物检疫法》《动物防疫法》《家畜家禽防疫条例》和《农业转基因生物安全管理条例》等,同时还有一些用以配套的名录及审批制度。此外,在《海洋环境保护法》中也有相关的法律条款。然而,这些法律、条例及组织体系主要集中在人类健康、病虫害检疫等有关方面,并没有充分包含入侵物种对生物多样性或生态环境破坏的相关内容,与从生物多样性保护角度出发控制外来物种的目标还相差甚远。与发达国家相比,我国对外来物种管理的立法也只是刚刚起步,而且法规级别较低,立法体系不健全,已有的措施并不十分得力,缺乏专门性、系统性的法律法规,防治监管体系也有待建立。总体上说,我国现行的外来入侵物种管理水平与我国面临的生物安全的严峻形势很不相称。

除国内和国际的法律外,还有一些其他的相关规定。例如,《中国生物多样性保护行动计划》(1994)提出了 7 个领域的目标,包括 26 项行动方案,并根据保护工作的重要性、迫切性和实际操作的可行性,提出需立即实施的 18 个优先项目;2007 年的《全国生物物种资源保护与利用规划纲要》提出了陆生野生动物资源保护与利用(图 13-3)、水生生物资源保护与利用、畜禽遗传资源保护与利用、农作物及其野生近缘植物种质资源保护与利用、林木植物资源保护与利用、观赏植物资源保护与利用、药用生物物种资源保护与利用、竹藤植物资源保护与利用、其他野生植物资源保护与利用、微生物资源保护与利用、与生物物种资源相关的传统知识保护与利用、生物物种资源出入境查验体系建设等 11 个保护与利用的重点领域,并提出了 10 项优先行动;《中国生物多样性保护战略与行动计划》(2011~2030 年)也提出了我国生物多样性保护未来 20 年的战略目标,确定了 11 个生物多样性保护优先区域、30 项优先行动、39 项生物多样性保护优先项目。

此外,1998 年以来,我国还启动实施了天然林保护工程、"三北"和长江中下游地区等重点防护林体系建设工程、退耕还林还草工程、环北京地区防沙治沙工程、全国野生动植物保护及自然保护区建设工程、重点地区以速生丰产用材林为主的林业产业建设工程、湿地保护工程等重点生态建设工程。

图 13-3　浙江长兴自然保护区人工抚育的扬子鳄（*Alligator sinensis*）幼体（徐基良 摄）
扬子鳄等珍稀濒危野生动物的保护、繁育与野化，是《全国生物物种资源保护与利用规划纲要》的重点领域及优先行动之一

其中，1998 年启动实施的天然林保护工程，以从根本上遏制生态环境恶化，保护生物多样性，促进社会、经济的可持续发展为宗旨；以对天然林的重新分类和区划，调整森林资源经营方向，促进天然林资源的保护、培育和发展为措施，以维护和改善生态环境，满足社会和国民经济发展对林产品的需求为根本目的。2001 年启动实施的全国野生动植物保护及自然保护区建设工程，以国家加强生态建设的整体战略为指导，遵循自然规律和经济规律，坚持加强资源环境保护、积极驯养繁育、大力恢复发展、合理开发利用的方针，以保护为根本，以发展为目的，以野生动植物栖息地保护为基础，以保护工程为重点，以加快自然保护区建设为突破口，以完善管理体系为保障措施，加大执法、宣传、科研和投资力度，促进野生动植物保护事业的健康发展，实现野生动植物资源的良性循环和永续利用，保护生物多样性，为我国国民经济的发展和人类社会的文明进步做贡献。

2004 年，国务院批准了"全国湿地保护工程规划"。该规划的总体目标是，通过湿地及其生物多样性的保护与管理、湿地自然保护区建设、污染控制等措施，全面维护湿地生态系统的生态特性和基本功能，使我国天然湿地的下降趋势得到遏制。通过加强对水资源的合理调配和管理、对退化湿地的全面恢复和治理，使丧失的湿地面积得到较大恢复，使湿地生态系统进入一种良性状态。同时，通过湿地资源可持续利用示范以及加强湿地资源监测、宣教培训、科学研究、管理体系等方面的能力建设，全面提高我国湿地保护、管理和合理利用水平，从而使我国的湿地保护和合理利用进入良性循环，保持和最大限度地发挥湿地生态系统的各种功能和效益，实现湿地资源的可持续利用（图 13-4）。

图 13-4　浙江杭州西溪国家湿地公园（张明祥 摄）
该湿地公园面积约 10.08 km²，是目前国内第一个也是唯一的集城市湿地、农耕湿地、文化湿地于一体的国家湿地公园，于 2009 年 11 月 03 日被列入国际重要湿地名录

三、我国参与的与生物多样性相关的主要国际条约

我国积极参与国际生物多样性保护行动。在 1980 年加入了《濒危野生动植物种国际贸易公约》，为了切实履行公约，我国在国务院林业行政主管部门设立了"濒危物种进出口管理办公室"作为管理机构；1992 年 6 月联合国在巴西召开环境及发展大会通过了《生物多样性公约》，我国成为签字国以来，便对保护生物多样性给予了相当关注：1993 年初国务院批准成立了由国务院

环境保护行政主管部门牵头,国务院 20 个部门单位参加的我国履行《生物多样性公约》工作协调组,制定并发布了《生物多样性保护行动计划》《生物多样性国情研究报告》《中国履行生物多样性公约国家报告》等,组团出席了《生物多样性公约》缔约国大会以及《生物安全议定书》的谈判,并参与了与履约有关的其他一些重要会议和活动。

（一）生物多样性公约

《生物多样性公约》(Convention on Biological Diversity,CBD)于 1992 年 6 月在联合国环境与发展大会上由 150 多个国家政府首脑签署,并于 1993 年 12 月 29 日正式生效。我国于 1992 年 6 月 11 日在巴西里约热内卢签署了该公约,并于同年 12 月 29 日正式对我国生效,《生物多样性公约》的主管部门为国务院环境保护行政主管部门。

《生物多样性公约》的宗旨是保护生物多样性、持续利用其组成部分、公平合理分享由利用遗传资源而产生的惠益。其不仅对我国各级政府、企事业单位以及各类社会团体提出了一种科学的物种保护理念,而且规定了各缔约国在生物多样性保护上的权利和义务,更为自然保护区这一在自然生态和物种保护工作上承担着举足轻重作用的机构,指明了努力的方向。

《生物多样性公约》规定,发达国家将以赠送或转让的方式向发展中国家提供新的补充资金以补偿它们为保护生物资源而日益增加的费用,应以更实惠的方式向发展中国家转让技术,从而为保护世界上的生物资源提供便利;签约国应为本国境内的植物和野生动物编目造册,制订计划保护濒危的动植物;建立金融机构以帮助发展中国家实施清点和保护动植物的计划;使用另一个国家自然资源的国家要与那个国家分享研究成果、盈利和技术。

（二）濒危野生动植物种国际贸易公约

《濒危野生动植物种国际贸易公约》(Convention on International Trade in Endangered Species of Wild Fauna and Flora,CITES)又称《华盛顿公约》。1973 年 3 月 3 日,21 个国家的全权代表受命在华盛顿签署了 1975 年 7 月 1 日《公约》正式生效。我国于 1980 年 12 月 25 日加入了《濒危野生动植物种国际贸易公约》,并于 1981 年 4 月 8 日正式生效。

CITES 的宗旨是通过各缔约国政府间采取有效措施,加强贸易控制来切实保护濒危野生动植物种,确保野生动植物种的持续利用不会因国际贸易而受到影响。CITES 将其管辖的物种分为三类,分别列入三个附录中,并采取不同的管理办法。其中,附录 I 包括所有受到和可能受到贸易影响而有灭绝危险的物种(图 13-5),附录 II 包括所有目前虽未濒临灭绝,但如对其贸易不严加管理,就可能变成有灭绝危险的物种,附录 III 包括成员国认为属其管辖范围内,应该进行管理以防止或限制开发利用,而需要其他成员国合作控制的物种。

图 13-5　被列入 CITES 附录 I 的藏羚羊(朵海瑞 摄)
由于对其羊绒的需求,该物种曾经受到巨大的偷猎威胁

（三）关于特别是作为水禽栖息地的国际重要湿地公约

《关于特别是作为水禽栖息地的国际重要湿地公约》(Convention of Wetlands of Interna-

tional Importance Especially as Waterfowl Habitats，CWIIEWH，简称《湿地公约》)于 1971 年
2 月 2 日在伊朗拉姆萨尔签订,所以又称《拉姆萨尔公约》(Ramsar Convention)。《湿地公约》于
1975 年 12 月 21 日正式生效,目前已经成为国际上重要的自然保护公约,受到各国政府的重视。
我国于 1992 年加入湿地公约,目前该公约已经成为我国湿地类型保护区建设和管理的重要指南
(图 13-6)。

图 13-6　被列入国际重要湿地的大丰麋鹿国家级自然保护区(徐基良 摄)
该保护区面积 78 000hm^2,是典型黄海滩涂湿地,物种丰富多样,主要保护对象为麋
鹿及其生态环境。2002 年被列入国际重要湿地名录

　　《湿地公约》是为了保护湿地而签署的全球性政府间保护公约,宗旨是通过国家行动和国际
合作来保护与合理利用湿地,实现生态系统的持续发展。经该公约确定的国际重要湿地是在生
态学、植物学、动物学、湖沼学或水文学方面具有独特的国际意义的湿地地区。

(四)保护迁徙野生动物物种公约

　　《保护迁徙野生动物物种公约》(Convention on the conservation of migratory species of wild
animals，CMS),也称波恩公约,其目标在于保护陆地、海洋和空中的迁徙物种的活动空间范围,
是为保护通过国家管辖边界以外野生动物中的迁徙物种而订立的国际公约。1979 年 6 月 23 日
在德国波恩通过,公约于 1983 年 12 月 1 日生效。公约规定:应订立具体的国际协定,处理有关
迁徙物种养护和管理问题;设立科学理事会就科学事项提供咨询意见;在两个附录中分别列出了
濒危的迁徙物种和须经协议的迁徙物种。

(五)保护世界文化和自然遗产公约

　　《保护世界文化和自然遗产公约》(Convention Concerning the Protection of the World Cul-
tural and Natural Heritage，CCPWCNH)于 1972 年 11 月 16 日在联合国教科文组织(UNEC-
SO)大会第 17 届会议上通过。该公约主要规定了文化遗产和自然遗产的定义,文化和自然遗产
的国家保护和国际保护措施等条款。公约规定了各缔约国可自行确定本国领土内的文化和自然
遗产,并向世界遗产委员会递交其遗产清单,由世界遗产大会审核和批准。凡是被列入世界文化
和自然遗产的地点,都由其所在国家依法严格予以保护。公约的管理机构是联合国教科文组织
的世界遗产委员会,该委员会于 1976 年成立,同时建立了《世界遗产名录》。我国于 1985 年 11
月 22 日加入《遗产公约》。

（六）其他条约

我国还加入了一些其他国际条约,如《联合国防治荒漠化公约》(United Nations Convention to Combat Desertification, UNCCD),这是1992年里约联合国环境与发展大会《21世纪议程》框架下的三大重要国际环境公约之一,1994年6月在巴黎通过,并于1996年12月正式生效。另一部分是双边和多边协定,包括:1981年3月3日,我国政府与日本国政府签订《保护候鸟及其栖息环境协定》;1986年10月20日,我国政府与澳大利亚政府签订《保护候鸟及其栖息环境的协定》;1990年5月6日,我国政府与蒙古政府签订《关于保护自然环境的合作协定》;1994年3月29日,我国国家环境保护局与蒙古国自然与环境部和俄罗斯联邦自然保护和自然资源部签订《关于建立中、蒙、俄共同自然保护区的协定》(图13-7)。

图13-7　内蒙古达赉湖国家级自然保护区（范明摄）
中国内蒙古达赉湖国家级自然保护区、蒙古国达乌尔自然保护区、俄罗斯达乌尔斯克自然保护区组成CMR达乌尔国际自然保护区联合委员会,并组成了工作组,实施国际自然保护区合作的具体事务

第二节　野生动植物保护与自然保护区相关政策

我国野生动植物种类繁多,且珍稀濒危或特有种突出,野生动植物保护一直是我国生物多样性保护工作的重点之一。野生动植物保护与自然保护区建设工作密不可分。本节将重点阐述我国野生动植物保护与自然保护区建设相关政策。

一、我国有关野生动植物保护的法规与政策

野生动植物是野生动物和野生植物的合成,在维系生态平衡和保持生物多样性方面具有重要的生态价值和生态功能。我国自建国以后的野生动植物保护工作经历了从狩猎和出口管理到保护管理的阶段性转变。

（一）基本情况

1949年10月1日中华人民共和国成立至20世纪70年代,颁布的法律法规主要有1950年《关于稀有生物保护办法》、《东北国有森林管理暂行条例》(草案);1952年《东北区狩猎管理暂行办法(草案)》;1973年在《狩猎管理暂行条例(草案)》的基础上起草的《野生动物资源保护条例》等。这段时期的立法主要侧重于从野生动植物的狩猎以及出口方面进行规制,针对野生动植物进行保护管理的理念比较薄弱。

从20世纪70年代末至今,所颁布的法律法规开始注重野生动植物的管理和保护工作,先后以政府指示、行政管理办法、通知、法律、条例和规定的形式对野生动植物进行法律保护和管理,初步形成了野生动植物保护的法律体系。例如,1987年,原国家环境保护局、中国科学院植物研究所经国务院批准发表了《中国珍稀濒危保护植物名录(第一册)》,列入名录的植物共354种,其中属于I级保护8种,II级保护143种,III级保护203种;同年9月国务院向各地各部门发出了

关于《坚决制止乱捕滥猎和倒卖走私珍稀野生动物的通知》，文中规定："各级人民政府应切实加强包括熊猫在内的野生动物资源保护管理工作的领导"；同年 10 月国务院发布了《野生药材资源保护管理条例》，其中将国家重点保护的野生药材物种分为三级并做了采猎的规定；1988 年，《中华人民共和国野生动物保护法》通过实施；1989 年，国务院批准的《国家重点保护野生动物名录》颁布，列入名录动物共 257 种，其中属于Ⅰ级保护 96 种，Ⅱ级保护 161 种；1992 年国务院批准了《陆生野生动物保护实施条例》；1993 年国务院批准了《水生野生动物保护实施条例》；1996 年国务院发布《中华人民共和国野生植物保护条例》以及《水产资源繁殖保护条例》、《植物新品种保护条例》；2000 年，《国家保护的有益的或者有重要经济、科学研究价值的陆生野生动物名录》颁布实施；2002 年农业部发布《农业野生植物保护办法》等。此外，我国宪法，环境法以及《海洋环境保护法》、《森林法》、《草原法》、《渔业法》等自然资源法中也对野生动植物的保护做了原则性的规定，行政法规、部门规章、地方法规等也对野生动植物的保护做出了规定。

（二）主要政策

根据这些法律、法规和管理标准，我国目前已经初步形成了我国野生动物保护管理的基本制度。主要有以下政策。

1. 国家所有　　《宪法》第九条规定："矿藏、水流、森林、山岭、草原、荒地、滩涂等自然资源，都属于国家所有，即全民所有；由法律规定属于集体所有的森林和山岭、草原、荒地、滩涂除外。""国家保障自然资源的合理利用，保护珍贵的动物和植物。禁止任何组织或者个人用任何手段侵占或者破坏自然资源。"此条规定表明：国家是自然资源/生物多样性保护的主体，负有保护生物多样性的义务。《野生动物保护法》第三条规定："野生动物资源属于国家所有"。《森林法》第三条规定："森林资源属于国家所有，由法律规定属于集体所有的除外"。《全国生物物种资源保护与利用规划纲要》也明确指出："国家对领土内分布的生物物种资源拥有主权"。根据有关法律规定，国家所有的财产即全民所有，它神圣不可侵犯，禁止任何组织或个人侵占、哄抢、私分、截留和破坏。

2. 保护管理体制　　我国在野生动植物保护中实施的是综合管理和分部门管理相结合的管理体制。国家是野生动植物保护的主体。《宪法》规定，国家保护和改善生态环境。《野生动物保护法》规定，国家保护野生动物及其生存环境，禁止任何单位和个人非法猎捕或者破坏。各级政府应当加强对野生动物资源的管理，制定保护、发展和合理利用野生动物资源的规划和措施。《野生动物保护法》第七条规定："国务院林业、渔业行政主管部门分别主管全国陆生、水生野生动物管理工作。省、自治区、直辖市人民政府林业行政主管部门主管本行政区域内的陆生野生动物管理工作"。《野生植物保护条例》规定，国务院林业行政主管部门主管全国林区内野生植物和林区外珍贵野生树木的监督管理工作。国务院农业行政主管部门主管全国其他野生植物的监督管理工作。国务院建设行政部门负责城市园林、风景名胜区内野生植物的监督管理工作。国务院环境保护部门负责对全国野生植物环境保护工作的协调和监督。国务院其他有关部门依照职责分工负责有关的野生植物保护工作。

3. 分级保护　　我国对野生动植物实行分级保护管理制度。《野生动物保护法》第九条规定："国家对珍贵、濒危的野生动物实行重点保护。国家重点保护的野生动物分为一级保护野生动物和二级保护野生动物。……地方重点保护野生动物，是指国家重点保护野生动物以外，由省、自治区、直辖市重点保护的野生动物，地方重点保护的野生动物名录，由省、自治区、直辖市政府制定并公布，报国务院备案。国家保护的有益的或者有重要经济、科学研究价值的陆生野生动物名录及其调整，由国务院野生动物行政主管部门制定并公布"。《野生植物保护条例》第十条规定:"野生植物分为国家重点保护野生植物和地方重点保护野生植物。国家重点保护野生植物分为国家一级保护野生植物和国家二级保护野生植物。国家重点保护野生植物名录,由国务院林业行政主管部门、农业行政主管部门(以下简称国务院野生植物行政主管部门)国务院环境保护、建设等有关部门制定,报国务院批准公布。地方重点保护野生植物,是指国家重点保护野生植物以外,由省、自治区、直辖市保护的野生植物。地方重点保护野生植物名录,由省、自治区、直辖市人民政府制定并公布,报国务院备案"。

4. 就地保护与迁地保护　　《野生动物保护法》第十条规定:"国务院野生动物行政主管部门和省、自治区、直辖市政府,应当在国家和地方重点保护野生动物的主要生息繁衍的地区和水域,划定自然保护区,加强对国家和地方重点保护野生动物及其生存环境的保护管理"。《森林法》第二十四条规定:"国务院林业主管部门和省、自治区直辖市人民政府,应当在不同自然地带

的典型森林生态地区、珍贵动物和植物的林区、天然热带雨林区和具有特殊保护价值的其他天然林区,划定自然保护区,加强保护管理"。《野生植物保护条例》第五条第一款规定:"国家鼓励和支持野生植物科学研究、野生植物的就地保护和迁地保护";第十一条规定:"在国家重点保护野生植物物种和地方重点保护野生植物物种的天然集中分布区域,应当依照有关法律、行政法规的规定,建立自然保护区;在其他区域,县级以上地方人民政府野生植物行政主管部门和其他有关部门可以根据实际情况建立国家重点保护野生植物和地方重点保护野生植物的保护点或者设立保护标志"。

图 13-8　建立动物园和植物园是野生动植物
保护的重要方式之一(黄建　摄)

因此,就地保护(建立自然保护区)和易地保护(图 13-8)是野生动植物保护的主要形式。

按照上述法律法规的要求,我国先后实施了《全国野生动物及自然保护区建设工程总体规划》、《全国林业自然保护区发展规划》以及虎、麝、鹿类、雉类、金丝猴等 15 个专项规划,使一大批物种得到有效保护。

5. 征收与征用　　《森林法》第三条规定:"森林资源属于国家所有,由法律规定属于集体所有的除外。……";第十八条第一款规定:"进行勘查、开采矿藏和各项建设工程,应当不占或者少占林地;必须占用或者征用林地的,经县级以上人民政府林业主管部门审核同意后,依照有关土地管理的法律、行政法规办理建设用地审批手续,并由用地单位依照国务院有关规定缴纳森林植被恢复费。森林植被恢复费专款专用,由林业主管部门依照有关规定同意安排植树造林,恢复森林植被,植树造林面积不得少于因占用、征用林地而减少的森林面积。上级林业主管部门应当定期督促、检查下级林业主管部门组织植树造林、恢复森林植被的情况"。在实际操作中,多数地区在征占用林地时保持定额,这对于管制林地用途具有重要意义。

6. 生态补偿　　《野生动物保护法》第十四条规定:"因保护国家和地方重点保护野生动物,造成农作物或者其他损失的,由当地政府给予补偿。补偿办法由省、自治区、直辖市政府制定"。我国已经实行了森林生态效益补偿制度。《森林法》第八条规定:国家对森林资源"建立林业基金制度。国家设立森林生态效益补偿基金,用于提供生态效益的防护林和特种用途林的森林资源、林木的营造、抚育、保护和管理。森林生态效益补偿基金必须专款专用,不得挪作他用"。

7. 生态影响监测　　我国现有政策法规建立野生动植物及其栖息环境生态影响监测制度。

《野生动物保护法》第十一条规定："各级野生动物行政主管部门应当监视、监测环境对野生动物的影响。由于环境影响对野生动物造成危害时,野生动物行政主管部门应当会同有关部门进行调查处理";第十二条明确规定："建设项目对国家或者地方重点保护野生动物的生存环境产生不利影响的,建设单位应当提交环境影响报告书;环境保护部门在审批时,应当征求同级野生动物行政主管部门的意见"。

8. 保护优先、合理利用　　《野生动物保护法》第四条规定："国家对野生动物实行加强资源保护、积极驯养繁殖、合理开发利用的方针,鼓励开展野生动物科学研究",并在"野生动物管理"部分作出说明。《野生植物保护条例》规定,国家对野生植物资源实行加强保护、积极发展、合理利用的方针,保护依法开发利用和经营管理野生植物资源的单位和个人的合法权益,鼓励和支持野生植物科学研究。《森林法》对森林及林木资源的利用与发展均放在十分重要的位置。例如,野生动植物资源的可持续利用也是《林业产业政策要点》(2007)的核心内容,国家采取多种政策扶持有关产业的发展。

9. 特许猎捕制度　　1990年1月,林业部发出实行"特许猎捕证"制度的通知。根据《野生动物保护法》的有关规定,为加强对猎捕国家重点保护野生动物的管理,凡因特殊要求,猎捕国家重点保护野生动物的,必须按规定申领"特许猎捕证",凭证猎捕。"特许猎捕证"由林业部统一印制。

10. 其他　　相关法律法规在野生动植物保护的资金投入、采集管理出售、收购管理、涉外管理、进出口管理等方面形成了较完善的管理制度。

(三)存在的不足

1. 立法整体效力层级偏低,多头立法现象严重　　现行专门野生动植物保护立法中,法律效力层级最高的是人大常务委员会通过的《野生动物保护法》以及行政法规层级的《野生植物保护条例》和《野生药材资源保护管理条例》。野生植物保护在法律效力层级上尚未有专门立法。而《宪法》、《环境保护法》等基本法一般只是做出原则性的保护野生动植物的规定,并没有针对野生动植物具体该如何保护做出详细规定。

2. 立法内容不统一,法律规定之间不协调　　目前我国野生动植物保护立法体系的立法内容存在不统一的情况。例如,《野生植物保护条例》规定"野生植物行政主管部门发放采集证后,应当抄送环境保护部门备案",而《农业野生植物保护办法》对申请采集国家重点保护野生植物的,只规定了许可程序,并未对备案程序有所规定。另外,《农业野生植物保护办法》对取得采集许可证的单位和个人要求"采集作业完成后,应当及时向批准采集的农业行政主管部门或其授权的野生植物保护管理机构申请查验",《野生植物保护条例》则无此要求。《野生植物保护条例》第16条中规定："采集珍贵野生树木或者林区内、草原上的野生植物的,依照森林法、草原法的规定办理",而第8条则规定:"国务院农业行政主管部门主管全国其他野生植物的监督管理工作",但《农业野生植物保护办法》也规定:"农业部主管全国野生植物的监督管理工作"。

3. 野生动植物栖息地保护法律方面也存在不足

1) 栖息地保护主体不全面　　目前我国缺乏鼓励个人和单位参与栖息地保护的法律规定,法律中没有明确规定公民针对野生动物栖息地破坏的情况可以起诉的权利,只规定公民有向政府检举和控告的权利,而破坏栖息地的行为很多时候是政府实施的,公民很难通过自己的行为实现野生动物栖息地的保护。

2) 栖息地保护方式单一　　目前相关法律在栖息地破碎化方面尚存在盲点,从确保野生动物的生存繁衍要求出发,当前应继续在其重点分布区域抢救性的建立一批保护区,实行抢救性的保护。同时从维护野生动物种群持续健康发展的要求出发,搞好已有保护区的布局和网络体系的完善工作,尤其是必须重视保护区之间的廊道、破碎化的栖息地连接等工作,完善保护区体系建设。对可能对栖息地造成影响的大型工程和公路铁路的建设,在进行环境影响评价时,从生态效益的角度出发,兼顾经济效益和社会效益,特别是对濒危野生动物栖息地的保护,禁止在濒危物种的栖息地内开展任何旅游和生产经营活动,确保物种不灭绝。

3) 栖息地保护的法律程序规则缺乏　　我国法律对公民诉讼程序未做出具体规定,首先赋予公民起诉的权利,并在机构上给予保证,在法院内部设立受理个人对公共利益侵害提起诉讼的部门。针对栖息地土地权和管理机构行政管理权的冲突,当地居民生活生产和栖息地管理的冲突的解决建议通过完善土地征用和补偿制度来解决,法律应引导各种主体协调地、友好地和互补地共生。进一步完善栖息地公众参与机制,建立政府建设开发项目磋商程序。

4) 应重视民族宗教和佛教等传统文化在栖息地保护中的作用　　在各民族中,神山、祖先坟地是神圣不可侵犯的,村寨的水源地、风景林、护林道也是不能轻易触动的(图 13-9)。随着社会的发展,这些不成文的习惯法以成文的方式形成村规民约,被写在纸上,甚至刻在石碑上,一代代传下来,成为规范人们行为的准则。近年来民族和宗教文化对生物多样性的保护越来越得到专家和学者的重视,而我们法律工作者也应从一些历史上流传下来的习惯法和乡规民约中得到启示,来进一步完善保护野生动物栖息地的立法。传统文化在人们心目中根深蒂固的影响,较之法律的威慑作用更易深入人心。

图 13-9　白马鸡(*Crossoptilon crossoptilon*)
——藏民的朋友(王楠 摄)
藏族人民长久以来就有对神山圣地的崇拜和对野生动物的保护,
正是这种传统文化保护了广大藏区的生态环境和野生动物

二、我国自然保护区立法

早在新中国成立之初,我国即在秉志、钱崇澍等五位科学家建议下,自 1956 年启动了我国自然保护区建设工作。几十年来,尽管我国人口众多,社会经济发展压力巨大,但我国在保持社会经济快速健康发展的同时,还在自然保护区上投入了大量人力、财力和物力,这推动了我国自然保护区事业的发展。特别是 2001 年以来,我国先后实施了《野生动植物保护与自然保护区建设工程》《湿地保护工程》等多项生态建设工程,我国自然保护区事业进入跨越式发展的道路(图 13-10),取得了世人瞩目的成就。

(一)国家立法

我国一直十分重视自然保护区的法制建设。1963 年国务院颁布的《森林保护条例》就明确规定保护稀有珍贵林木和禁猎区、自然保护区的森林;原农林部 1973 年提出的《野生动物资源保护条例》(草案)的第九条对自然保护区的建立和管理提出了比较明确的规定,同年提出的《自然保护区管理暂行条例(草案)》,则比较全面地提出自然保护区工作规范和把自然地带的典型自然综合体、特产稀有种源与具有特殊保护意义的地区作为建立保护区的依据。

改革开放以后,我国的保护区事业进入了一个快速发展阶段。1979 年底林业部会同中国科

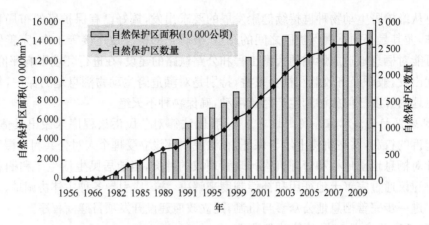

图 13-10　我国自然保护区的发展趋势(截至 2010 年底)

学院等八个部门联合下发了《关于加强自然保护区管理、区划和科学考察工作通知》,对规范保护区建设管理工作进一步提出要求。1983 年林业部在新疆召开了第一次全国保护区工作会议,审定了全国保护区区划方案。1984 年的《森林法》对划定自然保护区做出了专门规定;1985 年经国务院批准、林业部发布的《森林和野生动物类型自然保护区管理办法》是我国第一部建设和管理自然保护区的行政法规;1988 年的《野生动物保护法》对野生动物类型自然保护区的划建和管理作出了规定。1994 年 10 月国务院颁布了《中华人民共和国自然保护区条例》(以下简称《条例》),于 1994 年 12 月 1 日起正式施行。

　　《条例》的颁布,是我国自然保护区立法中的一个重要里程碑,它是我国第一个关于自然保护区的正式的综合性法规。在管理体制方面,《条例》第八条规定:"国家对自然保护区实行综合管理和分部门管理相结合的管理体制",即"国务院环境保护行政主管部门负责全国自然保护区的综合管理。国务院林业、农业、地质矿产、水利、海洋等有关行政主管部门在各自的职责范围内,主管有关的自然保护区"。《条例》还规定可以授权省级林业主管部门管理国家级自然保护区;自然保护区的功能区分为核心区、缓冲区、实验区。此规定的目的是为了既能保护好自然保护区内的生态环境和自然资源,又能兼顾在自然保护区内开展生产、教育、科研、旅游等活动。在经费保障体制方面,规定"管理自然保护区所需经费,由自然保护区所在地的县级以上人民政府安排。国家对国家级自然保护区的管理,给予适当的补助"等方式。

　　另外,《森林法》、《环境保护法》、《野生动物保护法》、《水生野生动物保护实施条例》等相关法律和行政法规中也对自然保护区做出了一些规定。

　　(二)地方立法

　　地方自然保护区立法也是我国自然保护区立法体系中的一个重要组成部分。尽管这些立法在法律效力和立法层级上不及人大常委会颁布的法律,但它更适合对本地区自然保护区的建设和保护,更具可操作性,对执行法律有更大的辅助作用。目前,全国除台湾省外,有自然保护区的31 个省(自治区、直辖市)都或多或少地有关于自然保护区的地方立法,但是这些地方性立法没有形成完整的体系,缺少实施地方立法的配套法规。有些地方立法完全是国家《条例》和《管理办法》的翻版,没有地方特点。

　　各省(自治区、直辖市)根据《条例》制定本省(自治区、直辖市)的《自然保护区管理条例》或《自然保护区管理办法》及《森林和野生动物类型自然保护区管理实施细则》,如:《四川省自然保护区管理办法》、《福建省自然保护区管理办法》、《湖南省森林和野生动物类型自然保护区管理办法》等。部分国家级自然保护区或省级重点自然保护区制定了自己的《管理办法》或《管理条例》，如：《黑龙江省丰林国家级自然保护区管理条例》（图 13-11）、《甘肃祁连山国家级自然保护区管理条例》等。其他地方性法规和政府规章中的关于自然保护区的规定，是自然保护区地方立法的补充，如《江西省鄱阳湖湿地保护条例》、《贵州省林地管理条例》、《海南省红树林保护条例》等。

图 13-11　黑龙江丰林自然保护区（宋国华 摄）

《黑龙江丰林国家级自然保护区管理条例》2001 年 4 月 12 日在黑龙江省人

大常委会第 22 次会议上通过，于 2001 年 5 月 1 日颁布实施

第三节　我国生物多样性保护政策实施成效与未来发展

我国的生物多样性保护政策体系为我国生物多样性保护工作提供了重要保障，在保护我国生物多样性、维护国土生态安全等方面发挥了重要作用。但是，当前我国社会经济发展对生物多样性资源的需求和压力依然巨大，我国生物多样性保护事业面临新的威胁与挑战，相关政策需要进一步优化和完善。

一、我国生物多样性保护政策实施成效

我国生物多样性保护工作尽管有波折，但总体上处于不断上升的过程。这离不开我国相关法律法规体系提供的重要支撑，也离不开国际合作给我国带来的先进技术和资金。经过多年的努力，我国生物多样性保护政策实施取得了举世瞩目的成效。

（一）野生动物资源

根据全国第一次陆生野生脊椎动物调查的结果，在调查的 252 种野生动物中，种群数量处于稳定或稳中有升的占 55.7%，且主体上是国家重点保护物种（图 13-12）。朱鹮从 1981 年发现时的 7 只增长到 2010 年底的野生种群约 1002 只、饲养种群为 607 只；海南坡鹿、普氏原羚、黑颈鹤（*Grus nigricollis*）、藏羚羊、扭角羚（*Budorcas taxicolor*）、金丝猴、盘羊（*Ovis ammon*）、鹅喉羚（*Gazella subgutturosa*）等一批濒危物种种群数量也都在迅速增长。同时，野生动物栖息范围不断扩展，发现了大量物种的新纪录、新的繁殖地或越冬地。例如，曾经是栖息范围极度萎缩的金丝猴、羚牛、盘羊、鹅喉羚、褐马鸡（*C. mantchuricum*）、白头鹤等野生动物的栖息范围正在不断扩展，28 个物种在多省发现新纪录或新的分布地。

图 13-12　种群数量和栖息地面积稳步上升的大熊猫（徐基良 摄）
其野外种群数量从上次调查（1985～1988 年）的 1100 只增长到现在的约 1600 只

（二）野生植物资源

根据全国第一次陆生野生植物资源调查的结果，被调查的 189 种植物中，野外种群数量在稳定存活界限以上的达 134 种，占调查总数的 71％。同时，也发现了大量的新纪录和新的分布区。历经百年未见踪迹且已被国际自然保护联盟宣布为世界极危物种的崖柏（*Thuja sutchuenensis*）被重新发现，在国际上引起轰动；此外，笔筒树（*Sphaeropteris lepifera*）、白豆杉（*Pseudotaxus chienii*）、观光木（*Tsoongiodendron odorum*）等珍稀物种也发现了其新分布区。并且，相当部分物种的种群数量呈现出上升趋势，生境状况也得到了逐步的改善。

（三）主要生态系统

依据《中国植被》（吴征镒，1980）的分类系统，中国陆地植被生态系统类型约有 704 种（群系）。到 2004 年底，已有 90.6％的生态系统类型已经在自然保护区内有分布（表 13-1）。在森林生态系统类型中有台湾冷杉、台湾云杉、台湾肉豆蔻等 6 种类型仅分布于台湾，且大多被划为自然保留区内，保护状况良好。

表 13-1　我国陆地生态系统的保护情况

类别	总类型	分布于保护区内	无保护区保护	比例（％）
森林	241	207	34	85.9
灌丛和灌草丛	112	105	7	93.8
草原和草甸	122	109	13	89.3
荒漠植被	49	42	7	85.7
沼泽植被	165	147	18	89.1
高山植被	15	15	0	100.0
总计	704	625	79	90.6

引自：全国林业自然保护区发展规划（2006～2030）

按照湿地成因、地貌类型、水文特征、植被类型可以将我国湿地划分为 4 级 40 个类型。已建湿地保护区主要涉及淡水湖、咸水湖、淡水沼泽、高原沼泽（半咸水、咸水及高原沼泽化草甸等）、永久性河流、洪泛湿地、滨海红树林、河口和水库等湿地类型。

（四）形成了良好的社会氛围

重视生态保护是当今社会思潮的主流,特别是经过对生态恶化所带来恶果的反思,社会各界对保护自然资源和自然环境的关注程度空前高涨。在国家有关部门、科研院所、媒介等多方共同努力下,森林、野生动植物、湿地和生物多样性保护已经成为生态道德教育和环境教育的重点内容,在"植树节"、"爱鸟周"、"地球日"、"国际生物多样性日"、"国际湿地日"等活动中得到普遍宣传(图 13-13),人与自然和谐相处的生产方式和生活方式也日益得到社会公众的理解与支持,全社会的生态保护意识也明显提高,这为生物多样性保护事业的发展创造了良好的社会环境。

图 13-13　青海可可西里国家级自然保护区的志愿者活动(可可西里自然保护区管理局 提供)
该保护区是目前国内最大的"无人区"自然保护区。自 2002 年开始,该保护区开始开展环保志愿
者活动,得到社会各界的广泛响应,并取得显著成效

二、我国生物多样性保护政策发展方向

我国现有的一系列与生物多样性有关的法律法规,还远不能满足现阶段生态保护的要求,需要加以补充和完善。一些法律法规执行部门兼有生物多样性开发和建设职能,使得法律法规不能全面有效执行。因此,制定一套符合我国国情并与国际相接轨的法律法规体系,以满足生物多样性保护和可持续发展的需要。这也是我国生物多样性保护的当务之急。

（一）确定生物多样性保护与利用的原则

（1）保护优先。在经济社会发展中优先考虑生物多样性保护,采取积极措施,对重要生态系统、生物物种及遗传资源实施有效保护,保障生态安全。

（2）持续利用。禁止掠夺性开发生物资源,促进生物资源可持续利用技术的研发与推广,科学、合理和有序地利用生物资源。

（3）公众参与。加强生物多样性保护宣传教育,积极引导社会团体和基层群众的广泛参与,强化信息公开和舆论监督,建立全社会共同参与生物多样性保护的有效机制。

（4）惠益共享。推动建立生物遗传资源及相关传统知识的获取与惠益共享制度,公平、公正分享其产生的经济效益。

（二）制定促进生物多样性保护和可持续利用政策

（1）建立、完善与促进生物多样性保护与可持续利用相关的价格、税收、信贷、贸易、土地利用和政府采购政策体系,对生物多样性保护与可持续利用项目给予价格、信贷、税收优惠。

（2）完善生态补偿政策,扩大政策覆盖范围,增加资金投入。

① 野生动物肇事补偿。近年来,由于人口增加,栖息地破坏,野生动物与人争夺生存空间的矛盾有所发展,野生动物危害人、牲畜、庄稼的事件时有发生(图 13-14)。依照有关法律法规,因保护国家和地方重点保护野生动物,造成农作物或其他损失的,由当地政府给予补偿。但由于野生动物所在的地区绝大部分为贫困地区,缺乏野生动物肇事补偿的资金,实际工作中往往难以补偿或足额补偿。2008 年开始,财政部和国家林业局开始在云南、西藏、陕西、吉林 4 省(区)开展野生动物肇事补偿试点。有些保护区也探讨结合商业保险的方式,规划建立野生动物肇事补偿基金,为野生动物肇事补偿提供资金来源。

图 13-14　云南永德大雪山国家级自然保护区(徐基良 摄)

该保护区于 2009～2010 年被列入野生动物肇事补偿试点。2010 年度该保护区周边野生动物共造成
社区居民经济损失 26 万余元,兑现居民补偿款 21 万余元。该保护区还积极与商业保险公司合作,探
讨采用商业保险的方式解决野生动物肇事补偿的问题

② 林权改革补偿。2008 年 6 月,中共中央、国务院发布了《关于全面推进集体林权制度改革的意见》(以下简称《意见》),成为我国集体林权制度改革从试点到全面推进的分水岭,全面铺开了以林权承包经营为目标的集体林权制度改革。部分野生动物,特别是极度濒危野生动物栖息地位于集体林内,常有社区居民从事生产活动,对珍稀濒危野生动物的栖息繁衍造成一定干扰。同时,由于土地及林木的所有权归村集体所有,对这些资源的管护存在许多限制。因此,有必要抓住当前集体林权制度改革的良好时机,通过林权置换、租赁等形式,取得这些栖息地的完全的土地权,并对有关居民进行合理补偿。

③ 生态移民补偿。有些极度濒危野生动物大部分分布在人口稀少、交通不便的偏远山区,但仍有部分居民居住在某些极度濒危野生动物的分布区核心地带,居民对野生动物及其栖息地的存在一定程度的干扰,甚至对野生动物影响较大,不利于野生动物资源的保护管理。规划结合小城镇建设,将居住在极度濒危野生动物分布区核心地带、对野生动物生存繁衍影响较大的居民进行生态移民。

（3）制定鼓励循环利用生物资源的激励政策,对开发生物资源替代品技术给予政策支持。

（三）完善生物多样性保护与可持续利用的法律体系

（1）全面梳理现有法律、法规中有关生物多样性保护的内容,调整不同法律法规之间的冲突和不一致的内容,提高法律、法规的系统性和协调性。

（2）研究制定自然保护区管理、湿地保护、遗传资源管理和生物多样性影响评估等法律法规,研究修订森林法、野生植物保护条例和城市绿化条例。

（3）加强外来物种入侵和生物安全方面的立法工作,研究制定生物安全和外来入侵物种管理等法律法规,研究修订农业转基因生物安全管理条例。

（4）加强国家和地方有关生物多样性法律法规的执法体系建设。

（四）建立健全生物多样性保护和管理机构,完善跨部门协调机制

（1）建立健全相关部门的生物多样性管理机构和地方政府生物多样性管理协调机制,加强基层保护和管理机构的能力建设。

（2）评估现有"中国履行《生物多样性公约》工作协调组"和"生物物种资源保护部际联席会议制度"的有效性,加强其协调与决策能力。

（3）加强国家和地方管理机构之间的沟通和协调。

（4）建立打击破坏生物多样性违法行为的跨部门协作机制。

（五）建立生物遗传资源及相关传统知识保护、获取和惠益共享制度和机制

（1）制定有关生物遗传资源及相关传统知识获取与惠益共享的政策和制度。

（2）完善专利申请中生物遗传资源来源披露制度,建立获取生物遗传资源及相关传统知识的"共同商定条件"和"事先知情同意"程序,保障生物物种出入境查验的有效性。

（3）建立生物遗传资源获取与惠益共享的管理机制、管理机构及技术支撑体系,建立相关的信息交换机制。

（六）建立生物遗传资源出入境查验和检验体系

（1）建立生物遗传资源出入境查验和检验制度,做好国内管理与出入境执法的衔接,制定有效的惩处措施,加强出入境监管。

（2）制定生物遗传资源出入境管理名录。加强海关和检验检疫机构人员专业知识培训,提高查验和检测准确度。

（3）研究生物遗传资源快速检测鉴定方法,在旅客和国际邮件出入境重点口岸配备先进的查验和检测设备,建立和完善相关实验室。

（4）通过多种形式的宣传教育,提高出境旅客,特别是科研人员和涉外工作人员保护生物遗传资源的意识。

（七）建立公众广泛参与机制与伙伴关系

（1）完善公众参与生物多样性保护的有效机制,形成举报、听证、研讨等形式多样的公众参与制度。

（2）依托自然保护区、动物园、植物园、森林公园、标本馆和自然博物馆,广泛宣传生物多样性保护知识,提高公众保护意识。

（3）建立公众和媒体监督机制,监督相关政策的实施。

（4）建立部门间生物多样性保护合作伙伴关系。

（5）建立国际多边机构、双边机构和国际非政府组织参与的生物多样性保护合作伙伴关系。

（6）建立地方、社区和国内非政府组织的生物多样性伙伴关系。

小　结

生物多样性政策应属于公共政策范畴。我国对生物多样性政策的定义比较侧重从狭义角度,认为生物多样性政策是我国保护生物多样性法律和相关法规的集合。生物多样性政策分为生物多样性保护政策和生物多样性利用政策。

我国生物多样性保护政策的发展,尽管有波折,但还是处于不断上升和完善的过程,目前已经形成相对比较完善的生物多样性保护政策体系,包括国家和地方立法及一些其他相关规定和重点工程的支持。

我国积极参与国际生物多样性保护行动,先后加入了《濒危野生动植物种国际贸易公约》、《生物多样性公约》、《湿地公约》等国际公约,还签署了一些双边和多边协定,如分别与日本国政府和澳大利亚政府签订的《保护候鸟及其栖息环境协定》。

野生动植物保护和自然保护区相关政策体系是我国生物多样性保护政策的重要组成部分。目前,该领域已经形成了较为完备的制度体系,如国家所有、综合管理与分部门管理相结合、分级保护、合理利用等,但也存在立法层次偏低、多头立法以及法律之间不协调等问题。

我国生物多样性保护政策为我国生物多样性保护工作提供了重要保障,其实施也取得了举世瞩目的成效。

我国社会经济发展对生物多样性保护的压力依然巨大,生物多样性保护政策需要进一步完善与优化。

思　考　题

1. 国家法律在我国生物多样性保护中发挥了什么样的作用?
2. 我国的生物多样性保护工作,为什么还需要国际公约来提供支撑?
3. 以某一种动物或植物为例,说明国家法律和国际公约在其保护中的作用。
4. 现在已经有很多的法律法规来保护濒危物种,为什么有些濒危物种种群还在继续下降甚至丧失?
5. 我国现行立法对我国生物多样性保护,特别是自然保护区建设与管理是否存在不利影响? 如果有,体现在哪些方面?

主要参考文献

国家林业局.2009. 中国重点陆生野生动物资源调查. 北京:中国林业出版社

国家林业局野生动植物保护司,国家林业局政策法规司.2007. 中国自然保护区立法研究. 北京:中国林业出版社

环境保护部. 中国生物多样性保护战略与行动计划(2011-2030). 环发[2010]106 号

刘峰江,李希昆.2004. 保护中国生物多样性的法律对策研究.《林业、森林与野生动植物资源保护法制建设研究——2004 年中国环境资源法学研讨会(年会)论文集(第二册)》

刘桂环,孟蕊,张惠远.2009. 中国生物多样性保护政策解析. 环境保护,423(13):12-15

温亚利.2003. 中国生物多样性保护政策的经济分析. 北京林业大学博士学位论文

吴金梅.2004. 中国野生动物栖息地的现状与法律保护.《林业、森林与野生动植物资源保护法制建设研究——2004 年中国环境资源法学研讨会(年会)论文集(第二册)》

周岚.2004. 论我国生物多样性保护法律体系的完善.2004 年中国法学会环境资源法学研究会年会论文集

Gosnell H. 2001. Section 7 of the Endangered Species Act and the art of compromise:The evolution of a reasona-ble and prudent alternative for the Animas-La Plata Project. Nat. Resour. J,41(3):561-626

Liu J, Ouyang Z, Pimm S L et al. 2003. Protecting China's biodiversity. Science, 300(5623):1240-1241

McBeath J,McBeath J H. 2006. Biodiversity conservation in China:policies and practice. Journal of International

Wildlife Law and Policy,9:293-317

Primack R B,马克平. 2009. 保护生物学简明教程. 4 版. 北京:高等教育出版社

Schwartz M W. 2008. The performance of the Endangered Species Act. Annu. Rev. Ecol. Evol. Syst,39:279-299

U. S. Fish Wildl. Serv. 2008. Threatened and Endangered Species System (TESS). Washington, DC:U. S. F. W. S .

Xu H G, Wang S Q, Xue D Y. 1999. Biodiversity conservation in China: Legislation, Plans and Measures. Biodiversity and Conservation,8(16):819-837

Xu H G,Tang X P,Liu J Y et al. 2009. China's progress toward the significant reduction of the rate of biodiversity loss. Bioscience,59(10):843-852

Xu H G,Wu J,Liu Y et al. 2008. Biodiversity congruence and conservation strategies:a national test. Bioscience,58(7): 632~639

Zhang P C,Shao G F,Zhao G et al. 2000. China's forest policy for the 21st century. Science, 288(5474):2135,2136